21 世纪全国应用型本科计算机案例型规划教材

PHP 动态网页设计与制作案例教程
（第 2 版）

主　编　房爱莲

参　编　尹　敏　张　倩

北京大学出版社

PEKING UNIVERSITY PRESS

内容简介

本书通过展示一个完整网站的设计和实现过程，详细地介绍动态网页设计和制作的技术和相关理论。全书共 8 章，主要包括动态网站设计概述、动态网站编程环境、网站主页设计与 PHP 基础、网站计数器设计与 PHP 文件访问、会员注册和管理设计与数据获取、网上社区设计与 PHP 数据库访问、网上购书与 PHP 面向对象技术、网站优化与 PHP 的高级功能。本书案例以模块的方式加以组织，包括网站的整体设计、主页的实现、网站计数器、网上社区、会员管理系统、网上购物系统、PHP 的高级功能。案例以可视化开发工具为平台，既关注高效率的实现技术，又注重理论知识的系统和完整，更关注读者的学习体验。

本书内容系统全面，案例典型实用，讲述直观详尽，非常适合动态网页设计与制作的初学者使用，还可作为高等院校教学用书和"实用型"人才培训用书。

图书在版编目(CIP)数据

PHP 动态网页设计与制作案例教程/房爱莲主编. —2 版. —北京：北京大学出版社，2017.6
(21 世纪全国应用型本科计算机案例型规划教材)
ISBN 978-7-301-28246-5

Ⅰ. ①P…　Ⅱ. ①房…　Ⅲ. ①网页制作工具—PHP 语言—程序设计—高等学校—教材　Ⅳ.
①TP393.092.2 ②TP312.8

中国版本图书馆 CIP 数据核字(2017)第 085128 号

书　　名	PHP 动态网页设计与制作案例教程(第 2 版)	
	PHP DONGTAI WANGYE SHEJI YU ZHIZUO ANLI JIAOCHENG	
著作责任者	房爱莲　主编	
策 划 编 辑	郑　双	
责 任 编 辑	李娉婷	
标 准 书 号	ISBN 978-7-301-28246-5	
出 版 发 行	北京大学出版社	
地　　址	北京市海淀区成府路 205 号　　100871	
网　　址	http://www.pup.cn　新浪微博：@北京大学出版社	
电 子 信 箱	pup_6@163.com	
电　　话	邮购部 62752015　发行部 62750672　编辑部 62750667	
印 刷 者	北京虎彩文化传播有限公司	
经 销 者	新华书店	
	787 毫米×1092 毫米　16 开本　27 印张　633 千字	
	2010 年 11 月第 1 版	
	2017 年 6 月第 2 版　2019 年 7 月第 2 次印刷	
定　　价	58.00 元	

第 1 版前言

随着 Internet 技术及其应用的不断发展，网络对人们生活、学习和工作的影响越来越大。而处于核心地位的 Web 技术也逐渐渗透到各个领域，从企业网站、个人博客到电子商务、电子政务工程的建设都离不开网页设计与制作技术。这些网站除了要展示常规的信息以外，更多地是实时更新、动态变化的内容，因此需要在 HTML、CSS 和 JavaScript 的基础上进一步使用 Web 新技术，如 ASP、JSP、PHP、Ajax。可见，本书是《网页设计和制作案例教程》的后继教程。

作为全球普及的互联网开发语言之一的 PHP 从 1994 年诞生至今已被 2000 多个网站采用。国外知名互联网公司 Yahoo!、Google、Lycos、Youtube 和中国知名网站新浪、百度、腾讯、TOM 等均是 PHP 技术的经典应用。

随着 PHP 技术的成熟和完善，它已经从一种针对网络开发的计算机语言发展成为一个适合于企业级部署的技术平台。IBM、Cisco、西门子、Adobe 等公司均选用了 PHP 技术，PHP 正逐渐成为互联网开发的主流语言。2005 年 7 月，PHP 5.0 的诞生标志着 PHP 进入一个新时代。ZendII 引擎的采用、完备对象模型、改进的语法设计使得 PHP 成为一个设计完备、真正具有面向对象能力的脚本语言。

相对于 ASP(.NET)和 JSP(或 Java 开发的 B/S 程序)，PHP 不需要太多的类库，不需要强大但有些笨拙的开发平台，一切都能给人简单和清新的感觉。更重要的是，基于 PHP 的函数库(动态库)的开发可以让开发者全面了解系统功能是如何一步步用代码实现的，不像 ASP 的控件、Java 的类库，虽然给开发者带来了方便，却屏蔽了功能上具体的实现细节，这对初学者来说是不利的，容易对控件和类库产生依赖而不能独立开发。

目前使用 PHP 的工程师有数百万之多，PHP 的开源特性使开发者可获得更多资源，几乎所有开发中可能遇到的问题在 Internet 上都能找到解决的办法。随着技术的不断发展，还会发现新的方法与优化的方案，甚至在 PHP 中融合了其他 Web 语言的优点，为 PHP 注入了新的活力。本书能为刚接触 PHP 的新人开辟一条捷径。

本书是一本在具有静态网页设计和制作的基础上全面介绍 PHP 动态网页编程技术的教材。通过学习本书，学习者可掌握动态网站的开发方法和过程；学会动态网站中常见的模块，如网上论坛、会员管理或网上商城等的设计技术；学会使用网站发布和维护的技巧。

本书的特点

(1) 案例驱动。本书围绕一个完整网站案例展示架构网站的制作方法和开发过程：先对网站进行规划和版式设计，来认识网页设计的过程、方法和工具；再依次通过各个模块的设计和制作展开对 PHP 语言的解析，让学习者体验网页制作的过程和环境，从而避免任务驱动中重制作轻设计、重视如何实现各个技术要点而忽略系统整体结构的不足。

(2) 技术实用。本书强调网站开发的全过程，以工程开发的方法组织教材体系，涉及的技术是目前网站建设中的关键技术，实用性强，对案例略加改变就可直接移植到其他网站的建设和开发中。

(3) 教学便利。本书采用模块化开发方法，注重代码解读，能使学习者不必完全按照章节顺序而选择最关注的内容或与同学合作学习，这既符合人们认识事物的心理过程，也具有实践的操作直观性与理论的系统完整性；能充分调动学习者的学习积极性和主动性，给教师提供更大的教学设计空间。

本书体例

本书体例包含以下项目。

案例描述——对各章所要实现的案例作出简要描述，由此体现各章的学习目标及组织相应的学习材料。

案例设计——对各章所要实现的案例的设计，从中可体验网页设计的方法。

案例体验——对相关案例的描述，体现各章的学习目标。

预备知识——案例涉及的相关知识。

准备工作——案例所使用的素材制作过程或说明。

CSS编码——案例涉及的 CSS 代码编写过程及详细代码。

PHP编码——案例涉及的 PHP 代码编写过程及详细代码。

小贴士——从 PHP 技术角度关注的要点内容。

说明——对示意图或函数功能的解释。

小技巧——从开发环境角度关注的技术要点。

注——对要点的补充说明和对学习者的提示说明。

问题——从学习者角度关注的技术要点。

链接——提示相关知识要点的参考路径，方便查询和参考。

案例扩展——对案例所涉及的技术和策略进一步扩展和补充的案例。

代码解读 ——对案例中所涉及的 PHP 代码的分析。

 技术要点 ——由案例引出的 PHP 语言要点。

本章总结 ——概要地总结了本章所述的内容。

思考练习 ——针对本章内容所设计的巩固性练习。

实践项目 ——由学习者完成的巩固和扩展相关知识的实验项目。

相关资源 ——与本章内容相关的网上学习资源地址。

本书案例

本书的案例是网上书店网站。通过对目前网上商城的分析，规划和设计了一个简易的网上书店，实现了商品查询、会员管理、网上社区、购物和结算等功能。

本书作者

本书由房爱莲主编。在本书的编写过程中，张丽荣、张开飞、盛晓勇和邹萍也参与了案例和部分章节内容的讨论，在此对大家的辛勤工作表示衷心的感谢！

限于编者水平，书中难免存在疏漏和不妥之处，恳请广大读者提出宝贵意见，联系信箱：ailianf@citiz.net。

编　者
2010 年 9 月

第 2 版前言

随着 PHP 技术的不断更新和发展，本书第 1 版的内容有些地方显然已经过时了。因此，为了跟进技术的发展，这次修订中对许多技术做了较大的更新和改动。

(1) 本次修订对 PHP 环境安装与配置做了大幅度的改动，重新编写了第 2 章，给出了当前最新的环境配置和安装说明。对比第 1 版，也能了解 PHP 技术发展的脉络。

(2) 本次修订提供了多种连接 MySQL 数据库的方式。PHP 对 MySQL 数据库的连接提供了多种方式，为了照顾到初学者或习惯于面向过程的读者，本版做了如下处理：

◆ 在第 5 章中，仍然保持了原有的 MySQL 扩展。

◆ 在第 6 章的 bbs 部分使用了 MySQLi 扩展中面向过程的方式，这样能很自然地从 MySQL 扩展过渡到当前的 MySQLi 扩展。

◆ 在第 6 章的 chat 部分使用了 MySQLi 扩展中面向对象的方式，一方面能通过与 MySQLi 扩展中面向过程对比学习，另一方面也为第 7 章面向对象的技术做好铺垫。

(3) 本次修订还对其他章节的案例和技术做了修订，对相关技术要点重新编写了示例。

这样处理希望能方便教师和学生经历从熟悉到未知、以旧引新、逐步深入的过程，获得自然的教学体验。

从本书第 1 版的读者反馈来看，读者对案例驱动学习比较认可。本书第 2 版保持了这一风格。毕竟，从实践体验到理论提升已经成为学习的一种有效途径。本书第 2 版以网上书店网站为案例，通过对网上商城的分析、规划和设计，展示了一般动态网站开发的一个典范，对独立开发动态 Web 系统有一定的参考和借鉴作用。

本书第 2 版由房爱莲担任主编，尹敏、张倩参与了本书的编写工作。

限于编者水平，书中难免存在疏漏和不妥之处，恳请广大读者提出宝贵意见，联系信箱：ailianf@citiz.net。

编　者

2016 年 12 月

目　　录

第 1 章

动态网站设计概述

学习目标

通过本章的学习，能够使读者：
(1) 知道动态网站所具有的特点。
(2) 了解动态网站的运行机制。
(3) 掌握动态网站的规划内容。
(4) 了解动态网站的开发流程。

学习资源

本章为读者准备了以下学习资源：
(1) 体验案例：展示"动态网站的特点"，明确静态和动态网站的不同，对应本章的 1.1 节。
(2) 技术要点：描述"动态网站的运行机制"，对应本章的 1.2~1.4 节。其中的图示给出了相关技术的说明实例，同时给出了当前一些资源学习网站。
(3) 实验项目：要求参考相关网站来巩固技术要点的内容。

学习导航

在学习过程中，建议读者按以下顺序学习：
(1) 浏览体验案例，观察这些动态网站的特点，与学校信息发布的网站作比较。
(2) 认真阅读相关的技术要点，明确动态网站的运行机制和规划要素。
(3) 通过浏览相关网站，认识动态网站开发的过程和方法。
学习过程中，提倡结对或 3 人组成学习小组，采取分工合作，交流学习的心得经验和体会，也能培养协作精神，会得到更多的收获。

案例描述

本章案例从体验 3 个典型的动态网站(W3school 网、中国工商银行网、新浪网)中认识动态网站的特点，并通过对本书案例网站的规划了解设计和制作动态网站的过程和方法。

1.1　动态网站的特点

1. 体验 ASP 制作的网站

(1) 在浏览器的地址栏中输入 http://www.w3school.com.cn/index.html，进入如图 1.1 所示的 W3school 首页。

图 1.1　W3school 网站的首页

(2) 单击导航栏上的"HTML/CSS"标签，进入图 1.2 所示的页面。

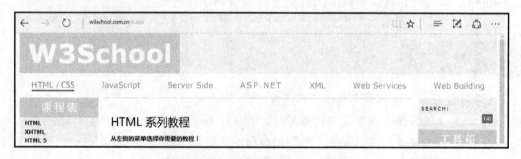

图 1.2　链接"HTML/CSS"的网页

(3) 这个网页的扩展名是.asp，说明网站中使用了 ASP 动态网页技术。仔细观察页面并体验网站中的搜索和测验模块。

2. 体验 JSP 制作的网站

(1) 在浏览器的地址栏上输入 http://www.icbc.com.cn/ICBC/default.htm，进入如图 1.3 所示的中国工商银行网站的首页。

图 1.3　中国工商银行网站的首页

(2) 单击左侧的"个人网上银行"按钮,进入如图 1.4 所示的金融通道页面,同时地址栏上显示的 URL 为 http://mybank.icbc.com.cn/icbc/perbank/index.jsp。可见这个网页的扩展名是.jsp,说明网站中使用了 JSP 动态网页技术。

(3) 观察页面中包含的网页元素。

图 1.4　中国工商银行的金融通道页面

3. 体验 PHP 制作的网站

(1) 在浏览器的地址栏上输入 http://www.sina.com.cn/,进入如图 1.5 所示的新浪网首页。

图 1.5　新浪网的首页

(2) 选择导航栏上的"博客"中的"博客评论"选项后,进入如图 1.6 所示的"新浪博客"登录页面,同时地址栏上显示的 URL 为 http://login.sina.com.cn/signup/signin.php?entry=blog&r=http%3A%2F%2Fi.blog.sina.com.cn%2Fblogprofile%2Fprofilecommlist.php%3Ftype%3D1&from=referer:http%3A%2F%2Fi.blog.sina.com.cn%2Fblogprofile%2Fprofilecommlist.php%3Ftype%3D1。注意到网页文件的扩展名及其后面的"？"和一系列由"%"分割的代码。

(3) 图 1.6 所示网页的扩展名为.php,说明网站中使用了 PHP 动态网页技术。尝试在文本框中输入登录名和密码后,单击"登录"按钮,观察页面的变化。

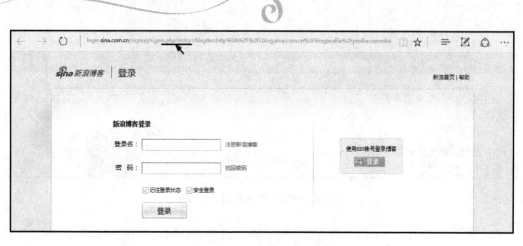

图 1.6 "新浪博客"登录页面

动态网站的特点

(1) 动态网站以数据库技术为基础，可以大大降低网站维护的工作量。

(2) 动态网站可以实现更多的功能，如用户注册和登录、用户管理、订单管理等。

(3) 开发动态网站要使用服务器端执行的脚本语言，如 ASP、JSP 或 PHP。

(4) 动态网页中的"?"提供了一种数据传送方式，实现了网页交互功能。

(5) 动态网页实际上并不是独立存在于服务器上的网页文件，只有当用户请求时服务器才返回一个完整的网页。

动态网站和静态网站有何区别？

(1) 动态网站可以实现静态网站所实现不了的功能，如聊天室、论坛、搜索等。

(2) 静态网站的源代码是完全公开的，任何浏览者都可以非常轻松地得到其源代码。动态网站的源代码放在服务器上，在浏览器上查看到的源代码是转换后的代码。这样要修改动态网站的源代码都必须在服务器上进行，显然保密性能比较优越。

(3) 动态网站可以直接使用数据库，还可以调用远程数据，并通过数据源直接操作数据库；而静态网站只能使用表格实现动态网站数据库表中的部分数据的显示，不能操作数据库表。

(4) 动态网站的开发语言是编程语言，如 PHP、JSP、ASP/ASP.NET。而静态网站只能用 HTML 开发，这只是一种标记语言，显然不能实现程序的功能。动态网站可以实现程序的高效快速性能，而静态网站没有高效快速可言。

(5) 动态网站本身就是一个可以实现程序几乎所有功能的系统，而静态网站则不是，它只能实现文本、图片、音视频等信息的展现。

(6) 静态网站的网页以.html、.htm 为扩展名。而动态网站的网页常以.php、.asp(aspx)和.jsp 等为扩展名。

(7) 静态网页的内容是固定的，修改和更新都必须通过专用的网页制作工具。动态网页可通过脚本将网站内容动态存储到数据库，用户访问网站是通过读取数据库来动态生成网页的方法实现的。即静态网页和动态网页最大的区别，就是网页是固定内容还是可在线更新内容。

1.2　动态网站的运行机制

通过体验动态网站，可见动态网站包含了用户、用户浏览信息的客户端、存放网页和网站资源的 Web 服务器，以及存储数据的数据库服务器等要素。网页中的程序代码可以在客户端处理，也可以在服务器端处理。动态网站各要素间的关系如图 1.7 所示。

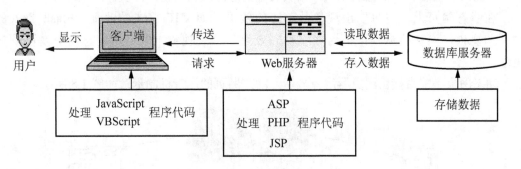

图 1.7　动态网站要素间的关系

1.2.1　域名

域名是网站中网页在互联网上的名称，也是企业在网上的商标，还是解决地址对应问题的一种方法。用户向 Web 服务器发出的页面请求就是通过在浏览器的地址栏输入网站的域名和对应的首页实现的。

域名具有如下格式的结构：

主机名.网络名.机构名.国别代码

(1) 机构名：与国别代码合称为顶级域名，常见的有以下几种：

① com：商业机构，任何人均可注册。

② org：各种组织，非营利的任何人。

③ edu：教育机构。

④ net：网络组织，任何人均可注册。

⑤ al：科研机构。

⑥ gov：政府部门。

(2) 国别或区域代码：如 cn(中国)、jp(日本)、uk(英国)。

　小贴士

命名域名应该遵循的规则

(1) 不区分大小写。

(2) 包含字符：26 个英文字母、10 个数字，也允许使用中文。

(3) 每部分不超过 26 个字符。

(4) 用 "." 分割各个部分。

本书案例的域名为 wuyabook.com.cn。

1.2.2　网页

网页(Web Page)一般由文字、图片、超链接等组成，另外，声音、视频、动画等多媒体元素可以为网页增添丰富的色彩和动感效果。

根据网页内容更新的方式不同，网页可分为静态网页与动态网页。

在静态网页上，也可以出现各种动态的效果，如 GIF 格式的动画、Flash 格式的动画和视频、滚动信息等，但这些"动态效果"只是视觉上的，与动态网页是不同的概念。

动态网页不能直接由浏览器解释显示。动态网页的运行机制示意如图 1.8 所示。

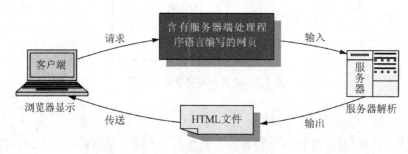

图 1.8　动态网页的运行机制

客户端： 与 Internet 连接、安装了浏览器以供用户浏览网页的计算机终端。在客户端，可以直接将 HTML 文件显示在浏览器上。有时直接把客户端称为浏览器。

服务器： 一台存储所有网页及相关资源数据的计算机。服务器还有一层含义是指处理从访问者发送到网页请求的各类软件。

含有服务器端处理程序语言编写的网页： 使用服务器端处理的脚本语言编写的代码可以嵌入 HTML 中的网页文件，它不能在客户端直接显示，必须由服务器端解析，生成客户端能显示的 HTML 文件。

HTML 文件： 能直接在客户端显示的文本文件。

客户端技术与服务器端技术

实现动态网页的技术有两种：客户端技术和服务器端技术。

客户端技术：由脚本语言 JavaScript、VBScript 等编写的各种程序和逻辑控制，实现了某些交互的网页。

服务器端技术：通过 ASP、PHP、JSP 等语言编写能与远程主机上的数据库进行信息处理，从而实现客户端与服务器之间的动态和个性化的交流和互动的网页。

1.2.3　浏览器

浏览器的作用是通过 HTTP 复原并显示来自 Web 服务器的信息。目前常用的有 Internet

Explorer、Netscape、Opera、Firefox 等。

要扩展显示 HTML 文档，还需要浏览器插件，如支持视频和音频播放的 Media Player 和 Real Player，支持 PDF 文件阅读的 Acrobat Reader 等。

 **小贴士**

html、htm 与 shtml

html 是由 HTML (Hyper Text Mark-up Language，超文本标记语言)编写的文件，可包含由浏览器直接解释而不需要服务器解析的脚本。

htm 与 html 没有本质意义的区别，只是为了满足 DOS 的 8.3 文件命名规范。

shtml 是一种基于 SSI (Server Side Include，服务器端包含指令)技术的文件。当有服务器端可执行脚本时被当作一种动态编程语言来看待，就如 asp、jsp 或者 php 一样。当 shtml 或者 shtm 中不包含服务器端可执行脚本时，其作用同 html 或者 htm。

1.2.4　服务器

根据动态网页对数据和资源存储的需要，服务器主要分为 Web 服务器和数据库服务器。

目前，较为流行的 Web 服务器有 Apache、IIS 和 Tomcat 等。数据库服务器有 MySQL、SQL Server 和 Oracle 等。

对于网站中的数据管理，主要使用文件系统和关系数据库。

文件系统由文件和目录组成，其优点是一目了然，缺点是当数据多至需要分门别类时，会造成重复存储和读取不便。

关系数据库指用数据表的形式存储和组织数据，使用 SQL 能有效地查询数据。

例如，计算机配件销售数据库包含了 3 张数据表，如图 1.9 所示。

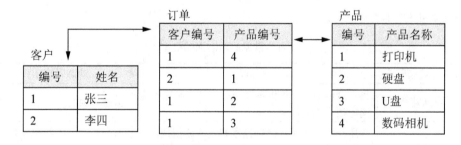

图 1.9　计算机配件销售数据库包含了 3 张数据表

要查询张三的订单，可通过 SQL 语句实现：

```
select * from 订单 where 客户编号=1
```

本书案例中，采用在 Windows 操作系统上安装 Apache 服务器端程序，使用 MySQL 数据库管理图书和用户数据，使用文件系统构建网站计数器。

1.3 动态网站的规划

动态网站的建设一般经过以下步骤。

(1) 前期调查。了解市场状况;分析市场特点、竞争者和访问者;分析建网能力等。

(2) 网站规划。确定网站目标和定位;分析网站所要实现的主要功能和规划网站内容等。

(3) 网站总体设计。确定实现网站的技术解决方案等。

(4) 网站实现。对网站的界面、交互和程序等进行制作和设计。

(5) 网站测试及文档编写。编制测试网站的用例和相关的文档。

(6) 网站发布和维护。把经测试确认的网站发布到服务器供用户使用并维护其正常运行。

由此可见,网站规划是网站建设的一个关键环节。这里从网站的类型、主题、结构、内容和风格等几个方面对本书案例网站进行规划与设计。

1.3.1 确定网站的类型

确定网站的类型有利于对网站的功能定位,也有利于确定网站面向的用户群。

为了更方便地维护动态网站,需要设置专职人员负责对数据的更新、备份等维护。因此,在动态网站中除了供普通客户使用的前台界面外,都有一个后台界面供管理员使用。

本书案例定位于电子商务网站,实现 B2C 的服务模式。在前台,具有书目浏览、选购、购物车管理、订单查询等用户前台功能,还有管理员对图书、图书类别、订单管理等后台功能。同时为了加强与用户的交互,还设置了登录与注册、会员管理、聊天室和顾客留言等功能模块。

小贴士

常见的动态网站类型

常见的动态网站类型如表 1.1 所示。

表 1.1 常见的动态网站类型

网 站 类 型	说 明	动态管理功能
门户网站	集合众多内容,提供多样服务,尽可能地成为网络用户上网的首选	内容管理、栏目信息管理
电子商务网站	利用计算机技术、网络技术和远程通信技术,实现整个商务过程电子化、数字化、网络化 B2B(商家对商家)、B2C(商家对个人客户)	商品管理、购物车管理、会员管理、订单管理、在线交易、商品配送管理
媒体信息服务网站	报社、杂志社、广播电台、电视台,是为树立自己的网上形象而建设的	信息发布、电子出版、客户在线咨询、网站管理
办公事务管理网站	企事业单位为实现办公自动化而建立的内部网站	事务管理、人力资源管理、财务资产管理、网站管理
商务事务管理网站	企业内部为了进行广告及商品管理、客户管理、合同管理、营销管理的网上办公平台	广告及商品管理、客户管理、营销管理

1.3.2 确定网站的主题

网站主题指网站的题材。本书案例网站的主题是网上售书，围绕着图书来选择和制作素材、设计数据类型等。

 小贴士

确定网站主题的原则

(1) 网站定位要小，内容要精。
(2) 最好是自己擅长或者喜爱的内容。
(3) 题材不要太滥，目标不要太高。

1.3.3 确定网站的整体风格

网站整体风格即指网站在整体上呈现出的具有代表性的独特面貌。本书案例网站的整体风格为淡雅、清爽，富有书香气息。

网站的 LOGO 中使用湖绿(#339999)、浅黄(#FF9900)作为网站的主色调，Banner 是动态展示网站主题"书籍是人类进步的阶梯"的 GIF 动画。

网站中的标题、板块内容信息、反馈信息均采用各自统一的字体风格。

版面布局统一采用上方固定、中间嵌套的浮动框架结构，通过导航栏实现网页之间的导航链接。

 小贴士

确定网站整体风格的原则

(1) 将网站 LOGO 尽可能地放在每个页面最突出的位置。
(2) 突出标准色彩，以体现网站形象和延伸内涵的色彩。
(3) 使用标准字体，如标题、标志、菜单上的特有文字；若使用非默认字体，则转换为图片。
(4) 使用统一的图片处理效果。把图片定位于强化视觉效果、营造网页气氛、活泼版面的功能，同时考虑网页下载速度的因素，图片文件不宜过大。

1.3.4 确定网站的内容

通常动态网站中包含以下内容。

(1) 站点结构图(Site Map)。它是站点结构、组织方式的示意图，包含网页的标题、副标题和主要栏目。

(2) 导航栏(Navigation Bar)。这是出现在网站每个页面中的导航工具。尽管使用图片导航栏比单纯的文字效果更佳，但要有体现所链接内容的文字说明；注意使用常用颜色；当前页面所对应的按钮应该相应地变成灰色或突显，导航栏上要有"返回"、"前进"按钮，指导用户浏览，避免迷航。

(3) 联系方式页面(Contact Page)。可以通过邮件链接与用户建立联系。

(4) 反馈表(FeedBack Forms)。用户发表评论、提出问题的消息栏。

(5) 引人入胜的内容(Compelling Content)。这是一些能引起用户注意和兴趣的内容。

(6) 常见问题解答(FAQs)。列出常见问题并与答案链接，以解决用户使用时的问题。

(7) 精美的图片(Good Graphics)。虽然能增加感染力，但也会影响下载速度，为此对每页的文字和图像应该做些限制。

(8) 搜索工具(Searching Mechanism)。提供站内信息查询。这是动态网站最显著的特点，也是方便用户最有效的策略。

(9) 新闻页面(News Page)。这是为展现网站的最新消息而创建的单独页面。为了突出"最新"，一般都在其后添加亮丽的小图标(如 New、新)，同时在主页与每个页面加注文字(如更新时间)，一段时间后要将其移到适当的目录。

(10) 相关站点的链接(Relevant Links)。这样能使用户更有效地找到相关信息，同时也能通过这种交换来推广站点。为了让用户能清晰地了解所链接的站点，应该简要说明站点的功能以及链接的原因。同时还要定期访问链接，删除"死"的链接。

本书案例中包含导航栏、搜索工具、引人入胜的内容(如推荐图书、热销图书和特价图书等)、相关站点的链接、反馈表(在每本书的详细资料页面中设置用户对该书的反馈信息表)、常见问题解答、联系方式等内容。

确定网站内容的原则

(1) 内容为主。注意内容简明通俗，尤其注重主页的内容。

(2) 总体结构层次分明，避免使用复杂的网状结构。

(3) 图文和多媒体信息的使用要适中，减少文件的数量和大小。

(4) 内容是动态的。注意及时更新。

(5) 提供联机帮助。

1.3.5 规划界面

网页界面是用户与网站交互的接口。编排清晰、布局合理的界面能提高用户查询信息的速度，留住用户。规划界面主要是编排好栏目和板块、布局和页面。

1. 编辑栏目和板块

首先，要列出提纲，合理收集与编排资料。其次，要合理划分板块。

本书案例网站的主页界面划分为 5 个部分。

(1) 网站头部：包括 LOGO、Banner 和导航栏。

(2) 信息搜索板块：包括用户表单搜索、图书分类查询和相关网站链接。

(3) 主要内容显示板块：包括热销图书、推荐图书和特价图书等栏目。

(4) 常见问题链接板块：包含联系方式等栏目。

(5) 网站版权信息板块。

编辑栏目和板块的原则

(1) 把最有价值的内容列在栏目上方。
(2) 以访问者的角度编排栏目，方便浏览和查询。
(3) 删除与主题无关的栏目。
(4) 板块比栏目大一些，既相对独立又相互关联。
(5) 板块的内容围绕网站的主题展开。

2. 布局页面

布局页面就是要确定显示页面的大小和栏目与板块的位置。

页面的大小与显示分辨率有关。当前主流的显示分辨率是 1024px×768px，为了保证页面浏览的兼容性，常常会以 800px×600px 作为最低配置。

根据栏目和板块的规划，选择一种页面布局类型。

本书案例网站中，为了方便用户浏览，避免出现水平滚动条，把页面的宽度设置为 780px，高度不超过两屏。网站的主页选择 T 型布局，与图书相关的查询页和导航页都将替代主页的主要内容板块，导航栏上注册、会员管理、顾客留言及链接页均选择标题型布局并以新窗口方式打开。

常见的页面布局类型

(1) T 型布局。如图 1.10 所示，具有结构清晰、层次分明、强调秩序、稳定的优点，但也有呆板的感觉。

(2) 口型布局。如图 1.11 所示，具有充分利用版面、信息量大的优点，但也有页面拥挤、不够灵活的感觉。

图 1.10 T 型布局   图 1.11 口型布局

(3) 标题布局。通常为一栏，自上而下依次为网站名称、广告条、导航栏、标题、内容、版权信息等。这种类型的网页具有风格简练、传达内容直观、功能单一的特点，主要用于产品宣传、作品说明和发布的网页。

1.3.6 规划站点的目录结构和链接结构

站点的目录结构是指建网站时创建的目录。本书案例网站的目录结构如下所示。

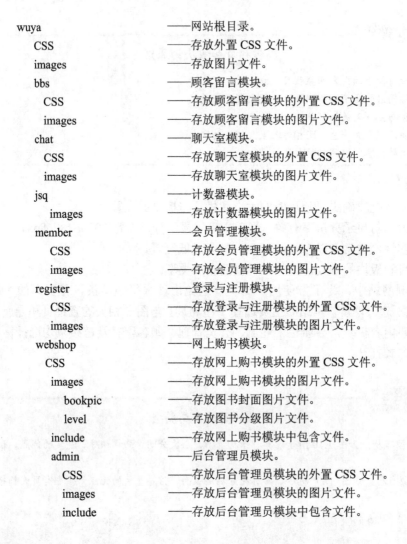

wuya	——网站根目录。
CSS	——存放外置 CSS 文件。
images	——存放图片文件。
bbs	——顾客留言模块。
CSS	——存放顾客留言模块的外置 CSS 文件。
images	——存放顾客留言模块的图片文件。
chat	——聊天室模块。
CSS	——存放聊天室模块的外置 CSS 文件。
images	——存放聊天室模块的图片文件。
jsq	——计数器模块。
images	——存放计数器模块的图片文件。
member	——会员管理模块。
CSS	——存放会员管理模块的外置 CSS 文件。
images	——存放会员管理模块的图片文件。
register	——登录与注册模块。
CSS	——存放登录与注册模块的外置 CSS 文件。
images	——存放登录与注册模块的图片文件。
webshop	——网上购书模块。
CSS	——存放网上购书模块的外置 CSS 文件。
images	——存放网上购书模块的图片文件。
bookpic	——存放图书封面图片文件。
level	——存放图书分级图片文件。
include	——存放网上购书模块中包含文件。
admin	——后台管理员模块。
CSS	——存放后台管理员模块的外置 CSS 文件。
images	——存放后台管理员模块的图片文件。
include	——存放后台管理员模块中包含文件。

 小贴士

规划网站目录结构的原则

(1) 不要将所有文件都存放在根目录下。
(2) 应该按栏目内容建立子目录。
(3) 每个目录下建立独立的 Images 目录。
(4) 子目录的层次不要太深(一般不大于 3)。
(5) 不使用中文目录名,目录不要过长。

  链接结构是页面之间相互连接的拓扑结构。本书案例网站的链接结构通过导航栏实现。
  主页中有 3 处导航栏,分别是头部的导航栏、特色图书查询导航栏和底部的常见问题导航栏。在图书分类查询模块中会根据查询的图书类型链接到动态生成的页面。
  网站链接的深度小于 3,凡与图书和购物有关的信息链接显示在主要内容区域,详情信息显示在新窗口中，窗口中的"返回"按钮能关闭所在的窗口。

网站链接结构的类型

(1) 树状(一对一)：首页→一级页面 →二级页面……。这种结构的效率低。

(2) 星状(一对多)：每个页面间都建链接。这种结构容易产生"迷航"现象。

(3) 混合使用：首页→一级页面→二级页面。

星状　　树状

1.3.7　编写网站策划书

网站策划书是对网站规划的文档，是设计与制作网站的基础和依据。主要内容包括前期调查、网站目标及功能定位、网站技术解决方案、网站内容规划、网页设计、网站维护、网站测试、网站发布与维护、网站建设日程表、费用明细。

1.4　动态网站开发前的准备

开发动态网站不同于静态网站。由于要考虑存储网页和资源的服务器，因此首先要确定服务器的管理模式，一般有自主服务器、虚拟服务器(虚拟主机)，还要确定接入 Internet 的方式，明确服务器的性能以及服务商的服务。

1.4.1　申请域名

在浏览器的地址栏上输入 http://www.cndns.com/，进入如图 1.12 所示的美橙互联网站的首页，体验申请域名的过程。

图 1.12　申请域名（查询域名是否被登录）

一般地，申请域名包括以下步骤。

(1) 确定域名注册代理商。

(2) 搜索域名，查询是否被注册(通过中国互联网络信息中心网站)。

(3) 注册域名。

(4) 注册用户(填写用户名及密码，若已注册过，则不用填申请表)。

(5) 填写注册申请表(Web 方式，要下载表格)。

(6) 确定付款方式，填写发票内容。

(7) 订单确认(产生订单号)。

(8) 域名管理(基本信息修改、DNS 的修改、URL 转发功能)。

互联网服务提供商(ISP)

互联网服务提供商(Internet Service Provider，ISP)是向广大用户综合提供互联网接入业务、信息业务和增值业务的电信运营商。ISP 是经国家主管部门批准的正式运营企业，享受国家法律保护。中国电信、中国移动、中国联通为中国的三大基础运营商。其他的有中国教育和科研计算机网、中国科技网、长城宽带等。

互联网数据中心 (IDC)

互联网数据中心（Internet Data Center，IDC）是电信部门利用已有的互联网通信线路、带宽资源，建立标准化的电信专业级机房环境，为企业、政府提供服务器托管、租用及相关增值等方面的全方位服务。

互联网内容提供商(ICP)

互联网内容提供商(Internet Content Provider，ICP)是向广大用户综合提供互联网信息业务和增值业务的电信运营商。ICP 同样是经国家主管部门批准的正式运营企业，享受国家法律保护。国内知名的 ICP 有新浪、搜狐、163、21CN 等。

1.4.2 接入 Internet

1. 主机方式

用户为自己的机器申请 IP 地址，直接接入 Internet，用户机是一个独立的点，但费用高，申请使用公用通信网络可通过 DDN 专线和 X.25 分组交换网。

需要的设备包括计算机(PC)、网卡、专线 Modem、通信软件，如图 1.13 所示。

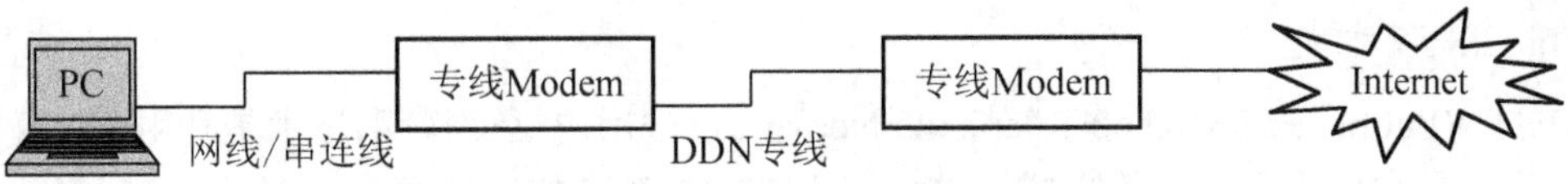

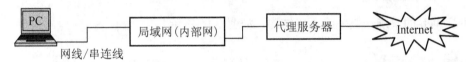

图 1.13 主机方式接入 Internet 示意

2. 局域网方式

局域网方式是指连接成一个文件服务器型的局域网，再把服务器以主机方式接入 Internet。局域网上的用户共享该服务器 IP 地址(内部 IP 地址)，不能直接访问 Internet，也不能被 Internet 用户访问，访问请求由服务器转发(代理服务器)，如图 1.14 所示。

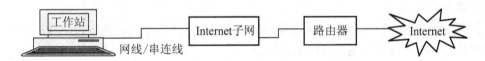

图 1.14 局域网接入 Internet 示意

3. Internet 子网方式

Internet 子网由多台计算机连成一个局域网，申请到足够多的 IP 地址，通过路由器把现有的局域网连接到 Internet 上，不受限制地访问。

需要的设备有路由器、交换机、服务器、PC 工作站和上网专线(DDN 专线、光缆)，如图 1.15 所示。

图 1.15 Internet 子网接入 Internet 示意

4. ADSL/VDSL 方式

非对称数字用户环路(ADSL)是信息高速公路上的快车，具有以下特点：

(1) 速率高：下载速率大于 8Mbit/s，上传速率大于 640Kbit/s。

(2) 频带宽：256 倍以上。

(3) 性能优。

(4) 应用广：家庭办公、远程办公、高速上网、远程教育、远程医疗、VOD 点播。

VDSL 比 ADSL 还要快。短距离内的最大下传速率可达 55Mbit/s，上传速率可达 2.3Mbit/s。

5. Cable-Modem 方式

Cable-Modem(线缆调制解调器)是近年来开始试用的一种超高速 Modem，它利用现成的有线电视(CATV)网进行数据传输。可分为两种：对称速率型和非对称速率型。前者的 Data Upload(数据上传)速率和 Data Download(数据下载)速率相同，都在 500Kbit/s～2Mbit/s；后者的数据上传速率在 500Kbit/s～10Mbit/s，数据下载速率为 2～40Mbit/s。

6. PSTN 方式

PSTN(Published Switched Telephone Network，公用电话交换网)技术是利用 PSTN 通过 Modem 拨号实现用户接入的方式。这种接入方式的最高传输速率为 56Kbit/s，远远不能够满足宽带多媒体信息的传输需求；但由于电话网非常普及，用户终端设备 Modem 很便宜，而且不用申请就可开户，只要家里有计算机，把电话线接入 Modem 就可以直接上网。可见，PSTN 拨号接入方式比较经济，但随着宽带的发展和普及，这种接入方式将被淘汰。

1.4.3 选择软硬件平台

1. 网络的逻辑结构

基于 Web 的系统一般采用 3 层结构，如图 1.16 所示。

图 1.16 B/S 的 3 层结构

Web 服务器：直接面向用户，主要运行 HTTP 服务，提供浏览功能，可运行应用程序的数目取决于网站的大小和实际的负载量，对计算机处理性能要求较高。

中间层：事务处理逻辑，也称为应用服务器。它是最重要的环节，是对不同的数据库操作的接口。

数据库服务器：也称为后台服务器，网站动态数据内容存储的地方，用到的数据库服务器的数目取决于网站的规模和应用的大小。

2. Internet 接入设备

Internet 接入设备主要包括以下方面。

(1) Web 服务器主要考虑多处理器的主板、足够的缓存、足够的内存等技术要求。

(2) 硬盘要考虑速度快、可靠性高等技术要求。

(3) 其他支持的设备包括不间断电源设备(UPS)和网卡。

1.4.4 选择网站建设服务商

随着网络资源服务市场的成熟，主要有三种基本的服务器构建方式：服务器托管、整机租用及虚拟主机。为了满足个人对网站建设的需求，有些服务商还提供了免费的个人空间。随着云技术的发展，还出现了云服务器和云虚拟主机。

1. 服务器托管

在浏览器的地址栏上输入 http://www.todayidc.com/，进入时代互联网的首页，选择导航栏上的"服务器托管"链接，如图 1.17 所示，可见服务器托管的报价。

图 1.17　时代互联网的"服务器托管"页面(部分)

托管服务器是放置在与 Internet 实时相连的网络环境的 ISP 机房的一台服务器，或向其租用一台服务器，客户可以通过远程控制将服务器配置成 WWW、FTP、…，委托给 ISP 保管，将设备放到 IDC 的中心机房或数据中心，通过低速线路远程管理和维护，其特点如下。

(1) 享受 IDC 的优越的硬件设施和资源。

(2) 节约管理和维护人员等开支，并能保障网络安全防护。

(3) 具有独享性，既不会因主机负载过重而导致服务器性能下降或瘫痪，也不会因共享资源而影响响应速度和连接速度。

(4) 适合于对安全性和稳定性要求比较高的企业和团体，如 OA 系统和内部数据管理系统。

2. 租用服务器

在时代互联网的首页，选择导航栏上的"服务器租用"链接，如图 1.18 所示，可见服务器租用的报价。

图 1.18　时代互联网的"服务器租用"页面(部分)

租用服务器的用户无须自己购买主机，只需根据自己业务的需要，提出对硬件配置的要求，主机服务器由 IDC 配置，用户采取租用的方式，安装相应的系统软件及应用软件以实现用户独享专用高性能服务器,其特点如下。

(1) 便捷和低价。相对于购买独享的服务器,租用一台服务器上的空间就能满足要求,能为用户节省很多费用。

(2) 部署简单、方便。IDC 能够根据用户需求提供最适合的系统。

(3) 即买即用。用户根据需求购买或不购买,从而避免产生硬件垃圾。

(4) 适合于对访问量不大的网站。如企业网站初期。

3. 虚拟主机

在浏览器的地址栏上输入 http://www.west.cn,打开西部数据网站的首页,选择导航栏上的"虚拟主机"链接,进入如图 1.19 所示的页面。

图 1.19 万网提供的主机服务器价格页面(部分)

虚拟主机指租用 IDC 服务器硬盘空间,使用特殊的软硬件技术,把一台计算机主机分成许多台虚拟的主机,每台虚拟主机都有独立的域名或 IP 地址(共享 IP)并有完整的 Internet 服务器。按租用的空间大小和网络带宽资源收费。其优点是省去了全部硬件投资,缺点是不能支持高访问量,适合于搭建小型网站。

虚拟专用服务器(Virtual Private Server,VPS)是利用虚拟服务器软件(如微软的 Virtual Server、VMware 的 ESX server、SWsoft 的 Virtuozzo)在一台物理服务器上创建多个相互隔离的小服务器。这些小服务器本身就有自己的操作系统,它的运行和管理与独立服务器完全相同。虚拟专用服务器确保所有资源为用户独享,给用户最高的服务品质保证,让用户以虚拟主机的价格享受到独立主机的服务品质。

4. 云服务器

图 1.19 中还看到了"云服务器"链接,单击这个链接,观察对云服务器的报价信息。

在浏览器的地址栏上输入 http://www.now.cn/vhost/index_new.php,进入如图 1.20 所示的时代全能云虚拟主机的页面。图 1.20 列出了云虚拟主机的配置信息,右侧也有传统的虚拟主机的入口,从中可以比较云服务器、云虚拟主机和虚拟主机的区别。

图 1.20　时代互联网提供的云虚拟主机页面(部分)

　　云服务器是一种简单高效、安全可靠、处理能力可弹性伸缩的计算服务。其管理方式比物理服务器更简单高效。用户不需要提前购买硬件，即可迅速创建或释放任意多台云服务器。云服务器能实现快速构建更稳定、安全的应用，并且能降低开发及运行与维护的难度和整体 IT 成本，使用户能够更专注于核心业务的创新。

　　云虚拟主机是对云服务器的进一步划分。通过虚拟主机管理软件，把云服务器分割成100M、200M 等型号的小型空间。云虚拟主机是中小型企业建站的最佳选择。

　　5.　个人空间

　　在浏览器的地址栏上输入 http://www.free789.com/webspace/php，进入如图 1.21 所示的全球免费中心网站的 PHP 免费空间页面。其中列出了最新的 PHP 免费空间信息，从中可以进行比较，选择所需要的服务商以建立个人空间。

图 1.21　free789 免费中心网站的 PHP 免费空间页面

　　个人空间以个体形式制作和发布网站，并提供网络服务。网上提供的个人主页空间分免费和收费两种，其特点如下。

(1) 空间一般都比较小，但费用低。

(2) 支持服务器端脚本、电子商务和其他工具有限。

(3) 适用于发布个人信息。

 本章总结

本章从体验入手，介绍了动态网站的特点、运行机制和开发流程，并通过对网上书店案例的规划，解析了动态网站规划的内容、过程和方法，为进一步学习奠定了基础。

 思考练习

(1) 辨析以下概念：

① 网站、网页和主页。

② 客户端、浏览器和服务器。

③ HTML、JavaScript 和 PHP。

④ 数据文件和数据库。

⑤ 域名、IP 地址和 URL。

(2) 画图描述：

① 客户端、服务器端与数据库之间的关系。

② 服务器解析程序时的数据流。

(3) 简要说明动态网站的开发和静态网站开发在流程上的不同之处。

 实践项目

项目 1-1　编写网站规划说明书

项目目标：

(1) 浏览电子商务网站，如当当网、上海书城等网站，了解网上书店的内容和功能。

(2) 浏览时代互联网站、网人科技、第一主机屋等网站，了解建站的模式和费用。

(3) 写一份"网上书店"的网站建设规划书。

项目 1-2　梳理网站建设中对服务器的认识

项目目标：

(1) 通过维基百科、百度文库等网上资源调研几种典型的服务器类型。

(2) 区分开发网站中的服务器与 IDC 提供的服务器。

(3) 从不同的角度列表描述这些服务器的优缺点和适用范围。

项目 1-3　调研网上免费 PHP 空间

项目目标：

(1) 使用百度、Google 等搜索工具搜索有关免费 PHP 空间的信息。

(2) 写一份关于"网上免费空间"的调研报告。

相关资源

(1) 中国万网：http://wanwang.aliyun.com。

(2) 易网中国：http://www.idcca.com。

(3) 中华数据：http://www.chinese.bj.cn。

(4) 网人科技：http://www.wangren.com。

(5) 第一主机：http://www1.com.cn。

(6) 时代互联：http://www.todayidc.com。

(7) 免费空间：http://www. free.v.do。

第 2 章

动态网站编程环境

学习目标

通过本章的学习，能够使读者：

(1) 理解动态网页编程环境的构成要素。

(2) 掌握动态网页编程环境的安装方法。

(3) 了解与动态网页编程环境相关的配置文件。

学习资源

本章为读者准备了以下学习资源：

(1) 示范案例：展示"动态网站编程环境的搭建"的过程和方法，对应本章的 2.4~2.5 节。案例所需的软件存放在"教学资源/ch2/software"中，也可从对应节的下载资源中获得。

(2) 技术要点：描述"动态网站编程环境的构成要素"以及"PHP 动态网站集成开发工具"，对应本章的 2.1 节和 2.6 节。

(3) 实验项目：要求参考示范案例，自己配置学习 PHP 动态网站开发的环境。

学习导航

在学习过程中，建议读者按以下顺序学习：

(1) 解读动态网站编程环境的构成要素，这是配置 PHP 开发环境和开发 PHP 动态网站的基础。

(2) 模仿练习：选择一个 PHP 集成开发工具，如 AppServ，按照实现步骤重现案例。

(3) 扩展练习：通过网络搜索，了解 PHP 集成开发工具，学习安装和配置 PHP 集成开发环境。

学习过程中，提倡结对或 3 人组成学习小组，采取分工合作，交流学习的心得、经验和体会，也能培养协作精神，会得到更多的收获。

案例描述

本章案例是搭建动态网站的编程环境，详细地介绍在 Windows 操作系统上安装、配置和测试动态网页编程环境的方法和过程。

动态网页编程环境包括服务器端程序 Apache、编程语言 PHP、数据库 MySQL 及图形化数据库 MySQL 的管理系统 phpMyadmin。因此，需要对这 4 个软件分别进行安装，也可以使用组合了这 4 个软件的软件包，如 AppServ。

预备知识

2.1　动态网页编程环境的构成要素

要搭建动态网页的编程环境，首先要认识编程环境的构成要素。构成动态网页的编程环境的要素包括操作系统、服务器端程序、编程语言和数据库。

2.1.1　操作系统

1. UNIX/Linux

UNIX 是由贝尔实验室研发的多用户、多任务、支持多种处理机架构的操作系统，具有可靠性强、伸展性突出、安全性高、技术成熟等特点。

Linux 是免费的、与 UNIX 完全相容的操作系统(作业系统)，是当前主流操作系统之一。

2. Windows

Windows 是 Microsoft 公司推出的多任务图形化操作系统，具有易用、速度快、集娱乐和网络等功能于一体的特点，是当前主流操作系统之一。

目前的操作系统主要有 32 位和 64 位，在其上运行的软件也有这样的划分。

2.1.2　服务器端程序

1. Apache

Apache 支持多种 Web 编程语言，具有开源性、安全性好、扩展性高、多平台上可用等特点。Apache 是 Linux/UNIX 内定的服务器程序，也有 Windows 版本。

2. IIS

IIS 是 Windows 的一个组件，需要 Windows NT Server 支持。它支持与语言无关的脚本编写和组件并直接支持 ASP。

2.1.3　程序语言

1. PHP

PHP(Hypertext Preprocessor)是一种 HTML 内嵌式的、在服务器端执行的脚本语言，其

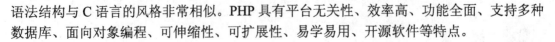

语法结构与 C 语言的风格非常相似。PHP 具有平台无关性、效率高、功能全面、支持多种数据库、面向对象编程、可伸缩性、可扩展性、易学易用、开源软件等特点。

2. ASP/ ASP.NET

ASP(Active Server Pages)是 Microsoft 公司开发的一种后台脚本语言，其语法和 Visual Basic 类似，可以像 SSI(Server Side Include)那样把后台脚本代码内嵌到 HTML 页面中，简单易用，但平台相关性和安全性使其具有一定的局限性。ASP.NET 借鉴了 Java 技术的优点，使用 C#语言作为 ASP.NET 的推荐语言，同时改进了以前 ASP 的安全性差等缺点。

3. JSP

JSP(Java Server Pages)是 Sun 公司的 J2EE(Java 2 platform Enterprise Edition)应用体系中的一部分。其主要特点是平台无关性、效率高、安全性好。

2.1.4 数据库

1. MySQL

MySQL 是完全网络化的跨平台关系数据库系统，具有 C/S 体系结构和分布式数据库管理系统的特点。可利用许多语言编写访问 MySQL 数据库的程序。其主要优点有支持千万条记录的数据仓库、适应所有平台、开源、使用简单、安装方便。

2. SQL Server

SQL Server 是 Microsoft 公司在 Windows 平台上开发的关系数据库系统。具有易于使用、兼容性好、适应性较强的特点，也是 C/S 体系结构，并结合了电子商务的特点，如数据仓库、在线商务、OLAP 等。

3. Oracle

Oracle 是 Oracle 公司开发的关系数据库系统。采用 C/S 体系结构，具有易于使用、兼容性好、移植性好的特点，并提供完整的电子商务服务。

4. PostgreSQL

与 MySQL 一样，PostgreSQL 也是一个开源数据库管理系统，提供了外键、子选项、事务、触发器和视图等功能。

2.1.5 基于 PHP 常见动态网站开发环境

根据动态网页编程环境的构成要素，基于 PHP 的动态网站开发环境有以下组合。

1. 组合 1

在 Linux/UNIX 上安装 PHP 和 MySQL，即所谓的 LAMP：Linux+Apache+PHP+MySQL。

2. 组合 2

在 Windows 上安装 Apache、PHP 和 MySQL，并配置为协调工作的编程环境，即 Windows+Apache+PHP+MySQL。

3.　组合 3

在包含 IIS 组件的 Windows 上安装 PHP 和 MySQL 并配置为协调工作的编程环境，即 Windows+IIS+PHP+MySQL。

根据系统的规模，也可以选择其他数据库系统。

本书建议的动态网页编程环境的主要参数如表 2.1 所示。

表 2.1　配置动态网页编程环境的主要参数

计算机环境	64 位	32 位	其他
操作系统	Windows 10	Windows 7	
服务器端程序	Apache 2.4.18 x64_vc11	Apache 2.4.18 x32_vc11	VC11
程序语言	php-5.6.17-Win32-vc11-x64.zip	php-5.6.17-Win32-vc11-x86.zip	VC11
数据库	mysql-5.6.28-winx64.zip	mysql-5.6.28-winx32.zip	
数据库管理系统	phpMyAdmin-4.5.4.1-all-languages.zip	phpMyAdmin-4.5.3.1-all-languages.zip	
集成包	AppServ8.0		VC14
网页开发环境	Dreamweaver 或记事本		
浏览器	IE 或 Firefox 或其他的浏览器		

2.2　安装和配置 Apache

在本地机上按照下述步骤体验安装过程。

2.2.1　安装 Apache 前的准备

1.　下载 Apache

(1) 在浏览器的地址栏上输入 http://httpd.apache.org/，进入如图 2.1 所示的页面。

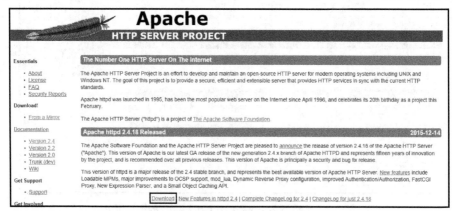

图 2.1　Apache 官方网站主页

(2) 找到 Apache httpd 2.4.18 Released 区域，选择"Download"链接，进入图 2.2 所示的页面。

图 2.2　选择下载 Apache httpd 2.4.18 方式的链接

(3) 找到 Apache HTTP Server 2.4.18(httpd):2.4.18 is the lastest available version 区域，选择"Files for Microsoft Windows"链接，进入图 2.3 所示的页面。

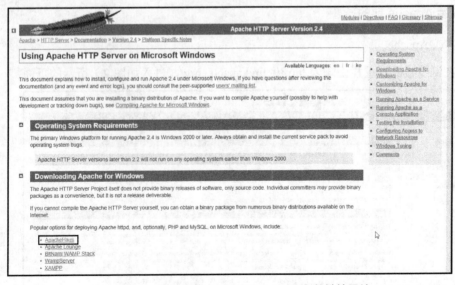

图 2.3　选择下载 Apache httpd 2.4.18 的链接网站

(4) 找到 Downloading Apache for Windows 区域，选择"ApacheHaus"或"Apache Lounge"链接，进入图 2.4 所示的页面。

⚠️注　ApacheHaus 和 Apache Lounge 都是第三方下载平台，在其网站可下载独立的 Apache 压缩包。另外 3 个是集成开发环境。

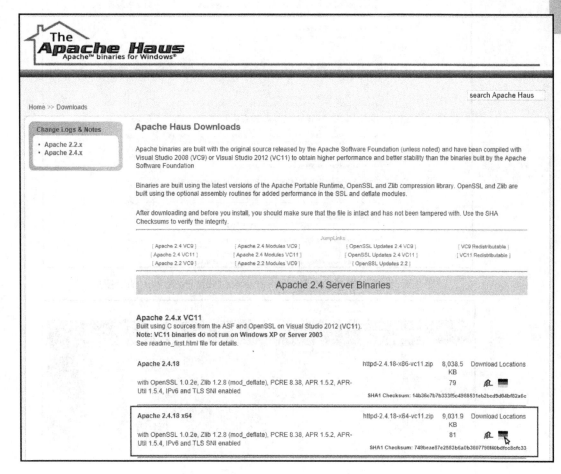

图 2.4　选择下载 Apache 2.4.18 x64 压缩文件包

(5) 找到 Apache 2.4 Server Binaries 区域，选择 Apache 2.4.x VC11 下方的"Apache 2.4.18 x64"链接，单击■图标进入下载页面。把文件下载到指定的文件夹中，下载完成后可见图 2.5 所示的压缩文件包。同时，页面跳转到图 2.6 所示的选择下载 Visual Studio Redistributable Packages 的链接页面。

httpd-2.4.18-win64-VC11

图 2.5　下载的 Apache 2.4.18 x64 压缩文件包

⚠️注　如果计算机上没有安装 VC11，就选择 Microsoft Visual C++ 2012 Redistributable 区域的"Direct Download Link"链接，进入图 2.7 所示的页面下载并安装它。

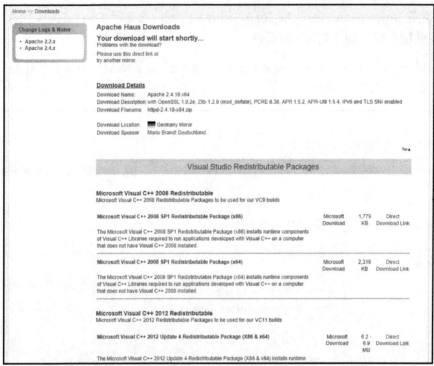

图 2.6 选择下载 Visual Studio Redistributable Packages 的链接页面

图 2.7 Visual C++ Redistributable for Visual Studio 2012 Update 4 下载页面

2. 删除本地机上 Apache 以前的版本

(1) 通过"开始"→"控制面板"→"程序与功能"卸载 Apache 以前的版本。

(2) 删除原始 Apache 文件夹及其所有内容。

2.2.2 安装 Apache

1. 创建安装目录

(1) 创建安装文件夹。在 D 盘上建立文件夹 wamp。

(2) 把下载的压缩包解压到 wamp 文件夹下，并修改文件夹名为 Apache24，如图 2.8 所示。

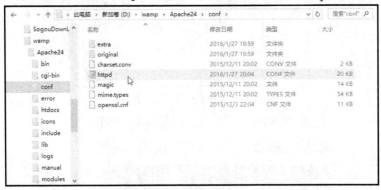

图 2.8 解压缩下载包

(3) 在 D:/ wamp 下创建文件夹 www，作为虚拟主机的目录，即创建站点的根目录。

2. 修改配置文件 httpd.conf

(1) 如图 2.8 所示，找到文件 httpd.conf，用 Dreamweaver 打开它，如图 2.9 所示。

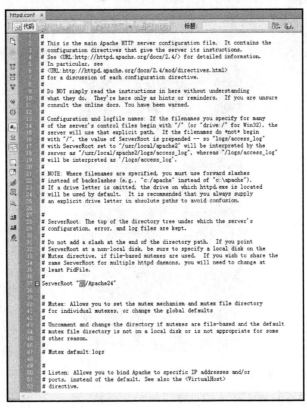

图 2.9 用 Dreamweaver 打开 httpd.conf

(2) 使用"编辑"菜单中的"查找替代"选项,用 D:/wamp/替换 c:/,如图 2.10 所示。
修改了文档中的 ServerRoot, Documenroot, Directories, ScriptAlias 等参数,如图 2.11 所示。

图 2.10　查找替换安装路径

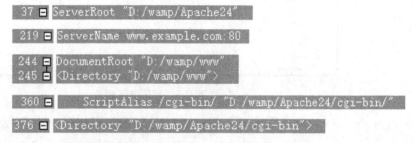

图 2.11　配置文件 httpd.conf 的修改行

(3) 保存修改后的 httpd.conf 文件并关闭记事本。

3. 安装 Server 服务

(1) 右击左下角的"开始"菜单,选择"命令提示符(管理员)"选项,如图 2.12 所示。

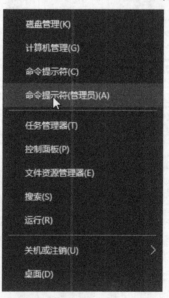

图 2.12　以管理员身份启动"命令提示符"

(2) 使用 DOS 命令改变当前工作目录,如图 2.13 所示。

(3) 输入安装服务命令：httpd -k install –n "apache24"，如图 2.14 所示。

选择管理员: 命令提示符
Microsoft Windows [版本 10.0.10586]
(c) 2015 Microsoft Corporation。保留所有权利。
C:\WINDOWS\system32>d:
D:\>cd wamp/apache24/bin
D:\wamp\Apache24\bin>

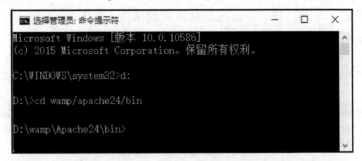

图 2.13　使用 DOS 命令改变当前工作目录

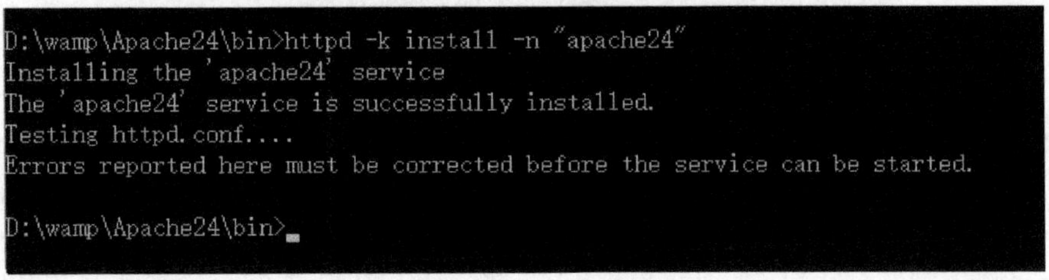
D:\wamp\Apache24\bin>httpd -k install -n "apache24"
Installing the 'apache24' service
The 'apache24' service is successfully installed.
Testing httpd.conf....
Errors reported here must be corrected before the service can be started.
D:\wamp\Apache24\bin>

图 2.14　使用 httpd 命令安装 Apache24 服务

注　命令行下方的报告安装成功，但测试配置文件 httpd.conf，提示有些错误配置需要纠正。但不影响 Apache24 服务的启动。

2.2.3　启动 Apache

使用 ApacheMonitor 能方便地启动和停止 Apache 服务。

(1) 找到文件夹 Apache24/bin 下的 ApacheMonitor 程序文件，如图 2.15 所示。

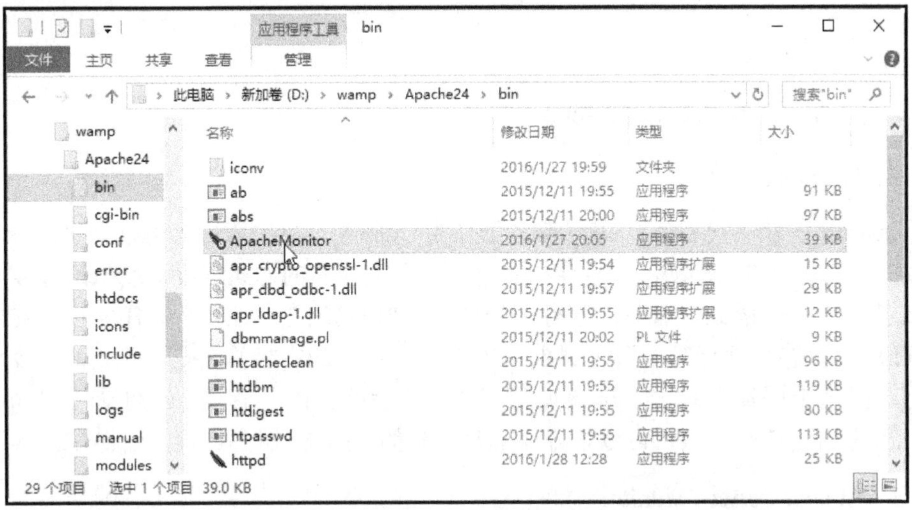
应用程序工具
bin
文件
主页
共享
查看
管理
此电脑 › 新加卷 (D:) › wamp › Apache24 › bin
搜索"bin"
wamp
Apache24
bin
cgi-bin
conf
error
htdocs
icons
include
lib
logs
manual
modules
名称
修改日期
类型
大小
iconv 2016/1/27 19:59 文件夹
ab 2015/12/11 19:55 应用程序 91 KB
abs 2015/12/11 20:00 应用程序 97 KB
ApacheMonitor 2016/1/27 20:05 应用程序 39 KB
apr_crypto_openssl-1.dll 2015/12/11 19:54 应用程序扩展 15 KB
apr_dbd_odbc-1.dll 2015/12/11 19:57 应用程序扩展 29 KB
apr_ldap-1.dll 2015/12/11 19:55 应用程序扩展 12 KB
dbmmanage.pl 2015/12/11 20:02 PL 文件 9 KB
htcacheclean 2015/12/11 19:55 应用程序 96 KB
htdbm 2015/12/11 19:55 应用程序 119 KB
htdigest 2015/12/11 19:55 应用程序 80 KB
htpasswd 2015/12/11 19:55 应用程序 113 KB
httpd 2016/1/28 12:28 应用程序 25 KB
29 个项目　选中 1 个项目 39.0 KB

图 2.15　找到 Apache24/bin 下的 ApacheMonitor 应用程序文件

(2) 双击图 2.15 所示的 ApacheMonitor 应用程序文件，可在任务栏的右端看到一个小

图标 , 单击它，出现图 2.16 所示的 Apache Service Monitor 窗口。

(3) 双击右侧的"Start"按钮，其内的红点变成绿色，如图 2.17 所示。同时任务栏的右端的小图标也发生了变化，变成了 ![]。

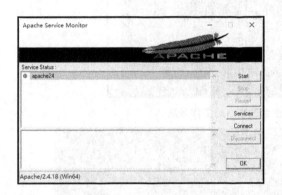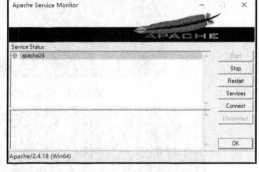

图 2.16 Apache Service Monitor 窗口　　　图 2.17 Apache Service Monitor 窗口_Start

2.2.4 测试 Apache

在浏览器地址上栏输入 http://localhost/或者 http://127.0.0.1/，按 Enter 键，就可以看到如图 2.18 所示的页面，表示 Apache 服务器已安装成功。

(a)　　　　　　　　　(b)

图 2.18 在浏览器上测试 Apache 服务

 案例扩展

2.2.5 在 Windows 上管理 Apache

1. Windows 任务栏

Apache 的默认安装会将 Web 服务器作为一种 Windows 服务来运行。这意味着在开启计算机时，它会自动启动，并且会在后台以不引人注意的方式运行，Apache 2.4 把一个图标(像托盘中的一根红色羽毛，带有一个白色的圆点)放在 Windows 任务栏的右侧，标志 Apache 的状态，运行时，白色圆点中出现一个绿色的右指箭头 ![]，停止时，变成红色圆点 ![]，在这个图标上单击，出现如图 2.16 所示的界面，有 Start(启动)、Stop(停止)、Restart(重启动)3 个选项，可以很方便地对安装的 Apache 服务进行上述操作。

2. Apache Service Monitor

对图 2.17 所示 Apache Service Monitor(Apache 服务管理器)窗口中的要素说明如下：

(1) 顶部窗格显示安装了哪些 Apache 服务，底部的窗格显示来自 Apache 的消息，右

侧命令按钮提供了开始、停止或重启操作。

(2) "OK" 按钮：将 Apache Service Monitor 最小化为任务托盘。

(3) "Services" 按钮：启动 "Windows 服务" 窗口。

(4) "Connect" 按钮：连接到网络上的其他计算机，从而可以控制安装在它们上面的服务。

(5) "Disconnect" 按钮：断开与网络上的计算机之间的连接。

(6) "Exit" 按钮：关闭并从任务托盘中删除图标。

3. 更改启动首选参数或者禁用 Apache

若不想卸载只是停用 Apache，可以将其切换为手动操作或者禁用它。

(1) 在 Apache Service Monitor 窗口中单击 "Services" 按钮，或单击 "开始" → "计算机管理" → "服务" 选项，打开 Windows 服务窗口，如图 2.19 所示。

图 2.19　Windows 服务窗口

(2) 双击 "apache24"，打开 "apache24 的属性" 对话框，如图 2.20 所示。

(3) 从 "启动类型" 下拉列表中选择 "自动" "手动" 或 "已禁用"，也可以单击选用 "服务状态" 下方的相应按钮设定 apache24 服务的状态。

注　只要安装了 apache 24，在每次启动计算机时，状态图标都将显示在任务栏托盘中。

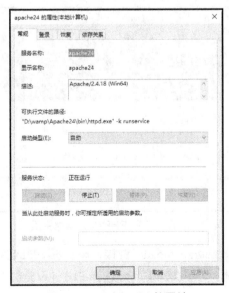

图 2.20　apache 24 的属性

4. 删除 Apache

(1) 在"命令提示符"窗口中,输入 httpd -k uninstall –n "apache24",如图 2.21 所示。

图 2.21　使用 httpd 命令卸载 apache24 服务

(2) 回到图 2.20 所示的服务窗口中不见了 apache24 服务,如图 2.22 所示。

图 2.22　Windows 服务窗口卸载了 apache24 服务

2.3　安装和配置 PHP

2.3.1　安装 PHP 前的准备

1. 下载 PHP

(1) 在浏览器的地址栏上输入 http://www.php.net/,进入图 2.23 所示的界面。

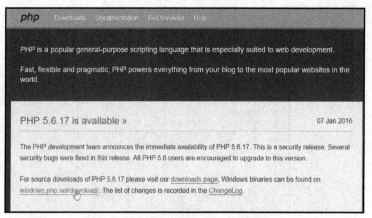

图 2.23　PHP 官方网站主页

(2) 找到"Windows.php.net/download/"链接,单击进入 http://windows.php.net/download/ 页面,选择适用的 PHP 版本,如图 2.24 所示。选择 PHP 5.6(5.6.17)区域的"VC11 x64 Thread Safe"的 ZIP。

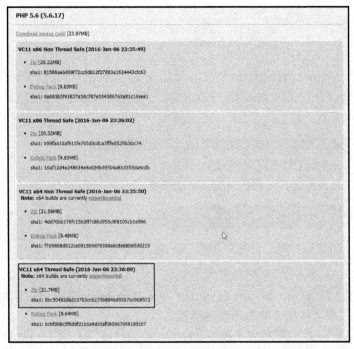

图 2.24　在 windows.php.net/download/页面上选择下载的 PHP 版本

php-5.6.17-Win
32-VC11-x64

图 2.25　下载的压缩包

(3) 将文件保存到硬盘上的临时文件夹中，如图 2.25 所示。

2. 删除本地机上 PHP 以前的版本

(1) 备份 Windows 文件夹(主要是 php.ini)和 System32 子文件夹中任何与 PHP 相关的文件(php.ini、php4ts.dll、php5ts.dll 和以 php 开头的 DLL 文件)。

(2) 删除 Windows 文件夹(主要是 php.ini)和 System32 子文件夹中任何与 PHP 相关的文件(php.ini、php4ts.dll、php5ts.dll 和以 php 开头的 DLL 文件)。

(3) 删除 Windows 文件夹的 libmysql.dll 的副本文件。

2.3.2　安装 PHP

将下载的文件 php-5.6.17-Win32-VC11-x64.zip 解压缩到 wamp 文件夹下，修改文件夹名为 php。查看 php 文件夹内容，有 39 个文件和文件夹，如图 2.26 所示。

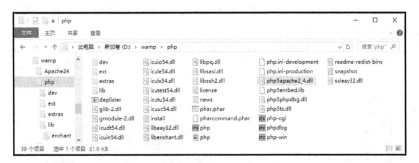

图 2.26　查看解压缩后的 php 文件夹内容

2.3.3 配置 PHP

1. 修改 php.ini

在 D:/wamp/php 中找到"php.ini-development"文件,复制该文件,并重命名为"php.ini",可见图标发生了变化,可以通过任何文本编辑器打开它;如在 Dreamweaver 中打开它,做如下几处修改,如图 2.27 所示。

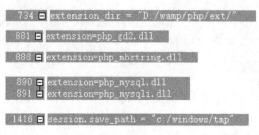

图 2.27 php.ini 的修改行

(1) 找到第 734 行,如图 2.27 所示,修改为 extension_dir="D:/wamp/php/ext/",这是一个文件夹的名称,PHP 将在这个文件夹中寻找需要的扩展。

(2) 找到 php.ini 中的第 878 行,看到一个名为 extensions 的长列表,这是 Dynamic Extensions 区域的开始行,它们大多数被作为注释(行首是";"),这些扩展可以向 PHP 的核心功能中添加额外的特性。可以在任何时间启用其中的任何扩展,即选择要启用的扩展所在行的开始处删除分号,如图 2.27 所示加载所要的扩展。

小技巧

extension= php_gd2.dll: 启用 GD 库,使用它能操作图像。

extension= php_mbstring.dll: 启用对多字节字符集的支持,若在英文环境下,则不需要这个扩展,目前 MySQL4.1 以上版本用 UTF-8 存储字符,UTF-8 就是多字节字符集。

extension= php_mysql.dll: 启用与 MySQL 相关的代码库。

extension= php_mysqli.dll: 启用 MySQL Improved 扩展。

(3) 找到第 1416 行,如图 2.27 所示,删除行首的分号";",并把引号中的设置改为本地机的 Temp 文件夹,大多数 Windows 是 C:\windows\temp。

(4) 保存文件 php.ini。

2. 把 PHP 添加到 Windows 启动过程

如果启用了扩展模块,就要指明模块的位置,否则重启 Apache 的时候会提示"找不到指定模块"的错误,这里介绍一种最简单的方法,直接将 PHP 安装路径、相应的 ext 路径指定到 Windows 系统路径中。

(1) 选择"开始"→"控制面板"→"系统"选项,进入"系统"对话框,如图 2.28 所示。

图 2.28 "系统"对话框

（2）单击"高级系统属性"链接，进入"系统属性"对话框，选择"高级"标签，如图 2.29 所示。

（3）单击"环境变量"按钮，弹出"环境变量"对话框，在"系统变量"区域，找到"Path"变量，如图 2.30 所示。

图 2.29　"系统属性"对话框

图 2.30　设置环境变量

（4）单击"编辑"按钮，弹出"编辑系统变量"对话框，选中列表栏中的某个选项，再单击"编辑文本"按钮，参看图 2.32，弹出"编辑系统变量"对话框，在"变量值"文本框内单击，并把光标移到现有值的末尾，输入分号，在其后输入 PHP 文件夹的名称(;D:\wamp\php;D:\wamp\php\ext)，如图 2.31 所示。

⚠ 注　在现有值后面或在新路径名中应该不含空格。

图 2.31　编辑环境变量_编辑文本

（5）单击"确定"按钮，返回"编辑系统变量"对话框，如图 2.32 所示，可见添加的值。依次单击"确定"按钮，关闭所有对话框。

图 2.32 编辑环境变量_编辑文本后

这样，当重新启动计算机时，Windows 操作系统将知道在哪里找到所有必要的文件来运行 PHP。

3. 配置 Apache 与 PHP 协同工作

修改 Apache 的配置文件 httpd.conf，将 PHP 以 module 方式与 Apache 相结合，使 PHP 融入 Apache。在 Dreamweaver 中打开文件 httpd.conf，如图 2.33 所示，修改以下几处代码。

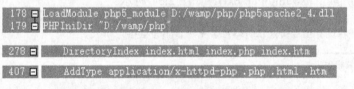

图 2.33 配置文件 httpd.conf 的修改行

(1) 加载 PHP 5 模块。找到第 178 行，这是一个以 LoadModule 开头的项目列表，在最后一行后，添加两个新行，一行指出以 module 方式加载 PHP，另一行指明 PHP 的配置文件 php.ini 的位置，如图 2.33 所示。

小技巧

① 如果 PHP 安装目录有空格，如"C:\Program Files"，那么在此处添加目录路径可能会报错，原因是 Apache 会把空格作为两个参数的间隔。

解决方法一：重新把 PHP 安装到其他目录，注意不要有空格。

解决方法二：把 C:\Program Files 变为 C:\Program~Files，这样实际目录变成了 C:\Program。

② 表示 PHP 安装在 C:\php5 中，注意路径名中使用正斜杠 "/"。

(2) 设置首页执行的顺序。找到第 278 行，在行尾追加如图 2.33 所示的代码，表示主页执行的顺序。

（3）添加可以执行 PHP 的文件类型。找到第 406 行，添加一行，定义扩展来指定媒体的类型，如图 2.33 所示。

小技巧

也可以加入更多，实质就是添加可以执行 PHP 的文件类型，如

AddType application/x-httpd-php .html

AddType application/x-httpd-php .htm　.html 或 htm 文件也可以执行 PHP 程序了

AddType application/x-httpd-php .txt　让普通的文本文件格式也能运行 PHP 程序

（4）保存文件 httpd.conf。

2.3.4　测试 PHP

（1）在指定的服务器上创建测试文件。

① 在 Dreamweaver 中编写如下代码。

```php
<?php
    phpinfo();
?>
```

② 以 phpinfo.php 为名，把文件保存在 D:/wamp/www 文件夹下。

（2）确认已经启动了 Apache。

（3）打开浏览器，在地址栏输入 http://127.0.0.1/phpinfo.php。

图 2.34 所示的界面显示的是 PHP 的配置信息。

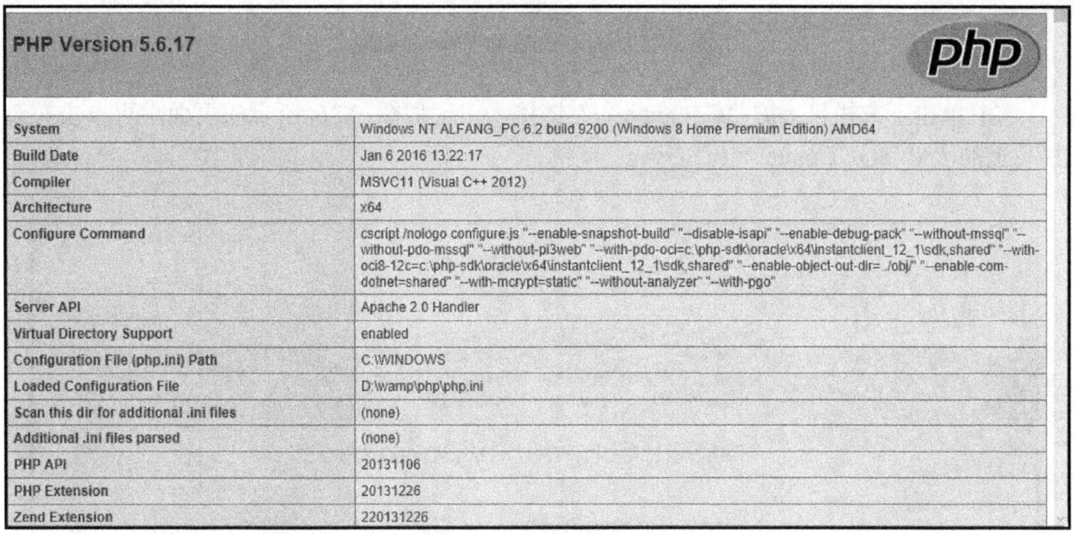

PHP Version 5.6.17		php
System	Windows NT ALFANG_PC 6.2 build 9200 (Windows 8 Home Premium Edition) AMD64	
Build Date	Jan 6 2016 13:22:17	
Compiler	MSVC11 (Visual C++ 2012)	
Architecture	x64	
Configure Command	cscript /nologo configure.js "--enable-snapshot-build" "--disable-isapi" "--enable-debug-pack" "--without-mssql" "--without-pdo-mssql" "--without-pi3web" "--with-pdo-oci=c:\php-sdk\oracle\x64\instantclient_12_1\sdk,shared" "--with-oci8-12c=c:\php-sdk\oracle\x64\instantclient_12_1\sdk,shared" "--enable-object-out-dir=./obj/" "--enable-com-dotnet=shared" "--with-mcrypt=static" "--without-analyzer" "--with-pgo"	
Server API	Apache 2.0 Handler	
Virtual Directory Support	enabled	
Configuration File (php.ini) Path	C:\WINDOWS	
Loaded Configuration File	D:\wamp\php\php.ini	
Scan this dir for additional .ini files	(none)	
Additional .ini files parsed	(none)	
PHP API	20131106	
PHP Extension	20131226	
Zend Extension	220131226	

图 2.34　测试 PHP 的配置信息

2.4　安装和配置 MySQL

2.4.1　安装 MySQL 前的准备

1．下载 MySQL

(1) 在浏览器的地址栏上输入 http://www.mysql.com/，进入 MySQL 官方网站的主页，单击"Downloads"标签，进入如图 2.35 所示的页面。

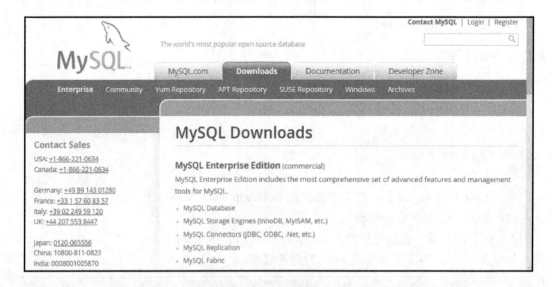

图 2.35　MySQL 官网_Downloads

(2) 单击下方栏目上的"Community"链接，出现如图 2.36 所示的页面，再单击左侧栏目上的"MySQL Community Server"链接。

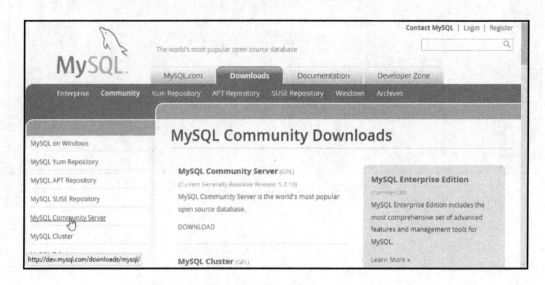

图 2.36　MySQL 官方网站_Downloads_Communcity

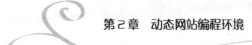

（3）找到"Looking for previous GA versions?"区域，选择 MySQL Community Server 5.6.x Windows (x86,64bit), ZIP Archive 版本，单击其后的"download"链接下载，如图 2.37 所示。

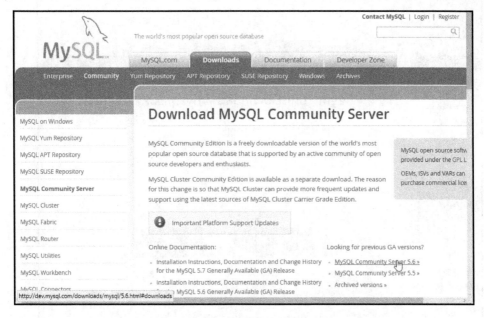

图 2.37　选择 MySQL Community Server 5.6.x

（4）在 MySQL Installer 5.6 for Windows 区域，选择 Windows (x86,64-bit), ZIP Archive 版本，单击其后的"download"链接下载，如图 2.38 所示。

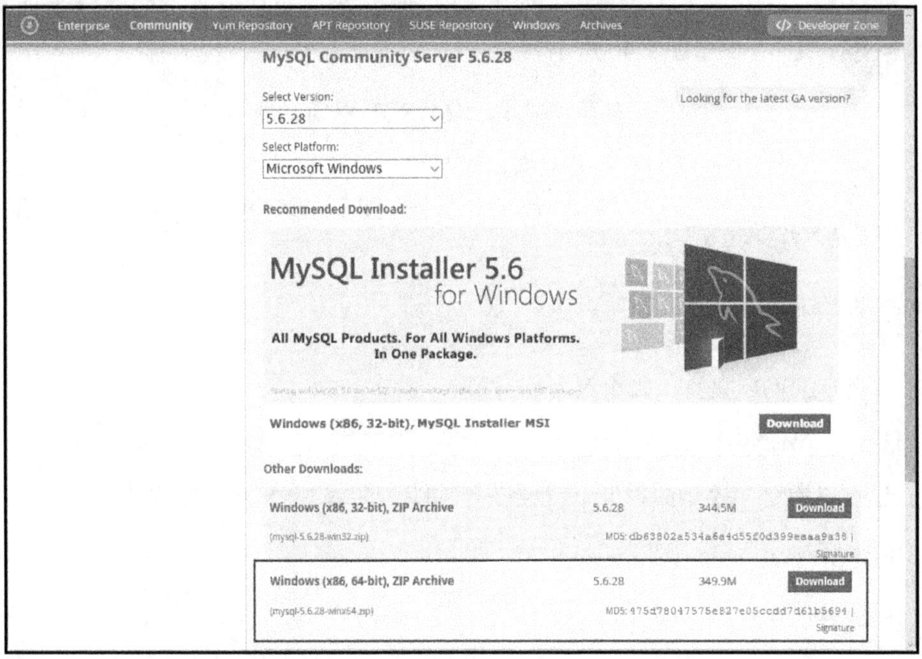

图 2.38　MySQL Community Server 5.6.28 下载区域

(5) 选择非登录非注册的下载方式，单击下方的"No thanks，just start my download."链接，如图 2.39 所示。

图 2.39　选择非登录非注册的下载方式

mysql-5.6.28-wi
nx64

图 2.40　下载的 MySQL

(6) 遵循页面指导，把文件下载到硬盘上的临时文件夹中，如图 2.40 所示。

2. 删除本地机上 MySQL 以前的版本

(1) 备份数据，以后可以恢复这些数据。

(2) 停止 MySQL 服务，如在 Windows "命令提示符" 窗口，输入命令：

```
...>cd c:\mysql\bin
c:\mysql\bin>NET STOP MySQL
```

(3) 删除 MySQL 服务，如输入命令：

```
c:\mysql\bin>mysqlld --remove
```

(4) 也可以通过"控制面板"→"程序与功能"卸载 MySQL 现有的版本。

2.4.2　安装 MySQL

1. 创建安装目录

将下载的文件 mysql-5.6.28-winx64.zip 解压缩到 wamp 文件夹下，修改文件夹名为

mysql。查看 mysql 文件夹内容，有 3 个文件和 5 个文件夹，如图 2.41 所示。

图 2.41　查看解压缩后的 MySQL 文件夹内容

2．修改配置文件 my.ini

在 D:\wamp\mysql 中找到"my-default.ini"文件，复制该文件，并重命名为"my.ini"，在 Dreamweaver 中打开它，做如下几处修改，如图 2.42 所示。

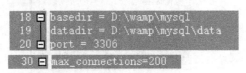

图 2.42　my.ini 的修改行

(1) 找到第 18 行，如图 2.42 所示，修改为 basedir=D:\wamp\mysql，这里添加的是存放 mysql 的目录。

(2) 找到第 19 行，如图 2.42 所示，修改为 datadir=D:\wamp\mysql\data，这里添加的是存放 mysql 下 data 的目录，用户所建的数据库文件就存储在这个文件夹中。

⚠️**注**　将前面的注释符"#"去掉，注意这里的斜杠是反斜杠"\"。

(3) 找到第 20 行，如图 2.42 所示，修改为 port=3304，这里添加的是绑定 3306 端口。

(4) 找到第 29 行，添加一行，输入 max_connections=200，如图 2.42 所示，这里添加的是限定连接数据库的最大数目。

(5) 保存文件 php.ini。

3．把 MySQL 添加到 Windows 启动过程

参考 2.3.3 节中"2．把 PHP 添加到 Windows 启动过程"，追加系统的环境变量。

```
path= ;D:\wamp\mysql\bin
```

4．安装 MySQL 服务

(1) 启动"命令提示符(管理员)"应用程序，改变当前目录为 D:\wamp\mysql\bin，如图 2.43 所示。

图 2.43　改变当前目录

(2) 执行安装服务命令：mysqld–install，如图 2.44 所示。

图 2.44　执行安装服务命令

2.4.3　启动 MySQL

(1) 执行启动服务命令：net start mysql 命令启动服务，如图 2.45 所示。

图 2.45　执行启动服务命令

(2) 依次选择"计算机管理"→"服务和应用程序"→"服务"选项，可以看到 MySQL 服务，如图 2.46 所示。

图 2.46　计算机管理的服务窗口

(3) 双击"MySQL"，进入图 2.47 所示的对话框，可以管理 MySQL 服务。例如，从"启动类型"下拉列表中选择"自动""手动"或"已禁用"，也可以单击"服务状态"区域下方的按钮设定 MySQL 服务的相应状态。

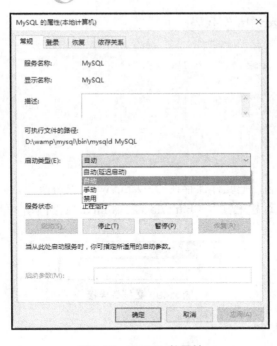

图 2.47　MySQL 的属性

2.4.4　测试 MySQL

(1) 在浏览器的地址栏上输入 http://127.0.0.1/phpinfo.php。可见如图 2.34 所示的页面，向下滚动，可见图 2.48 所示的页面，看到了 mysql 和 mysqli，说明 PHP 加载 MySQL 到已开启的模块了。

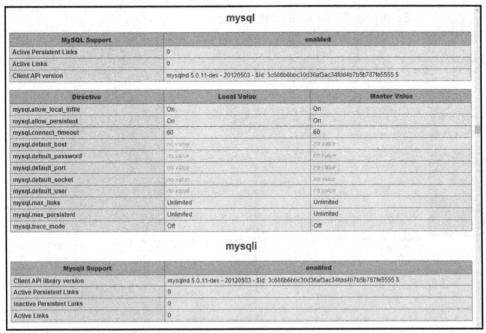

图 2.48　PHP 配置信息中已加载的模块

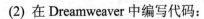

(2) 在 Dreamweaver 中编写代码：

```php
<?php
  $conn=@mysql_connect("localhost","root","");
  if($conn){
    echo "连接成功";
  }else{
    echo "连接失败";
  }
?>
```

(3) 以 link.php 为名，把文件保存在 D:/wamp/www 文件夹下。

(4) 在浏览器的地址栏上输入：http://localhost/link.php 回车，可见图 2.49 所示的页面。表明连接成功。

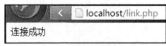

图 2.49　数据库连接

2.4.5　安装 phpMyAdmin

1. 下载 phpMyAdmin

(1) 在浏览器的地址栏上输入 http://www.phpmyadmin.net/，进入如图 2.50 所示的 phpMyAdmin 官方网站的主页。

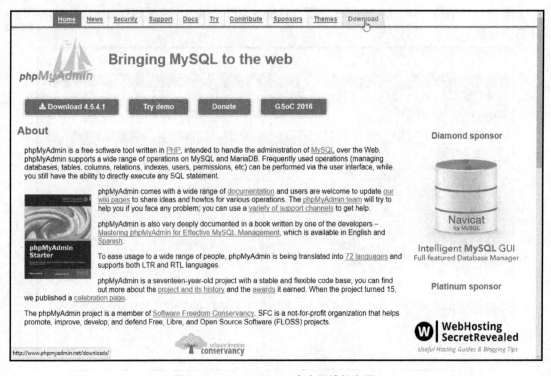

图 2.50　phpMyAdmin 官方网站的主页

(2) 单击导航栏上的"Download"链接，进入 Download 页面，找到 phpMyAdmin4.5.4.1 区域，单击"phpMyAdmin-4.5.4.1-all-languages.zip"链接下载，如图 2.51 所示。

(3) 进入下载过程，完成后的图标如图 2.52 所示。

phpMyAdmin-4.5.4.1-all-languages

图 2.51　下载 phpMyAdmin 的网页　　　　图 2.52　下载的压缩文件

2. 安装 phpMyAdmin

(1) 把下载的压缩文件 phpMyAdmin-4.5.4.1-all-languages.zip 解压缩到 D:\wamp\www 下，重新命名为 phpMyAdmin，如图 2.53 所示。

图 2.53　解压缩后的文件夹

(2) 打开文件夹 phpMyAdmin，可见包含了如图 2.54 所示的内容。

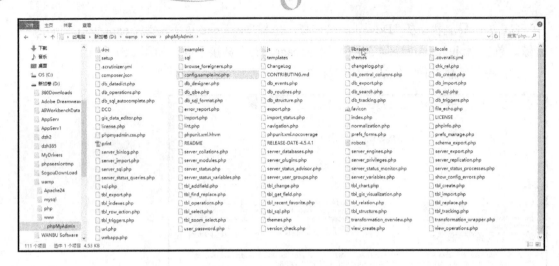

图 2.54　phpMyAdmin 文件夹

3. 配置 phpMyAdmin

(1) phpMyAdmin 配置文件。由于 phpMyAdmin 版本的差异，配置文件可能是 config.inc.php 或 config.default.php，位于当前目录下或者 libraries 子目录内。有时找不到这样的文件，就需要复制 config.sample.inc.php，再重命名为 config.inc.php。本版本的配置文件是在 libraries 下的 config.default.php，在 Dreamweaver 中修改如图 2.55 所示的内容。

```
 39  $cfg['PmaAbsoluteUri'] = '';
102  $cfg['blowfish_secret'] = '';
125  $cfg['Servers'][$i]['host'] = 'localhost';
132  $cfg['Servers'][$i]['port'] = '';
188  $cfg['Servers'][$i]['connect_type'] = 'tcp';
238  $cfg['Servers'][$i]['auth_type'] = 'cookie';
260  $cfg['Servers'][$i]['user'] = 'root';
267  $cfg['Servers'][$i]['password'] = '';
535  $cfg['Servers'][$i]['AllowNoPassword'] =true;
```

图 2.55　修改 phpMyAdmin 的配置参数

(2) 配置访问网址：在第 39 行的$cfg['PmaAbsoluteUri'] = '';填写 phpMyAdmin 的访问网址，默认为 http://localhost/phpMyAdmin/，保留为空即可。

(3) 配置 MySQL 主机信息：

① 在第125 行的$cfg['Servers'][$i]['host']='localhost';填写 localhost 或 MySQL 所在服务器的主机名或 IP 地址。若 MySQL 和该 phpMyAdmin 在同一服务器，则填写 localhost 或 127.0.0.1。

② 在第 132 行的$cfg['Servers'][$i]['port'] = '';填写 MySQL 端口，默认为 3306，保留为空即可。若安装 MySQL 时使用了其他的端口，需要在这里填写。

③ 在第 188 行的$cfg['Servers'][$i]['connect_type']='';填写连接到 MySQL 服务器的类

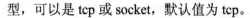

型，可以是 tcp 或 socket，默认值为 tcp。

(4) 设置 MySQL 的用户名和密码：

① 在第 267 行的$cfg['Servers'][$i]['user']='root'；填写 MySQL 访问 phpMyAdmin 使用的 MySQL 用户名，默认为 root。

② 在第 267 行的$cfg ['Servers'][$i]['password']=''；填写对应上述 MySQL 用户名的密码。解压缩安装没有设置密码。

③ 在第 535 行的$cfg['Servers'][$i]['AllowNoPassword']=true；改写为 true，允许使用无密码。

小技巧

在开发阶段或资源独占时，可以考虑不用密码。或使用专用文件管理，省去记忆的负担。

(5) 设置认证方法：在第 238 行的$cfg['Servers'][$i]['auth_type'] = 'cookie'；考虑到安全的因素，建议这里填写 cookie。

小技巧

有 4 种认证模式可供选择：config、cookie、http、signon。

① config 方式：是一种简单且使用得比较多的一种认证方式，用户名和密码都配置在 config.inc.php 中。

② cookie 方式：用户名和密码都保存在 cookies 中，直到会话(session)关闭，关闭之后保存在 cookies 里面的密码会被删除掉。

③ http 方式：允许通过 HTTP-Auth 认证用合法的 MySQL 用户登录，当 PHP 安装模式为 Apache 时，可以使用 http 和 cookie，登录 phpMyAdmin 需要输入用户名和密码进行验证。

④ signon 方式：单点登录模式。

(6) 设置短语密码：在第 102 行的$cfg['blowfish_secret']=''；如果认证方法设置为 cookie，就需要设置短语密码。当密码为空时，可以设置为空；否则应设置不为空的字符串作为短语密码，不然会在登录 phpMyAdmin 时提示错误。

注 这个文件是用 PHP 写的，以$开头的字符串表示一个变量，通过对变量的赋值来改变其中的配置，在运行中出现的各种问题可通过互联网查询，获取帮助。

(7) 保存文件。

4. 测试安装的 phpMyAdmin

(1) 在浏览器上的地址栏输入http://localhost/phpMyAdmin/，进入如图 2.56(a)所示 phpMyAdmin 的欢迎和登录界面。

(2) 选择语言为中文-Chinese simplified，如图 2.56(b)所示。

(3) 输入用户名和密码后，进入如图 2.56(c)所示的界面。

(a)   (b)   (c)

图 2.56   phpMyAdmin 的欢迎和登录界面

(4) 单击"执行"按钮, 进入如图 2.57 所示的界面。这是 pmahomme 风格的页面。从"主题"下拉列表中选择, 可以进入 Original 风格的页面, 如图 2.58 所示。

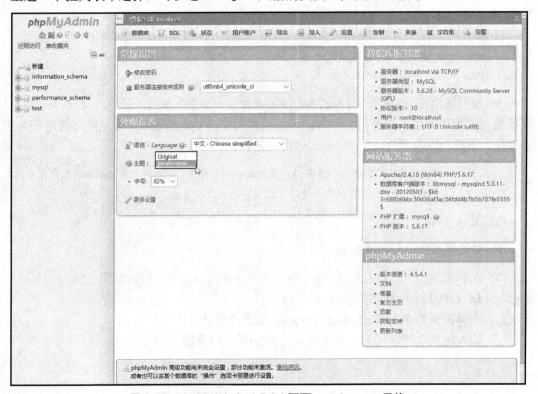

图 2.57   phpMyAdmin 4.5.4.1 页面_pmahomme 风格

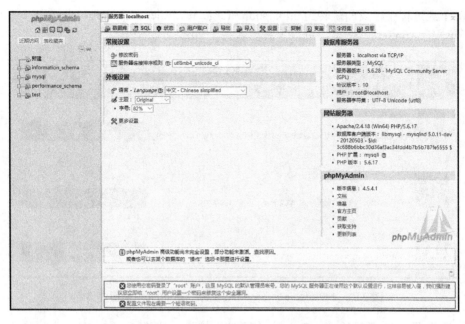

图 2.58　phpMyAdmin 4.5.4.1 的页面_Original 风格

2.5　AppServ 组件安装

2.5.1　安装 AppServ 前的准备

（1）下载 AppServ。

① 在浏览器的地址栏上输入 http://www.AppServnetwork.com/download，进入如图 2.59 所示的 AppServ 官方网站的 Download 页面。

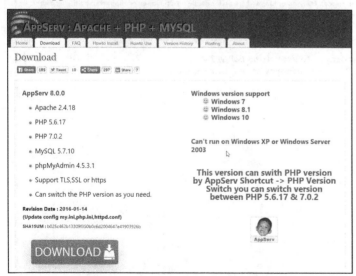

appserv-w in32-8.0.0

图 2.59　AppServ 官方网站的下载网页　　　　图 2.60　下载的软件包

② 单击"Download"按钮，开始下载，完成后的图标如图 2.60 所示。

③ 下载过程中,页面跳转到 http://sourceforge.net/projects/appserv,页面中部如图 2.61 所示,单击"AppServ"链接,可以了解更多关于 AppServ 的内容。

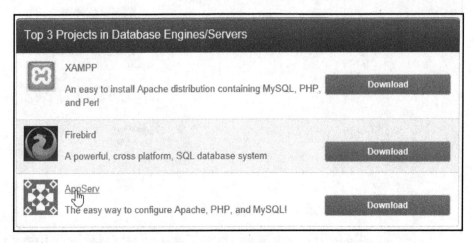

图 2.61　http://sourceforge.net/projects/appserv 页面中部

④ 选择图 2.59 所示的 AppServ 官方网站导航栏上的"Version History"链接,可见图 2.62 所示的早期版本,可根据计算机的配置下载合适的版本。

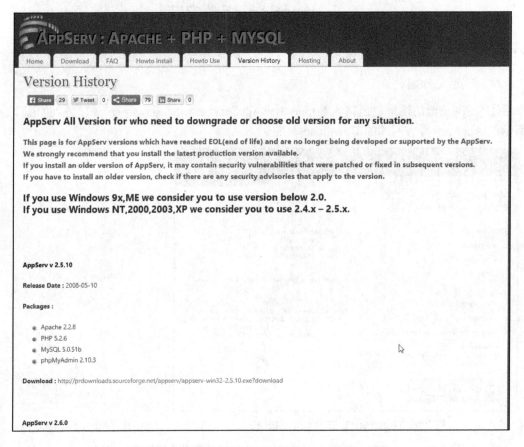

图 2.62　AppServ 官方网站的 Version History 链接

⑤ 从导航栏上的"Howto Install""Howto Use"和"FQA"链接页面中可以学习如何安装、如何使用及可能遇到的问题解答。

(2) 删除本地计算机上 AppServ 以前的版本。

(3) 删除本地计算机上 MySQL 以前的版本。

(4) 关闭所有打开的程序。

(5) 临时禁用病毒扫描软件和防火墙。

2.5.2　安装 AppServ

下载的 AppServ-win32-8.0.0.exe 是一个 Windows 安装程序，即一个可执行文件。

(1) 双击下载的"AppServ-win32-8.0.0"，出现如图 2.63 所示的界面。

(2) 图 2.63 所示为 AppServ-win32-8.0.0 的安装向导界面，单击"Next"按钮继续。

图 2.63　AppServ 的安装向导界面

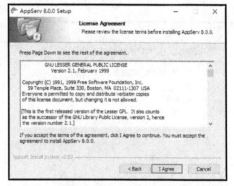
图 2.64　AppServ 安装许可协议界面

(3) 图 2.64 所示为 AppServ-win32-2.5.10 安装许可协议界面，阅读使用条件和条款，单击"I Agree"按钮继续。

(4) 图 2.65 中要求选择安装的目标文件夹，改变为 D 盘，单击"Next"按钮继续。

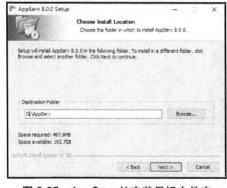
图 2.65　AppServ 的安装目标文件夹

图 2.66　选择安装包中的组件

(5) 图 2.66 里要求选择安装包中的组件，全部选中，单击"Next"按钮继续。

⚠ 注　如果计算机上没有安装需要的 VC 文件，将出现图 2.67 所示的提示需要安装 VC14 的警示框，单击"确定"按钮后，会进入安装向导界面，首先出现的是图 2.68 所示的确认条款和条件的对话框，选中复选框后，单击"确定"按钮，自动安装，完成后回到 AppServ 的安装向导界面。

 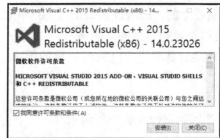

图 2.67　提示需要安装 VC14　　　　　图 2.68　安装 VC14 对话框

（6）图 2.69 指出 Apache 的设置，要求输入服务器的名称和管理员的 E-mail 地址，注意 HTTP 的默认端口是 80，HTTPS 的默认端口是 443，单击"Next"按钮继续。

（7）图 2.70 是要求对 MySQL 的配置，默认用户为 root，输入密码，默认字符集是选择 UTF-8 Unicode，可以从下拉列表中选择其他字符集，单击"Install"按钮继续。

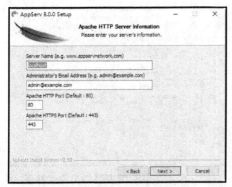

图 2.69　设置 Apache 服务器　　　　　图 2.70　配置 MySQL 服务器

（8）图 2.71 表示开始安装，就是把相关文件释放到相应的文件夹中。

（9）安装完成的界面如图 2.72 所示，单击"Finish"按钮完成安装。

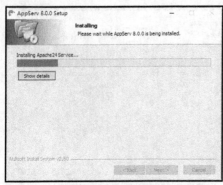

图 2.71　安装进度　　　　　　图 2.72　安装完成

（10）图 2.73～图 2.76 是 AppServ 安装文件夹里的文件和文件夹。

① 比较图 2.73 所示的 Apache24 文件夹中与前面单独安装的 Apache24 文件夹中的内容，发现有所不同，是因为版本不一样。配置文件 httpd.conf 也在 conf 文件夹中。

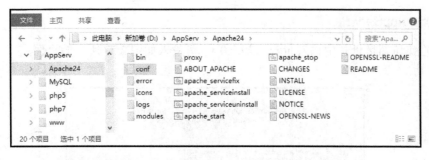

图 2.73　AppServ 件夹内 Apache24 文件夹内的文件信息

② 由于版本不同，图 2.74 所示的 MySQL 文件夹与前面单独安装的 Apache24 文件夹中的内容也不相同。配置文件 my.ini 在 MySQL 文件夹中。

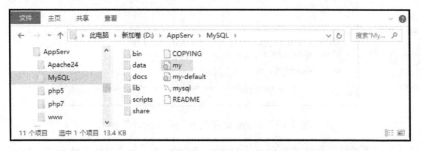

图 2.74　AppServ 件夹内 MySQL 文件夹内的文件信息

③ 这里提供了两个版本的 PHP。图 2.75 是 php5 文件夹。配置文件 php.ini 在 php5 文件夹中。可以比较一下两个版本文件结构的差异性和配置文件的差异性。

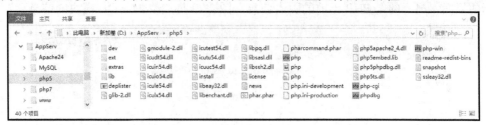

图 2.75　AppServ 件夹内 php5 文件夹内的文件信息

④ 图 2.76 中展示的 www 文件夹是 AppServ 组件中自建的。它是虚拟站点的根目录，站点文件放置于此，通过 http://127.0.0.1 或 http://www.localhost.com 可以访问 index.php。要进入 phpMyAdmin，只需要输入 http://127.0.0.1/phpMyAdmin。

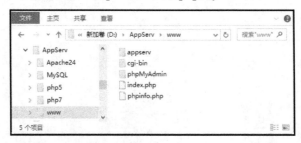

图 2.76　AppServ 件夹内 www 文件夹内的文件信息

2.5.3 测试 AppServ

(1) 在浏览器地址栏中输入 http://127.0.0.1/，可进入如图 2.77 所示的页面，表示 AppServ 已安装成功。

图 2.77　www 文件夹下 index.php 页面

⚠ **注**　这里，能通过链接直接进入 phpMyAdmin、PHP 信息、各组件所在的网站、AppServ 的官方网站、客服网站等。

(2) 在如图 2.77 所示的页面中，单击 PHP Information Version 5.2.6 链接，进入如图 2.78 所示的界面，显示的是 PHP 当前的版本信息。图 2.79 是加载 MySQL 模块的信息。

PHP Version 5.6.17	
System	Windows NT ALFANG_PC 6.2 build 9200 (Windows 8 Home Premium Edition) i586
Build Date	Jan 6 2016 13:20:27
Compiler	MSVC11 (Visual C++ 2012)
Architecture	x86
Configure Command	cscript /nologo configure.js "--enable-snapshot-build" "--disable-isapi" "--enable-debug-pack" "--without-mssql" "--without-pdo-mssql" "--without-pi3web" "--with-pdo-oci=c:\php-sdk\oracle\x86\instantclient_12_1\sdk,shared" "--with-oci8-12c=c:\php-sdk\oracle\x86\instantclient_12_1\sdk,shared" "--enable-object-out-dir=../obj/" "--enable-com-dotnet=shared" "--with-mcrypt=static" "--without-analyzer" "--with-pgo"
Server API	Apache 2.0 Handler
Virtual Directory Support	enabled
Configuration File (php.ini) Path	C:\WINDOWS
Loaded Configuration File	D:\AppServ\php5\php.ini
Scan this dir for additional .ini files	(none)
Additional .ini files parsed	(none)
PHP API	20131106
PHP Extension	20131226
Zend Extension	220131226
Zend Extension Build	API220131226,TS,VC11
PHP Extension Build	API20131226,TS,VC11
Debug Build	no
Thread Safety	enabled
Zend Signal Handling	disabled
Zend Memory Manager	enabled
Zend Multibyte Support	provided by mbstring
IPv6 Support	enabled
DTrace Support	disabled
Registered PHP Streams	php, file, glob, data, http, ftp, zip, compress.zlib, phar
Registered Stream Socket Transports	tcp, udp
Registered Stream Filters	convert.iconv.*, mcrypt.*, mdecrypt.*, string.rot13, string.toupper, string.tolower, string.strip_tags, convert.*, consumed, dechunk, zlib.*

图 2.78　测试 AppServ_PHP 版本信息

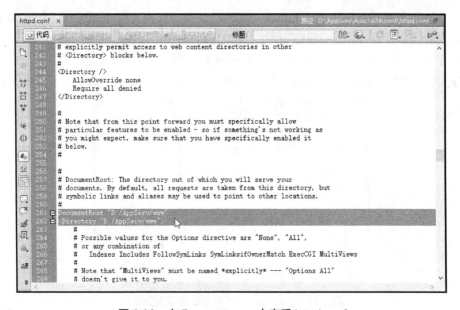

mysql

MySQL Support	enabled	
Active Persistent Links	0	
Active Links	0	
Client API version	mysqlnd 5.0.11-dev - 20120503 - $Id: 3c688b6bbc30d36af3ac34fdd4b7b5b787fe5555 $	

Directive	Local Value	Master Value
mysql.allow_local_infile	On	On
mysql.allow_persistent	On	On
mysql.connect_timeout	60	60
mysql.default_host	no value	no value
mysql.default_password	no value	no value
mysql.default_port	no value	no value
mysql.default_socket	no value	no value
mysql.default_user	no value	no value
mysql.max_links	Unlimited	Unlimited
mysql.max_persistent	Unlimited	Unlimited
mysql.trace_mode	Off	Off

mysqli

Mysqli Support	enabled	
Client API library version	mysqlnd 5.0.11-dev - 20120503 - $Id: 3c688b6bbc30d36af3ac34fdd4b7b5b787fe5555 $	
Active Persistent Links	0	
Inactive Persistent Links	0	
Active Links	0	

图 2.79 测试 AppServ_PHP 版本信息(加载 MySQL 部分)

(3) 单击 "phpMyAdmin Database Manager Version 4.5.3.1" 链接, 进入类似图 2.56 所示的对话框。输入用户名(root), 以及安装时设置的密码, 单击 "执行" 按钮, 进入如图 2.57 和图 2.58 所示的 phpMyAdmin4.5.4.1 页面。

2.5.4 配置 Apache

事实上, 作为有经验的工程师, 在开发组件包时已经对运行环境做了合理的配置, 不需要改变也能保障正常运行。这里重温配置文件, 可以学习参数配置的经验。

(1) 在 Dreamweaver 中打开 Apache24 的 Apache2 的配置文件 httpd.conf, 如图 2.80 所示。

图 2.80 在 Dreamweaver 中查看 httpd.conf

(2) 可以通过菜单命令"编辑|查找",输入关键字来快速定位,查询配置参数。每次改变配置文件并保存后,必须在 Apache 重新启动后才能生效。

⚠ **注** 需要确认的设置如表 2.2 所示。注意到 Windows(DOS)中文件路径的"\",在 Apache 里要改成"/"。

表 2.2 配置 Apache 的主要参数

主 要 参 数	行	参 数 值
服务器目录	38	Define SRVROOT "D:/AppServ/Apache24"—定义变量 SRVROOT
	39	ServerRoot "${SRVROOT}" —通过变量 SRVROOT
服务器端口	60	Listen 80
加载 PHP 5 模块	180	LoadModule php5_module D:/AppServ/php5/php5apache2_4.dll
添加文件类型	184	AddType application/x-httpd-php .php
	185	AddType application/x-httpd-php-source .phps —5.0 与 7.0 相同
指定 PHP 配置文件目录	195	PHPIniDir "D:/AppServ/php5/"
指定服务器名称	237	ServerName localhost:80
指定网站根目录	261	DocumentRoot "D:/AppServ/www"
指定主页的名称	295	DirectoryIndex index.html index.htm index.php
指定 ScriptAlias 目录	378	ScriptAlias /cgi-bin/ "${SRVROOT}/cgi-bin/"

 案例扩展

2.5.5 修改 MySQL 服务器的密码

(1) 在浏览器的地址栏中输入 http://localhost/phpMyAdmin/,首先弹出"链接到 localhost"对话框,要求输入用户名(root)和密码(安装时设定的),显示如图 2.56 所示的页面。

(2) 输入正确的用户名和密码后,显示如图 2.57 和图 2.58 所示的页面。

(3) 单击"常规设置"区域下的"修改密码"链接,进入如图 2.81 所示的页面。

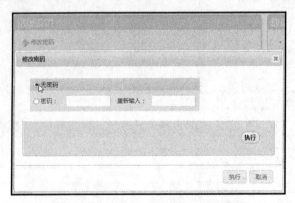

图 2.81 phpMyAdmin 中修改密码为无密码

(4) 可以单击"无密码"单选按钮，或者在密码文本框中输入新设置的密码，单击"执行"按钮，回到图 2.82 所示的页面。可见设置密码的 SQL 命令和更新配置文件的警示。

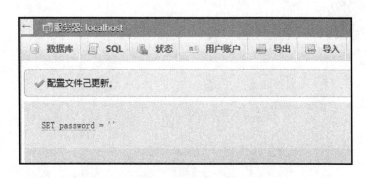

图 2.82 phpMyAdmin 中设置无密码成功

(5) 单击"用户账户"链接，进入图 2.83 所示的页面。观察页面可知，当前用户是最后一行的 root，因为 Host name 是 localhost，与页面上方的一致。

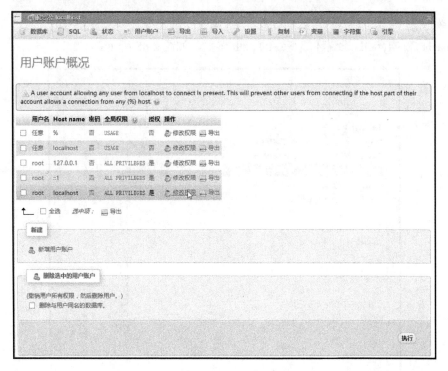

图 2.83 phpMyAdmin 中用户账户页面

(6) 在这里也可以修改密码，单击所在行的图标  或"修改权限"链接，进入编辑权限界面，图 2.84 是单击"修改密码"链接后的页面。

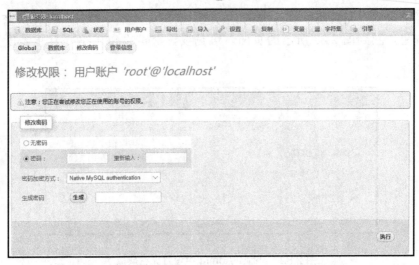

图 2.84 phpMyAdmin 中"修改权限"的"修改密码"页面

2.5.6 添加 Windows 的环境变量

同样要通过"控制面板"→"系统"→"高级系统配置",在"系统属性-高级"对话框中为 Apache 和 MySQL 设置环境变量的 path 参数,如图 2.85 所示。

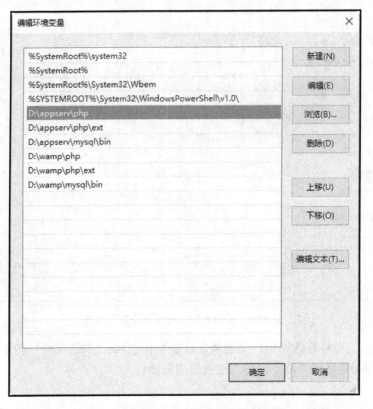

图 2.85 为 Apache 和 MySQL 设置环境变量的 path 参数

2.6 PHP 的集成开发环境

2.6.1 Dreamweaver 开发工具

从 MX 版本开始,Dreamweaver 开始支持 PHP+MySQL 的可视化开发。因为几乎不写一行代码就可以建立一个程序,并且是可视的,学习静态网页设计与制作时大多数都会选择 Dreamweaver,所以对初学者来说是比较好的选择,Dreamweaver CS4 编码器界面如图 2.86 所示。

比较而言,Dreamweaver 有以下特点。

(1) 包含了语法加亮、函数补全、形参提示等特性。

(2) 但生成的代码比较复杂,安全性也一般。

(3) 在手写程序方面,方便度一般。

(4) 在调试环境方面表现得也不够理想,不适合比较复杂的编程。

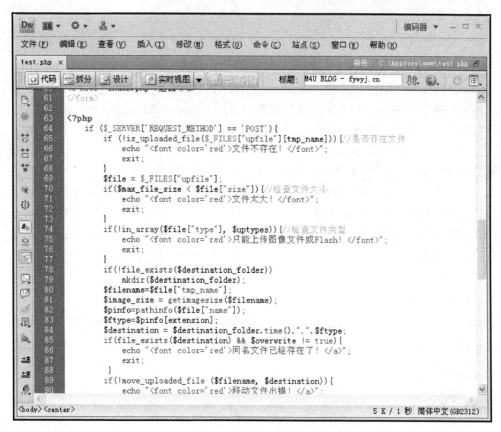

图 2.86 Dreamweaver CS4 编码器界面

2.6.2 Eclipse 开发工具

Eclipse 是 IBM 旗下的一款开源开发工具,可以使用插件的方式实现多语言的开发。Eclipse PDT 界面如图 2.87 所示。

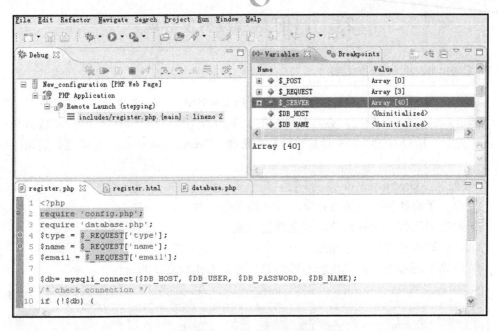

图 2.87　Eclipse PDT 界面

Eclipse PDT 是一套开发工具和框架,可以提高 PHP 的开发效率。它是 Eclipse 推出的第一个针对 PHP 开发社区的项目,其标准基于 Eclipse Public License。Eclipse PDT 是使用 Java 实现的一套插件到 Eclipse 平台的工具。可见,它具有以下特点:

(1) 提供上下文敏感的编辑器。

(2) 支持语法突出、代码辅助和代码折叠、综合项目模型。

(3) 可使用 File、Project Outline Views 和一个新的 PHP Explorer View 来检查。

(4) 支持 PHP 代码的增量调试。

(5) 允许开发人员和独立软件商轻松扩展 PDT 来创建新的 PHP 开发工具。

2.6.3　其他开发工具

1. PHP Editor

PHP Editor 是仅用于 Windows 的 IDE。对 PHP、CSS 和 HTML 代码提供智能支持,但不对 JavaScript 的代码提供智能支持。

2. Zend Studio

Zend Studio 运行于 Windows、Mas OS X 和 Linux。相对其他 IDE,Zend Studio 是最好的,它提供所有想在内置库和定制代码中拥有的代码智能特性,还有非常好的调试功能,并且容易设置。把代码放到存储库中,会连接 CVS 和 Subversion;集成的 FTP 能把代码放到服务器上。

3. 其他 IDE

PHP ED 只限于 Windows,PHP Designer、Comodo 等也是不错的 PHP 集成工具。

本章总结

本章首先介绍了与动态网站编程环境相关的构成要素，接着详细介绍了 Windows 操作系统下的 Apache、PHP、MySQL、phpMyAdmin 及 AppServ 的安装过程，最后简要介绍了 PHP 的集成编程环境。

思考练习

(1) 与动态网站编程环境相关的要素有哪些？

(2) 安装软件前需要做哪些准备工作？

实践项目

项目 2–1　安装和配置编程环境

项目目标：

(1) 安装 Apache、PHP、MySQL 和 phpMyAdmin。

(2) 修改相关配置文件。

步骤：

(1) 根据本章案例指导，安装 Apache、PHP、MySQL 和 phpMyAdmin。

(2) 根据本章案例指导，修改相关配置文件。

(3) 在 phpMyAdmin 上修改 MySQL 的权限为无密码。

项目 2–2　安装和配置编程环境 Eclipse PDT

项目目标：

(1) 了解编程环境 Eclipse PDT 的优缺点。

(2) 通过网络学习搭建 PHP 编程环境的方法。

步骤：

(1) 利用百度、谷歌等搜索工具了解 Eclipse PDT 的搭建方法。

(2) 搜索相关论坛，了解 Eclipse PDT 的搭建方法。

(3) 选择一种 Eclipse PDT 的搭建方法，按照指导步骤安装和配置编程环境 Eclipse PDT。

第 3 章

网站主页设计与 PHP 基础

学习目标

通过本章的学习，能够使读者：

(1) 知道动态网站主页的设计方法。

(2) 明确制作网页的基本技术。

(3) 掌握 PHP 的基本语法。

(4) 了解动态网站的链接策略。

学习资源

本章为读者准备了以下学习资源：

(1) 示范案例：展示"网上书店"主页的设计与实现过程，对应本章的 3.1~3.3 节。案例代码存放在文件夹"教学资源\wuya\ch3"中。

(2) 技术要点：描述"PHP 语言基础"，对应本章的 3.4 节。其中的示例给出了相关技术的说明实例，代码存放在文件夹"教学资源\extend\ch3\"。

(3) 实验项目：代码存放在文件夹"教学资源\ exercise\ch3\"中。

学习导航

在学习过程中，建议读者按以下顺序学习：

(1) 解读示范案例的分析和设计。

(2) 模仿练习：选择一个 PHP 集成开发工具，如 Dreamweaver，按照实现步骤重现案例。

(3) 扩展练习：按实践项目的要求，先明确项目目标，再在 PHP 集成开发环境中实现项目代码，接着对代码中的 PHP 语言要素进行分析，提升理解和应用能力。

学习过程中，提倡结对或 3 人组成学习小组，一起探讨和研究主页的设计，但对 PHP 语言基础的学习和具体项目的实现还是鼓励能独立完成。

案例描述

　　本章案例为设计和实现网上书店的主页，涉及 XHTML、CSS 等网页制作的基本技术。从案例中能体会网站上主页的作用和设计方法，并初步认识 PHP 语言的基础知识。

案例分析

3.1　网站主页的设计

3.1.1　主页中的页面元素

　　根据第 1 章中对网站的整体规划，主页应该包含以下页面元素：

(1) 网站的 LOGO。

(2) 网站的 Banner。

(3) 网站的导航条。

(4) 网站的查询栏目。

(5) 网站的特色栏目。

(6) 常见问题解答链接。

(7) 联系我们的方式。

(8) 网站版权和工商备案信息。

(9) 顾客访问网站的计数器。

3.1.2　规划主页的结构

　　根据对网站主页所包含页面元素的描述，可得如图 3.1 所示的主页结构。

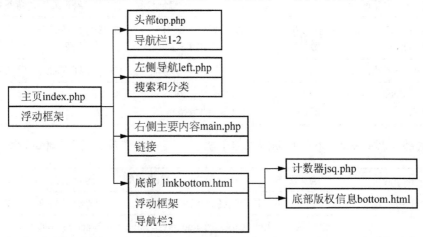

图 3.1　网站主页的结构

3.1.3 布局页面版式

(1) 主页 index.php 采用 T 型布局，规划如下所示。其中的样式定义在 index.css 中。

top.php：780×90	
left.php：180×380	main.php：600×380
linkbottom.html：780×160	

(2) 头部 top.php 的页面规划如下所示。其中的样式定义在 top.css 中。

Logo：180×50	Banner：600×50
	导航栏 1：780×20
	空白：780×5
导航栏 2：780×20(背景色：浅橘黄#FFEFCE)	

(3) 左侧检索 left.php 的页面规划如下所示。其中的样式定义在 left.css 中。

栏目标题：180×30(文本：#FFCC99 背景色：#399)
图书搜索：180×70(文本：#FFCC99，背景色：#399)，表单：字符集、单行文本、下拉列表、按钮
分类查询：180×*(文本：#399，背景色：#FFCC99，链接：link#099, visited r#999, hove#C30, active#F96)
友情链接：180×40(文本：#399，背景色：#FFCC99)，表单：字符集、下拉列表
空白：180×25(背景色：#399)

(4) 右侧内容 main.php 的页面规划如下所示。其中的样式定义在 main.css 中。

580×30 更多……(超链接)		热卖栏目：(文本：#FFCC99，背景色：#399)	
图书图片：85×55，(超链接)	图书说明：190×55，(超链接)	图书图片：85×55，(超链接)	图书说明 190×55 (超链接)
580×30 更多……(超链接)		特价栏目：(文本：#FFCC99，背景色：#399)	
图书图片：85×55，(超链接)	图书说明：190×55，(超链接)	图书图片：85×55，(超链接)	图书说明 190×55 (超链接)
580×30 更多……(超链接)		推荐栏目：(文本：#FFCC99，背景色：#399)	
图书图片：85×55，(超链接)	图书说明：190×60，(超链接)	图书图片：85×55，(超链接)	图书说明 190×60 (超链接)

(5) 底部 linkbottom.php 的页面规划如下所示。其中的样式定义在 bottom.css 中。

计数器：220×100 (背景色：#399)	购买图书	付款方式	我的订单	退货条款	联系我们
	88×18(背景色：#399)			118×18(同右)	172×18(同右)
	链接项目：link #399，visited #906, hove #F90, active #099				项目
	公共模块：bottom.php：180×60				

(6) 底部版权信息 bottom.php 的页面规划如下所示。

版权信息行:(文本:默认,大小:14px,行间距:150%)
工商备案行(同上)
浏览建议行(同上)

 注　作为一个公共模块的 bottom.php 页,可用于留言板、聊天室、登录与注册等网页。

实现过程

3.1.4　用 Fireworks 创建网页模型

1.　准备网站素材

主页中需要 5 幅图像素材和一个动画素材。其中,logo.gif、leftbg.jpg、hotitem.jpg、saleiten.jpg 和 remitem.jpg 在 Fireworks 中绘制,banner.gif 在 Ulead GIF Animator 中制作。

图像文件:logo.gif 的绘制过程,效果如图 3.2 所示。

图 3.2　网站的 logo

(1) 启动 Fireworks,"新建文档"对话框如图 3.3 所示。

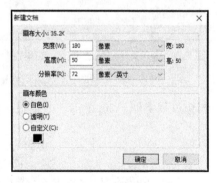

图 3.3　"新建文档"对话框

(2) 绘制椭圆的属性如图 3.4 所示。(线颜色:#FF9900。)

图 3.4　绘制椭圆的属性

(3) 在椭圆内输入文字"无涯"的属性如图 3.5 所示。(文本颜色:#339999,线颜色:#FFCC99。)

图 3.5　输入文字"无涯"的属性

(4) 在椭圆右上角处输入文字"WuYabook.com"的属性如图 3.6 所示。(文本颜色：#FF9900。)

图 3.6　输入文字"WuYabook.com"的属性

(5) 在椭圆右中央绘制线条的属性如图 3.7 所示。(线颜色：#FFCC99。)

图 3.7　绘制线条的属性

(6) 在椭圆右下角处输入文字"网上书店"的属性如图 3.8 所示。(文本颜色：#339999。)

图 3.8　输入文字"网上书店"的属性

(7) 执行菜单命令"文件"→"另存为"，把文件保存为 logo.gif。

leftbg.jpg 等其他图像的制作过程类似于 logo.gif。效果与属性如图 3.9 所示。

leftbg.jpg
大小：176×376；
文字：图书查询、字体(华文行楷)、大小(20)、颜色(#FFCB99)；
上方区域：圆角矩形(190×48)、位置(0，0)、填充色(#339999)；
中间区域：矩形(176×320)、位置(0，29)、填充色(#FFCB99)；
下方区域：圆角矩形(190×48)、位置(0，329)、填充色(#339999)；

(a) 效果　　　　　　　　　　　　　　　(b) 属性

hotitem.jpg、saleiten.jpg 和 remItem.jpg。
大小：176×376、背景色(#FFCB99)；
文字：字体(华文行楷)、大小(20)、颜色(#339999)。

(c) 效果　　　　　　　　　　　　　　　(d) 属性

图 3.9　leftbg.jpg 及其他图像的效果与属性

图像文件：banner.jpg 的绘制过程，效果如图 3.10 所示。

(1) 启动 Fireworks CS3，新建文档。绘制如图 3.10 所示的图像，并以文件名 banner.jpg 保存在 image 下。

填充色(#FFEFCE)
右侧图像：bannerleft.jpg

图 3.10　banner.jpg 的效果

(2) 启动 Ulead GIF Animator 后，进入如图 3.11 所示的"启动向导"对话框，单击"空白动画"前的按钮 ，进入应用程序窗口。

(3) 单击标准工具栏上的"新建"按钮 ，弹出如图 3.12 所示的"新建"对话框，设置"画布尺寸"为 600×50px，"画布外观"设为"完全透明"。

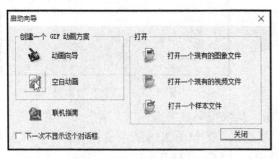

图 3.11　"启动动画"对话框　　　　图 3.12　"新建"对话框

(4) 选择菜单"文件"→"添加图像"命令，从弹出的"打开图像文件"对话框中选择在(1)中绘制并保存的文件 banner.jpg。

(5) 单击帧面板上的第 1 帧画面以选中它，再单击下方的"相同"按钮 ，复制第 2 帧画面，如图 3.13 所示。

(6) 单击工具面板上的 T 按钮，单击工作区左上角，弹出"文本条目框"对话框，如图 3.14 所示，输入文字"书籍是人类进步的阶梯"，单击色块弹出快捷菜单，选择"Ulead 颜色选择器"命令，出现如图 3.15 所示的"Ulead Color Picker"对话框，选择橘红色(R：255,G：148,B：40)。

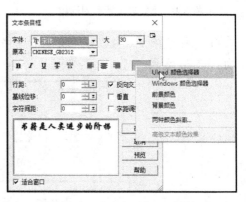

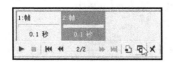

图 3.13　复制帧　　　　　　图 3.14　"文本条目框"对话框

(7) 在"字体"属性面板上设置字体为"华文行楷",大小为 32,如图 3.16 所示。

(8) 单击 T 右下脚的下拉箭头,在弹出的快捷菜单中选择"阴影"命令,弹出"阴影"对话框,勾选"阴影"复选框,按如图 3.17 所示设置参数。

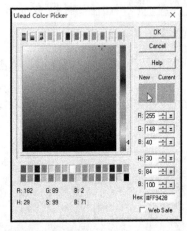

图 3.16　输入文字"网上书店"的属性

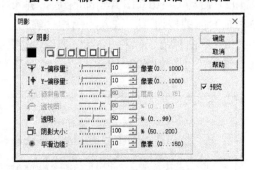

图 3.15　Ulead Color Picker 对话框

图 3.17　"阴影"对话框

(9) 确定选中了输入的文字对象,右击,从快捷菜单中选择"文字"→"霓虹"命令,弹出"霓虹设置"对话框,勾选"霓虹"复选框,按如图 3.18 所示设置参数。单击色块,弹出如图 3.15 所示的对话框,选择浅黄色(R:255,G:221,B:120)。

(10) 从菜单栏中选择"对象"→"对象属性"命令,弹出"对象属性"对话框,按如图 3.19 所示设置参数。

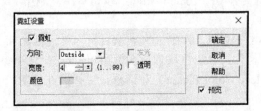

图 3.18　"霓虹设置"对话框

图 3.19　"对象属性"对话框

(11) 选择菜单"对象"→"文本"→"拆分文本"命令,可见每一个文字形成独立对象,如图 3.20 所示。

图 3.20　拆分文本对象效果图

(12) 单击帧面板下方的"相同"按钮🔲9 次，复制出 9 帧画面，此时共 11 帧画面，第 1 帧只含有背景图像，后面 10 帧还含有文字。

(13) 选中第 2 帧，在对象管理器面板上，单击除背景图和文字"书"以外的 9 个层上的 👁 图标，隐藏它们，使背景图和文字"书"处于显示状态，如图 3.21 所示。

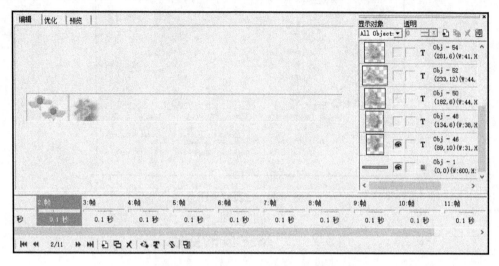

图 3.21　设置拆分文本对象的显示

(14) 选中第 3 帧，在对象管理器面板上，设置背景图及"书""籍"两字为显示状态，隐藏其余的字。

(15) 依此类推，分别设置第 4～11 帧，让文字依次显示出来。

(16) 单击帧面板中的"播放"按钮 ▶，观察动画效果，发现动画速度偏快。

(17) 在帧面板中选中第 1 帧，按住 Shift 键，再选中最后一帧，使所有的帧都被选中。在空白处右击，在快捷菜单中选择"画面帧属性"命令，弹出"画面帧属性"对话框，如图 3.22 所示，设置"延迟"值为 30。

(18) 选择菜单"文件"→"另存为"→"GIF 命令"，或单击标准工具栏上的"保存"按钮 🔲右侧的下拉列表，如图 3.23 所示，从中选择"保存为 GIF 文件"命令，弹出"另存为"对话框，以 banner.gif 为文件名保存文件。

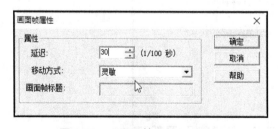

图 3.22　"画面帧属性"对话框

图 3.23　标准工具栏上的"保存"下拉列表

2. 创建主页模型

根据前面对主页的设计，使用 Fireworks 绘制主页的模型，以便对设计修改和与制作者等人员交流，如图 3.24 所示。

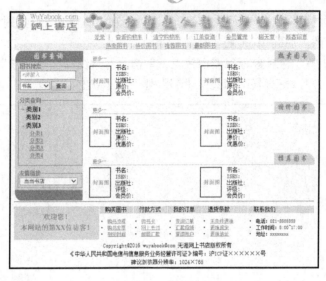

图 3.24　主页效果图

3.2　网站主页的实现

3.2.1　在 Dreamweaver 中创建网站

(1) 启动 Dreamweaver,新建 PHP 文档。

(2) 执行菜单命令"站点"→"新建站点",弹出"wuya 的站点定义为"对话框,按图 3.25 所示设置"本地信息"选项参数值。

图 3.25　"wuya 的站点定义为"对话框

(3) 在"wuya 的站点定义为"对话框中,按如图 3.26 所示设置"测试服务器"选项参数值。

(4) 单击"确定"按钮。选择右侧的"文件"面板,可见新建的站点。

(5) 在"文件"面板中，按照 1.3 节中规划的网站目录结构，创建网站的目录结构，如图 3.27 所示。

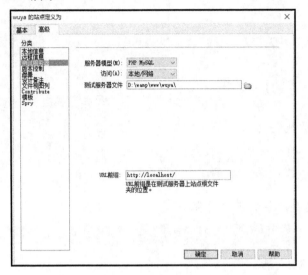

图 3.26　设置"测试服务器"选项参数值　　　　图 3.27　主页效果图

单击选中站点根目录，从右击快捷菜单中选择"新建文件夹"命令，新建默认名为"untitled"的文件夹，输入新文件夹名，就在站点根目录下创建了一个新目录。

(6) 把 3.1.2 节中绘制的图像文件和动画文件复制到 images 目录下。

CSS编码

3.2.2　布局页面元素的样式

代码文件：index.css

(1) 启动 Dreamweaver，新建 CSS 文档。

(2) 单击"代码"标签，切换到"代码"视图，输入如下代码。

```
1   @charset "utf-8";
2   /* CSS Document */
3   .ind #d1 {    /*定义左边区域*/
4     float: left;
5     width: 180px;
6   }
7   .ind #d2 {    /*定义右边区域*/
8     margin-top: 0;
9     margin-right: 0;
10    margin-bottom: 0;
11    margin-left: 180px;
12  }
```

```
13   .clear {    /*清除左右布局*/
14     clear: both;
15     height:0;
16   }
17   .ind #container {    /*定义页面容器*/
18     width:780px;
19     margin:0 auto;
20     padding:0;
21   }
22   body {    /*重新定义页面主体的内外补丁*/
23     margin: 0px;
24     padding: 0px;
25   }
```

(3) 把文档以 index.css 为文件名保存在 CSS 文件夹下。

代码文件：top.css

(1) 在 Dreamweaver 中，新建 CSS 文档。

(2) 单击"代码"标签，切换到"代码"视图，输入如下代码。

```
1    @charset "utf-8";
2    /* CSS Document */
3    body {
4      font-family: "宋体";
5      font-size: 14px;
6    }
7    #top {    /*定义顶部区域*/
8      height: 95px;
9      width: 780px;
10     padding-top: 0px;
11     padding-right: 20px;
12     padding-left: 0px;
13     padding-bottom: 0px;
14   }
15   #vai1 {    /*定义导航栏1 */
16     padding-top: 6px;
17     padding-right: 20px;
18     padding-bottom: 6px;
19   }
20   #vai2 {    /*定义导航栏2 */
21     background-color: #FFEFCE;
22     padding-right: 20px;
23     padding-bottom: 6px;
24   }
25   a:link {    /*定义包含超链接的文字颜色 */
26     color: #399;
27   }
```

```
28    a:active {   /*定义超链接被激活的文字颜色 */
29      color: #399;
30    }
31    a:visited {   /*定义超链接被访问过的文字颜色 */
32      color: #D6D6D6;
33    }
34    a:hover {   /*定义超链接被指向的文字颜色 */
35      color: #F93;
36    }
```

(3) 把文档以 top.css 为文件名保存在 CSS 文件夹下。

代码文件：left.css

(1) 在 Dreamweaver 中，新建 CSS 文档。

(2) 单击"代码"标签，切换到"代码"视图，输入如下代码。

```
1    @charset "utf-8";
2    /* CSS Document */
3    #leftbg{   /* 定义左侧容器 */
4      background-image: url(../images/leftbg.jpg);
5      background-repeat: no-repeat;
6      width:180px;
7      height:380px;
8      background-position: center center;
9    }
10   #nume {   /* 定义图书搜索区域 */
11     padding-top: 30px;
12     margin-bottom: 4px;
13   }
14   #sele {   /* 定义下拉列表 */
15     margin-left: 4px;
16     margin-bottom: 4px;
17   }
18   #fl {   /* 定义分类查询和友情链接*/
19     padding-top: 4px;
20     margin-bottom: 4px;
21   }
22   .bt{ /* 定义标题 */
23     font-family: "宋体";
24     font-size: 14px;
25     font-weight: bold;
26     color: #399;
27   }
28   .txt {   /* 定义输入文本框中的文字 */
29     font-family: "宋体";
30     font-size: 14px;
31   }
```

```
32    .text {    /* 定义输入文本框中的默认文字 */
33      font-family: "宋体";
34      font-size: 14px;
35      color: #999;
36      font-style: italic;
37    }
38    fieldset{    /* 重新定义 fieldset 标记 */
39      width: 165px;
40      border: 1px solid #399;
41      margin-right: 6px;
42      margin-left: 6px;
43      padding-top: 2px;
44      padding-right: 0px;
45      padding-bottom: 2px;
46      padding-left: 0px;
47    }
48    a:link {color: #099; text-decoration: none;}
49    a:visited {color: #999; text-decoration: none;}
50    a:hover { color: #C30; text-decoration: none;}
51    a:active {color: #F96; text-decoration: none;}
52    a { font-size: 12px;}    /* 重新定义 a 标记 */
53    form {    /* 重新定义 form 标记 */
54      margin: 4px;
55      padding: 0px;
56    }
```

(3) 把文档以 left.css 为文件名保存在 CSS 文件夹下。

代码文件：main.css

(1) 在 Dreamweaver 中，新建 CSS 文档。

(2) 单击"代码"标签，切换到"代码"视图，输入如下代码。

```
1     @charset "utf-8";
2     /* CSS Document */
3     body {
4       font-family: "宋体";
5       font-size: 14px;
6     }
7     #rightbt1{    /* 定义热卖标题 */
8       background-image: url(../images/righttitle.jpg);
9       background-repeat: no-repeat;
10      width:580px;
11      height:30px;
12      background-position: right bottom;
13      padding-top: 2px;
14      padding-right: 20px;
15    }
```

```
16  #rightbt2{    /* 定义特价标题 */
17    background-image: url(../images/righttitle2.jpg);
18    background-repeat: no-repeat;
19    width:580px;
20    height:30px;
21    background-position: right bottom;
22    padding-top: 2px;
23    padding-right: 20px;
24  }
25  #rightbt3{    /* 定义推荐标题 */
26    background-image: url(../images/righttitle3.jpg);
27    background-repeat: no-repeat;
28    width:580px;
29    height:30px;
30    background-position: right bottom;
31    padding-top: 2px;
32    padding-right: 20px;
33  }
34  #rightconnect {    /* 定义内容容器 */
35    height: 90px;
36    width: 580px;
37    padding-top: 5px;
38    padding-right: 20px;
39    padding-left: 20px;
40    padding-bottom: 2px;
41  }
42  #imgc {    /* 定义图书缩略图区域 */
43    height: 55px;
44    width: 55px;
45    padding: 2px;
46    margin: 2px;
47  }
48  a:link {color: #399; text-decoration: none;}
49  a:visited {color: #999; text-decoration: none;}
50  a:hover {color: #F90; text-decoration: underline;}
51  a:active {color: #0CC; text-decoration: none;}
52  table,tr,td {    /* 重新定义 table,tr,td 标记*/
53    margin: 0px;
54    padding: 0px;
55  }
```

(3) 把文档以 main.css 为文件名保存在 CSS 文件夹下。

代码文件：bottom.css

(1) 在 Dreamweaver 中，新建 CSS 文档。

(2) 单击"代码"标签，切换到"代码"视图，输入如下代码。

```
1    @charset "utf-8";
2    /* CSS Document */
3    body {
4      font-family: "宋体";
5      font-size: 14px;
6      margin: 0px;
7      padding: 0px;
8    }
9    #bottom {    /* 定义底部容器 */
10     height: 180px;
11     padding-top: 2px;
12   }
13   #timersFrame {    /* 定义计数器容器*/
14     padding-right: 2px;
15     padding-bottom: 1px;
16   }
17   #copyright {    /*定义版权信息*/
18     padding-top: 2px;
19     height: 60px;
20     text-align: center;
21     font-size: 14px;
22     line-height: 150%;
23   }
24   li{    /*重新定义 li 标记*/
25     padding: 0px;
26     list-style-position: inside;
27     list-style-type: disc;
28     margin-top: 2px;
29   }
30   ul {    /*重新定义 ul 标记*/
31     padding: 0px;
32     margin-left: 2px;
33     list-style-position: inside;
34     font-size: 12px;
35   }
36   a:link {color: #399;}
37   a:visited {color: #906;}
38   a:hover {  color: #F90;}
39   a:active {  color: #099;}
```

(3) 把文档以 bottom.css 为文件名保存在 CSS 文件夹下。

 **PHP编码**

3.2.3 实现主页的结构

代码文件：index.php

(1) 在 Dreamweaver 中，新建 PHP 文档。

(2) 单击"代码"标签，切换到"代码"视图，输入如下代码。

```
1   <!DOCTYPE html PUBLIC "-//W3C//DTD XHTML 1.0 Transitional//EN"
2   "http://www.w3.org/TR/xhtml1/DTD/xhtml1-transitional.dtd">
3   <html xmlns="http://www.w3.org/1999/xhtml">
4     <head>
5       <meta http-equiv="Content-Type" content="text/html; charset=UTF-8" />
6       <title>无涯网上书店</title>
7       <link href="css/index.css" rel="stylesheet" type="text/css" />
8     </head>
9     <body class="ind">
10      <div id="container">
11        <div><iframe name="topFrame" id="topFrame" scrolling="no"
    height="95" width="780" src="top.php" marginwidth="0" marginheight="0"
    border="0" frameborder="0"  align="center">不支持</iframe></div>
12        <div id="d1">
13          <iframe name="leftFrame" id="leftFrame" scrolling="no"
    height="380" width="180"src="left.php" marginwidth="0" marginheight="0"
    border="0" frameborder="0" align="center">不支持</iframe>
14        </div>
15        <div id="d2">
16          <iframe name="mainFrame" id="mainFrame" scrolling="no"  height="380"
    width="600"src="main.php" marginwidth="0" marginheight="0" border="0"
    frameborder="0" align="right">不支持</iframe>
17        </div>
18        <span class="clear" ></span>
19        <div> <hr/>
20          <iframe name="bottonFrame" id="bottonFrame" scrolling="no" height=
    "160" width="780" src="linkbottom.html" marginwidth="0" marginheight="0"
    border="0" frameborder="0" align="center" >不支持</iframe>
21        </div>
22      </div>
23    </body>
24  </html>
```

(3) 把文档以 index.php 为文件名保存在站点根文件夹下。

3.2.4　编辑主页的栏目内容

代码文件：top.php

(1) 在 Dreamweaver 中，新建 PHP 文档。

(2) 单击"代码"标签，切换到"代码"视图，输入如下代码。

```
1   <!DOCTYPE html PUBLIC "-//W3C//DTD XHTML 1.0 Transitional//EN"
2   "http://www.w3.org/TR/xhtml1/DTD/xhtml1-transitional.dtd">
3   <html xmlns="http://www.w3.org/1999/xhtml">
```

```
4     <head>
5       <meta http-equiv="Content-Type" content="text/html; charset=UTF-8" />
6       <title>无涯网上书店</title>
7       <link href="css/top.css" rel="stylesheet" type="text/css" />
8     </head>
9     <body>
10      <div id="top"><img src="images/logo.gif" width="180" height="50"
     /><img src="images/banner.gif" width="600" height="50" />
11        <div id="vai1" align="right">
12   <a href="#" target= "_blank" >登录</a> | 
13   <a href="#" target= "mainFrame" >查看购物车</a> | 
14   <a href="#" target="mainFrame">清空购物车</a>  | 
15   <a href="#" target="mainFrame">订单查询</a> | 
16   <a href="#" target="_blank">会员管理</a> | 
17   <a href="#" target="_blank">聊天室</a> | 
18   <a href="#" target="_blank">顾客留言</a>
19   </div>
20        <div id="vai2" align="center"><a href="#">热卖图书
     </a> | <a href="#">特价图书</a> | <a href="#">推荐图
     书</a> | <a href="#">最新图书</a></div>
21        </div>
22      </body>
23    </html>
```

(3) 把文档以 top.php 为文件名保存在站点根文件夹下。

代码文件：left.php

(1) 在 Dreamweaver 中，新建 PHP 文档。
(2) 单击"代码"标签，切换到"代码"视图，输入如下代码。

```
1    <!DOCTYPE html PUBLIC "-//W3C//DTD XHTML 1.0 Transitional//EN"
2     "http://www.w3.org/TR/xhtml1/DTD/xhtml1-transitional.dtd">
3    <html xmlns="http://www.w3.org/1999/xhtml">
4      <head>
5        <meta http-equiv="Content-Type" content="text/html; charset=utf-8" />
6        <title>搜索图书</title>
7        <link href="css/left.css" rel="stylesheet" type="text/css" />
8        <script type="text/javascript">
9        function ck_frm1(){
10         var err="";
11         var oj=window.frm1.input;
12         if (oj.value==""){
13           err="输入不能为空!";
14           window.alert(err);
15           oj.focus();
16           oj.value="";
17         }
```

```
18        }
19      </script>
20    </head>
21    <body>
22      <div id="leftbg" align="left">
23        <div id="nume">
24          <form name="frm1" method="post" action="serach_key.php">
25            <fieldset><legend class="bt">图书搜索</legend>
26              <input name="keys" id="sele" class="text" type="text" value="*请输
入" size="18" maxlength="20" onClick="this.value='';"/><br/>
27              <select id="sele" name="selt1" >
28              <option value="book_name">书名</option>
29              <option value="author">作者</option>
30              <option value="pub_date">出版日期</option>
31              <option value="publisher"> 出版社</option></select>
32              <input type="button" name="button" value="查询" onmousedown=
"ck_frm1();"/>
33            </fieldset>
34          </form>
35        </div>
36        <div id="fl">
37          <form>
38            <fieldset><legend class="bt">分类查询</legend>
39              <iframe name="numeFrame" allowtransparency="true" scrolling="no"
width="165" src= "left_nemu.php" marginwidth="0" marginheight="0" border="0"
frameborder="0">不支持</iframe>
40            </fieldset>
41          </form>
42        </div>
43        <div id="fl">
44          <form>
45            <fieldset><legend class="bt">友情链接</legend>
46            <select id="sele" name="selt2" onchange="javascript:window.open
(selt2.value);" >
47              <option value="http://www.dangdang.com">  当当书店</option>
48              <option value="http://www.joy.com">  卓越网</option>
49              <option value="http://www.shanghaibooks.com">  上海书城
           
     </option> </select>
50            </fieldset>
51          </form>
52        </div>
53      </div>
54    </body>
55  </html>
```

(3) 把文档以 left.php 为文件名保存在站点根文件夹下。

代码文件：main.php

(1) 在 Dreamweaver 中，新建 PHP 文档。

(2) 单击"代码"标签，切换到"代码"视图，输入如下代码。

```
1   <!DOCTYPE html PUBLIC "-//W3C//DTD XHTML 1.0 Transitional//EN"
2   "http://www.w3.org/TR/xhtml1/DTD/xhtml1-transitional.dtd">
3   <html xmlns="http://www.w3.org/1999/xhtml">
4     <head>
5       <meta http-equiv="Content-Type" content="text/html; charset=utf-8" />
6       <title>无涯网上书店</title>
7       <link href="css/main.css" rel="stylesheet" type="text/css" />
8     </head>
9     <body>
10      <div id="rightbt1" style="font-size:12px" ><br/>    <a
    href="#">更多…</a> </div>
11      <div id="rightconnect">
12        <table width="580" border="0" cellspacing="0" >
13         <tr><td width="55"><a href="#"><img src="leftbg1.jpg" /></a></td>
14          <td width="200">书名:<br/>ISBN:<br/>出版社:<br/>原价:<br/>会员
    价:<br/></td>
15          <td width="55"><a href="#"><img src="leftbg1.jpg"/></a></td>
16          <td width="200">书名:<br/>ISBN:<br/>出版社:<br/>原价:<br/>会员
    价:<br/></td></tr>
17        </table>
18      </div>
19      <div id="rightbt2" style="font-size:12px"><br/>    <a
    href="#">更多…</a> </div>
20      <div id="rightconnect">
21        <table width="580" border="0" cellspacing="0">
22         <tr><td width="55"><a href="#"><img src="leftbg.jpg" /></a></td>
23          <td width="200">书名:<br/>ISBN:<br/>出版社:<br/>原价:<br/>优惠
    价:<br/></td>
24          <td width="55"><a href="#"><img src="leftbg.jpg"/></a></td>
25          <td width="200">书名:<br/>ISBN:<br/>出版社:<br/>原价:<br/>优惠
    价:<br/></td></tr>
26        </table>
27      </div>
28      <div id="rightbt3" style="font-size:12px"><br/>    <a
    href="#">更多…</a> </div>
29      <div id="rightconnect">
30        <table width="580" border="0" cellspacing="0">
31         <tr><td width="55"><a href="#"><img src="leftbg.jpg" /></a></td>
32          <td width="200">书名:<br/>ISBN:<br/>出版社:<br/>评级:<br/>会员
    价:<br/></td>
33          <td width="55"><a href="#"><img src="leftbg.jpg"/></a></td>
34          <td width="200">书名:<br/>ISBN:<br/>出版社:<br/>评级:<br/>会员
```

```
        价:</td></tr>
35        </table>
36      </div>
37    </body>
38  </html>
```

(3) 把文档以 main.php 为文件名保存在站点根文件夹下。

代码文件：linkbottom.html

(1) 在 Dreamweaver 中，新建 PHP 文档。

(2) 单击"代码"标签，切换到"代码"视图，输入如下代码。

```
1   <!DOCTYPE HTML PUBliC "-//W3C//Dtd HTML 4.01 Transitional//EN"
2   "http://www.w3c.org/tr/1999/REC-html401-19991224/loose.dtd">
3   <html xmlns="http://www.w3.org/1999/xhtml">
4     <head>
5      <title>无涯网上书店</title>
6      <meta http-equiv=Content-Type content="text/html; charset=utf-8">
7      <link href="css/bottom.css" rel="stylesheet" type="text/css">
8     </head>
9     <body>
10     <div id="bottom">
11      <table width="780" border="0" align="right" cellspacing="1">
12       <tr><td width="220" bgcolor="#FFCC99" rowspan="2"><iframe
   id="timersFrame" height="80" src="jsq/al_jsq_pic.php" allowtransparency=
   "true" border="0" marginwidth=0 marginheight=0 frameborder=0 width="220"
   scrolling="no" align="center">不支持</iframe></td>
13        <td width="88" bgcolor="#FFCC99"> 购买图书</td>
14        <td width="88" bgcolor="#FFCC99"> 付款方式</td>
15        <td width="88" bgcolor="#FFCC99"> 我的订单</td>
16        <td width="118" bgcolor="#FFCC99"> 退货条款</td>
17        <td width="172" bgcolor="#FFCC99"> 联系我们</td></tr>
18        <tr><td width="88" valign="top">
19        <ul><li><a href=# target="_blank">购书流程</a> </li>
20           <li><a href="#" target="_blank">购书发票</a> </li>
21           <li><a href="#" target="_blank">到货时间</a> </li>
22        </ul></td>
23        <td width="88" valign="top">
24        <ul><li><a href="#" target="_blank">购书卡</a> </li>
25           <li><a href="#" target="_blank">网上支付</a> </li>
26           <li><a href="#" target="_blank">邮局汇款</a> </li>
27        </ul></td>
28        <td width="88" valign="top">
29        <ul><li><a href="#" target="_blank">查询订单</a></li>
30           <li><a href="#" target="_blank">汇款招领</a></li>
31           <li><a href="#" target="_blank">查询账户</a></li>
```

```
32        </ul></td>
33          <td width="118" valign="top">
34           <ul><li><a href="#" target="_blank">无条件退换</a></li>
35              <li><a href="#" target="_blank">退换规定</a></li>
36              <li><a href="#" target="_blank">退换地址</a></li>
37           </ul></td>
38          <td width="172" valign="top">
39           <ul><li>电话：021-8888888 </li>
40              <li>工作时间：8:00~17:00 </li>
41              <li>地址：xxxxxxx </li>
42           </ul></td></tr>
43          <tr><td colspan="6"><iframe border=0 name="copyright" align="center"
    marginwidth=0 marginheight=0 src="bottom.html" frameborder=0 width="780"
    scrolling=no height="70">不支持</iframe></td></tr>
44        </table>
45      </div>
46    </body>
47 </html>
```

(3) 把文档以 linkbottom.html 为文件名保存在站点根文件夹下。

代码文件：bottom.html

(1) 在 Dreamweaver 中，新建 HTML 文档。
(2) 单击"代码"标签，切换到"代码"视图，输入如下代码。

```
1  <!DOCTYPE html PUBLIC "-//W3C//DTD XHTML 1.0 Transitional//EN"
2   "http://www.w3.org/TR/xhtml1/DTD/xhtml1-transitional.dtd">
3  <html xmlns="http://www.w3.org/1999/xhtml">
4   <head>
5      <meta http-equiv="Content-Type" content="text/html; charset=utf-8" />
6      <title>无涯网上书店</title>
7      <link href="css/bottom.css" rel="stylesheet" type="text/css" />
8   </head>
9   <body>
10    <div id="copyright">
11       Copyright@2016 wuyabook@com 无涯网上书店版权所有 <br/>
12       《中华人民共和国电信与信息服务业务经营许可证》编号：沪 ICP 证×××××号 <br/>
13       建议浏览器分辨率：1024×768
14    </div>
15   </body>
16 </html>
```

(3) 把文档以 bottom.html 为文件名保存在站点根目录下。

🔗 链 接

① 网页 left.php 的实现参见 7.3 节。
② 网页 main.php 的实现参见 7.6 节。

3.3 网站主页中的链接策略

1. 导航条

主页 index 中包含了 3 个导航栏。
(1) top.php 中的通用导航栏。
(2) top.php 中的特色导航栏。
(3) linkbottom.php 中的常见问答导航栏。

2. 搜索栏

在 left.php 中的查询导航中包含了用户表单输入的搜索检索和分类检索。

3. 友情链接

在 left.php 中的的友情链接是通过列表表单实现的。

4. 栏目页面

在 main.php 中通过超级链接能查询到更多的特色栏目的图书信息。

5. 计数器链接

在 linkbottom.php 中的左上角的区域通过浮动框架链接网页实现了网页计数器的功能。

3.4 PHP 语言基础

3.4.1 PHP 的程序结构

一个完整的 PHP 程序包括界定符、语句和注释。PHP 程序包含在网页文件中。

1. PHP 的界定符

PHP 程序的界定符有 4 种，语法格式如下。
1) 常用方法

```
<?
    PHP 语句；
?>
```

2) 推荐方法

```
<?php  //之间没有空格
    PHP 语句；
?>
```

3) HTML 标签

```
<script Language="php">
    PHP 语句;
</script>
```

4) 与 ASP 相同

```
<%
    PHP 语句;
%>
```

2. 语句

PHP 的程序是由语句组成的。按照语句的功能,可分为以下几种。

(1) 声明语句。

(2) 赋值语句。

(3) 流程控制语句。

(4) 函数调用语句。

⚠ 注 与 C 语言一样,在 PHP 中用";"来分隔语句。

PHP 通过语句组可实现数据输入、数据处理和数据输出。

用户在网页中输入数据,可以在网址后面附带字符串,如

```
http://网址/access.php?data1=要输入的数据 1&data2=要输入的数据 2&…
```

也可以利用表单,如

```
<form action="hello.php" method="POST">
```

可见,网页间传递数据的方式有以下两种。

GET:将数据附在 URL 地址后面送出。

POST:将数据打包,以封包方式送出。

PHP 数据处理的语句包括流程控制语句(分支控制语句、循环控制语句和跳转控制语句)和函数调用语句。

PHP 的函数包括内置函数和自定义函数两种,具体内容参见 4.3 节。

PHP 数据输出的语句包括 echo 语句、print 函数和 sprint 函数,语法格式为

```
echo "要输出的字符串 1", "要输出的字符串 2"…;
print ("要输出的字符串 1");
sprint ("%d%s%10.3f%",a,b,c);  // d -十进制整数, s -字符串, f -浮点数, 共10位,
有 3 位小数
```

 说明

print 和 echo 两者的功能几乎是完全一样的,都是一个语言结构,有无括号均可使用,如 echo 或 echo(),print 或 print()。两者之间的区别:在 echo 函数中,可以同时输出多个字符串,而在 print 函数中则只可以输出一个字符串。

3. 注释

PHP 代码中的注释不会被程序读取和执行。它唯一的作用是供代码编辑者阅读。

PHP 支持 C、C++和 UNIX 风格的注释方式。格式如下所示：

/* … … */	C,C++风格中的多行注释
// …	C++风格中的单行注释
# …	UNIX 风格中的单行注释

 说 明

上面这 3 种注释可以混合使用，可以根据习惯选用，需要注意的是多行注释不能嵌套多行注释。注释用于：

① 使其他人理解正在做的工作。

② 提醒自己做过什么。

4. 文件名

PHP 文件名中只使用字母、数字和英文状态下的破折号。文件的扩展名是.php。

3.4.2 PHP 的句法结构

1. 常量

常量指在程序执行过程中不会改变的量。有效的常量名以字符或下划线开头，包括预定义常量和自定义常量。

预定义常量是 PHP 向它运行的任何脚本提供的预先定义常量。但很多常量都是由不同的扩展库定义的，只有在加载了这些扩展库时才会出现，或者动态加载后，或者在编译时已经包括进去了。例如：

PHP_VERSION 指显示目前使用的 PHP 解释器的版本。 PHP_OS 指显示服务器的操作系统名称。 __DIR__指文件所在的目录。 __FILE__指文件的完整路径和文件名。 __LINE__指文件中的当前行号。 __FUNCTION__指函数名称。 TRUE、FALSE 也是系统内置的常量。

自定义常量是用户根据需要由自己定义的常量，语法格式如下：

bool define (string name, mixed value [, bool case_insensitive])

 说 明

① 常量默认为大小写敏感。按照惯例，常量标识符总是大写的。

② 一个常量一旦被定义，就不能再改变或者取消定义。

③ 不能重新定义已经定义过的常量。

④ 常量的作用范围是全局，即一旦被定义，常量贯穿整个脚本。

2. 变量

变量指用户定义的且随着程序的执行而改变的量，是存储信息的容器。PHP 中的变量包括预定义变量和自定义变量。

预定义变量是 PHP 中预先定义的系统内置变量。例如：

$GLOBALS 指包含一个引用指向每个当前脚本的全局范围内有效的变量。
$_SERVER 指由 Web 服务器设定或者直接与当前脚本的执行环境相关联。
$_FILES 指经由 HTTP POST 文件上传而提交至脚本的变量。
$_GET 指经由 HTTP GET 方法提交至脚本的变量。
$_POST 指经由 HTTP POST 方法提交至脚本的变量。
$_REQUEST 指经由 GET、POST 和 COOKIE 机制提交至脚本的变量。
$_COOKIE 指经由 HTTP Cookies 方法提交至脚本的变量。
$_SESSION 指当前注册给脚本会话的变量。
$_ENV 指执行环境提交至脚本的变量。

 链 接

相关内容参见 5.4、5.5 节。

自定义变量是用户根据需要自己定义的变量。语法格式如下：

```
$varname
```

 说 明

PHP 变量规则：

① 变量以 $ 符号开头，其后是变量的名称。

② 变量名称只能包含字母、数字、字符和下划线（A-z、0-9 以及 _）。

③ 变量名称必须以字母或下划线开头，对大小写敏感（$x 与 $X 是两个不同的变量）。

④ 变量名称不能以数字开头。

在 PHP 程序和函数中使用变量是直接指定一个值给变量而不加声明，如

```
$varname=value;
```

 说 明

使用这样的方式就创建了变量，即设置了一个存储信息的容器。PHP 根据它的值，自动把变量转换为正确的数据类型。

给变量赋值有两种方式：传值赋值和传地址赋值。

① 传值赋值：将一个表达式赋予一个变量时，整个原始表达式的值被赋到目标变量。

② 传地址赋值：形如$a=&$b，新的变量$a 引用了原始变量$b，可认为$a 是$b 的别名。

在网页中输出变量的格式如下：

```
<?php echo $varname; ?>  或<?php =$varname ?>
```

使用上述格式也可以将变量的值直接输出到浏览器上。

变量的作用域即它定义的有效范围有三种：全局的、局部的和静态的。全局变量是能在所有页面都可使用的变量，如预定义变量都是全局变量；局部变量只能在它定义的页面和函数中使用；而静态变量所存储的信息都是最后一次被更新时所包含的信息。

链接

相关内容参见 4.4、5.5、6.4 节。

3．运算符

PHP 具有 C、C++和 Java 中常见的运算符。这些运算符也有优先权的问题。

PHP 中的运算符包括以下几种：

(1) 算术运算符：主要用来进行数学运算，如表 3.1 所示。

表 3.1　算术运算符

运 算 符	运　　算	示　　例	说　　明
+	加	10+4	计算 10 加 4，结果为 14
−	减	10−4	计算 10 减 4，结果为 6（注：放在数值前，产生相反数）
*	乘	10*4	计算 10 乘 4，结果为 40
/	除	10/4	计算 10 除以 4，结果为 2.5
%	取余数	10%4	计算 10 除以 4 的余数，结果为 2

(2) 字符运算符：参与运算的数据是字符串，只有一个运算符"."，其作用是连接两个字符串，如"ab"."cc"，把"."前后的字符串连接为新字符串，结果为"abcc"。

(3) 比较运算符：判断运算符前后的量的大小，如表 3.2 所示。

表 3.2　比较运算符

运算符	意　　义	示　　例	说　　明
==	等于	$a==$b	当$a 等于$b 时，值为 TRUE，否则为 FALSE
>	大于	$a>$b	当$a 大于$b 时，值为 TRUE，否则为 FALSE
<	小于	$a<$b	当$a 小于$b 时，值为 TRUE，否则为 FALSE
<=/>=	不大于/不小于	$a<=$b/$a>=$	当$a 小于/大于或等于$b 时，值为 TRUE，否则为 FALSE
!= | <>	不等于	$a!=$b $a<>$b	当$a 与$b 不等时，值为 TRUE，否则为 FALSE
===	全等(完全相同)	$a === $b	当$a 等于 $b 时，且它们类型相同，则返回 true
!==	不全等(完全不相同)	$a!== $b	当$a 不等于 $b 时，且它们类型不相同，则返回 true

(4) 赋值运算符：只有一个运算符"="，把其右边表达式的值赋给左边的变量，如$a=10+4，把 10 加 4 的结果 14 赋予变量$a。

(5) 逻辑运算符：通常用来测试真假值，如表 3.3 所示。

表 3.3　逻辑运算符

运 算 符	意　义	示　　例	说　　明
And &&	与	$a And $b 或 $a && $b	当$a 和$b 同为 TRUE 时，值为 TRUE，否则为 FALSE
Or ||	或	$a Or $b 或 $a || $b	当$a 和$b 同为 FALSE 时，值为 TRUE，否则为 FALSE
Xor	异或	$a Xor $b	当$a 和$b 不同为 TRUE 或 FALSE 时，值为 TRUE
!	非	!$a	当$a 为 TRUE 时，值为 FALSE，否则为 TRUE

(6) 数组运算符：用于进行一些快速的数字运算，如表 3.4 所示。

表 3.4 数组运算符

运 算 符	意 义	示 例	说 明
+	联合	$a +$b	将$a 和$b 联合，但不覆盖重复的键
==	相等	$a = =$b	当$a 与$b 有相同的键/值时，返回 true
===	全等	$a=== $b	当$a 和$b 有相同的键/值时且数据类型相同时，返回 true
!=	不相等	$a !=$b	当$a 与$b 键/值有一个不同时，返回 true
<>	不相等	$a !=$b	当$a 与$b 键/值有一个不同时，返回 true
!==	不全等	$a=== $b	当$a 和$b 完全不同时，返回 true

(7) 简约运算符：类似于 C 语言，本质是给最左侧的变量赋值，如表 3.5 所示。

表 3.5 简约运算符

运 算 符	说 明	运 算 符	说 明
+=	$a+=$b 等价于$a=$a+$b	&=	$a&=$b 等价于$a=$a&$b
–=	$a–=$b 等价于$a=$a–$b	|=	$a\|=$b 等价于$a=$a|b
*=	$a*=$b 等价于$a=$a*$b	^=	$a^=$b 等价于$a=$a^$b
/=	$a/=$b 等价于$a=$a/$b	>>=	$a>>=$b 等价于$a=$a>>$b
%=	$a%=$b 等价于$a=$a%b	<<=	$a<<=$b 等价于$a=$a<<$b
++	$a++等价于$a=$a+1 先返回值，再作运算 ++$a 等价于$a=$a+1 先作运算，再返回值	——	$a——等价于$a=$a–1 先返回值，再作运算 ——$a 等价于$a=$a–1 先作运算，再返回值
.=	$a.=$b 等价于$a=$a.$b		

(8) 递增递减运算符如表 3.6 所示。

表 3.6 递增递减运算符

运 算 符	意 义	说 明
++$a	前加	$a 的值加一，然后返回 $a
$a++	后加	返回 $a，然后将 $a 的值加一
——$a	前减	$a 的值减一，然后返回 $a
$a——	后减	返回 $a，然后将 $a 的值减一

(9) 其他运算符如表 3.7 所示。

表 3.7 其他运算符

运 算 符	意 义	示 例	说 明
?:	条件	$a?$b:$c	若 a 为真则为 b，否则为 c
$	定义变量	$a	定义变量 a
&	取变量的地址	&$a	获取定义变量 a 的地址
@	隐藏错误消息	@echo $a	隐藏函数 echo 执行时的错误消息
->	引用对象的方法或属性	Obj1->name	引用对象 Obj1 的属性 name
=>	定义数组元素的值	g=> "asd"	数组下标为 g 的元素的值是 asd

(10) 运算符的优先级：由高到低，如表 3.8 所示。

表 3.8 运算符的优先级

优先级	运算符	说 明	优先级	运 算 符	说 明
1	!	逻辑 "非"	7	&&	逻辑 "与"
2	++ —	递增、递减	8	||	逻辑 "或"
3	* / %	乘、除、取余	9	= += _= *= /= %= &= != ~= <<= >>=	赋值简略运算
4	+ – .	加、减、连接	10	And Xor	逻辑 "与" 逻辑 "异或"
5	< <= > >=	小于、不大于 大于、不小于	11	or	逻辑 "或"
6	== !=	等于、不等于			

3.4.3 PHP 的数据类型

1. 基本数据类型

PHP 支持 8 种原始类型，包括 4 种基本类型：整型(integer)、浮点型(float)(浮点数，也作 double)、字符串(string)和布尔型(boolean)；两种复合类型：数组(array)和对象(object)；两种特殊类型：资源(resource)和 NULL。为了确保代码的易读性，常使用 3 种伪类型，包括混合(mixed)、数字(number)和回馈(callback)。

(1) 整型(integer)。整型值可以用十进制、十六进制、八进制或八进制符号指定，前面可以加上可选的符号(–或者+)。如果用八进制符号，数字前必须加上 0(零)；用十六进制符号，数字前必须加上 0x；用二进制符号，数字前必须加上 0b。

(2) 浮点型(float、double 或 real numbers)可以用以下语法定义：

```php
<?php
$a = 1.234;        //包含小数部分
$a = 1.234e3;      //采用科学记数法 =1.234*10^3=1234
$a = 1.234E-4;     //=1.234*10^{-4}=0.0001234
?>
```

(3) 字符串(string)。用" "(双引号)或'(单引号)界定的若干个(大于或等于 0)字符构成的集合，如"aBcd""3.14159"和"中国"。

当用双引号或者定界符指定字符串时，其中的变量会被解析。要想使用$、\、"和换行符、回车符、水平制表符等控制字符，必须使用 "\" 转义，如表 3.9 所示。

表 3.9 转义字符

序 列	含 义	序 列	含 义	序 列	含 义
\n	换行	\t	水平制表符	\\	反斜线
\r	回车	\$	美元符号	\"	双引号

 说 明

① 一个字符串除了用单引号、双引号界定外，还可以使用 heredoc 语法结构和 nowdoc 语法结构（自 PHP 5.3.0 起）表达。

② 字符串会被按照与该脚本文件相同的编码方式来编码。

③ 在单引号字符串中的变量和特殊字符的转义序列将不会被替换。

(4) 布尔型(boolean)。表达式的真值,可以为 TRUE 或 FALSE。

在 PHP 中,将以下几个方面视为 FALSE,其他一切都视为 TRUE。

① 关键字 FALSE 和 NULL。

② 整数 0 和浮点数 0.0。

③ 0 作为字符串('0'或"0")。

④ 空字符串(中间没有空格的" "或" ")。

⑤ 具有 0 个元素的数组。

2. 数组

PHP 中的数组实际上是一个有序对,即把 values 映射到 keys 的类型。

(1) 数组的结构如下:

$bname[keys]=values	//keys 是数组的键名,可以是一个非负数,也可以是一个字符; values 是对应数组键名 keys 的值

元素	$bname[0]	$bname[1]	$bname[2]	…	$bname[9]
keys	0	1	2	…	9
values	PHP 案例教程	ASP 案例集锦	JSP 专家指南	…	电子商务概论
	数组指针↑				

(2) 数组的创建。可以通过在方括号内指定键名来给数组赋值的方法创建数组,语法格式如下:

```
$数组名[索引|值]=指定值
```

或者使用函数 array( )来创建数组。语法格式为

```
array array([mixed …])
```

另外,还可以通过以下方法创建数组或给数组的元素赋值。

(1) 使用运算符=>指定数组元素的值。例如:

```
$bname=array("PHP 案例教程",4=>"ASP 案例集锦","JSP 专家指南)";
bname[0]="PHP 案例教程", $bname[4]="ASP 案例集锦", $bname[5]="JSP 专家指南";
```

(2) 索引可以是数字,也可以是字符。例如:

```
$bname["4-2-8"]="PHP 案例教程";
$bvalue["PHP 案例教程"]=45.0;
```

(3) 数组元素的值可以是不同的数据类型。例如:

```
$bname[0]="PHP 案例教程"
$bname["PHP 案例教程"]=45.0
```

PHP 也可以定义多维数组,即每个数组的元素再细分为多个数组元素,如$bname[2][1],它的结构如下所示。多维数组的创建和使用方法与一维数组相同。

一维数组	$bname[0]		$bname[1]		$bname[2]	
二维数组	[0]	[1]	[0]	[1]	[0]	[1]
值	PHP 案例教程	45.0	ASP 案例集锦	48.0	JSP 专家指南	50.5

对应的元素为

$bname[0][0]= "PHP 案例教程" $bname[0][1]= 45.0

$bname[1][0]= "ASP 案例集锦" $bname[1][1]= 48.0

$bname[2][0]= "JSP 专家指南" $bname[2][1]= 50.5

(4) 数组的使用。PHP 定义了一组数组函数。最常用的如下：

```
int count(mixed var [, int mode])      //统计数组中元素的个数
mixed key(array array)                  //取得目前数组指针所指元素的索引值
mixed current(array array)              //取得目前数组指针所指元素的值
list($var1,$var2…)=each(array array)    //把数组中的值赋给一些变量
mixed next(array array)                 //将数组指针移至下一个数组元素
```

3. 对象

链接

相关内容参见 7.4 节。

4. 获取数据类型和改变数据类型

通过一组内置函数能判断变量的数据类型，也可以强制转换数据类型，语法格式为

```
(int)|(integer) $varname;              // 转换成整型
(bool)|(boolean) $varname;             // 转换成布尔型
(float)|(double)| (real) $varname;     // 转换成浮点型
(string) $varname;                     // 转换成字符串
(array) $varname;                      // 转换成数组
(object) $varname;                     // 转换成对象
```

3.4.4 PHP 的控制语句

PHP 程序都是由语句组成的。除了赋值语句、函数调用语句外，使用最多的就是流程控制语句，主要包括条件语句、循环语句和跳转语句及包含语句。

1. 条件语句

条件语句有 4 种形式：if、if…else、if…elseif…else 和 switch。

1) if 语句

```
if(expr){            // expr 是一个条件表达式
    statement;       //语句块
}
```

说明

当条件 expr 为真时，执行语句块 statement；否则执行语句块下面的语句。

① 当语句块中只有一行语句时，{}可以省略。

② if语句可以嵌套在其他if语句中，这给程序不同部分的条件执行提供了充分的弹性。

示例 3-1

```php
<?php
    $id="";
    if($id==""){
        $errmsg="ID 字段不可为空白！";
        echo "错误信息:".$errmsg ;
    }
?>
```

运行结果

错误信息: ID 字段不可为空白!

2) if…else

```
if(expr){
    statement1;    //语句块 1;
}
else{
    statement2;    //语句块 2;
}
```

 说明

当条件 expr 为真时，执行语句块 statement1；否则执行语句块 statement2。

示例 3-2

```php
<?php
    $cardmoney=5;
    if($cardmoney<10)
        echo "卡内金额不足！";
    else
        echo "本次购书后，余额为：￥10.8";
?>
```

运行结果

卡内金额不足！

3) if…elseif…else

```
if(expr1){
    statement1;    // 语句块 1;
}
elseif(expr2){
    statement2;    // 语句块 2
}
else{
    statement3;    // 语句块 3
}
```

说明

当条件 expr1 为真时，执行语句块 statement1；否则当条件 expr2 为真时，执行语句块 statement2，否则，执行语句块 statement3。

示例 3-3

```php
<?php
    $password="1234";
    $confirm="123456";
    if(strlen($password)>10 or strlen($password)<6){
        $errmsg="请输入 6～10 个字符的密码！";
        echo "错误信息：".$errmsg ;
    }
    else if($password<>$confirm){
        $errmsg="请重新确认密码！";
        echo "错误信息：".$errmsg;
    }
?>
```

运行结果

错误信息：请输入 6～10 个字符的密码！

4) switch

```
switch(expr){
case "value1":    // value1 为表达式的可能取值
          statement1;  break;
case "value 2":    // value2 为表达式的可能取值
          statement2;  break;
…
case " value n":    // value n 为表达式的可能取值
          statement n;  break;
default :
          statement n+1;    // 表达式的值不是 value1…value n 中任何一个
}
```

 说明

当条件 expr 的值与 case 后的条件值相同时，执行该 case 后的语句块，并跳出 switch 程序段，执行 switch 下面的一行语句；否则执行 default 后的语句块，在 switch 中每个语句块后必须有 break，其作用就是跳出 switch；若无 break，程序会继续执行下面 case 中的语句块。

示例 3-4

```php
<?php
    $day= "Fri";
    switch($day){
        case 1:  echo "网页制作";break;
        case 2:  echo "访问客户";break;
        case 'Wed':  echo "我要shopping";break;
```

```
        case 4:  echo "去健身房";break;
      case "Fri":  echo "向 Boss 汇报工作";break;
        default:  echo "周末狂欢";
     }
  ?>
```

运行结果

向 Boss 汇报工作

2. 循环语句

1) for

```
for(expr1; expr2; expr3){
    statement;   // 循环体
}
```

 说明

① 求第一个表达式 expr1 的值。

② 求第二个表达式 expr2 的值。如果值为 TRUE，则继续循环，执行循环体中的语句。如果值为 FALSE，则终止循环。

③ 在循环体被执行后，求第三个表达式 expr3 的值。

④ 每个表达式都可以为空。expr2 为空意味着将无限循环下去。

示例 3-5

```
<?php
  $s=1;
  for($i=1;$i<=10;$i++){
    $s*=$i;
    echo "$i!=$s <BR>";
  }
?>
```

运行结果

```
1!=1
2!=2
3!=6
4!=24
5!=120
6!=720
7!=5040
8!=40320
9!=362880
10!=3628800
```

2) while

```
while(expr){
  statement;   // 循环体
}
```

说明

只要 while 表达式 expr 的值为 TRUE，就重复执行循环体中的语句。表达式 expr 的值在每次开始循环时被检查。

示例 3-6

```php
<?php
  $i=1; $s=1;
  while($i<=10){
    $s*=$i;
    echo "$i!=$s <BR>";
    $i++;
  }
?>
```

3）do…while

```
do{
  statement;   // 循环体
}while(expr);
```

 说明

① 执行一次循环体。

② 判断表达式 expr 的值，为 TRUE 就再执行循环体中的语句；否则执行 while 语句下面的一行语句。

示例 3-7

```php
<?php
  $i=1;$s=1;
  do{
    $s*=$i;
    echo "$i!=$s <BR>";
    $i++;
  }while($i<=10)
?>
```

4）foreach

```
foreach(array_expression as $value) statement
foreach(array_expression as $key => $value) statement
```

 说明

① 第一种格式遍历给定的数组 array_expression。每次循环中，当前单元的值被赋给$value 并且数组内部的指针向前移一步(因此下一次循环中将会得到下一个单元)。

② 第二种格式与第一种格式不同之处是，当前单元的键值也会在每次循环中被赋给变量$key。

示例 3-8

```php
<?php
  $arr=array("one", "two", "three");
```

```
    reset($arr);
    while(list(,$value)=each($arr))
      echo "Value: $value<br>\n";
    //while 语句等价于下面的 foreach
    foreach($arr as $value)
        echo "Value: $value<br>\n";
    ?>
```

运行结果 //以下内容输出两次

```
    Value: one
    Value: two
    Value: three
```

3. 跳转语句

1) break 语句

break;   //无条件终止目前正在执行的循环或分支

2) continue 语句

continue;   //忽略本次循环下面的语句,无条件跳到下一次循环

 说明

① break 结束当前 for、foreach、while、do...while 或者 switch 结构的执行。

② 在循环结构用来跳过本次循环中剩余的代码并开始执行下一次循环。

示例3-9

```php
<?php
    for($i=1;$i<=5;$i++){
        if($i==3)  break;          //在输出 3 次时循环跳出循环,只输出 2 次
        echo "$i,OK!<BR>";
    }
    echo "<BR>";
    for($i=1;$i<=5;$i++){
        if($i==3) continue;        //在第 3 次没有输出,直接跳到第 4 次
        echo "$i,OK!<BR>";
    }
?>
```

运行结果

```
    1, OK!
    2, OK!

    1, OK!
    2, OK!
    4, OK!
    5, OK!
```

 本章总结

本章介绍了网站中主页的设计与实现过程和方法，从中体会到实现网页的主要技术：HTML、CSS 和 JavaScript，同时也介绍了 PHP 与 HTML 的关系及 PHP 的句法结构、主要控制语句等基础知识。

 思考练习

(1) PHP 中包括几个条件语句？还有其他作出判断的方法吗？

(2) 在 switch 语句中，break 命令的作用是什么？

(3) 找出下面 PHP 中的 3 处语法错误：

```php
<?php5
  /*PHP 入门
  /*这里有多处错误
  echo("hello PHP")
?>
```

 实践项目

项目 3-1　查看 PHP 变量的值

项目目标：

(1) 创建一段 PHP 程序，其中包含几个赋值语句和 echo 语句。

(2) 上载并执行 PHP 程序。

步骤：

(1) 使用一个文本编辑器，如记事本，创建如下内容的文件 p3-1.php。

```php
<?php
  //PHP:一个初学者的程序
  $integer_value=1;
  $double_value=1.23456789e6;
  $string_value="this is a string,";
  echo "<H2> 项目 3-1 查看变量的值</H2>";
  echo "<BR> integer_value:";
  echo $integer_value;
  echo "<BR> double_value:";
  echo $double_value;
  echo "<BR>  string_value:";
  echo $string_value;
?>
```

(2) 将文件 p3-1.php 存放到服务器上的 exercise/ch3 文件夹中。

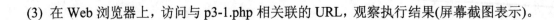

(3) 在 Web 浏览器上，访问与 p3-1.php 相关联的 URL，观察执行结果(屏幕截图表示)。

项目 3-2　PHP 中的计算

项目目标：

(1) 创建一段 PHP 程序，计算一个圆的面积。

(2) 上载并执行 PHP 程序。

步骤：

(1) 使用一个文本编辑器，如记事本，创建如下内容的文件 p3-2.php：

```php
<?php
//PHP:一个初学者的程序
//计算给定半径的圆的面积
echo "<H2> 项目 3-2 计算圆的面积</H2>";
$radius=2.0;
$pi=3.14259;
$area=$pi*$radius*$radius;
echo "<BR>半径=";
echo $radius;
echo "<BR>面积=";
echo $area;
?>
```

(2) 将文件 p3-2.php 存放到服务器上的 exercise/ch3 文件夹中。

(3) 在 Web 浏览器上，访问与 p3-2.php 相关联的 URL，观察执行结果(屏幕截图表示)。

项目 3-3　查看环境变量

项目目标：

(1) 演示 PHP 如何使用预定义变量。

(2) 演示 PHP 如何通过 echo 语句将预定义变量发送到浏览器。

步骤：

(1) 使用一个文本编辑器，如记事本，创建如下内容的文件 p3-3.php，存放到服务器上的 exercise/ch3 文件夹中。

```php
<?php
//项目 3-3 查看环境变量
echo "<BR><B> 浏览器:</B>".$_SERVER['HTTP_USER_AGENT'];
echo "<BR><B> 主机:</B>".$_SERVER['HTTP_HOST'];
echo "<BR><B> 远程主机:</B>".$_SERVER['REMOTE_HOST'];
echo "<BR><B> 远程地址:</B>".$_SERVER['REMOTE_ADDR'];
echo "<BR><B> 远程端口:</B>".$_SERVER['REMOTE_PORT'];
?>
```

(2) 在 Web 浏览器上，访问与 p3-3.php 相关联的 URL，观察执行结果(屏幕截图表示)。

第 4 章

网站计数器设计与 PHP 文件访问

学习目标

通过本章的学习，能够使读者：

(1) 理解 PHP 支持的文件系统。

(2) 掌握在 PHP 中使用函数的方法。

(3) 掌握在 PHP 中使用文件与目录的方法。

学习资源

本章为读者准备了以下学习资源：

(1) 示范案例：展示"网页计数器"的设计与实现过程，对应本章的 4.1~4.2 节。案例代码存放在文件夹"教学资源\wuya\jsq\"中。

(2) 技术要点：描述"PHP 的函数"和"PHP 的文件处理"，对应本章的 4.3~4.5 节。其中的示例给出了相关技术的说明，代码存放在文件夹"教学资源\extend\ch4\"中。

(3) 实验项目：代码存放在文件夹"教学资源\ exercise\ch4\"中。

学习导航

在学习过程中，建议读者按以下顺序学习：

(1) 解读示范案例的分析和设计。

(2) 模仿练习：选择一个 PHP 集成开发工具，如 Dreamweaver，按照实现步骤重现案例。

(3) 扩展练习：按实践项目的要求，先明确项目目标，再在 PHP 集成开发环境中实现项目代码，然后对代码中的 PHP 语言要素进行分析，提升理解和应用能力。

学习过程中，提倡结对或 3 人组成学习小组，一起探讨和研究案例的分析和设计，但对 PHP 函数和文件处理的学习和具体项目的实现还是鼓励能独立完成。

案例描述

本章案例介绍如何设计、实现和管理网站计数器。网站计数器可以以文本输出，也可以以图像格式输出，其中涉及 PHP 函数和 PHP 文件处理等相关知识。

4.1　网站计数器的设计

网页计数器是用来统计网站的访问次数并把结果公布在访问的网页上的一段程序。它是让 Web 访问者和网页管理者获知网页(站)的人气指数的最直接的方法。

在 Internet 上，可获得免费的网页计数器代码，只要把它嵌入网页恰当的地方即可。

网页计数器既可以采用文件来保存访问计数，也可以用数据库实现。一般来说，若只是对一个网页(如首页)计数，则采用文件保存计数的方法；若对网站上多个网页进行访问计数，则采用数据库保存计数的方法。

4.1.1　系统架构

1.　网页计数器的工作流程

网页计数器不单独作为页面，而是嵌入访问页面中，当有用户访问该网页时，把网页的访问累计数加 1(也可以加 10，以迷惑访问者)，然后把计数显示在访问的网页中。

网页计数器的工作流程如图 4.1 所示。

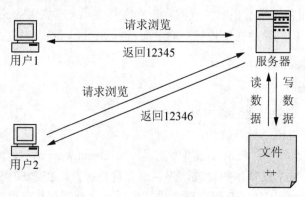

图 4.1　网页计数器的工作流程

 说明

① 用户向服务器发出访问请求。

② 服务器读取该访问浏览次数的计数，加 1 后，向客户端返回浏览次数。

③ 服务器保存新的浏览次数。

④ 有新的用户要访问，则重复以上 3 步。

2. 解决方案

计数保存在文件或数据库中，计数的过程是向文件或数据库读、写数据的过程，计数在页面的显示方式有两种：文本方式或图片方式。

主要算法如下所示：

(1) 数据文件：counter.dat (注：可以不准备，当检查文件不存在时由 PHP 建立)。

(2) 读出数据文件 counter.dat 中的数据，算法为

　　打开文件；

　　若不存在，则创建它，并以 0 为初始数据；

　　否则，读出数据；

　　关闭文件。

(3) 把累加后的数据写入数据文件 counter.dat，算法为

　　累计数据；

　　打开文件；

　　写入数据；

　　关闭文件。

(4) 向网页输出计数信息。

4.1.2　系统设计

1. 逻辑结构设计

根据对系统架构的描述，可得网页计数器的逻辑结构，如图 4.2 所示。

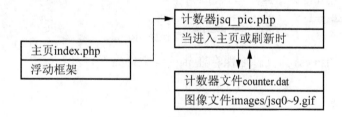

图 4.2　网页计数器的逻辑结构

2. 用户界面设计

相应的界面如图 4.3 所示。

欢迎您！ 网站的第 X 位访客！	区域：大小为 90px×220px；居顶端 14px；背景色为#399 文字：居中、粗体；大小为 14px；颜色为#FC9；1.5 倍行距

图 4.3　网页计数器的界面设计

⚠ **注**　X 是输出的计数器，可以以文本格式输出，也可以以图像格式输出。

　　界面的表现样式对区域大小、背景颜色、文字大小、颜色等加以定义，保存在 jsq.css 中。

4.2　网站计数器的实现

4.2.1　文本输出的网页计数器

1. 简易页面计数器

代码文件：jsq.css、al_jsq_text.php

CSS编码

(1) 确认站点根目录下已建立文件夹 jsq(若没有，就创建)。

(2) 启动 Dreamweaver，新建 CSS 文档。

(3) 单击"代码"标签，切换到"代码"视图，输入以下代码。

```
1   @charset "utf-8";
    /* CSS Document */
2   #dd {    /*定义计数器区域样式*/
3      font-size: 14px;
4      color: #399;
5      text-align: center;
6      padding-top: 14px;
7      height:90px;
8      width:220px;
9      font-weight: bold;
10     line-height: 150%;
11     background-color: #FC9;
12  }
```

(4) 把文档以 jsq.css 为文件名保存在 jsq/css 文件夹下。

PHP编码

(1) 在 Dreamweaver 中，新建 PHP 文档。

(2) 单击"代码"标签，切换到"代码"视图，输入以下代码。

```
1   <!DOCTYPE html PUBLIC "-//W3C//DTD XHTML 1.0 Transitional//EN"
     "http://www.w3.org/TR/xhtml11/DTD/xhtml1-transitional.dtd">
2   <html xmlns="http://www.w3.org/1999/xhtml">
3     <head>
4       <meta http-equiv="Content-Type" content="text/html; charset=gb2312" />
5       <title>网站计数器-文本格式输出</title>
6       <link href="jsq.css" rel="stylesheet" type="text/css" />
7     </head>
8     <body>
9     <?php
10       //数字输出的网页计数器
```

```
11      $max_len=8;
12      $CounterFile="counter.dat";
13      if(!file_exists($CounterFile)){    //如果计数器文件不存在的处理
14         $counter=0;
15         $cf=fopen($CounterFile,"w");    //打开一个文件，在此先建立该文件
16         fputs($cf,"0");                 //初始化计数器文件
17         fclose($cf);                    //关闭文件
18      }
19      else{                             //取回当前计数器的计数
20         $cf=fopen($CounterFile,"r");
21         $counter=trim(fgets($cf,$max_len));
22         fclose($cf);
23      }
24      $counter++;                        //把计数器计数自增 1
25      $cf=fopen($CounterFile,"w");       //写入新的计数
26      fputs($cf,$counter);
27      fclose($cf);
28   ?>
29   <div id="dd" align="center">
30      欢迎您!<br/>
31      本网站的第<?php echo $counter;      //输出计数器计数 ?>位访客!
32   </div>
33   </body>
34 </html>
```

(3) 把文档以 al_jsq_text.php 为文件名保存在 jsq 文件夹下。

 代码解读

al_jsq_text.php 代码中包含的变量及含义如表 4.1 所示。

表 4.1　al_jsq_text.php 代码中包含的变量及其含义

变　　量	含　　义
$max_len	自定义变量。计数的最大位数
$CounterFile	自定义变量。计数存放的文件(路径和文件名)
$counter	自定义变量。存放当前计数的值
$cf	自定义变量。打开计数存放文件的句柄

链　接

有关变量的相关知识参见 3.3 节。

代码中包含的文件操作函数如表 4.2 所示。

表 4.2 al_jsq_text.php 代码中包含的文件函数及含义

函 数 名	含 义
file_exists($CounterFile)	判断文件是否存在
fopen($CounterFile,"w")	打开指定的文件。若不存在，则建立它
fopen($CounterFile,"r")	打开指定的文件。若存在，则读出文件的内容
fgets($cf,$max_len)	从文件中读出指定长度的字符
fputs($cf,"0")	把字符写入文件
fclose($cf)	关闭打开的文件
trim(fgets($cf,$max_len))	去除字符串两端的空格符

 链接

有关 PHP 文件操作的函数参见 4.3 节。

2. 用函数嵌入访问页的计数器

代码文件：al_jsq_fun.php、counter.inc.php

PHP编码

(1) 在 Dreamweaver 中，新建 PHP 文档。

(2) 单击"代码"标签，切换到"代码"视图，输入以下代码。

```php
<?php
function counter(){
    $counter=0; //初始化变量
    $max_len=8;
    $lj=explode("/",$_SERVER["PHP_SELF"]);
    $CounterFile="./counter/".$lj[count ($lj)-1].".dat";
    if(!file_exists($CounterFile)){     //如果目录不存在，先建立目录
      if(!file_exists(dirname($CounterFile)))
        mkdir(dirname($CounterFile),0777);
      $cf=fopen($CounterFile,"w");      //建立并初始化计数器文件
      fputs($cf,"0");
      fclose($cf);
    }
    else{     //取回当前计数器的计数
      $cf=fopen($CounterFile,"r");
      $counter=trim(fgets($cf,$max_len));
      fclose($cf);
    }
    $counter++;     //把计数器计数自增
    $cf=fopen($CounterFile,"w");     //写入新的计数
    fputs($cf,$counter);
    fclose($cf);
    echo $counter;     //输出计数器计数
  }
?>
```

小技巧

　　① 多数 PHP 程序员习惯把用于 include( )或 require ( )的文件扩展名命名为"inc"。

　　② $CounterFile="./counter/".$lj[count ($lj)-1].".dat"; 把计数器文件定位于当前脚本所在文件夹下的子文件夹 counter 里，文件以当前脚本名称加".dat"为名称，即 al_jsq_fun.php.dat。

　　(3) 把文档以 counter.inc.php 为文件名保存在 jsq 文件夹下。

　　(4) 在 Dreamweaver 中，新建 PHP 文档。

　　(5) 单击"代码"标签，切换到"代码"视图，输入以下代码。

```
1   <?php
2       require("counter.inc.php");
3   ?>
4   <!DOCTYPE html PUBLIC "-//W3C//DTD XHTML 1.0 Transitional//EN"
5    "http://www.w3.org/TR/xhtml1/DTD/xhtml1-transitional.dtd">
6   <html xmlns="http://www.w3.org/1999/xhtml">
7     <head>
8       <meta http-equiv="Content-Type" content="text/html; charset=utf-8" />
9       <title>网站计数器-文本格式输出_函数</title>
10      <link href="jsq.css" rel="stylesheet" type="text/css">
11    </head>
12    <body>
13      <div id="dd" align="center">
14       欢迎您<br />
15       本网页的第<?php counter(); ?>位访客!
16      </div>
17    </body>
18  </html>
```

　　(6) 把文档以 al_jsq_fun.php 为文件名保存在 jsq 文件夹下。

小技巧

　　① <?php require("counter.inc.php") ?>把计数器函数嵌入网页中，该段脚本应该放在<HTML>标记之前；counter.inc.php 保存在与网页相同的文件夹下，否则在 require("counter.inc.php")中要指明文件的存放路径。

　　② <?php php counter( ); ?>调用函数 counter( )，并显示函数的返回值。

代码解读

　　al_jsq_fun.php 代码中包含的变量除了表 4.1 所示的之外，还包含了$_SERVER["PHP_SELF"]这个超全局变量，它保存了当前运行脚本的名字，本例为/wuya/jsq/al_jsq_fun.php。

　　代码中包含的文件操作函数除了表 4.2 所示之外，还包含了表 4.3 中的函数。

表4.3　al_jsq_fun.php 代码中包含的文件函数及含义

函 数 名	含 义
mkdir(dirname($CounterFile),0777)	建立以$CounterFile 的值为名的目录，即./counter，目录的访问权限是可读、可写、可执行(最高权限)的
dirname($CounterFile)	返回路径中的目录部分
explode("/",$_SERVER[PHP_SELF])	返回一个字符串数组，每个元素为$_SERVER[PHP_SELF]经"/"作为边界分割出的子串，本例中$lj=[, wuya , jsq,al_jsq_fun.php]
count ($lj)	统计数组$lj 中元素的个数，本例中为 4

4.2.2　图片输出的网页计数器

代码文件：al_jsq_pic.php，counter_p.inc.php

素材文件：/images/jsq0.gif~ jsq 9.gif

准备工作

(1) 在 jsq 中建立文件夹 images。

(2) 把图像文件 jsq 0.gif~ jsq 9.gif 复制到文件夹 images 中。

PHP编码

(1) 启动 Dreamweaver，新建 PHP 文档。

(2) 单击"代码"标签，切换到"代码"视图，输入以下代码。

```php
1   <?php
2     header("Content_type:image/gif");              //发送一个 HTTP 头信息
3     function counter(){                            //决定计数器的文件名
4       $counter=0;                                  //初始化变量
5       $lj=explode("/",$_SERVER["PHP_SELF"]);
6       $CounterFile="./counter/".$lj[count ($lj)-1].".dat";
7       if(!file_exists($CounterFile)) {             //如果文件不存在的处理
8         if(!file_exists(dirname($CounterFile)))    //如果目录不存在，先建立目录
9           mkdir(dirname($CounterFile),0777);
10        $cf=fopen($CounterFile,"w");               //建立计数器文件
11        fputs($cf,"0");                            //初始化计数器文件
12        fclose($cf);
13      }
14      else{                                        //取回当前计数器的计数
15        $cf=fopen($CounterFile,"r");
16        $counter=trim(fgets($cf,10));
17        fclose($cf);
18      }
19      $counter++;                                  //把计数器计数自增1
20      $cf=fopen($CounterFile,"w");                 //写入新的计数
```

```
21      fputs($cf,$counter);
22      fclose($cf);
23      //格式化计数器的输出
24      $temp=(string)$counter;              //转换为字符串类型
25      $size=strlen($temp);                 //求字符串的长度
26      for($i=0;$i<$size;$i++){
27         $p=substr($temp,$i,1);            //从高到低获取数位上的数字
28         echo("<img src='"."."./images/jsq".($p).".gif' height='30' width='15'
   vspace='10' align='middle'>");
29      }
30   }    //the end of the function
31  ?>
```

小技巧

　① header("Content_type:image/gif"); 告诉浏览器这个网页含有 GIF 图像文件。这行语句应该放在网页的"<HTML>"标记之前。

　② 10 张数字图片以包含对应数字为名称，有利于程序控制图片的显示。

　③ $size=strlen($counter); 统计变量$counter 中包含数字的个数，记录在变量$size 中。

　④ 第 24 ~ 27 行，取得每位上的数字值，作为图片文件的名称，通过 img 标记输出到浏览器上。

(3) 把文档以 counter_p.inc.php 为文件名保存在 jsq 文件夹下。

(4) 在 Dreamweaver 中，新建 PHP 文档。

(5) 单击"代码"标签，切换到"代码"视图，输入以下代码。

```
1  <?php
2    require("counter_p.inc.php");
3  ?>
4  <!DOCTYPE html PUBLIC "-//W3C//DTD XHTML 1.0 Transitional//EN"
5  "http://www.w3.org/TR/xhtml1/DTD/xhtml1-transitional.dtd">
6  <html xmlns="http://www.w3.org/1999/xhtml">
7    <head>
8      <meta http-equiv="Content-Type" content="text/html; charset=utf-8" />
9      <title>计数器-以图像格式输出</title>
10     <link href="jsq.css" rel="stylesheet" type="text/css" />
11   </head>
12   <body>
13     <div id="dd" align="center">
14        欢迎您!<br/>
15        本网站的第<?php counter(); ?>位访客!
16     </div>
17   </body>
18 </html>
```

(6) 把文档以 al_jsq_pic.php 为文件名保存在 jsq 文件夹下。

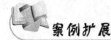

4.2.3 调试代码

1. 测试简易页面计数器

确认 al_jsq_text.php、jsq.css 已在服务器访问文件夹(如 c:\htdocs\wuya 或 c:\appserv\www\wuya)的子文件夹 jsq 下。

启动浏览器,输入 http://localhost/wuya/jsq/al_jsq_text.php,单击"转到"按钮,可见如图 4.4 所示的效果。单击"刷新"按钮,可观察到浏览器中数字的变化。

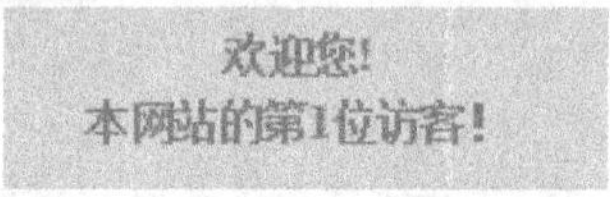

欢迎您!
本网站的第1位访客!

图 4.4 al_jsq_text.php 的预览效果

⚠ **注** 观察子文件夹 jsq 的变化。可见增加了文件 counter.dat,在"记事本"中打开它,查看数字的变化。

2. 测试用函数嵌入访问页的计数器

确认 al_jsq_fun.php、counter.inc.php 已在服务器访问文件夹(如 c:\htdocs\wuya 或 c:\appserv\ www\wuya)的子文件夹 jsq 下。

在浏览器的地址栏内输入 http://localhost/wuya/jsq/al_jsq_fun.php,单击"转到"按钮,可见如图 4.4 所示的效果。单击"刷新"按钮 9 次,可观察到如图 4.5 所示的数字变化。

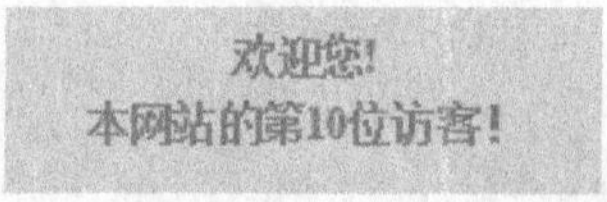

欢迎您!
本网站的第10位访客!

图 4.5 al_jsq_fun.php 的预览效果

⚠ **注** 观察子文件夹 jsq 的变化。可见增加了文件夹 counter,其内包含文件 al_jsq_fun.php.dat,在"记事本"中打开它,查看数字的变化。

3. 测试图片输出的网页计数器

确认 al_jsq_pic.php、counter_pic.inc.php 已在服务器根文件夹(如 c:\htdocs\wuya 或 c:\appserv\www\wuya)的子文件夹 jsq 下。

在浏览器的地址栏内输入 http://localhost/wuya/jsq/al_jsq_pic.php,单击"转到"按钮,可见图 4.6(a)所示的效果。单击"刷新"按钮多次后,可观察到如图 4.6(b)所示的数字变化。

(a) 进入的页面　　　　　　　　　　　　(b) 刷新 9 次后的页面

图 4.6 al_jsq_text.php 的预览效果

4. 网站中 jsq 文件夹下的文件

网站中 jsq 文件夹下的文件如图 4.7 所示。

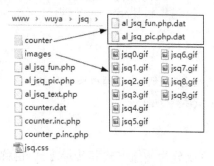

图 4.7 网站中 jsq 文件夹下的文件

4.3 PHP 的函数

4.3.1 PHP 函数概述

PHP 是一门基于函数的程序语言。函数就是能执行特定功能的语句块。函数在使程序模块化、简化程序和代码重用等方面起着重要作用，同时也使程序应用更为灵活。

PHP 不仅提供了丰富的内置函数，还允许用户自定义函数。

4.3.2 自定义函数

1. 自定义函数的语法格式

自定义函数是用户为了完成某种特定功能而编写的一个程序段。语法结构如下。

```
function 函数名(参数 1, 参数 2, …){
    语句块
    [return 返回值]
}
```

 说明

(1) 函数命名的规则：①函数名不能与预定义函数重名；②函数名不可以数字开头；③函数名不可包含运算符。

(2) return 语句把函数处理的结果返回，也可以没有 return 语句。

(3) 函数名是非大小写敏感的，不过在调用函数时，通常使用其与定义时相同的形式。

2. 自定义函数的使用

可以直接使用函数名来调用函数。含有函数的 PHP 程序结构如下所示。

```
<?php
    变量声明;
    语句块;
    调用函数语句;
```

```
        语句块;
        ...
        函数定义;                //可以放在任意位置
    ?>
```

 说 明

① 在 PHP 程序中,使用函数是通过调用函数语句来实现的。

② 调用函数语句为 **函数名(参数传递)**。

3. 在函数中传递参数

在 PHP 中,参数传递可以分为传值方式和传址方式(也称为引用传递),默认情况为传值方式。传值方式在调用函数时将常量或变量的值(实参)传递给函数的参数(形参)。值传递的特点是实参与形参分别存储在内存中,是两个互不相关的独立变量。在函数内部改变形参的值时,实参的值不会发生变化。传址方式是实参与形参共享一块内存。当改变函数形参的值时,实参的值也会发生相应的变化。定义引用传递参数时,在参数前面加上引用符号&。

示例 4-1

```php
<?php
  function ex1($a){          //定义函数
    $a++;
  }
  function ex2(&$a){         //定义函数
    $a++;
  }
  $x=1;
  ex1($x);    //传值
  echo "x=".$x."<br/>";      //输出: x=1
  $y=1;
  ex2($y);                   //传址
  echo "y=".$y;              //输出: x=2
?>
```

运行结果

```
x=1
x=2
```

在 PHP 的函数定义时,直接在参数后面以"="为其指定值,这是为参数设置默认值。

示例 4-2

```php
<?php
  function ex42($arg="defult value"){
      echo "参数值为:".$arg."<br>";
  }
  ex42();
  ex42("new value");
?>
```

　参数值为:defult value
　参数值为:new value

　　PHP 还支持可变长度参数列表。在定义函数时，不指定参数；在调用函数时，可以根据需要指定参数的数量，通过与参数相关的系统函数，如 func_num_args()、func_get_arg() 和 func_get_args()获取参数信息。

　　func_num_args()：返回传递给函数的参数数量
　　func_get_arg()：返回传递给函数的参数列表
　　func_get_args()：返回一个数组，由函数的参数组成

示例 4-3
```php
<?php
  function ex43(){
    $numargs=func_num_args();
    echo "参数的数量: $numargs<br />\n";
    if($numargs>=2)
      echo "第二个参数的值是: ".func_get_arg(1). "<br />\n";
    $arg_list=func_get_args();
    for($i=0; $i<$numargs; $i++)
      echo "第 ".($i+1)."个参数的值是: ".$arg_list[$i]."<br />\n";
  }
  ex43(1,2,3);
?>
```
运行结果
　参数的数量: 3
　第二个参数的值是: 2
　第 1 个参数的值是: 1
　第 2 个参数的值是: 2
　第 3 个参数的值是: 3

　　4. 函数中变量的作用域

　　按照变量的作用范围，PHP 函数中的变量可分为以下几种。
　　(1) 局部变量。即在函数中声明的变量。局部变量仅在函数体内有效，在函数体外，即使是用同名变量，也会被视为一个新变量。局部变量的值可通过 return 返回主程序。
　　(2) 全局变量。即主程序中声明的变量，它不影响函数内定义的变量。在函数中使用关键字 global 声明的变量也被称为全局变量。格式为

　　global $变量名;

示例 4-4 全局变量和局部变量。
```php
<?php
  $val1="Hello world.";
  $val2="Hello PHP.";
  function ex44(){
    echo $val1."<br>";
    global $val2;
    echo $val2."<br>";
  }
```

113

```
    ex44();
    ?>
```

```
Notice: Undefined variable: val1 in XXX\4-4.php on line 5
Hello PHP
```

(3) 静态变量。在函数中把主程序中的变量声明为静态变量后,其值不改变。格式为

```
Static   $变量名;
```

示例4-5　静态变量。

```
<?php
    function ex451(){
      static $count=0;
      $count+=1;
      echo $count."<br>\n";
    }
    function ex452(){
      $count=0;
      $count+=1;
      echo $count."<br>\n";
    }
    for($i=0;$i<3;$i++) ex451();
    for($i=0;$i<3;$i++) ex452();
?>
```

运行结果

```
1
2
3
1
1
1
```

4.3.3　PHP 内置函数

PHP 内部预先定义的函数称为内置函数,常用的内置函数被加载到 PHP 内核,只要配置好 PHP 运行环境就可以使用;有的函数并不是所有系统都会使用的,它们被封装到外部模块,在系统需要使用时再激活这个模块。例如,字符串函数是常用的函数,而图像函数不常用,被封装在 GD 库中,要使用图像函数就必须先激活 GD 库。

PHP 内置函数被封装在不同的函数库中,表 4.4 列出了一些常用的 PHP 内置函数库。

表 4.4　系统配置信息表 config_info

库　名	默 认 支 持	功 能 说 明
Apache 函数库	是	对 Apache 操作的函数
数组函数库	是	对数组的各种操作的函数
BCMath Arbitrary Precision Mathematics Functions	是	包含高精度数学运算的函数
Windows 的 COM 支持函数库	是	使用 COM 组件的相关函数
类/对象函数库	是	对类/对象操作

(续)

库　名	默 认 支 持	功 能 说 明
时间日期函数库	是	对时间和日期操作
目录函数库	是	对系统目录操作
Error Handling and Logging Functions	是	对错误处理的相关函数
文件系统函数库	是	对文件系统操作
FTP 函数库	是	与 FTP 操作有关的函数
Function Handling Functions	是	对函数操作的函数
HTTP 相关函数库	是	HTTP 头部和 Cookie 操作的函数
图像函数库	否	生成、修改各种格式图像的函数
LDAP Functions	否	与 LDAP 操作相关的函数
Mail Functions	是	邮件发送函数
数学函数库	是	各种复杂数学运算的函数
Microsoft SQL Server Functions	否	对 MySQL Server 操作的函数
Miscellaneous Functions	是	包含常数定义等在内的杂函数
mSQL Functions	否	对 mSQL 数据库操作的函数
MySQL 函数库	否	对 MySQL 数据库操作的函数
Improved MySQL Extension	否	对 MySQL 高级操作的函数
Network Functions	是	与网络相关的函数
Unified ODBC Functions	否	对 MySQL 高级操作的函数
Oracle 8 函数库	否	对 Oracle 8 数据库操作的函数
OpenSSL Functions	否	与 OpenSSL 相关的函数
Oracle 函数库	否	对 Oracle 数据库操作的函数
输出控制函数	是	对输出控制的函数
PDF functions	否	与 PDF 文件操作相关的函数
PHP Options&Information	是	获取设置 PHP 信息的函数
PostgreSQL 数据库函数库	否	对 PostgreSQL 数据库操作的函数
Program Execution Functions	是	包含执行目录等操作的函数
Pspell Functions	否	与拼写检查相关的函数
正则表达式函数库(POSIX 扩展)	是	对正则表达式操作的函数
Session Handling Functions	是	对 Session 操作的函数
SimpleXML functions	否	对 XML 操作的函数
SOAP Functions	否	对 SOAP 支持的函数
Shockwave Flash Functions	否	生成、编辑 Flash 的函数
Socket Functions	是	与 Socket 通信相关的函数
Stream Functions	是	对流操作的函数
字符串处理函数库	是	对字符串操作的函数
Sybase Functions	否	对 Sybase 数据库操作的函数
URL 函数库	是	对 URL 分析操作的函数
变量函数库	是	对变量检测等操作的函数
W32API 函数库	是	对 W32 API 操作的函数
WDDX Functions	否	对 WDDX 操作的函数
XML 语法解析函数库	是	对 XML 文档解析的函数
XSLT Functions	否	对 XSLT 操作的函数
Zip File Functions(Read Only Access)	否	对 ZIP 压缩文件读操作的函数
Zlib Compression Functions	否	对 GZIP 压缩文件操作的函数

1. 数组函数

数组函数如表 4.5 所示。

表 4.5　常用的数组函数

函　数　名	功　能　说　明
count(mixed var [, int mode])	统计变量中的数组元素的数目
void list(mixed …)	把数组中的值赋给一些变量
mixed current(array array)	返回数组中的当前单元的值
mixed prev(array array)	返回数组内部指针指向的前一个元素的值
mixed next(array array)	返回数组内部指针指向的下一个元素的值
mixed reset(array array)	将数组内部指针倒回到第一个元素并返回其值
array each(array array)	返回数组中当前指针位置的键/值并向前移动数组指针
mixed end(array array)	将数组内部指针移动到最后一个元素，并返回其值
mixed key(array array)	返回数组中当前元素的键名
mixed current(array array)	返回数组内部指针指向的当前数组元素的值
void sort(array array [, int sort_flags])	对数组元素按数值进行排序(最低到最高)
void rsort(array array [, int sort_flags])	对数组元素按数值进行逆向排序(最高到最低)
void asort(array array [, int sort_flags])	对关联数组按元素值进行排序。保留键名到数据的关联
void arsort(array array [, int sort_flags])	对关联数组按元素值进行逆向排序。保留键名到数据的关联
int ksort(array array [, int sort_flags])	对关联数组按键名排序，保留键名到数据的关联
int krsort(array array [, int sort_flags])	对关联数组按键名逆向排序，保留键名到数据的关联
htmlspecialchars($str [,$quote [,$charset]])	将字符串中的 HTML 标记当作一般字符
strip_tags($str [,$quote_style [,$charset]])	去除字符串中为 HTML 标记的字符
htmlentities($str [,$quote_style [,$charset]])	将字符串中的 HTML 标记当作一般字符
html_entity_decode($str [,$quote [,$charset]])	将显示字符串转换为 HTML 标记
int print(string arg)	将数据输出到浏览器
void printf(string format [, mixed args])	将数据格式化输出到浏览器
string sprintf(string format [, mixed args])	返回格式化数据
string　strtolower(string str)	把字符串全部转成小写字母
string　strtoupper(string string)	把字符串全部转成大写字母
string　ucfirst(string str)	把字符串的第一个字符转成大写字母
string　ucwords(string str)	把字符串每个单词的第一个字符转成大写字母

2. 字符串函数

字符串函数如表 4.6 所示。

表 4.6　常用的字符串函数

函　数　名	功　能　说　明
int strcmp(string str1, string str2)	>0，则\$str1>\$str2；<0，则\$str1<\$str2；=0，则\$str1=\$str2
int strlen(string str)	返回字符串所包含的字符个数
string substr(string str, int start [, int length])	返回字符串中从开始到指定长度的部分字符串，当 length 省略时，返回字符串末端的字符
string chop(string str [, string charlist])	去掉字符串末端的空格符
string trim(string str [, string charlist])	去掉字符串首尾的空格符
string ltrim(string str [, string charlist])	去掉字符串前端的空格符
array explode(string separator, string string [, int limit])	通过指定的 separator(分隔符)，将字符串分解为多个字符串，存储在一个指定的数组中
string implode(string glue, array pieces)	
string jion(string glue, array pieces)	将字符串数组中的每一个元素连接起来，成为一个字符串
htmlspecialchars(\$str [,\$quote [,\$charset]])	将字符串中的 HTML 标记当作一般字符
strip_tags(\$str [,\$quote_style [,\$charset]])	去除字符串中为 HTML 标记的字符
htmlentities(\$str [,\$quote_style [,\$charset]])	将字符串中的 HTML 标记当作一般字符
html_entity_decode(\$str [,\$quote [,\$charset]])	将显示字符串转换为 HTML 标记
int print(string arg)	将数据输出到浏览器
void printf(string format [, mixed args])	将数据格式化输出到浏览器
string sprintf(string format [, mixed args])	返回格式化数据
string　strtolower(string str)	把字符串全部转换成小写字母
string　strtoupper(string string)	把字符串全部转换成大写字母
string　ucfirst(string str)	把字符串的第一个字符转换成大写字母
string　ucwords(string str)	把字符串每个单词的第一个字符转换成大写字母

3. 日期和时间函数

日期和时间函数如表 4.7 所示。

表 4.7　常用的日期和时间函数

函　数　名	功　能　说　明
string date(string format [, int timestamp])	格式化时间
date_default_timezone_set(timezone)	设置用在脚本中所有日期和时间函数的默认时区
int time(void)	返回当前的 UNIX 时间戳
array getdate([int timestamp])	取得日期和时间信息
int strtotime(string time [, int now])	将任何英文文本的日期时间描述解析为 UNIX 时间戳

其中 date()中 format 字符的含义如表 4.8 所示。

表 4.8　date()中 format 字符的含义

format 字符	说　明	返回值例子
a	小写的上午和下午值	am 或 pm
A	大写的上午和下午值	AM 或 PM
B	Swatch Internet 标准时	000 到 999
d	月份中的第几天,有前导零的 2 位数字	01 到 31
D	星期中的第几天,文本表示,3 个字母	Mon 到 Sun
F	月份,完整的文本格式	January 到 December
g	小时,12 小时格式,没有前导零	1 到 12
G	小时,24 小时格式,没有前导零	0 到 23
h	小时,12 小时格式,有前导零	01 到 12
H	小时,24 小时格式,有前导零	00 到 23
i	有前导零的分钟数	00 到 59>
I	是否为夏令时	如果是夏令时为 1,否则为 0
j	月份中的第几天,没有前导零	1 到 31
l	星期几,完整的文本格式	Sunday 到 Saturday
L	是否为闰年	如果是闰年为 1,否则为 0
m	数字表示的月份,有前导零	01 到 12
M	3 个字母缩写表示的月份	Jan 到 Dec
n	数字表示的月份,没有前导零	1 到 12
O	与格林尼治时间相差的小时数	+0200
r	RFC 822 格式的日期	Thu, 21 Dec 2000 16:01:07 +0200
s	秒数,有前导零	00 到 59>
S	每月天数后面的英文后缀,2 个字符	St、nd、rd 或者 th。可以和 j 一起用
t	给定月份所应有的天数	28 到 31
T	本机所在的时区	EST(Eastern Standard Time)中国标准时间
U	从 UNIX 纪元(January 1 1970 00:00:00 GMT)开始至今的秒数	参见 time()
w	星期中的第几天,数字表示	0(表示星期天)到 6(表示星期六)
W	ISO-8601 格式年份中的第几周	42(当年的第 42 周,每周从星期一开始)
Y	4 位数字完整表示的年份	1999 或 2003
y	2 位数字表示的年份	99 或 03
z	年份中的第几天	0 到 366
Z	时差偏移量的秒数	−43200 到+43200 UTC 西边的时区偏移量总是负的,UTC 东边的时区偏移量总是正的

函数 getdate()返回的数组中的键名单元如表 4.9 所示。

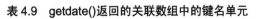

表 4.9　getdate()返回的关联数组中的键名单元

键　名	说　　　明	返回值例子
"seconds"	秒的数字表示	0 到 59
"minutes"	分钟的数字表示	0 到 59
"hours"	小时的数字表示	0 到 23
"mday"	月份中第几天的数字表示	1 到 31
"wday"	星期中第几天的数字表示	0(表示星期天)到 6(表示星期六)
"mon"	月份的数字表示	1 到 12
"year"	4 位数字表示的完整年份	如 1999 或 2003
"yday"	一年中第几天的数字表示	0 到 366
"weekday"	星期几的完整文本表示	Sunday 到 Saturday
"month"	月份的完整文本表示	January 到 December
0	自从 UNIX 纪元开始至今的秒数，和 time()的返回值及用于 date()的值类似	系统相关，典型值为从－2147483648 到 +2147483647

4. 数学函数

常用的数学函数如表 4.10 所示。

表 4.10　常用的数学函数

函　数　名	功　能　说　明	范　　例
string decbin(int number) string dechex(int number) string decoct(int number) int bindec(string binary_string) int octdec(string octal_string) int hexdec(string hex_string)	十进制转换为二进制 十进制转换为十六进制 十进制转换为八进制 二进制数值转为十进制 八进制数值转为十进制 十六进制数值转为十进制	decbin(8)输出结果 1000 decoct(8)输出结果 10 dechex(8)输出结果 8 bindec(10)输出结果 2 octdec(10)输出结果 8 hexdec(10)输出结果 16
float round(float val [, int precision]) float ceil(float value) float floor(float value)	以四舍五入法取整数 以无条件进位法取整数 以无条件舍去法取整数	round(3.4)输出结果 3 ceil(3.4)输出结果 4 floor(3.4)输出结果 3
float sin(float arg) float cos(float arg) float tan(float arg)	计算该弧度的 sin 值 计算该弧度的 cos 值 计算该弧度的 tan 值	sin(pi()/6)输出结果 0.5 cos(pi()/6)输出结果 0.866… tan(pi()/6)输出结果 0.577…
float log(float arg [, float base]) float log10(float arg)	计算以 e 为底的对数 计算以 10 为底的对数	log(10)输出结果 2.302… log10(10)输出结果 1
void srand(int seed) int rand([int min, int max]) int getrandmax(void)	播下随机数发生器种子 返回 min 到 max 之间的伪随机数 返回调用 rand() 可能返回的最大值	

(续)

函 数 名	功 能 说 明	范 例
int mt_rand([int min, int max])	返回 min 到 max 之间的伪随机数	
int mt_getrandmax(void)	返回调用 mt_rand()所能返回的最大的随机数	
mixed max(number arg1, number arg2 [, number …])	返回参数中数值最大的值	
mixed min(number arg1, number arg2 [, number …])	返回参数中数值最小的值	
mixed min(array numbers [, array …])	返回圆周率的近似值 3.1415926535898	
float pi(void)		
number pow(number base, number exp)	返回 base 的 exp 次方的幂	
float sqrt(float arg)	返回 arg 的平方根	

5. 与网络相关的函数

常用的与网络相关的函数如表 4.11 所示。

表 4.11　常用的与网络相关的函数

函 数 名	功 能 说 明
string getenv(string varname)	返回环境信息
string gethostbyaddr(string ip_address)	返回指定 IP 地址的主机名称
string gethostbyname(string hostname)	返回指定主机名称的 IP 地址
array gethostbynamel(string hostname)	返回指定主机名称的 IP 地址列表
void header(string string [, bool replace [, int http_response_code]])	把 HTTP 的标头传送给服务器。string 可以取 Location、Code(定义实际数据的编码方式)、Expires(设定有效日期)

其中 getenv()中参数及其含义如表 4.12 所示。

表 4.12　getenv( )中参数及含义

参 数	含 义
http_cookie	由浏览器传来的 Cookie 的数据
path_translated	目前正被执行的 PHP 程序所在的完整路径
query_string	附加在地址后面的字符串数据
remote_addr	客户端的 IP 地址
request_mathod	数据传送的方式，可以为 Get 或者 post
server_name	服务器的名称
server_protocol	客户端和服务器的通信协议
server_software	服务器端所使用服务器软件，如 Apache、IIS

4.4　PHP 访问文件

4.4.1　PHP 支持的文件系统

1. 文件的属性

(1) 文件名。PHP 支持的文件名由小写字母、数字、句点、下划线和连字符组成，且以字母或数字开头。

PHP 支持的文件名区分大小写，长度不限，但尽量简短明了。

例如：abc.txt 与 Abc.txt 是两个不同的文件。

(2) 文件类型。PHP 支持的文件类型主要包括普通文件和目录(即图形界面中的文件夹)，这是非常重要的文件类型；还包括设备文件、符号连接、命令管道和套接字等。

(3) 文件大小。PHP 支持的文件大小以字节为单位。

(4) 修改时间。PHP 支持的文件修改时间指最后一次修改文件的日期和时间。

(5) 文件内容。PHP 支持的文件可包含的文本和图像。

(6) 文件的所有者。PHP 支持的文件所有者指创建文件的用户，表现为一个相关联的用户账号。系统管理员是拥有 root/superuser 账号的特殊用户，系统管理员可将一个文件分配给不同的用户或定义的一组用户(用户组)。

(7) 文件的权限。PHP 支持的文件权限决定用户对文件执行的操作。包括 3 种用户：文件的所有者、组成员、其他用户。各有 3 种权限：r-可读；w-可写；x-可执行(对包含可执行内容的文件)。对权限的表示有两种方式。

① 3 个三元组：分别表示 3 种用户的 3 种权限。

例如：rwxr-xr--　表示所有者权限 rwx；　组成员权限 r-x；其他用户权限 r--。

② 八进制数：规定 r-4、w-2、x-1。计算对应三元组内各个可用权限的数字总和。

例如：rwxr-xr--　rwx 的值为 4+2+1=7；r-x 的值为 4+1=5；r--的值为 4；权限 rwxr-xr- 对应八进制的值 754(为了区分其他进制，其前加 0，即 0754)。

2. 目录

(1) 目录的结构。PHP 支持的目录以树或层次为结构，具体内容如下。

　　① 根目录：最上层的目录。

　　② 子目录：下层目录是上层目录的子目录。

　　③ 父目录：上层目录是下层目录的父目录。

　　④ 当前目录：任何时刻，程序和命令解释程序所关联的工作目录。

　　⑤ 特殊子目录：..当前目录本身的别名；.父目录的别名。

(2) 路径。PHP 支持的文件路径分为绝对路径和相对路径。

　　① 绝对路径：从根目录到引用文件或目录所包含的目录。

　　② 相对路径：从当前目录到引用文件或目录所包含的目录。

(3) 目录名：其命名和使用方法同文件。

(4) 目录的权限：其命名和使用方法同文件。

4.4.2 PHP 访问文件的方法

1. PHP 文件操作的基本函数

1) 检查文件是否存在

```
bool file_exists (string $filename);    // $filename 指定文件的路径和名称
```

 注 ① 函数的功能: 如果文件存在, 则返回 TRUE; 否则, 返回 FALSE。

② 网络中的共享文件用//computername/share/filename 或者\\computername\share\filename 来检查。

示例 4-6 (说明: 要显示中文, 需要嵌入 HTML 中, 并设定字符集为 utf-8)

```
<!DOCTYPE html PUBLIC "-//W3C//DTD XHTML 1.0 Transitional//EN"
"http://www.w3.org/TR/xhtml1/DTD/xhtml1-transitional.dtd">
<html xmlns="http://www.w3.org/1999/xhtml">
  <head>
    <meta http-equiv="Content-Type" content="text/html; charset=utf-8" />
    <title>无标题文档</title>
  </head>
  <body>
    <?php
      $filename='hello.txt';
      if(file_exists($filename))print $filename. "文件存在! <br>";
      else print $filename. "文件不存在! <br>";
    ?>
  </body>
</html>
```

运行结果 若在当前文件夹中没有 hello.txt。

hello.txt 文件不存在!

2) 打开文件

```
resource fopen (string $filename, string $mode [, bool $use_include_path = false
[, resource $context ]]);
```

 注 函数的功能: 将$filename 指定的名字资源绑定到一个流上。若文件无法打开, 则返回 False; 否则, 返回一个值。这个值将包含一个名为文件句柄的整数, 它用来向执行文件表示该文件。有时, 也称其为文件指针。

示例 4-7 (其中的 PHP 代码如下, 参看示例 4-6)

```
<?php
  $handle=fopen("1.txt","w");          //在 hello 下创建文件 1.txt, 以写模式创建
  fclose($handle);                     //关闭文件
  echo('1.txt 文件创建成功! </br>');
  $handle=fopen("c:/temp.txt","a");    //打开 C :\temp.txt, 以追加模式创建
  fclose($handle);                     //关闭文件
  echo "c:\temp.txt 文件创建成功! ";
?>
```

运行结果

1.txt 文件创建成功!
c:\temp.txt 文件创建成功!

3) 读文件

```
string fread (resource $handle , int $length);  // $handle 是 fopen()的返回值
```

 注 ① 函数的功能: 从文件指针$handle 读取最多$length 字节。
② 该函数在读取完$length 字节数, 或到达 EOF 的时候, 或(对于网络流)当一个包可用时就会停止读取文件。

 小贴士

mode 的访问模式

mode 的取值及其含义如表 4.13 所示。

表 4.13　mode 的取值及其含义

mode	读	写	创　建	截　断	指　针
r	×	×			文件头
r+	×	×			文件头
w		×	×	×	文件头
w+	×	×	×	×	文件头
a		×	×		文件尾
a+	×	×	×		文件尾

注 PHP 的账号权限与执行模式相应时才有效。

示例 4-8

```php
<?php
$fp=fopen("1.txt","r");       //以读模式打开文件
$str=fread($fp,10);           //读取文件的前 10 个字符
fclose($fp);                  //关闭文件
echo $str."<br> <br>";
$arr=file("1.txt");           //一次一行地读取整个文件返回给一个数组
echo $arr[0].$arr[1]. "<br>";
?>
```

1.txt 的内容:

```
PHP is a Sript Language.
I'm Studing it.
```

运行结果

```
PHP is a S

PHP is a Sript Language. I'm Studing it.
```

4) 文件定位

```
bool rewind (resource $handle);
```

注　函数的功能：将 $handle 的文件位置指针设为文件流的开头。成功时返回 TRUE，或者在失败时返回 FALSE。

5) 写文件

```
int fwrite (resource $handle , string $string [, int $length ]);
```

注　① 函数的功能：把$string 的内容写入文件指针$handle 处。如果指定了$length，当写入了$length字节或者写完了$string 以后，写入就会停止。

② 函数返回写入的字符数，出现错误时则返回 FALSE。

③ 在区分二进制文件和文本文件的系统上(如 Windows) 打开文件时，fopen()函数的 mode 参数要加上'b'.

④ 其他写文件函数：fputs()是 write()的别名，与 fwrite()的功能完全相同。

小贴士

其他读文件函数

(1) string **fgetc** (resource $handle) 从文件指针$handle 中读取一个字符。

(2) string **fgets** (resource $handle [, int $length])

从$handle 指向的文件中读取一行并返回长度最多为 length－1 字节的字符串。碰到换行符、EOF 或者已经读取了 length－1 字节后停止。若未指定 length，则默认为 1 千字节。

(3) array **file** (string $filename [, int $flags = 0 [, resource $context]])

和 readfile()一样，但 file()将文件作为一个数组返回。数组中的每个单元都是文件中相应的包括换行符在内的一行。

(4) int **readfile** (string $filename [, bool $use_include_path = false [, resource $context]])

读入一个文件并写入输出缓冲。返回读入的字节数。但不需要打开和关闭文件。

(5) int **fpassthru** (resource $handle)

将给定的文件指针从当前的位置读取 EOF 并把结果写到输出缓冲区，完成后自动关闭文件。

示例 4-9 (其中的 PHP 代码如下，参看示例 4-6)

```php
<?php
$fp=fopen("1.txt","w");     //以写模式打开文件
$str="I'm Studing it.";
if(!fwrite($fp,$str)){      //将字符串写入打开的文件
print "不能写入文件!";
exit;}
print "成功地写入文件!<br>";
fclose($fp);     //关闭文件
?>
```

运行结果

成功地写入文件!

定位文件函数 fseek( )

1. int **fseek** (resource $handle , int $offset [, int $whence = SEEK_SET])

在与$handle 关联的文件中设定文件指针位置。新位置是以$whence 指定的位置加上$offset，从文件头开始以字节数度量。$whence 的值定义如下：

SEEK_SET-设定位置等于 offset 字节(默认值)。

SEEK_CUR-设定位置为当前位置加上 offset。

SEEK_END-设定位置为文件尾加上 offset。

2. int **ftell** (resource $handle)

返回由$handle 指定的文件指针的位置，也就是文件流中的偏移量。

6) 关闭文件

```
bool fclose (resource $handle);
```

注　① 函数的功能：将$handle 指向的文件关闭。如果成功，则返回 TRUE；如果失败，则返回 FALSE。

　② 文件指针必须有效，并且是通过 fopen( )或 fsockopen( )成功打开的。

　③ 没有此函数，会在脚本结束时自动关闭打开的文件。

　④ 关闭文件的目的是释放打开文件时所占用的资源。

7) 复制文件

```
bool copy (string $source , string $dest [, resource $context ]);
```

注　① 将文件从$source 复制到$dest。如果成功，则返回 TRUE；如果失败，则返回 FALSE。

　② PHP 必须拥有对副本所在目录的访问权限，否则无法创建副本。

　③ 如果目标文件已存在，将会被覆盖。

示例 4-10　(其中的 PHP 代码如下，参看示例 4-6)

```php
<?php
  if(!copy("1.txt","temp.txt"))    //将1.txt 复制 temp.txt
     print "文件复制失败！<br />";
  else
     print "文件复制成功！<br />";
?>
```

运行结果

文件复制成功！

8) 重命名文件

```
bool rename (string $oldname , string $newname [, resource $context ]);
```

注　① 函数的功能：尝试把$oldname 重命名为$newname。成功时返回 TRUE，失败时返回 FALSE。

　② PHP 必须拥有对重命名文件所在目录的访问权限，否则无法重命名文件。

　③ 如果重命名的文件已存在，那么 rename( )函数将覆盖它。

9) 删除文件

```
bool unlink (string $filename [, resource $context ]);
```

⚠ 注 ① 函数的功能：删除$filename。和 UNIX、C 的 unlink( )函数相似。成功时返回 TRUE。
② 在 Windows 系统上可能无法正常工作。
③ 删除文件后无法恢复。

2. 其他函数

(1) 获取文件的属性如表 4.14 所示。

表 4.14　获取文件的属性

函　　数	说　　明
int **fileatime** (string $filename)	以 UNIX 时间戳的方式返回文件的上次访问时间
int **filectime** (string $filename)	取得文件信息节点(info node,innode)上次修改时间(UNIX 时间戳)
int **filegroup** (string $filename)	取得该文件所属组的 ID
int **filemtime** (string $filename)	取得文件上次被修改的时间(UNIX 时间戳)
int **fileowner** (string $filename)	返回文件的数字用户 ID
int **fileperms** (string $filename)	返回文件的权限
int **filesize** (string $filename)	返回文件的大小，以字节为单位
string **filetype** (string $filename)	返回文件的类型：fifo、char、block、link、file、unknown
bool **is_file** (string $filename)	判断给定文件名是否为一个正常的文件
bool **is_readable** (string $filename)	判断给定文件名是否可读
bool **is_writable** (string $filename)	判断给定的文件名是否可写
bool **is_dir** (string $filename)	判断给定文件名是否是一个目录

(2) 更改文件权限。

```
bool chmod (string $filename , int $mode);
```

⚠ 注　函数的功能：尝试将 $filename 所指定文件的模式改成 $mode 所给定的。

(3) 更改文件所有权。

```
bool chown (string $filename , mixed $user);
```

⚠ 注 ① 运行 PHP 的用户账号必须拥有这个文件，且是指定组的成员，一般使用 root 账号。
② 函数的功能：尝试将文件$filename 的所有者改成用户 $user(由用户名或用户 ID 指定)。只有超级用户可以改变文件的所有者。
③ 更改文件所有权是一种很少使用的不安全的方法。

(4) 锁定文件。

```
bool flock (resource $handle , int $operation [, int &$wouldblock ]);
```

⚠ 注 ① 函数的功能：以咨询方式(也就是说所有访问程序必须使用同一方式锁定，否则它不会工作)锁定全部文件，成功时返回 TRUE，失败时返回 FALSE。
② $handle 必须是一个已经打开的文件指针。$operation 可以是以下值之一：

LOCK_SH 　取得共享锁定(读取程序)。多个能持有，其他等待直到获得为止。

LOCK_EX 　取得独占锁定(写入程序)。只有一个持有，其他等待直到获得。

LOCK_SH+ LOCK_NB 　获得指定文件的共享锁。不希望 flock( )在锁定时堵塞。

LOCK_EX+ LOCK_NB 　获得指定文件的独占锁。不希望 flock( )在锁定时堵塞。

LOCK_UN 　释放锁定(无论共享或独占)。

4.4.3　PHP 访问目录

1. 读取目录的内容

```
resource opendir (string $path [, resource $context]);
string readdir ([resource $dir_handle]);
void closedir ([resource $dir_handle]);
```

 注 　① opendir( )返回一个目录句柄，之后用在 closedir( )、readdir( )和 rewinddir( )调用中。

　② readdir( )返回目录中下一个文件的文件名。文件名以在文件系统中的排序返回。

　③ closedir( )关闭由$dir_handle 指定的目录流。释放 opendir( )分配的资源。

示例 4-11

```
<?php
  $dir='.';
  $i=0;
  if(@is_dir($dir)){                    //检测是否一个合法目录
    if($df=@opendir($dir)){             //打开目录
      while($file=@readdir($df)){       //读取目录
        $i++;
        echo "$i:$file <br>";           //输出目录中的内容
      } // while
      closedir($df);                    //关闭目录
    }   //if
  }   //if
?>
```

运行结果

```
1:.
2:..
3:1.txt
4:4-1.php
...
```

2. 创建目录

```
bool mkdir (string $pathname [, int $mode])
```

 注 　函数的功能：尝试新建一个由$pathname 指定的目录。

3. 删除目录

```
bool rmdir (string $dirname)
```

 注 　函数的功能：删除$dirname 所指定的目录。该目录必须是空的，且对该目录要有相应的权限。

4. 获取和更改工作目录

```
string getcwd (void );
bool chdir (string $directory);
```

⚠️ **注**　getcwd( )返回一个包含当前工作目录的字符串。

chdir( )将 PHP 的当前目录改为$directory。

5. 处理路径

```
string dirname (string $path);
string basename (string $path [, string $suffix]);
mixed pathinfo (string $path);
```

⚠️ **注**　dirname()返回一个包含指向一个文件的全路径的字符串(去掉文件名后的目录名)。

basename()返回一个包含指向一个文件的全路径的字符串，本函数返回基本的文件名。

pathinfo()返回一个包含$path 信息的关联数组。包括以下的数组单元：dirname(路径的目录部分)、basename(路径的文件部分)和 extension(文件扩展名)。

示例 4-12　　(其中的 PHP 代码如下，参看示例 4-6)

```php
<?php
$path='/home/httpd/html/index.php';        //指定路径给变量
$file=basename($path);                      //获取的是文件
$dir=dirname($path);                        //获取的是目录
$path_parts=pathinfo($path);                //读取文件目录信息
echo "basename(): $dir<br>";                //输出目录
echo "dirname():$file <br>";                //输出文件
echo "pathinfo()目录部分：".$path_parts['dirname']."<br>";
echo "pathinfo()文件部分：".$path_parts['basename']."<br>";
echo "pathinfo()扩展名：".$path_parts['extension']."<br>";
?>
```

运行结果

```
basename(): /home/httpd/html
dirname():index.php
pathinfo()目录部分: /home/httpd/html
pathinfo()文件部分: index.php
pathinfo()扩展名: php
```

4.5　文件管理器

 **案例描述**

本节案例实现了一个简易文件管理器，能查看当前目录下的文件名、文件类型和大小、创建日期和修改日期；可以通过查看上一级目录和下一级目录浏览所有文件；可以查看 PHP

和 TXT 文本文件内容。

文件管理器的界面效果如图 4.8 和图 4.9 所示。

文件管理器

当前目录：D:\wamp\www\extend\ch4

文件名	大小	创建时间	最后修改时间
.	目录	2016/02/09 07:35:50pm	2016/02/09 09:50:35pm
..	目录	2016/02/09 07:34:28pm	2016/02/09 07:35:53pm
file_viewer.php	2KB	2016/02/09 07:36:34pm	2016/02/09 09:32:46pm
show_file.php	979B	2016/02/09 07:37:32pm	2016/02/09 07:38:53pm

图 4.8　文件管理器的主界面

当单击含链接的目录名时打开相应的目录，进入相应的文件管理器界面；当单击含链接的文件名时进入如图 4.9 所示的文件查看器的界面。

```
< 文件查看器
Line #0 : <!DOCTYPE html PUBLIC "-//W3C//DTD XHTML 1.0 Transitional//EN"
Line #1 : "http://www.w3.org/TR/xhtml1/DTD/xhtml1-transitional.dtd">
Line #2 : <html xmlns="http://www.w3.org/1999/xhtml">
Line #3 : <head>
Line #4 : <meta http-equiv="Content-Type" content="text/html; charset=utf-8" />
Line #5 : <title>文件管理器</title>
Line #6 : </head>
Line #7 : <body>
Line #8 : <h3>文件管理器</h3>
Line #9 : <table border="1" width="100%">
Line #10 : <tr align="center" bgcolor="yellow">
Line #11 : <th>文件名</th><th>大小</th><th>创建时间</th><th>最后修改时间</th></tr>
Line #12 : <?php
Line #13 : if(!isset($_GET['currentdir'])||empty($_GET['currentdir']))
Line #14 : $dir=getcwd();
```

图 4.9　文件管理器的文件查看器界面

 **PHP编码**

(1) 在 Dreamweaver 中，新建 PHP 文档。

(2) 单击"代码"标签，切换到"代码"视图，输入如下代码。

```
1  <!DOCTYPE html PUBLIC "-//W3C//DTD XHTML 1.0 Transitional//EN"
2  "http://www.w3.org/TR/xhtml1/DTD/xhtml1-transitional.dtd">
3  <html xmlns="http://www.w3.org/1999/xhtml">
4    <head>
5      <meta http-equiv="Content-Type" content="text/html; charset=utf-8" />
6      <title>文件管理器</title>
7    </head>
8    <body>
9     <h3>文件管理器</h3>
10     <table border="1" width="100%">
11      <tr align="center" bgcolor="yellow">
12        <th>文件名</th><th>大小</th><th>创建时间</th><th>最后修改时间</th></tr>
13  <?php
14    if(!isset($_GET['currentdir'])||empty($_GET['currentdir']))
```

```
15      $dir=getcwd();
16    else
17      $dir=$_GET['currentdir'];
18    chdir($dir);
19    $currentdir=getcwd();
20    echo "当前目录:".getcwd()."<br>";
21    $dh=opendir($dir);
22    while($item=readdir($dh)){
23        echo "<tr><td>";
24        if(is_dir($item)){
25          if($item==".")  echo  ".";
26          elseif($item==".."){
27              $currentdir=getcwd()."\\..";
28              echo "<a href=".$_SERVER['PHP_SELF']."?currentdir=".$currentdir.">..
</a>";
29          }
30          else{
31              $currentdir=getcwd()."\\$item";
32              echo "<a href=".$_SERVER['PHP_SELF']."?currentdir=".$currentdir.">"
.$item."</a>";
33          }
34        }
35        else{
36          $extname=substr($item,strrpos($item,"."));
37          if(strtoupper($extname)==".PHP"||strtoupper($extname)==".TXT"){
38              $currentdir=getcwd();
39              echo "<a href=./show_file.php?currentdir=".$currentdir.
"&filename=".$item."&type= " . $extname.">".$item."</a>";
40          }
41          else  echo "$item</td>";
42        }
43        $file_size=filesize($item)."B";
44        if(is_dir($item)) $file_size="目录";
45        else if(filesize($item)>1024)
46        $file_size=round(filesize($item)/ 1024)."KB";
47        echo "<td>$file_size</td>";
48      date_default_timezone_set("Asia/Shanghai");
49        $create_date=date("Y/m/d h:i:sa",filectime($item));
50        echo "<td>$create_date</td>";
51        $update_date=date("Y/m/d h:i:sa",filemtime($item));
52        echo "<td>$update_date</td></tr>";
53    }
54    closedir($dh);
55  ?>
56    </table>
57  </body>
58 </html>
```

(3) 把文档以 file_viewer.php 为文件名保存在 extend\ch4 文件夹下。

(4) 在 Dreamweaver 中，新建 PHP 文档。

(5) 单击"代码"标签，切换到"代码"视图，输入如下代码。

```
1   <<!--文件查看器：show_file.php-->
2   <!DOCTYPE html PUBLIC "-//W3C//DTD XHTML 1.0 Transitional//EN"
3   "http://www.w3.org/TR/xhtml1/DTD/xhtml1-transitional.dtd">
4   <html xmlns="http://www.w3.org/1999/xhtml">
5     <head>
6       <meta http-equiv="Content-Type" content="text/html; charset=utf-8" />
7       <title>文件查看器</title>
8     </head>
9     <body>
10      <a href="./file_viewer.php">文件查看器 </a><br /><br />
11  <?php
12    $currentdir=$_GET['currentdir'];
13    $filename=$_GET['filename'];
14    $type=$_GET['type'];
15    if(strtoupper($type)==".PHP"){
16       $lines = file ($currentdir."\\".$filename);
17       foreach ($lines as $line_num => $line)
18         echo "Line #<b>{$line_num}</b> : " . htmlspecialchars($line) . "<br>\n";
19    }
20    else{
21       $fp=fopen($currentdir."\\".$filename,"r");
22       while($line=fgets($fp)){
23          $line=htmlentities($line,ENT_COMPAT,"utf-8");
24          echo $line.'<br/>';
25       }
26       fclose($fp);
27    }
28  ?>
29    </body>
30  </html>
```

(6) 把文档以 show_file.php 为文件名保存在 extend\ch4 文件夹下。

 本章总结

通过学习本章案例，对 PHP 的函数和文件系统有所认识，主要包括以下几点。

(1) PHP 的函数分为自定义函数和系统内置函数。PHP 自定义函数遵循语法规范，而 PHP 的系统内置函数以库的方式组织，常用函数库可以直接使用，有些不常用的函数库需要加载并激活才能使用。

(2) PHP 的文件系统也是通过一组内置函数来实现的。在函数库中对应文件函数库和目录函数库，都是默认支持的。

(3) 网站计数器和文件管理器中都使用了文件管理数据。

思考练习

(1) 当多个用户可以同时访问一个单独的 PHP 脚本时，必须使用什么操作？为什么？

(2) 如何表示"只为所有者提供读权限，而不为其他用户提供任何权限"的文件权限？

(3) 分析在 PHP 中使用文件存储数据的优势和局限。

 实践项目

项目 4-1　页面单击计数器

项目目标：

(1) 演示如何使用 PHP 读和写文件。

(2) 显示如何创建一个 Web 页面计数器。

步骤：

(1) 创建以下的 PHP 脚本，将其保存在文件 ctr.php 中，然后上载到服务器上的 www/exercise/ch4 中：

```php
<?php
    $cfile=basename($_SERVER['PHP_SELF']).".dat";
    $fh=fopen($cfile,"r+");
    if(!$fh)  die("<BR>Failed to open file <i>$cfile</i>.");
    $count=fgets($fh,6);
    $count=$count+1;
    $count=str_pad($count,6);
    rewind($fh);
    fwrite($fh,$count);
    echo "$count";
    fclose($fh);
?>
```

(2) 创建以下的 PHP 脚本，将其保存在文件 ctr_test.php 中，然后将其上载到服务器上的 www/exercise/ch4 中：

```html
<!DOCTYPE html PUBLIC "-//W3C//DTD XHTML 1.0 Transitional//EN"
"http://www.w3.org/TR/xhtml1/DTD/xhtml1-transitional.dtd">
<html xmlns="http://www.w3.org/1999/xhtml">
  <head>
    <meta http-equiv="Content-Type" content="text/html; charset=utf-8" />
    <title>PHP_页面点击计数器</title>
  </head>
  <body>
    This page has been accessed <B> <?php include("ctr.php"); ?> </B> times.
  </body>
</html>
```

(3) 在包含所上载脚本的同一个目录中创建文件 ctr_test.php.dat，确保 PHP 拥有对文件的读和写权限。

(4) 研究 ctr.php 文件。

① 如何使用 PHP 变量$_SERVER['PHP_SELF']来确定包含它的文件的名称，然后添加.dat，组成包含页面计数器的文件的名称。

② 用来操作文件的函数。

(5) 研究 ctr_test.php 文件。

① 主要组成元素。

② 文件中倒数第三行 PHP 脚本的作用。

(6) 在 Web 浏览器上浏览这段代码的执行结果：单击访问页面的次数；刷新页面后的结果(屏幕截图表示)。

项目 4-2　改进的页面单击计数器

项目目标：

(1) 演示如何锁定文件。

(2) 显示如何实现更可靠的 Web 页面计数器。

步骤：

(1) 创建以下的 PHP 脚本，将其保存在文件 lctr.php 中，然后将其上载到服务器上的 www/exercise/ch4 中：

```php
<?php
  $cfile=basename($_SERVER['PHP_SELF']).".dat";
  $fh=@fopen($cfile,"r+") or die("<BR>Failed to open file <I>$cfile </I>.");
  @flock($fh,LOCK_EX) or die("<BR>Failed to lock file <I>$cfile</I>.");
  $count=fgets($fh,6);
  $count=$count+1;
  $count=str_pad($count,6);
  @rewind($fh) or die("<BR>Failed to rewind file <I>$cfile</I>.");
  if(@fwrite($fh,$count)==-1)
  die("<BR>Failed to write to file <I>$cfile </I>.");
  echo "$count";
  @flock($fh,LOCK_UN) or die("<BR>Failed to unlock file <I>$cfile</I>.");
  fclose($fh) or die("<BR>Failed to close file <I>$cfile</I>.");
?>
```

(2) 创建以下的 PHP 脚本，将其放在一个名为 lctr_test.php 的文件中，然后将其上载到服务器上的 www/exercise/ch4 中：

```
<!DOCTYPE html PUBLIC "-//W3C//DTD XHTML 1.0 Transitional//EN"
"http://www.w3.org/TR/xhtml1/DTD/xhtml1-transitional.dtd">
<html xmlns="http://www.w3.org/1999/xhtml">
  <head>
    <meta http-equiv="Content-Type" content="text/html; charset=utf-8" />
```

```
    <title>PHP_页面单击计数器</title>
  </head>
  <body>
    This page has been accessed <B><?php include("lctr.php"); ?></B> times.
  </body>
  </html>
```

(3) 在包含所上载脚本的同一个目录中创建文件 lctr_test.php.dat，确保 PHP 拥有对文件的读和写权限。

(4) 研究 lctr.php 文件。

① 如何使用 PHP 变量$_SERVER['PHP_SELF']来确定包含它的文件的名称，然后添加.dat，组成包含页面计数器的文件的名称。

② 用来操作文件的函数。

③ 如何实现文件锁定和解锁。

(5) 研究 lctr_test.php 文件。

① 主要组成元素。

② 文件中倒数第三行 PHP 脚本的作用。

(6) 在 Web 浏览器上浏览这段代码的执行结果：单击访问页面的次数；刷新页面后的结果(屏幕截图表示)。

(7) 将两个 Web 浏览器指向脚本的 URL。尝试使这两个浏览器同时访问该页面，观察计数器的变化。

项目 4-3 通信簿浏览器

项目目标：

(1) 演示如何浏览文件。

(2) 演示如何使用 PHP 建立与表单控件相关的 VALUE 属性。

步骤：

(1) 创建以下的 PHP 脚本，将其保存在文件 browser.php 中，然后上载到 PHP 服务器 /exercise/ch4/上：

```
  <!DOCTYPE html PUBLIC "-//W3C//DTD XHTML 1.0 Transitional//EN" "http://www.
w3.org/TR/xhtml1/DTD/xhtml1-transitional.dtd">
  <html xmlns="http://www.w3.org/1999/xhtml">
  <head>
  <meta http-equiv="Content-Type" content="text/html; charset=utf-8" />
    <head> <title>PHP_通信簿浏览器</title> </head>
    <body>
      <H2>通信簿浏览器</H2>
      <form action="browser.php" method="POST">
        <?php
          $msg="";
          $ooffset=0;
```

```php
$match=false;
$total=0;
$fh=@fopen("abook.txt","r") ;
    if(!$fh)  die("<BR>Failed to open file <I>$fh</I>.");
while(!feof($fh)){
  if (trim(fgets($fh))!="")  $total+=49;
    }
if($total!=0) {
    fseek($fh,$ooffset,SEEK_SET);
    $nname=fread($fh,24);
    $eemail=fread($fh,24);
}
else {
    $nname="";
    $eemail="";
    $msg="还没有记录！";
}
fclose($fh);
if(isset($_POST['left'])){
    if($total!=0) {
        $ooffset=$_POST['offset']-49;
        if($ooffset<0){ $ooffset=0; $msg="第一条记录";}
        $fh=@fopen("abook.txt","r") ;
        if(!$fh)  die("<BR>Failed to open file <I>$fh</I>.");
        fseek($fh,$ooffset,SEEK_SET);
        $nname=fread($fh,24);
        $eemail=fread($fh,24);
        fclose($fh);
    }
}
elseif(isset($_POST['right'])){
    $ooffset=$_POST['offset']+49;
    if($ooffset<=$total){
        $fh=@fopen("abook.txt","r") ;
        if(!$fh)  die("<BR>Failed to open file <I>$fh</I>.");
        fseek($fh,$ooffset,SEEK_SET);
        if($ooffset==$total) {
            $msg="最后一个记录！";
            $ooffset-=49;
            fseek($fh,$ooffset,SEEK_SET);
        }
        $nname=fread($fh,24);
        $eemail=fread($fh,24);
        fclose($fh);
    }
}
elseif(isset($_POST['search'])){
```

```
            $ooffset=0;
            if($_POST['name']<>"") {$pattern=$_POST['name'];}
            elseif($_POST['email']<>"") $pattern=$_POST['email'];
                else $msg="输入查询条件！";
            $nname="";
            $eemail="";
            $fh=fopen("abook.txt","r");
            if(!$fh) die("<BR>Failed to open file <I>$fh</I>.");
            fseek($fh,$ooffset,SEEK_SET);
            while(!feof($fh)) {
               $file_name=fread($fh,24);
               $file_email=fread($fh,24);
               $match=stristr($file_name.$file_email,$pattern);
               if($match!=false) break;
               $ooffset=$_POST['offset']+49;
            }
            fclose($fh);
            $ooffset=$_POST['offset']+49;
            $nname=$file_name;
            $eemail=$file_email;
            if($match==false) $msg="不存在！";
         }
         elseif(isset($_POST['add'])){
            if($_POST['name']!="" & $_POST['email']!="" ){
               $nname=str_pad($_POST['name'],24);
               $eemail=str_pad($_POST['email'],24);
               $s="\r\n".$nname.$eemail;
               $fh=fopen("abook.txt","a");
               if(!$fh) die("<BR>Failed to open file <I>$fh</I>.");
               fwrite($fh,$s);
               $ooffset=0;
               fclose($fh);
               $msg="添加成功！";
            }
         }
         $nname=trim($nname);
         $eemail=trim($eemail);
      ?>
      <br/>Name:
      <br/><input type="text" name="name" <?php echo "VALUE='".$nname."'";?>
/> <br/>
      <br/>Email address
      <br/><input type="text" name="email" <?php echo "VALUE='".$eemail."'";?>
/><br/>
      <br/> <input name="search" type="submit" value="查询">
      <input name="left" type="submit" value="<">
      <input name="right" type="submit" value=">">
```

```
        <input name="add" type="submit" value="添加">
        <input name="offset" type="hidden" <?php echo "VALUE='".$ooffset."'"; ?> />
    </form>
    <?php echo $msg; ?>
    </body>
</html>
```

(2) 将下面的文本文件上载到服务器中，将其命名为 abook.txt，放在与文件 browser .php 相同的文件夹/exercise/ch4/中(这个文件的每一行都应该是 48 个字符，电子邮件的地址应该在 25 列，考虑到字符集对网页中文显示的问题，abook.txt 要使用 utf-8 字符集，文件建好后，使用该程序的添加功能把下面的数据依次添加进去)。

艾琳	al@yaho.com
丽丽	lil@stories.com
西西	xi@126.com
扎东	zad@google.com
特雷	tle@ms.com
雅雅	yya@edu.com
胡亚	huya@citiz.net

(3) 研究 browser.php 文件。

① 使用$offset 来跟踪当前浏览位置的方法。

② 如何使用 PHP 建立名为 name 和 email 的文本框的 VALUE 属性。

③ PHP 拥有对文件 abook.txt 的读和写访问权限。

(4) 在 Web 浏览器上浏览这段代码的执行结果(使用屏幕截图表示并予以说明)。

第 5 章

会员注册和管理设计与数据获取

学习目标

通过本章的学习，能够使读者：

(1) 理解 PHP 数据获取的常用方法。

(2) 掌握在 PHP 中使用表单获取数据的方法。

(3) 掌握在 PHP 中使用预定义变量的方法。

(4) 掌握在 PHP 中使用 cookie 和 session 的方法。

学习资源

本章为读者准备了以下学习资源：

(1) 示范案例：展示"会员注册"和"会员管理"的设计与实现过程，分别对应本章的 5.1~5.2 节和 5.3~5.4 节。案例代码存放在文件夹"教学资源\wuya\ch5\register"和"教学资源\wuya\ch5\member"中，数据库数据存放在文件夹"教学资源\wuya\ch5\data\member"中。

(2) 技术要点：描述"PHP 的数据获取"，对应本章的 5.5~5.6 节。

(3) 实践项目：代码存放在文件夹"教学资源\ exercise\ch5\"中。

学习导航

在学习过程中，建议读者按以下顺序学习：

(1) 解读示范案例的分析和设计。

(2) 模仿练习：选择一个 PHP 集成开发工具，如 Dreamweaver，按照实现步骤重现案例。

(3) 扩展练习：按实践项目的要求，先明确项目目标，再在 PHP 集成开发环境中实现项目代码，接着对代码中的 PHP 语言要素进行分析，提升理解和应用能力。

学习过程中，提倡结对或 3 人组成学习小组，一起探讨和研究会员注册和管理的设计，但对 PHP 数据获取的学习和具体项目的实现还是鼓励能独立完成。

案例描述

本章案例介绍如何设计和实现会员注册和管理模块，对应主页中的注册和会员管理链接，其中涉及 PHP 表单数据处理、预定义变量和会话管理等常见的几种数据获取方法。

5.1　会员注册和管理概述

一些需要付费的网站或个人网站都采用了会员制对访客进行管理。这不仅能避免误闯的用户及别有用心的黑客，还能方便管理员对访客的有效管理。

本书案例中的网上书店，对客户进行了分级管理，包括 3 种用户，一是新用户，需要注册才能成为会员；二是会员用户，可能需要修改资料和找回遗忘的密码；三是管理员用户，承担对会员资料的维护和更新。

为了方便新用户，在主页中设置了一个醒目的"注册"链接，同时在会员管理页面中也能注册。在"注册"链接中，要求用户输入相关的个人资料和申请购书卡信息，PHP 程序获取用户的输入信息并做出相应的处理后写入数据库。

对于会员用户，先要求验证身份，再根据用户的输入信息，读取数据库中的相关信息，给出个人资料以便修改或找回遗忘的密码。

对于管理员用户，可以查看所有会员用户的个人资料。

购书卡是购书付费的一种方式。对用户购书优惠提供分级管理，如根据购书卡的金额，分为普通卡、银卡、金卡和钻石卡，以此享受优惠折扣。

用户通过表单输入资料，PHP 获取表单数据，写入数据库。

案例设计

5.2　会员注册和管理设计

5.2.1　系统架构

新会员"注册"模块的工作流程如图 5.1 所示。

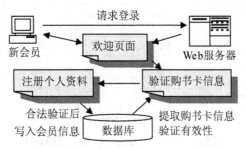

图 5.1　新会员"注册"模块的工作流程

说明

① 会员向服务器发出登录请求。
② 服务器根据请求向会员传送欢迎页面，并提供选择的入口。
③ 会员进入身份验证，读取数据库中的数据并与输入的数据比较。
④ 新会员注册成为会员，填写新会员资料信息或申请购物卡。

"会员管理"模块的工作流程如图 5.2 所示。

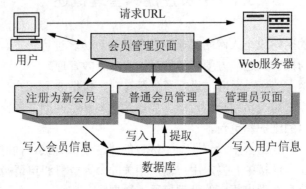

图 5.2 "会员管理"模块的工作流程

说明

① 用户向服务器发出访问请求。
② 服务器以菜单方式提供的会员管理页面供用户选择。
③ 新用户注册为会员，提供输入信息的表单并要求用户输入相关信息，写入数据库。
④ 普通会员能登录到会员专区，通过用户的会员号和密码验证身份进入专区；通过电子邮箱和住址来提取忘记的密码；通过用户的会员号和密码验证身份进入修改个人资料页面。
⑤ 管理员作为网站的站长，也是通过用户的会员号和密码验证身份进入其管理界面，浏览会员资料和删除会员资料。

5.2.2 系统设计

1. 逻辑结构设计

根据对新会员"注册"模块系统架构的描述，可得其逻辑结构，如图 5.3 所示。

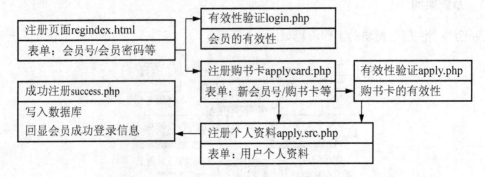

图 5.3 新会员"注册"模块的逻辑结构

根据对"会员管理"模块系统架构的描述，可得其逻辑结构，如图 5.4 所示。

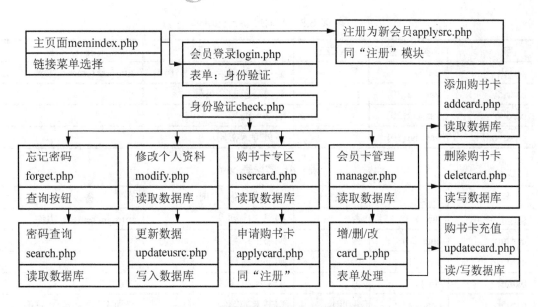

图 5.4　"会员管理"模块的逻辑结构

2. 数据库设计

在 MySQL 数据库服务器上建立名为 member 的数据库，其中包含 4 个数据表，分别为 userinfo、administer、usercard 和 card，各字段的定义和说明如表 5.1～表 5.4 所示。

表 5.1　数据表 userinfo

字　　段	类　　型	NULL	说　　明	备　　注
serial	int(5)	否	会员序列号	auto_increment 主键
userid	char(30)	否	会员登录的会员号	位数 4～30，必须由字母与数字组成
username	char(20)	是	会员姓名	
password	char(20)	否	登录密码	6～10 个字母或数字的组合
email	Char(50)	是	电子邮箱	
addr	char(50)	是	地址	
post	char(30)	是	邮编	
phone	char(20)	否	电话号码	
createtime	datetime	否	资料创建时间	CURRENT_TIMESTAMP

表 5.2　数据表 administer

字　　段	类　　型	NULL	说　　明	备　　注
serial	int(5)	否	管理员序列号	auto_increment 主键
userid	char(30)	否	管理员登录的会员号	位数 4～30，必须由字母与数字组成
username	char(20)	是	管理员姓名	
password	char(20)	否	管理员登录密码	6～10 个字母或数字的组合
IP	char(20)	否	管理员 IP 地址	可远程获取

表 5.3　数据表 usercard

字　　段	类　　型	NULL	说　　明	备　　注
serial	int(5)	否	会员持购书卡的卡序列号	auto_increment 主键
userid	varchar(30)	否	会员登录的会员号	
cardno	varchar(20)	否	购书卡编号	
password	varchar(30)	否	会员持卡密码	

表 5.4　数据表 card

字　　段	类　　型	NULL	说　　明	备　　注
serial	int(5)	否	购书卡序列号	auto_increment 主键
cardno	char(20)	否	购书卡编号	
cardpsd	char(20)	否	购书卡密码	
balance	float	否	卡中所剩余额	>10
cardlevel	char(8)	普通卡	购书卡的等级	普通卡/银卡/金卡/钻石卡
cardstatus	char(2)	否	购书卡状态	Y(可以被申请)
ctime	datetime	否	购书卡创建时间	CURRENT_TIMESTAMP

⚠ **注**　通过 phpMyadmin 创建上述数据库表并输入相关数据。在 MySQL 的 data 文件夹中会自动创建以此数据库为名的文件夹。

对于数据表 card，插入下列数据，作为测试数据，如表 5.5 所示。

表 5.5　数据表 card 的测试数据

serial	cardno	cardpasswd	balance	cardlevel	cardstatus
1	62853966	333333	100	普通卡	Y
2	62852966	222222	500	银卡	Y
3	62851966	111111	1000	金卡	Y
4	62850966	000000	10000	钻石卡	Y

另外，其他表中的数据，将在测试时产生。

3. 界面设计

(1) 注册模块。

① 用户登录 regindex.php 的页面规划如下。其中的样式定义在 register.css 中。

Logo：180×50	Banner：600×50
空白：780×5	
空白：780×10　　　　　标题栏	
请输入用户的会员号　单行文本表单	

(续)

请输入密码　单行文本表单
登录按钮

处理后反馈信息
注册提示信息
版权信息

② 购书卡信息 applycard.php 和新用户个人资料 applysrc.php 的页面规划如下。

Logo：180×50	Banner：600×50
空白：780×5	

当前状态信息栏：780×50
空白：780×5

标题栏
提示信息栏　单行文本表单
提交按钮表单
处理后反馈信息
版权信息

(2) 会员管理模块。

① 主页 memindex.php 的页面规划如下。其中的样式定义在 member.css 中。

Logo：180×50	Banner：600×50
空白：780×10	

菜单栏：780×50
空白：780×5

欢迎词
版权信息

② 登录 login.php 的页面规划如下。

Logo：180×50	Banner：600×50
空白：780×10	

菜单栏：780×50
空白：780×5

标题栏
输入提示信息　单行文本表单
提交按钮表单
处理后反馈信息
版权信息

③ 修改个人资料 modify.php 的页面规划类似 applysrc.php，不同之处在于表单内显示了用户的原始信息。

④ 忘记密码 forget.php 的页面规划同登录 login.php。其他页面规划类似登录 login.php。

5.3   注册模块的实现

准备工作

(1) 确认在站点根文件夹已建立文件夹 register 作为存放与注册相关的文件。

(2) 确认在 register 文件夹中建立文件夹 css 和文件夹 images。

(3) 在 Ulead GIF Animator 中制作注册的 banner，以 login.gif 保存在文件夹 images 中。

(4) 把图像文件 logo.gif 也保存在文件夹 images 中。

5.3.1   页面样式表

CSS编码

代码文件：register.css

(1) 启动 Dreamweaver，新建 CSS 文档。

(2) 单击"代码"标签，切换到"代码"视图，输入如下代码。

```
1    @charset "utf-8";
2    /* CSS Document */
3    #app {    /*定义整个页面的样式*/
4       width: 780px;
5       margin: 0 auto;
6    }
7    #top {    /*定义顶部样式*/
8       height: 60px;
9       width: 780px;
10   }
11   #bt {    /*定义标题样式*/
12      font-size: 24px;
13      font-weight: bold;
14      color: #399;
15      height:40px;
16      background-color: #FFC;
17      vertical-align: middle;
18      text-align: center;
19      padding-top: 10px;
20      padding-bottom: 10px;
21   }
22   #bd {    /*定义表单样式*/
23      font-size: 14px;
24      color: #F60;
25      background-color: #FFC;
26      padding-top: 10px;
27      margin-bottom:2px;
```

```
28      }
29      #err {     /*定义反馈信息栏样式*/
30          height: 20px;
31          font-size: 14px;
32          color: #099;
33          background-color: #FFEFCE;
34          padding: 10px;
35          margin-top: 2px;
36      }
37      #ts{     /*定义提示信息栏样式*/
38          height: 30px;
39          font-size: 14px;
40          color: #099;
41          background-color: #FCC;
42          padding: 10px;
43      }
44      #copyright {     /*定义底部版权信息样式*/
45          padding-top: 2px;
46          height: 60px;
47          text-align: center;
48          font-size: 14px;
49          line-height: 150%;
50      }
51      table {
52          margin: 0px;
53          padding: 0px;
54          width: 780px;
55      }
56      form {
57          margin: 0px;
58          padding: 0px;
59      }
60      a:link {color: #399;}
61      a:visited {color: #906;}
62      a:hover {color: #F90;}
63      a:active {color: #099;}
64      hr {
65          width: 780px;
66          line-height: 50%;
67          padding: 0px;
68      }
```

(3) 把文档以 register.css 为文件名保存在 register/css 文件夹下。

PHP编码

5.3.2　网页的头部、尾部和数据库连接文件

代码文件：reghead.php、regbottom.html 和 sys_conf.inc

(1) 在 Dreamweaver 中，新建 PHP 文档。

(2) 单击"代码"标签，切换到"代码"视图，输入如下代码。

```
1   <!DOCTYPE html PUBLIC "-//W3C//DTD XHTML 1.0 Transitional//EN"
2   "http://www.w3.org/TR/xhtml1/DTD/xhtml1-transitional.dtd">
3   <html xmlns="http://www.w3.org/1999/xhtml">
4     <head>
5       <meta http-equiv="Content-Type" content="text/html; charset=utf-8">
6       <title><?php echo $title; ?></title>
7       <link href="css/register.css" rel="stylesheet" type="text/css" />
8     </head>
9     <body>
10      <div id="app">
11        <div id="top">
12          <img src="images/logo.gif" width="180" height="50" /><img
    src="images/login.jpg" width="600" height="50" /></div>
```

(3) 把文档以 reghead.php 为文件名保存在 register 文件夹下。

代码解读

这只是网页的一部分，由于每个网页中的头部和尾部都是相同的，从代码重用的角度，把它们存放在一个独立的文件中，用系统函数 require_once()包含并运行在网页中，能提高代码效用。

第 6 行：根据不同的页面设置不同的标题，$title 在包含该页之前赋值。

第 7 行：链接样式文件 css/register.css。

第 10 行：定义了一个区域，采用类样式 app。注意此行<div>的闭标记未包含在此文件中。

第 11~12 行：定义了一个区域，采用类样式 top，规划 logo 和 banner。

(4) 在 Dreamweaver 中，打开站点根文件夹中的 bottom.html。

(5) 把文件以 regbottom.html 为文件名另保存在 register 文件夹下，并修改链接的样式文件为 css/register.css。

(6) 在 Dreamweaver 中，新建 PHP 文档。

(7) 单击"代码"标签，切换到"代码"视图，输入如下代码。

```
1   <!--sys_conf.inc:系统配置文件-->
2   <?php
3     //数据库配置全局变量
4     $DBHOST="localhost";
```

```
5      $DBUSER="root";
6      $DBPWD="";
7      $DBNAME="member";
8    ?>
```

(8) 把文档以 sys_conf.inc 为文件名保存在 register 文件夹下。

代码解读

把数据库的配置参数作为全局变量存放在一个单独的文件中有利于维护。使用系统函数 include_once( ) 包含到 PHP 中，就可以使用这些变量了。

5.3.3 注册的主页和处理程序

代码文件：regindex.php、login.php

(1) 在 Dreamweaver 中，新建 PHP 文档。

(2) 单击"代码"标签，切换到"代码"视图，输入如下代码。

```
1    <?php
2      $msg="带*的是必须填写的！<br />";          //初始化自定义变量
3      if(isset($_GET['msg'])) $msg=$_GET['msg'];//如果是第二次进入会通过 GET 方式
                                                    传递 msg 的值
4      $pp=0;        //0-首次进入；1-提交后登录成功；2-提交后没有检测到是会员，需要注册
5      if(isset($_GET['pp'])) $pp=$_GET['pp']; //如果是第二次进入，会通过 GET
                                                  方式传递 pp 的值
6      $title="注册";
7      require_once("reghead.php");     //网页的 title 属性通过变量$title 设定
8    ?>
9      <div id="bt">请登录——输入用户名和密码<hr/></div>
10     <div id="bd" align="center">
11   <?php
12     if($pp==0){
13   ?>
14     <script language="JavaScript">
15       function jcud(){
16         var cds1=document.frm.userid.value;
17         var cds2=document.frm.password.value;
18         if (cds1==""){
19           window.alert("会员号不能为空");
20           document.frm.userid.focus();
21         }
22         else if (cds2==""){
23           window.alert("密码不能为空");
24           document.frm.password.focus();
25         }
```

```
26          }
27      </script>
28        <form method="POST" name="frm" action="login.php">
29          <table width="100%" border="0">
30            <tr><td align="right">请输入会员号</td>
31              <td><input type="text" name="userid" size="30" />*</td></tr>
32            <tr><td align="right"> 请输入密  码</td>
33              <td><input type="password" name="password" size="21" />*</td> </tr>
34            <tr><td colspan="2" align="center">
35          <input type="submit" name="subm" value="登录" onmousedown=" jcud();" /></td>
36          </table></form>
37  <?php
38          }
39        else if($pp==2){
40  ?>
41        <form method="POST" action="applycard.php">
42              <input type="submit" name="subm" value="注册成为会员" /></form>
43  <?php
44          }
45  ?>
46      </div>
47      <div id="err" align="center"><?php echo $msg; ?><br/><br/></div>
48      <hr/>
49      <iframe scrolling="no" width="780" height="70" src="regbottom.html"
    marginwidth="0" marginheight="0" border="0" frameborder="0" align="center" >
    不支持</iframe>
50      </div>
51      </body>
52  </html>
```

(3) 把文档以 regindex.php 为文件名保存在 register 文件夹下。

 代码解读

regindex.php 使用表单输入用户信息，使用 JavaScript 对输入作有效性检查，并在 login.php 处理表单数据。

第 2~5 行: 设置在下方反馈提示栏上的显示信息 $msg 和对输入的判断信息 $pp。若是第二次进入该页，则使用 GET 方式传递来的数据作为显示信息。

第 6 行: 设置浏览器上该页面的标题。

第 7 行: 使用系统函数 require_once()包含 reghead.php。

第 9 行: 设置标题区域，应用了 bt 样式。

第 10~46 行: 设置表单区域，应用了 bd 样式。其中

第 14~38 行: 定义用户"登录"输入的表单，提交方式为 POST，处理程序为 login.php。

第 14~27 行: 使用 JavaScript 代码对用户表单输入合法性检查，这里主要是检查输入不能为空;

第 35 行: 当单击时，首先触发 JavaScript 函数 jcud()，检查输入的合法性，单击它再执行处理程序 login.php。

第 39~45 行: 定义用户"注册成为会员"的表单, 处理程序 applycard.php。

第 47 行: 设置反馈区域, 应用了 err 样式, $msg 是在 login.php 中设置的字符串变量, 记录反馈信息,
由 GET 方式传递到该页面。

第 49 行: 使用 iframe 标记加载 regbottom.html。

第 50 行: 关闭在 reghead.php 定义的 div 标记。

(4) 在 Dreamweaver 中, 新建 PHP 文档。

(5) 单击"代码"标签, 切换到"代码"视图, 输入如下代码。

```php
1   <?php
2     @session_start();    //启动 session 变量, 注意一定要放在首行
3     $userid=$_POST["userid"]; $password=$_POST["password"]; //获取表单变量的值
4     $_SESSION["userid"]=$userid; //把用户输入的 userid 设置为全局变量$_SESSION
                                     ["userid"]
5     include("sys_conf.inc"); //建立与 SQL 数据库的连接
6     $connection=@mysql_connect($DBHOST,$DBUSER,$DBPWD) or die("无法连接数据库!");
7     @mysql_query("set names 'utf8'") ;    //设置字符集, 防止中文显示乱码
8     @mysql_select_db($DBNAME) or die("无法选择数据库!");
9     $query="SELECT * FROM userinfo WHERE userid='".$userid."'";    //查询用户信息
10    $result=@mysql_query($query,$connection) or die("数据请求失败 1!");
11    if($row=mysql_fetch_array($result)){
12     if($row['password']==$password and $password!= ""){          //身份认证成功
13       $query="SELECT * FROM usercard WHERE userid='".$userid."'"; //查询用户卡信息
14       $result1=@mysql_query($query,$connection) or die("数据请求失败 2!");
15       if($rowc=mysql_fetch_array($result1)){    //查询购书卡信息
16         $query="SELECT * FROM card WHERE cardno='".$rowc['cardno']."'";
17         $result2=@mysql_query($query,$connection) or die("数据请求失败 3!");
18         mysql_close($connection) or die("关闭数据库失败!");
19         $rowcc=mysql_fetch_array($result2);
20         if($rowcc['balance']<10){               //判断购书卡余额
21            $msg= $userid.": 你好! 该卡中余额不足 10 元, 请向卡内注资或到会员管理中申请
      新购书卡! ";
22             echo "<meta http-equiv='Refresh' content='0; url= regindex.php?
      msg=$msg&&pp=1'>";
23          }
24          else{
25             $msg= $userid.": 你好! 注册成功! 可以使用购书卡购书啦! ";
26             echo "<meta http-equiv='Refresh' content='0;url= regindex.php?
      msg=$msg&&pp=1'>";
27          }
28       }
29       else{
30          $msg=$userid."你好! 注册成功! 可以购书啦! 但没有购书卡, 可到会员管理中申请购
      书卡。";
31          echo "<meta http-equiv='Refresh' content='0;url= regindex.php?msg=
      $msg&&pp=1'>";
32       }
```

```
33        }
34      else{
35        $msg="密码不正确, 请重新输入!";
36        echo "<meta http-equiv='Refresh' content='0; url=regindex.php?msg=
      $msg'>";
37      }
38    }
39    else{
40      $msg="不存在该会员 id, 请注册为新会员!";
41      echo "<meta http-equiv='Refresh' content='0;url=regindex.php?msg=
      $msg&&pp=2'>";
42    }
43  ?>
```

(6) 把文档以 login.php 为文件名保存在 register 文件夹下。

 代码解读

(1) 程序中用到的变量详解如表 5.6 所示。

表 5.6　程序中用到的变量

变 量 名	取 值	含 义
$_POST["userid"]	表单中输入的内容	预定义全局变量。记录指定表单元素的值
$_SESSION['userid']	字符串	预定义全局变量。记录 SESSION 变量 userid 的值
$msg	字符串	自定义变量。记录反馈信息
$userid	字符串	自定义变量。记录用户的会员号
$password	字符串	自定义变量。记录用户密码
$row,$rowc,$rowcc	字符串	自定义数组变量。记录查询数据集中当前行各字段的数据
$connection	整数	自定义变量。记录连接数据库的句柄
$query	SQL 命令	自定义变量。记录 SQL 命令
$resul,$result1,$result2	查询数据集	自定义变量。记录执行 SQL 命令后的返回结果

(2) 程序中用到的函数详解如表 5.7 所示。

表 5.7　程序中用到的函数

函 数	用 法	含 义
session_start()	参见 5.6.3 节	系统函数。启动一个会话
include_once("filename")	参数取字符串型	系统函数。包含指定的文件
mysql_connect()	参数: 服务器名,用户名,用户密码	系统函数。连接指定的 MySQL 数据库
mysql_query()	参数为 SQL 命令	系统函数。执行 SQL 命令
mysql_select_db()	参数为数据库名	系统函数。选择数据库文件
mysql_close()	参数为标识连接数据库的句柄	系统函数。关闭数据库文件
mysql_fetch_array()	参数为查询数据集	系统函数。以数组显示返回当前记录

(3) 程序中用到的 SQL 命令详解如表 5.8 所示。

表 5.8　程序中用到的 SQL 命令

命 令 格 式	含 义
set names 'utf-8'	设置数据库的字符集为 utf-8
SELECT * FROM userinfo WHERE userid='$userid'	查询表 userinfo 中指定 userid 的所有记录
SELECT * FROM usercard　WHERE userid='$userid'	查询表 usercard 中指定 userid 的所有记录
SELECT * FROM card WHERE cardno='$rowc[cardno]'	查询表 card 中指定 cardno 的所有记录

(4) 对程序中各行代码的解读。

第 2 行：启动 session。前面的@用于屏蔽错误报告。当已经启动或在配置文件 php.ini 设置了自动启动的情况下，若在 php.ini 中没有设置关闭错误报告，就会出现错误报告。

第 3 行：使用系统预定义变量 $_POST 获取用户填写的表单数据。

第 4 行：把用户输入的 userid 设置为全局变量 $_SESSION["userid"]，可以在其他页面使用。

第 6~8 行：连接数据库。此处使用的是原生 MySQL API，相关内容见第 6 章。

第 9~10 行：查询表 userinfo 中指定 userid 的用户信息，获得查询数据集。

第 11~42 行：验证用户身份。

第 11 行：PHP 的 MySQL 函数 mysql_fetch_array() 获得查询数据集中的记录并赋予数组变量 $row。

第 12~34 行：用户输入密码正确(是会员)。

第 13~14 行：设置 SQL 语句，查询表 usercard 中指定 userid 的用户购书卡信息。

第 15~28 行：用户拥有购书卡。

第 16~17 行：设置 SQL 语句，查询表 card 中指定 cardno 的购书卡信息。

第 18 行：使用 mysql_close($connection) 关闭数据库连接。

第 19 行：使用 mysql_fetch_array() 获得查询数据集中的记录并赋予数组变量 $rowcc。

第 20~23 行：卡内余额少于 10 元。

第 21 行：用户设置反馈信息 $msg。

第 22 行：刷新 regindex.php，同时传递反馈信息 msg 和 pp。

第 24~27 行：卡内余额大于 10 元。

第 25~26 行：设置反馈信息 $msg；刷新 regindex.php，同时传递反馈信息 msg 和 pp。

第 29~32 行：用户没有购书卡。

第 30、31 行：设置反馈信息 $msg；刷新 regindex.php，同时传递反馈信息 $msg。

第 34~37 行：用户输入密码错误。

第 35、36 行：设置反馈信息 $msg；刷新 regindex.php，同时传递反馈信息 $msg。

第 39~42 行：不是会员。

第 40 和 41 行设置反馈信息 $msg；刷新 regindex.php，同时传递反馈信息 $msg 和 pp。

5.3.4　用户申请购书卡页和处理程序

代码文件：applycard.php、apply.php

(1) 在 Dreamweaver 中，新建 PHP 文档。

(2) 单击"代码"标签，切换到"代码"视图，输入如下代码。

```
1  <?php
2    @session_start();   //启动 session 变量，注意一定要放在首行
3    $userid=$_SESSION["userid"];
```

```
4      $msg="";
5      if(isset($_GET['msg'])) $msg=$_GET['msg'];
6      $title="注册购书卡";
7      require_once("reghead.php");
8    ?>
9      <script language="JavaScript">
10       function jcidd(){
11         var idss=window.frm.userid.value;
12         var cds=window.frm.cardno.value;
13         var pds=window.frm.cardpsd.value;
14         if (idss==""){
15           window.alert("新会员号不能为空");
16           window.frm.userid.focus();
17         }
18         else if(idss.length<4 || pds.length>30){
19           window.alert("新会员号长度不合法,请重新输入");
20           window.frm.userid.value="";
21           window.frm.userid.focus();
22         }
23         else if (cds==""){
24           window.alert("购书卡号不能为空");
25           window.frm.cardno.focus();
26         }
27         else if (pds==""){
28           window.alert("购书卡密码不能为空");
29           window.frm.cardpsd.focus();
30         }
31       }
32     </script>
33       <div id="err">注册购书卡&gt;&gt;</div>
34       <div id="bt">填写购书卡信息<hr /></div>
35       <div id="bd"><form method="POST" name="frm" action="apply.php">
36         <table width="100%" border="0" cellspacing="0" class="tdl">
37           <tr><td align="right">新会员号</td>
38             <td><input type="TEXT" name="userid" value="<?php echo $userid;?>" size="30"/>
39               (位数4~30,必须由字母与数字组成)</td></tr>
40           <tr><td align="right">购书卡号  </td>
41             <td> <input type="TEXT" name="cardno" size="30"/>
42               (消费金额将在购物卡中计算)</td></tr>
43           <tr><td align="right">购书卡密码  </td>
44             <td><input type="password" name="cardpsd" size="30"/></td> </tr>
45           <tr><td colspan="2" align="center">
46             <input type="submit" name="select" value="下一步" onmousedown="jcidd()">
47             <input type="submit" name="select" value="跳过" ></td> </tr>
48           </table>
```

```
49        </form>
50      </div>
51      <div id="ts">
52        1.如果申请购书卡，就填写表单信息，然后单击"下一步"按钮。<br />
53        2.如果不想申请购书卡，就单击"跳过"按钮。
54      </div>
55      <div id="err" align="center"><?php echo $msg; ?> </div>
56    <hr/>
57    <iframe scrolling="no" width="780" height="70" src="regbottom.html"
   marginwidth="0" marginheight="0" border="0" frameborder="0" align="center" >
   不支持</iframe>
58    </div>
59    </body>
60  </html>
```

(3) 把文档以 applycard.php 为文件名保存在 register 文件夹下。

 代码解读

第 9～32 行: 使用 JavaScript 代码对用户表单输入合法性进行检查，这里主要是检查输入不能为空。

第 33 行: 设置 div 区域，应用了 err 样式，用于设置当前状态信息栏。

第 34 行: 设置 div 区域，应用了 bt 样式，用于设置浏览器内的页面标题。

第 35～50 行: 设置表单区域，应用了 bd 样式，表单的提交方式为 POST，处理程序为 apply.php。其中

　第 46～47 行: 定义两个按钮，当单击"下一步"按钮时，首先触发 JavaScript 函数 jcud( )，检查
　　　　　　　输入的合法性，通过后再执行处理程序 apply.php；当单击"跳过"按钮时，直接
　　　　　　　执行处理程序 apply.php。

第 51～54 行: 设置提示区域，应用了 ts 样式。

第 55 行: 设置反馈区域，应用了 err 样式，显示由$_GET['msg'] 记录的反馈信息，它由 GET 方式传
　　　　　递到该页面。

(4) 新建 PHP 文档。

(5) 单击"代码"标签，切换到"代码"视图，输入如下代码。

```php
1  <?php
2    $userid=$_POST["userid"]; $select=$_POST["select"];
3    $cardpsd=$_POST["cardpsd"]; $cardno=$_POST["cardno"];
4    if($select=="跳过") {
5      $_SESSION["userid"]=$userid;
6      $_SESSION["cardno"]="";
7      $_SESSION["balance"]=0.0;
8      echo "<meta http-equiv='Refresh' content='0; url= applysrc.php?msg='>";
9    }
10   if($select=="下一步"){
11     require_once("sys_conf.inc");                //建立与 SQL 数据库的连接
12     @$connection=mysql_connect($DBHOST,$DBUSER,$DBPWD) or die("无法连接数据库! ");
13     mysql_query("set names='utf8'") ;
14     mysql_select_db($DBNAME) or die("无法选择数据库! ");
```

```
15    $query="SELECT * FROM usercard WHERE userid='".$userid."'";
16    $result=mysql_query($query,$connection) or die("浏览失败! 1");//向数据库发
                                                              送查询请求
17      if($row=mysql_fetch_array($result) ){
18        $msg="该会员号已经被人使用,请重新填写";
19        echo "<meta http-equiv='Refresh' content='0;url=applycard.php?
msg=$msg'>";
20      }
21      else{
22        $_SESSION["userid"]=$userid;
23        $query="SELECT * FROM `card` WHERE  cardno='".$cardno."'";
24        $result=@mysql_query($query,$connection) or die("浏览失败! 2");
25        if ($row=mysql_fetch_array($result)){
26          if($row['cardstatus']=="N"){
27            $msg="该卡不能使用! ";
28            echo "<meta http-equiv='Refresh' content='0;url= applycard.php?
msg=$msg'>";
29          }
30          else if($row['cardpsd']==$cardpsd)  {
31              $_SESSION["cardno"]=$cardno;
32              $_SESSION["balance"]=$row['balance'];
33              $msg="";
34              echo "<meta http-equiv='Refresh' content='0;url= applysrc.php?
msg=$msg'>";
35            }
36            else{
37              $msg="密码错误, 请重新输入! ";
38              echo "<meta http-equiv='Refresh' content='0;url= applycard.php?
msg=$msg'>";
39            }
40        }
41        else{
42          $msg="不存在该卡号, 请重新输入";
43          echo  "<meta  http-equiv='Refresh'  content='0;url=applycard.php?
msg=$msg'>";
44        }
45      }
46    }
47  ?>
```

(6) 把文档以 apply.php 为文件名保存在 register 文件夹下。

代码解读

第 2~3 行: 获取提交表单中的数据。

第 4~9 行: 当单击"跳过"按钮时, 2 个全局变量置"零"及记录用户输入的会员号; 刷新页面

applysrc.php，即在当前页面中显示 applysrc.php。

第 10～46 行：对当用户单击了"下一步"按钮后的处理。其中

第 15～16 行：设置 SQL 语句，查询表 usercard 中指定 userid 的记录。

第 17～20 行：该用户的会员号在数据库中已存在。设置反馈信息$msg；刷新 applycard.php，同时传递信息$msg。

第 21～45 行：该用户的会员号没有申请过购书卡。

第 22 行：需要设置全局变量$_SESSION 记录 userid，在网页中传递此数据。

第 23~24 行：设置 SQL 语句，查询表 card 中指定 cardno 的记录。

第 25～40 行：当购书卡号存在时。

第 26～29 行：当购书卡的状态为 N(不可用)时，设置反馈信息$msg；刷新 applycard.php，同时传递信息$msg。

第 30~35 行：当购书卡可用并且密码输入正确时。

第 31~32 行：需要设置全局变量$_SESSION 记录 cardno 和 balance，在网页中传递此数据。

第 33~34 行：设置反馈信息$msg；进入 applysrc.php，输入用户的详细资料。

第 36～39 行：当购书卡可用但密码输入错误时，设置反馈信息$msg；刷新 applycard.php，同时传递信息$msg。

第 41～44 行：当购书卡号不存在时，设置反馈信息$msg；刷新 applycard.php，同时传递信息$msg。

5.3.5 注册用户资料页与处理程序

代码文件：applysrc.php、success.php

(1) 在 Dreamweaver 中，新建 PHP 文档。

(2) 单击"代码"标签，切换到"代码"视图，输入如下代码。

```php
<?php
  $title="新会员申请"; $msg="";
  if(isset($_GET['msg'])) $msg=$_GET['msg'];
  require_once("reghead.php");
?>
<script language="JavaScript">
  function pdsr(){
    var pds=window.frm.password.value;
    var pds1=window.frm.passwd1.value;
    var id=window.frm.userid.value;
    var phn=window.frm.phone.value;
    if(id==""){
      window.alert("会员号不能为空！");
      window.frm.userid.focus();
    }
    else if(pds==""){
      window.alert("密码不能为空！");
      window.frm.password.focus();
    }
    else if(pds.length<6 || pds.length>20){
      window.alert("密码长度不合法,请重新输入！");
      window.frm.password.value="";
```

```
23            window.frm.password.focus();
24          }
25        else if(pds1!=pds) {
26            window.alert("两次密码输入不匹配,请重新输入!");
27            window.frm.passwd1.value="";
28            window.frm.passwd1.focus();
29          }
30        else if(phn=="") {
31            window.alert("电话号码不能为空!");
32            window.frm.phone.focus();
33          }
34        }
35    </script>
36    <div id="err"><a href="applycard.php?msg="">注册购书卡</a> | 填写
      会员信息&gt;&gt; </div>
37    <div id="bt">填写会员信息<hr /></div>
38    <div id="bd"><form method="POST" name="frm" action="success.php">
39      <table  width="100%" border="0" cellspacing="0" class="td1">
40        <tr><td colspan="2" align="center" >带 * 的选项是必须填写的
      </td></tr>
41        <tr><td width="30%"align="right">新会员号</td>
42          <td id="bitem"><input type="TEXT" name="userid" value="<?php
      echo $_SESSION ['userid'];?>" size="20" /> *  </td></tr>
      <!--显示前面填写的新会员号-->
43        <tr><td align="right" class="td1">新会员密码</td>
44          <td><input type="password" name="password" size="20"
      />  *   (密码位数 6~20, 必须由字母与数字组成)</td></tr>
45        <tr><td align="right">再次输入密码</td>   <!--输入两次密码以确保密码输入
      无误-->
46          <td><input type="password" size="20" name="passwd1"
      /> *    </td></tr>
47        <tr><td align="right">姓名</td>
48         <td><input type="TEXT" size="20" name="username" /></td></tr>
49        <tr><td align="right">Email</td>
50         <td><input type="TEXT" size="20" name="email" /></td></tr>
51        <tr><td align="right">邮编</td>
52         <td><input type="TEXT"size="20" name="post" /></td></tr>
53        <tr><td align=right>地址</td>
54          <td><input type="TEXT" name="addr" size="40" /></td></tr>
55        <tr><td align="right">电话号码</td>
56          <td><input type="TEXT" name="phone" size="20" /> * 
       </td></tr>
57        <tr><td colspan="2" align="center"><input type="submit" value="
      提交" onmousedown= "pdsr()";/>  </td></tr>
58      </table>
59    </form>
60    </div>
```

```
61        <div id="err" align="center"><?php echo $msg; ?></div>
62      <hr/>
63      <iframe scrolling="no" width="780" height="70" src="regbottom.html"
   marginwidth="0"
   marginheight="0" border="0" frameborder="0" align="center" >不支持</iframe>
64      </div>
65    </body>
66  </html>
```

（3）把文档以 applysrc.php 为文件名保存在 register 文件夹中。

 代码解读

本页代码通过表单收集用户的相关资料。表单处理程序是 success.php。

（4）在 Dreamweaver 中，新建 PHP 文档。

（5）单击"代码"标签，切换到"代码"视图，输入如下代码。

```
1   <?php
2     $title="注册完成"; $msg="";
3     require_once("reghead.php");
4     if($_SESSION['userid']!=$_POST['userid']) {$cardno=""; }
5     else {$cardno=$_SESSION["cardno"];}
6     $_SESSION['userid']=$_POST['userid'];
7     $userid=$_POST["userid"];$username=$_POST["username"];
8     $password=$_POST["password"]; $email=$_POST["email"];
9     $addr=$_POST["addr"]; $post=$_POST["post"]; $phone=$_POST["phone"];
10    include("sys_conf.inc");
11    @$connection=mysql_connect($DBHOST,$DBUSER,$DBPWD) or die("无法连接数据库!");
12    mysql_query("set names 'utf8'") ;
13    mysql_select_db($DBNAME) or die("无法选择数据库! ");
14    $query="SELECT * FROM userinfo WHERE userid='".$userid."'";
15    $result=mysql_query($query,$connection) or die("浏览失败! 1");
16    if($row=mysql_fetch_array($result)){
17      $msg="该会员号已经被人使用,请重新填写";
18      echo "<meta http-equiv='Refresh' content='0;url= applysrc.php?msg
    =$msg'>";
19    }
20      else{//建立会员号和购物卡号的联系
21     if($cardno!=""){
22       $query="SELECT * FROM card WHERE cardno='".$cardno."'";
23       $result=@mysql_query($query,$connection) or die("存入数据库失败! 0");
24       $cardpsd=mysql_fetch_array($result)['cardpsd'];
25       $query="INSERT INTO usercard (userid,cardno,password) VALUES
    ('".$userid."','".$cardno."','".$cardpsd."');";
26       $result=@mysql_query($query,$connection) or die("存入数据库失败! 1");
```

```
27          //修改卡号状态
28          $query="UPDATE card SET cardstatus ='N' WHERE cardno='".$cardno."'";
29          $result=@mysql_query($query,$connection) or die("存入数据库失败！2");
30      }
31      //建立新会员身份
32      date_default_timezone_set('PRC');  //设置中国时区；
33      $time=Date("Y-n-j G:i");
34      $query="INSERT INTO userinfo (userid, username, password, email, addr, post,
phone, createtime) VALUES ('".$userid."', '".$username."', '".$password."',
'".$email."', '".$addr."', '".$post."', '".$phone."', '".$time."');";
35      $result=mysql_query($query,$connection) or die("存入数据库失败！3");
36      mysql_close($connection) or  die("关闭数据库失败！");
37      //反馈申请成功信息
38      $msg="您的会员号为:".$userid."<br/>";
39      if($cardno!=""){
40       $msg.="购书卡号: ".$cardno."<br/>";
41       $msg.="可用金额: ".$_SESSION["balance"];
42      }
43    }
44  ?>
45    <div id="err">注册购书卡|填写会员信息|完成</div>
46    <div id="bt">恭喜您已经完成所有申请手续<hr /></div>
47    <div id="bd" class="td1" align="center"><?php echo $msg; ?></div>
48    <hr/>
49    <iframe  scrolling="no"  width="780"  height="70"  src="regbottom.html"
marginwidth="0" marginheight="0" border="0" frameborder="0" align="center" >
不支持</iframe>
50    </div>
51    </body>
52  </html>
```

(6) 把文档以 success.php 为文件名保存在 register 文件夹中。

 代码解读

第4～6行: 重新确定全局变量的取值。若在资料页中输入的 userid 与在申请卡页面输入的相同，才能获取全局变量$_SESSION["cardno"]，否则把它置零；同时更新$_SESSION['userid']。

第7～9行: 获取提交表单中的数据。

第16～19行: userid 不可用的处理。设置反馈信息$msg；刷新 applysrc.php，同时传递反馈信息$msg。

第21～30: 对有效用户申请的购书卡处理。其中

第22～23行: 设置 SQL 语句，向表 card 查询指定卡号的记录，记录在数据集中。

第24行: 从查询字符集中通过数组方式获取卡的密码。

第25～26行: 设置 SQL 语句，向表 usercard 添加记录。

第28～29行: 修改这个卡号的状态为不可用(N)。

第32～36行: 建立新会员身份资料。其中

第32～33行: 设置时区和时间格式。

第 34~35 行：设置 SQL 语句，向表 userinfo 添加记录，记录各字段的数据。

第 38~42 行：设置反馈信息$msg。其中

第 38 行：反馈信息为用户申请的 userid。

第 39~42 行：当用户申请了购书卡时，反馈信息为卡号和金额。

5.3.6 调试代码

(1) 确认 regindex.php 等相关文件已在服务器访问目录(如 D:\wamp\ www\wuya)的子目录 register 下。

(2) 启动浏览器，在地址栏上输入 http://localhost/wuya/register/regindex.php，按 Enter 键后，效果如图 5.5 所示。

图 5.5 登录界面

① 当单击"登录"按钮时，若有一个文本框中没有输入，会弹出如图 5.6 所示的警示框。这是在浏览器端对用户输入的合法性检查。

图 5.6 输入检查警示框

② 若输入的会员号与密码都正确，则出现图 5.7 所示的信息。

图 5.7 登录成功页面

③ 若输入的会员号不存在，则出现图 5.8 所示的信息。

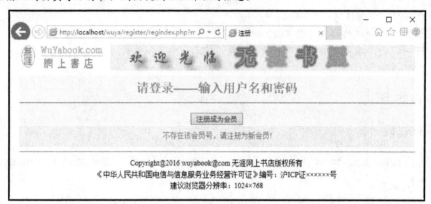

图 5.8　注册页面

(3) 单击"注册成为会员"链接，可见如图 5.9 所示的效果。

图 5.9　申请购书卡页面

 说明

当单击"下一步"按钮时，若有一个文本框中没有输入或再次登录时密码输错，也会弹出类似图 5.6 的警示框。这是在浏览器端对用户输入的合法性检查。

(4) 在图 5.9 的表单中输入相关信息后，单击"下一步"按钮，在服务器端对用户输入进行合法性检查。

① 如果输入的新会员号已经被注册过，则在提示区域显示"**该会员号已经被人使用，请重新填写**"。

② 如果输入的购书卡的状态是"N"，则显示"**该卡不能使用！**"。

③ 如果输入的购书卡的密码错误，则显示"**密码错误，请重新输入！**"。

④ 如果输入的购书卡号错误，则显示"**不存在该卡号，请重新输入**"。

⑤ 如果输入的信息可接受，或者单击"跳过"按钮，进入如图 5.10 所示的界面。

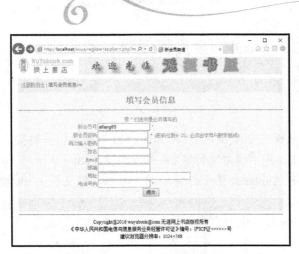

图 5.10 输入会员资料

 说 明

① 在单击"提交"按钮前，需要在有*的文本框中输入信息，并对用户输入的合法性检查。

② 如果在如图 5.9 所示的页面中输入了可接受的信息，"新会员 id"文本框中会出现上次输入的 userid 信息。

③ 单击网站 LOGO 图标下方的状态栏上"申请购书卡"链接，能回到图 5.9 所示的申请购书卡页面。

(5) 在图 5.10 所示的表单中输入相关信息后，单击"提交"按钮，可见图 5.11 所示的界面。

图 5.11 注册成功界面——申请了购书卡

 说 明

如果没有申请购书卡，将看到如图 5.12 所示的界面。

图 5.12 注册成功界面——未申请购书卡

5.4　会员管理模块的实现

 准备工作

(1) 在站点根目录建立文件夹 member 作为存放与注册相关的文件。

(2) 在 member 文件夹中建立文件夹 css 和文件夹 images。

(3) 在 Ulead GIF Animator 中制作管理的 banner，以文件名 member.gif 保存在文件夹 images。

(4) 把图像文件 logo.gif 也放在文件夹 images 中。

5.4.1　页面样式表

 CSS编码

代码文件：member.css

(1) 启动 Dreamweaver，打开 register\css 中的 register.css。

(2) 在"代码"视图中，添加如下所示的样式表。

```
69   .nemulink{
70      font-size: 14px;
71      color: #099;
72      width: 780px;
73      margin-top: 5px;
74      margin-bottom: 5px;
75      background-color: #FFEFCE;
76   }
```

(3) 把文件以 member.css 为文件名保存在 member\css 文件夹下。

 PHP编码

5.4.2　网页的头部、尾部和连接数据库

代码文件：memhead.php、membottom.html 和 opendata.php.inc

(1) 在 Dreamweaver 中，打开 register 中的 reghead.php。

(2) 在"代码"视图中，修改 link 标记行、图像文件名并添加第 13 行，代码如下所示。

```
     ...
7        <link href="css/member.css" rel="stylesheet" type="text/css" />
     ...
12       <img src="images/logo.gif" width="180" height="50" /><img src=
     "images/member.gif" width="600" height="50" /></div>
13       <div align="center" class="nemulink">
```

```
<a href="../register/regindex.php?msg=" target="_blank">注册</a> |
 
    <a href="login.php?logn=1">购书卡专区</a> | 
    <a href="login.php? logn=2">修改资料</a> | 
    <a href="login.php?logn=3">忘记密码</a> | 
    <a href="login.php?logn=4">购书卡管理</a> | 
    <a href="../index.php">返回首页</a></div>
```

(3) 把文件以 memhead.php 为文件名另存在 member 文件夹下。

(4) 在 Dreamweaver 中，打开站点根文件夹中的 bottom.html。

(5) 修改 Link 标记行，并把文件以 membottom.html 为文件名另存在 member 文件夹下。

(6) 在 Dreamweaver 中，新建 PHP 文档。

(7) 单击"代码"标签，切换到"代码"视图，输入如下代码。

```php
1   <?php
2     //建立与 MySQL 数据库的连接
3     $connection=@mysql_connect("localhost","root","") or die("无法连接数据库！");
4     @mysql_query("set names 'utf8'");
5     @mysql_select_db("member") or die("无法选择数据库！");
6     $pagemax=2; //测试设置为 2，实际可修改为 10 等其他数字
7   ?>
```

(8) 把文档以 opendata.php.inc 为文件名保存在 member 文件夹下。

 代码解读

把建立与 MySQL 数据库连接的代码存放在一个单独的文件中有利于维护。使用系统函数 include_once()包含到 PHP 中，就可以使用它们了。

第 6 行 自定义变量$pagemax 用于存放分页显示每页中最多行数，在这里定义能使其作用于所在页面。

5.4.3 会员管理的主页

代码文件：memindex.php

(1) 在 Dreamweaver 中，新建 PHP 文档。

(2) 单击"代码"标签，切换到"代码"视图，输入如下代码。

```php
1   <?php
2     $title="会员管理";
3     require_once("memhead.php");
4   ?>
5       <div id="bt">欢迎进入无涯书屋的会员管理系统</div><hr/>
6       <iframe  scrolling="no"  width="780"  height="70"  src="membottom.html"
    marginwidth="0" marginheight="0" border="0" frameborder="0" align="center" >
    不支持</iframe>
7     </div>
8     </body>
9   </html>
```

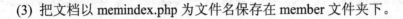

(3) 把文档以 memindex.php 为文件名保存在 member 文件夹下。

5.4.4 用户分级登录页和处理程序

代码文件：login.php、check.php

(1) 在 Dreamweaver 中，新建 PHP 文档。

(2) 单击"代码"标签，切换到"代码"视图，输入如下代码。

```php
1  <?php
2    $errmsg="";    //初始化自定义变量
3    if(isset($_GET['errmsg'])) $errmsg=$_GET['errmsg'];//如果是第二次进入时
4    $logn=$_GET['logn'];
5    if($logn==1)  $title="进入购书卡专区——请先输入会员号及密码";
6    elseif($logn==2)  $title="修改个人资料——请先输入会员号及密码";
7    elseif($logn==3)  $title="密码查询——请先输入会员号";
8    elseif($logn==4)  $title="站长登录——请输入管理员账号及密码";
9    include_once("memhead.php");
10  ?>
11  <script language="javaScript" type="text/javascript">
12    function pdsr(){
13       var id=window.frm.userid.value;
14       var pds=window.frm.password.value;
15       if(id==""){
16          window.alert("会员号不能为空");
17          window.frm.username.focus();
18       }
19       else if(pds==""){
20          window.alert("密码不能为空");
21          window.frm.password.focus();
22       }
23    }
24  </script>
25    <div id="bd" align="center">
26    <div id="bt"><?php echo $title;?><hr/></div>
27    <form name="frm" action="check.php?logn=<?php echo $logn; ?>" method= "post">
28      <table width="100%" border="0" cellspacing="0" class="tdl">
29       <tr><td width="30%" align="right">输入会员号</td><td> <input type=
"text" name="userid"size="30" /></td></tr>
30  <?php if($logn!=3){ ?>
31       <tr><td align="right">输入会员密码</td><td><input type="password"
name="password" size="20"/></td></tr>
32  <?php } ?>
33        <tr><td align="center"colspan=2><input type="submit" name="send"
value="登录" onmousedown="pdsr()">  <input type="reset" value="重
新输入"> </td></tr>
34      </table>
```

```
35      </form>
36      <div id="err" align="center"><?php echo $errmsg; ?><br /></div>
37      </div>
38      <hr/>
39       <iframe scrolling="no" width="780" height="70" src="membottom.html"
    marginwidth="0" marginheight="0" border="0" frameborder="0" align="center" >
    不支持</iframe>
40      </div>
41    </body>
42  </html>
```

(3) 把文档以 login.php 为文件名保存在 member 文件夹下。

(4) 在 Dreamweaver 中，新建 PHP 文档。

(5) 单击"代码"标签，切换到"代码"视图，输入如下代码。

```php
1   <?php
2     @session_start();
3     $logn=$_GET['logn'];$psd=$_POST['password'];$userid=$_POST['userid'];
4     $_SESSION['userid']= $userid;$_SESSION['password']= $psd;
5     include_once("opendata.php.inc");
6     if($logn==1 || $logn==2 || $logn==3){
7        $sql="SELECT * FROM userinfo WHERE userid='".$userid."'";
8        $records=mysql_query($sql);
9        $rows=mysql_fetch_array($records);
10       if($userid!=$rows['userid']){
11          $errmsg="输入用户的会员号的不正确或者尚未登录为会员!! ";
12          header("Location:login.php?errmsg=$errmsg&logn=$logn");
13       }
14       elseif($psd<>$rows['password'] && $logn!=3){
15          $errmsg="密码输入不正确!! ";
16          header("Location:login.php?errmsg=$errmsg&logn=$logn");
17       }
18       else{
19          $_SESSION["userid"]=$userid;
20          if($logn==3)  header("Location:forget.php");
21          elseif($logn==2)  header("Location:modify.php");
22          elseif($logn==1)  header("Location:usercard.php?pageno='1'");
23       }
24     }
25     elseif($logn==4){
26        $IP_m=$_SERVER['REMOTE_ADDR'];
27        $sql="SELECT * FROM administer WHERE userid='".$userid."'";
28        $records=mysql_query($sql);
29        $rows=mysql_fetch_array($records);
30        if($psd==$rows['password'] or $IP_m==$rows['IP'])
31         header("Location:manager.php");
32        else{
```

```
33        $errmsg="输入管理员账号或密码错误!! ";
34        header("Location:login.php?errmsg=$errmsg&logn=$logn");
35      }
36    }
37  ?>
```

(6) 把文档以 check.php 为文件名保存在 member 文件夹下。

 代码解读

两段程序的关系：login.php 是包含表单的显示页面，check.php 是对表单的处理。

(1) 程序中用到的变量详解如表 5.9 所示。

表 5.9　程序中用到的变量

变 量 名	取 值	含 义
$logn	数值	自定义变量。分级管理的编号，与各个链接相对应
$_GET["logn"]	数值	预定义全局变量。记录 URL 中由 logn 传递的数据
$errmsg	字符串	自定义变量。记录反馈信息
$psd、$userid	字符串	自定义变量。记录用户密码和会员号
$_POST["userid"] $_POST["password"]	字符串	预定义全局变量。获取表单通过 POST 方式提交的用户输入的会员号和密码
$_SESSION['userid']	字符串	预定义全局变量。记录 SESSION 变量 userid 的值
$IP_m	字符串	自定义变量。记录管理员所拥有的 IP 地址
$sql	SQL 命令	自定义变量。记录 SQL 命令
$records	查询数据集	自定义变量。记录执行 SQL 命令后的返回结果
$rows	字符串	自定义数组变量。记录查询数据集中当前记录行
$_SERVER['REMOTE_ADDR']	IP 地址	预定义全局变量。记录 REMOTE_ADDR 指定的 IP 地址

(2) 程序中用到的函数详解如表 5.10 所示。

表 5.10　程序中用到的函数

函 数	用 法	含 义
session_start( )	无参数	系统函数。启动一个会话
include_once("filename")	参数取字符串型	系统函数。包含指定的文件
header("Location:URL")	参数取字符串型	系统函数。网页重定向到指定的 URL
mysql_query( )	参数为 SQL 命令	系统函数。执行 SQL 命令
mysql_fetch_array( )	参数为查询数据集	系统函数。以数组方式返回当前记录

(3) 程序中用到的 SQL 命令详解如表 5.11 所示。

表 5.11　程序中用到的 SQL 命令

命 令 格 式	含 义
SELECT * FROM userinfo WHERE userid='$userid'	查询表 userinfo 中指定 userid 的所有记录
SELECT * FROM administer WHERE userid = '$userid'	查询表 usercard 中指定 userid 的所有记录

(4) 对程序中各行代码的解读。

第 2 行：启动 session，注意一定要放在首行。

第 3 行：使用系统预定义变量 $_GET 获取 URL 中的 logn，使用系统预定义变量 $_POST 获取用户表单输入的内容。

第 4 行：把用户 ID 和密码设置为全局变量，在页间均可使用。

第 5 行：包含文件 opendata.php.inc，连接数据库。

第 6~36 行：根据分级分别处理页面的显示。其中

　第 6~24 行：是一般会员。

　　第 7~9 行：从数据表 userinfo 提取用户信息。

　　第 10~13 行：用户输入的会员号在数据库中不存在的处理。设置反馈信息，返回 login.php。

　　第 14~17 行：用户输入的会员号正确但密码不正确的处理。设置反馈信息，返回 login.php。

　　第 18~23 行：用户输入的会员号正确且密码正确的分级处理。

　　　第 19 行：设置 SESSION 的 userid 值。

　　　第 20 行：logn=3，定向到找回遗忘密码页面。

　　　第 21 行：logn=2，定向到修改个人的资料页面。

　　　第 22 行：logn=1，定向到申请购书卡页面。

　第 25~36 行：管理员。

　　第 26 行：获取当前用户的 IP 地址。

　　第 27~29 行：从数据表 administer 中提取用户信息。

　　第 30~31 行：用户输入的密码和所拥有的 IP 地址都对时重定向到管理员页面。

　　第 32~35 行：用户输入的密码或所拥有的 IP 地址不对时的处理。设置反馈信息，返回 login.php。

5.4.5　用户购书卡专区页和处理程序

代码文件：usercard.php、applycard.php、applycard_P.php

(1) 在 Dreamweaver 中，新建 PHP 文档。

(2) 单击"代码"标签，切换到"代码"视图，输入如下代码。

```
1   <?php
2     @session_start();   //启动对话
3     $userid=$_SESSION['userid'];    //获取 SESSION 的 userid 值
4     $errmsg="";
5     if(isset($_GET['errmsg'])) $errmsg=$_GET['errmsg'];
6     $pageno=(int)$_GET['pageno'];
7     if(isset($_POST['pageno']))
8       if($_POST['pageno']!="") $pageno=(int)$_POST['pageno'];   //获取 pageno 的值
9     require_once("opendata.php.inc");
10    $sql="SELECT* FROM usercard WHERE userid='".$userid."'";
11    $records=mysql_query($sql);          //查询数据表 usercard 中指定会员号的信息
12    if(mysql_num_rows($records)==0){  //数据表 usercard 中没有指定会员号的信息
13        $errmsg="没有申请过购书卡！";
14        header("Location:applycard.php?errmsg=$errmsg");
15    }
16    //设置分页显示开始
17    $total=mysql_num_rows($records);   //统计数据表 usercard 中有指定会员号的信息数
```

```
18      $lastp=ceil($total/$pagemax);              //计算最大页码
19      $infostr="目前共有 <font color=red>". $total."</font> 张购书卡, 共 <font
color=blue>" .$lastp."</font> 页。";          //设置信息栏上的信息
20    if($pageno>$lastp)  $pageno=$lastp;      //当前页码超出最大页码时, 设置为最大页码
21    elseif($pageno<1)   $pageno=1;            //当前页码小于1时, 设置为1
22    $numf=($pageno-1)*$pagemax+1;             //设置当前页的第一条记录数码
23    $numl=$numf+$pagemax-1;                   //设置当前页的最后一条记录数码
24    if($numl>$total)  $numl=$total;           //当前页的最后一条记录超出总记录时, 设置
                                                //为超出总记录数
25    $infostr.=" 本页是第 <font color=red>".$pageno."</font> 页,";
26    $infostr.="列出了第 <font color=red>".$numf."</font> 到 <font color=red>
".$numl."</font> 条记录。";
27    if($pageno!=1)  $msg="<a href=".$_SERVER['PHP_SELF'].">?pageno=1>第1页</a> ";
28    else  $msg="第1页";      //当前页是第1页时, 不要设置超链接
29    $msg.=" | ";             //加分隔符|
30    if($pageno>1)           //当前页大于第1页时, 对"上一页"要设置超链接
31       $msg.="<a href=".$_SERVER['PHP_SELF'].">?pageno=".($pageno-1).">上一页
</a> | ";
32    if($pageno<$lastp)     //当前页小于最后页时, 要设置超链接
33       $msg.="<a href=".$_SERVER['PHP_SELF'].">?pageno=".($pageno+1).">下一页
</a> | ";
34    if($pageno!=$lastp)    //当前页不是最后页时, 对"上一页"要设置超链接
35       $msg.="<a href=".$_SERVER['PHP_SELF'].">?pageno=".($lastp).">  最后页</a> ";
36    else  $msg.="最后页";   //当前页是最后页时, 不要设置超链接
37    //设置分页显示结束
38    $title="会员购书卡查询";   //设置当前页的标题
39    include("memhead.php"); //包含头部
40   ?>
41      <div id="bt">会员购书卡查询 <hr /></div>
42      <div id="bd">
43      <form name="frm" action="<?php echo $_SERVER['PHP_SELF']?>?pageno=<?php
echo $pageno; ?>"method="post">
44       <table width="100%" border="0" cellspacing="0">
45        <tr id="err"><td><?php echo $userid.":   ".$infostr;?></td>   <!--状
态栏-->
46            <td align="right"> 输入页次: <input type="text" size="3" name= "pageno">
47             <input  type="submit"  name="goto"  value="转到" /></td>
48          </tr>   <!--状态栏-->
49         </table>
50       </form>
51      <table width="100%" border="1" cellspacing="1">
52       <tr id="err" align="center"><td>序号</td><td>卡号</td><td>余额
</td><td>等级</td><td>密码</td><td>有效日期</td></tr>
53   <?php
54    $i=1;                                     //读取指定会员号的卡号信息
55    while($row=mysql_fetch_array($records)){
56     $cardno[$i]=$row['cardno'];
```

```
57        $i++;
58      }
59    for($i=$numf;$i<=$numl;$i++){          //显示当前页的购书卡信息
60      $sql3="SELECT * FROM card WHERE cardno='".$cardno[$i]."'";
61      $records3=mysql_query($sql3);          //查询指定卡号的购书卡信息
62      $row2=mysql_fetch_array($records3);
63      $dbdate=$row2['ctime'];                //获取购书卡生成日期
64      $year=substr($dbdate,0,4);             //获取字符串中的年
65      $month=substr($dbdate,5,2);            //获取字符串中的月
66      $day=substr($dbdate,8,2);              //获取字符串中的日
67      $time=($year+2)."年".$month."月".$day."日";   //生成购书卡的有效期
68      echo "<tr id='bd' align='center'><td>NO.".$i."</td>";
69      echo "<td> ".$row2['cardno']."</td><td> ".$row2['balance']."
元</td><td>  ".$row2['cardlevel']."</td>";
70      echo "<td> ".$row2['cardpsd']."</td><td> ".$time."</td></tr>";
71    }
72  ?>
73          <tr align="center"><td colspan="6">
74            <form action="applycard.php" method="post"><input type="submit"
name="send" value="申请购书卡"></form>
75            </td></tr>
76        </table>
77        <div id="err" align="center"><?php echo $msg; ?> </div>  <!--翻页导航
栏-->
78        <div id="err"><?php echo $errmsg; ?></div>
79    </div>
80    <hr/>
81    <iframe scrolling="no" width="780" height="70" src="membottom.html"
marginwidth="0"marginheight="0" border="0" frameborder="0" align= "center" >
不支持</iframe>
82    </div>
83  </body>
84 </html>
```

(3) 把文档以 usercard.php 为文件名保存在 member 文件夹下。

 代码解读

本段代码中的上半部分是 PHP 处理，下半部分是页面显示。各行中的含义见其后的注释。此处对代码段的功能做些注解。

第 3~8 行：初始化变量。其中

第 6~8 行：页面中获取当前页的值的方式有两种：一是从 URL 传递；二是由用户在状态栏处输入数值，然后按"跳到"按钮提交，这里给出了一个判断。

第 9~11 行：连接数据库，设置查询 SQL，查询数据表 usercard 中指定会员号的信息。

第 12~15 行：数据表 usercard 中无指定会员号的信息(即用户没有申请过购书卡)的处理。设置反馈信息，重定向到页面 applycard.php。

第 17~79 行：对申请过购书卡的会员的处理。本段变量及其含义如表 5.12 所示。

表 5.12　usercard.php 中用到的变量及其含义

变 量 名	取 值	含 义
$total	数值	自定义变量。记录用户拥有的总记录数
$lastp	数值	自定义变量。记录分页显示的最后一页的页码
$pageno	数值	自定义变量。记录当前页的页码
$pagemax	数值	自定义变量。在 opendata.php.inc 定义的记录每页显示记录数
$infostr	字符串	自定义变量。记录状态栏上的信息
$numf	数值	自定义变量。记录当前页的第一条记录对应的记录
$numl	数值	自定义变量。记录当前页的最后一条记录对应的记录
$msg	字符串	自定义变量。记录分页显示的翻页导航栏
$cardno[$i]	字符串	自定义变量。记录用户所拥有的购书卡的卡号
$_SERVER['PHP_SELF']	字符串	预定义全局变量。获取当前正在执行脚本的文件名
$title	字符串	自定义变量。页面的标题
$errmsg	字符串	自定义变量。记录反馈信息
$userid	字符串	自定义变量。记录用户的会员号
$_SESSION['userid']	字符串	预定义全局变量。记录 SESSION 变量 userid 的值
$sql、$sql2	SQL 命令	自定义变量。记录 SQL 命令
$records、$records2	查询数据集	自定义变量。记录执行 SQL 命令后的返回结果
$row、$row2	字符串	自定义数组变量。记录查询数据集中当前行各字段的数据

第 17~26 行：设置状态栏信息。需要计算总记录数、总页数、当前页码和当前页显示的起始记录。

第 27~36 行：设置分页显示的翻页导航栏。需要根据当前页是否首页或尾页来设置超链接。链接的位置是对当前页面指定的分页。

第 41~52 行：显示页内标题和以表格方式显示用户购书卡信息的表头。

　第 43~52 行：设置表单。表单处理程序为对指定的分页的当前页面。

　第 45~46 行：设置状态栏。其中的表单包含文本框，允许用户指定页码。

第 54~58 行：分别读取会员的购书卡号，以便在分页显示时分页提取相应的购书卡信息。

第 59~71 行：显示分页的用户购书卡信息。

　第 60~70 行：提取本页需要显示的记录并显示在对应的表格中。

　　第 63~67 行：根据卡的生成日期，生成卡的使用有效期。其中函数 substr()为字符串函数。

```
string substr(string string, int start [, int length])
功能：返回由 start 开始指定长度 length 的部分字符串。
说明：没有参数 start，返回字符串从 0 开始；没有参数 length，返回字符串到末端。
```

第 74 行：设置表单，只包含"申请购书卡"按钮，设置用户申请新卡的入口，处理程序为 applycard.php。

第 77 行：显示分页显示的翻页导航栏。

第 78 行：显示反馈提示信息。

(4) 新建 PHP 文档。

(5) 单击"代码"标签，切换到"代码"视图，输入如下代码。

```php
<?php
  $errmsg="";
  if(isset($_GET['errmsg'])) $errmsg=$_GET['errmsg'];
```

```
4        $title="购书卡申请";
5        include_once("memhead.php");
6    ?>
7    <script language="JavaScript">
8        function jcidd(){
9          var idss=window.frm.cardno.value;
10         var cds=window.frm.password.value;
11         var pds=window.frm.password2.value;
12         if (idss==""){
13            window.alert("购书卡号不能为空");
14            window.frm.cardno.focus();
15         }
16         else if(idss.length<4 || pds.length>30){
17            window.alert("购书卡号长度不合法,请重新输入");
18            window.frm.cardno.value="";
19            window.frm.cardno.focus();
20         }
21         else if (cds==""){
22            window.alert("购书卡密码不能为空");
23            window.frm.password.focus();
24         }
25         else if (cds.length<6 || cds.length>20){
26            window.alert("购书卡密码长度不合法,请重新输入");
27            window.frm.password.value="";
28            window.frm.password.focus();
29         }
30         else if (pds!=cds){
31            window.alert("购书卡密码两次输入不匹配");
32            window.frm.cpassword2.focus();
33         }
34       }
35   </script>
36       <div id="bt">购书卡申请<hr /></div>
37       <div id="bd">
38       <div id="err"><?php echo $_SESSION['userid']; ?>->正在申请购书卡</div>
39       <form action="applycard_P.php" method="post">
40       <table width="100%" border="0" cellspacing="0" class="tdl">
41          <tr><td width="30%"align="right">输入购书卡号</td><td><input type=
"text" name="cardno" size="30"/>(位数4~30, 必须由字母与数字组成)</td></tr>
42          <tr><td align="right">输入购书卡密码</td><td><input type="password"
name="password"size="20"/>(位数6~20, 必须由字母与数字组成)</td></tr>
43          <tr><td align="right">确认购书卡密码</td><td><input
type="password" name="password2" size="20"/></td></tr>
44          <tr><td align="center"colspan=2><input type="submit"
name="sendapp" value="确定" onmousedown= "jcidd()">
45          <input type="submit"  name="sendapp" value="跳过"></td></tr>
46       </table>
```

```
47      </form>
48      <div id="err" align="center"><?php echo $errmsg; ?></div>   <!--反馈信息
栏-->
49      </div>
50      <hr/>
51      <iframe  scrolling="no"  width="780"  height="70"  src="membottom.html"
marginwidth="0"marginheight="0" border="0" frameborder="0" align="center" >
不支持</iframe>
52      </div>
53    </body>
54  </html>
```

(6) 把文档以 applycard.php 为文件名保存在 member 文件夹中。

(7) 新建 PHP 文档。

(8) 单击"代码"标签,切换到"代码"视图,输入如下代码。

```
1   <?php
2     @session_start();                      //获取 SESSION 的 userid 值
3     $sendapp=$_POST['sendapp']; $cardno=$_POST['cardno'];
4     $password=$_POST['password'];   //获取提交的表单数据
5     $userid=$_SESSION['userid'];
6     if($sendapp=='确定'){                   //单击"确定"按钮的处理
7       require("opendata.php.inc"); //连接数据库,查询数据表 card
8       $query="SELECT * FROM card WHERE  cardno='$cardno'";
9       $result=@mysql_query($query,$connection) or die("浏览失败! 2");
10      if($row=mysql_fetch_array($result)){ //数据表 card 中存在用户输入的卡号
11        if($row[cardstatus]=="N"){           //卡号状态不可用
12          $errmsg="该卡不能使用! ";
13          echo "<meta http-equiv='Refresh' content='0;url=applycard.php?
errmsg= $errmsg'>";
14        }
15        elseif($row['cardpsd']==$password){ //卡号状态可用且用户输入的密码正确
16          $errmsg="申请成功! ";
17          $query="INSERT INTO usercard (userid,password,cardno) VALUES
('$userid', '$password','$cardno')";
18          $result=@mysql_query($query,$connection) or die("浏览失败! 2");
19          $query="UPDATE card SET cardstatus='N' WHERE cardno='$cardno'";
20          $result=@mysql_query($query,$connection) or die("浏览失败! 2");
21          echo "<meta http-equiv='Refresh' content='0;url=usercard.php?
errmsg= $errmsg& pageno=1'>";
22        }
23        else{                              //卡号状态可用且用户输入的密码不正确
24          $errmsg="密码错误, 请重新输入! ";
25          echo "<meta http-equiv='Refresh' content='0;url=applycard.php?
errmsg=$errmsg'>";
26        }
27      }
```

```
28        else{                              //数据表 card 中没有用户输入的卡号
29           $errmsg="不存在该卡号，请重新输入";
30           echo "<meta http-equiv='Refresh' content='0;url=applycard.php?
   errmsg=$errmsg'>";
31           }
32        }
33     elseif($sendapp=='跳过')  header("Location:memindex.php");
34  ?>
```

(9) 把文档以 applycard_P.php 为文件名保存在 member 文件夹中。

代码解读

第 6～32 行：单击"确定"按钮时的处理。其中

　　第 7～9 行：连接数据库，查询数据表 card 中用户指定的卡号。

　　第 10～27 行：对数据表 card 中存在用户指定的卡号的处理。

　　　　第 11～14 行：数据表 card 中指定的卡号状态不可用。设置反馈信息 $msg；刷新页面 applycard.php，
　　　　　　　　　　同时传递反馈信息 $msg。

　　　　第 15～26 行：数据表 card 中指定的卡号状态可用。其中

　　　　　　第 16～21 行：用户输入的购书卡密码正确。设置反馈信息 $errmsg；修改相关信息；刷新页
　　　　　　　　　　　　面 usercardcard.php，同时传递反馈信息 $errmsg。其中

　　　　　　　　第 17～18 行：把用户购书卡信息(userid,password,cardno)插入数据表 usercard 中。

　　　　　　　　第 19～20 行：修改数据表 card 中卡的状态(cardstatus)为不可用(N)。

　　　　　　第 23～26 行：用户输入的购书卡密码不正确。设置反馈信息 $msg；刷新页面 applycard.php，
　　　　　　　　　　　　同时传递反馈信息 $msg。

　　　　第 28～31 行：数据表 card 中没有用户输入的卡号。设置反馈信息 $msg；刷新页面 applycard.php，同时
　　　　　　　　　　传递反馈信息 $msg。

第 33 行：单击"跳过"按钮时的处理。重定向页面 memindex.php。

5.4.6　会员修改资料页与处理程序

代码文件：modify.php、update.php

(1) 在 Dreamweaver 中，新建 PHP 文档。

(2) 单击"代码"标签，切换到"代码"视图，输入如下代码。

```
1   ?php
2      $userid=$_SESSION['userid'];
3      $password=$_SESSION['password'];
4      $isnew=0;                                    //设置反馈信息自定义变量
5      if(isset($_GET['isnew'])) $isnew=(int)$_GET['isnew'];
6      $succend=0;
7      if(isset($_GET['succend'])) $succend=(int)$_GET['succend'];
8      $errmsg="";
9      if(isset($_GET['errmsg'])) $errmsg=$_GET['errmsg'];
10     if($isnew==0){                              //获取用户的资料
```

```
11      require_once("opendata.php.inc");
12      $sql="SELECT * FROM userinfo WHERE userid='$userid'";
13      $records=mysql_query($sql);
14      $rows=mysql_fetch_array($records);
15      $username=$rows['username'];
16      $email=$rows['email'];
17      $addr=$rows['addr'];
18      $phone=$rows['phone'];
19      $post=$rows['post'];
20    }
21    else if($isnew==1){$username=""; $addr=""; $email=""; $post=""; $phone=""; }
22    $title="修改会员申请资料";
23    include("memhead.php");
24  ?>
25  <script language="javaScript" type="text/javascript"> //客户端用户输入的有效性检查
26    function pdsr(){
27      var pds=window.frm.password.value;
28      var pds1=window.frm.confirm1.value;
29      var ph=window.frm.phone.value;
30      if(pds.length<6 || pds.length>20){
31        window.alert("密码长度不合法,请重新输入");
32        window.frm.password.value="";
33        window.frm.password.focus();
34      }
35      else if(pds!=pds1){
36        window.alert("确认密码,请再次输入");
37        window.frm.confirm1.value="";
38        window.frm.confirm1.focus();
39      }
40      else if(ph.length<8 || pds.length>15){
41        window.alert("电话长度不合法,请重新输入");
42        window.frm.phone.value="";
43        window.frm.phone.focus();
44      }
45    }
46  </script>
47    <div id="bt">修改会员申请资料<hr /></div>
48    <div id="bd">
49      <div id="err" align="center">带 * 的选项是必须填写的</div>
50      <form action="update.php" method="post" name="frm">
51      <table width="100%" border="0" cellspacing="0" class="tdl">
52        <tr><td align="right">会员号 </td> <td><input name="userid" type= "text"
disabled="disabled" value="<?php echo $userid; ?>" size="40" /> </td></tr>
53        <tr><td align="right">姓名</td><td><input type="text" size="40"
name="username" value="<?php echo $username; ?>"/></td></tr>
54        <tr><td align="right">Email</td><td><input type="text" size="40"
name="email" value="<?php echo $email; ?>"/></td></tr>
```

```
55    <tr><td align="right">会员密码　</td><td><input type="text" name=
"password" size="40"value="<?php echo $password; ?>"/>  * 
  (密码位数 6～20，必须由字母与数字组成)</td></tr>
56        <tr><td align="right">再次输入密码</td>   <!--输入两次密码以确保修改密码无误-->
57        <td><input type="text" size="40" name="confirm1" value="<?php echo
$password; ?>" /> *  </td></tr>
58        <tr><td align="right">邮编</td><td><input type="text"size="20"
name="post" value="<?php echo $post; ?>"/></td></tr>
59        <tr><td align="right">地址</td><td><input type="text" name="addr"
size="80" value="<?php echo $addr; ?>"/></td></tr>
60        <tr><td align="right">电话号码</td><td><input type="text" name="phone"
size="20" value="<?php echo $phone; ?>"> *  </td></tr>
61 <?php if($succend!=1){    //修改成功后屏蔽下面的两个按钮 ?>
62        <tr><td colspan="2" align="center"><input name="sendup"
type="submit" value="确认提交" onmousedown="pdsr()">  <input
name="sendup" type="submit" value="重新填写"></td></tr>
63 <?php } ?>
64     </table>
65     </form>
66     <div id="err" align="center"><?php echo $errmsg; ?></div>
67     </div>
68     <hr/>
69     <iframe scrolling="no" width="780" height="70" src="membottom.html"
marginwidth="0" marginheight="0" border="0" frameborder="0" align="center" >
不支持</iframe>
70     </div>
71   </body>
72 </html>
```

(3) 把文档以 modify.php 为文件名保存在 member 文件夹中。

 代码解读

这段代码的结构与前两段类似。　PHP 处理的是根据变量$isnew 确定是否在表单的文本框中显示数据库中存储的用户资料。

第 4～9 行：初始化变量$isnew、$succend、$errmsg 的值。若以 GET 方式传递，就获取它。

第 10～20 行：$isnew=0 的处理，即提取数据库中有关 userid 的数据。

第 21 行：$isnew=1 的处理，即设置除 userid 和 password 以外的用户数据为空。

第 25～46 行：使用 JavaScript 对用户输入进行有效性检查(密码输入的合法性，确认密码输入，电话输入的合法性)。对邮箱数据的合法性检查可通过正则表达式实现，详见第 8 章。

第 50～65 行：表单处理程序 update.php，表单以 POST 方式提交，文本框的值为数据库中相应的数据。其中

第 52 行：会员号文本框为禁用，不允许修改。

第 55、57、60 行：用户最可能修改的资料，文本框中显示相应的数据，减少用户输入，若改变了，需要确认输入的合法性和有效性，这由第 30~44 行的 JavaScript 处理，在提交前触发。

第 61～63 行：选择是否显示下面的按钮。如果成功，修改就隐藏。

第 62 行：两按钮的 name 都是 sendup，以便在 update.php 获取并对它们分别处理。

(4) 在 Dreamweaver 中，新建 PHP 文档。

(5) 单击"代码"标签，切换到"代码"视图，输入如下代码。

```php
1  <?php
2    $userid=$_SESSION['userid'];
3    $username=$_POST['username'];
4    $password=$_POST['password'];
5    $addr=$_POST['addr'];
6    $email=$_POST['email'];
7    $post=$_POST['post'];
8    $phone=$_POST['phone'];
9    $sendup=$_POST['sendup'];
10   $sql1="";
11   if($sendup=="重新填写")  header("Location:modify.php?isnew=1"); //页面重定向
12   if($sendup=="确认提交"){   //单击"确认提交"按钮后的处理
13     if($email!="")  $sql1.=",email='$email'";
14     if($username!="")  $sql1.=", username='$username'";
15     if($addr!="")  $sql1.=", addr='$addr'";
16     if($post!="")  $sql1.=", post='$post'";
17     if($phone!="")  $sql1.=", phone='$phone'";
18     require_once("opendata.php.inc");
19     $sql="UPDATE  userinfo  SET  password='$password'".$sql1."  WHERE
   userid='$userid'";
20     mysql_query($sql);
21     mysql_close();
22     $errmsg=$userid."修改信息:   恭喜你，你已经完成了个人资料的修改！"; //设置反馈信息
23     header("Location:modify.php?succend=1&isnew=0&errmsg=".$errmsg);
24   }
25  ?>
```

(6) 把文档以 update.php 为文件名保存在 member 文件夹中。

 代码解读

本段代码实现更新用户修改的数据。

第 10 行：自定义变量 $sql1 记录需要更新的字段。

第 11 行：单击"重新填写"按钮时，以 $isnew=1 方式重定向到页面 modify.php。

第 12～24 行：对当用户单击了"确认提交"按钮后的处理。

第 13～17 行：设置需要修改的字段。用户单击"重新填写"按钮后，没有输入即视为不修改。

第 18～20 行：连接数据库，更新需要修改的数据，关闭数据库连接。

第 23 行：以 $isnew=1 和 $succend=1 方式重定向到页面 modify.php，同时传递反馈信息 $msg。

5.4.7　会员找回密码页与处理程序

代码文件：forget.php、search.php

(1) 在 Dreamweaver 中，新建 PHP 文档。

(2) 单击"代码"标签，切换到"代码"视图，输入如下代码。

```
1   <?php
2     @session_start();
3     $userid=$_SESSION['userid'];
4     $errmsg="";$ok=0 ;    //初始化自定义变量。$ok 记录是否成功地查询到了密码
5     if(isset($_GET['ok'])) $ok=$_GET['ok'];  //如果$ok 的值以 GET 方式传递，就
                                      获取它作为当前$isnew 的值
6     if(isset($_GET['errmsg'])) {
7       if($ok==0) $errmsg=$_GET['errmsg'];
8       else $errmsg="$userid:  您的密码为:<font color=red>".$_GET['errmsg']."
</font>";
9     }
10    $title="密码查询";
11    include("memhead.php");
12  ?>
13    <div id="bd">
14    <div id="bt">密码查询—输入住址或者电子邮件账号<hr /></div>
15  <?php if($ok==0){ ?>  <!--查询成功后隐藏表单 -->
16    <form action="search.php" method="post">
17     <table width="100%" border="0" cellspacing="0" class="tdl">
18       <tr><td width="30%" align="right" >输入 E-mail</td><td><input
type= "text" name= "email" size="30" /></td></tr>
19       <tr><td align="right" class="tdl">输入住址</td><td><input type=
"text" size="60" name="addr"  /></td></tr>
20       <tr><td align="center"colspan=2 class="tdl"><input type="submit"
name="send" value="查询"> </td></tr>
21     </table>
22    </form>
23  <?php } ?>      <!--查询成功后隐藏表单 -->
24    <div id="err" align="center"><?php echo $errmsg; ?></div>
25    </div>
26    <hr/>
27     <iframe scrolling="no" width="780" height="60" src="membottom.html"
marginwidth="0"  marginheight="0"  border="0"  frameborder="0"  align=
"center" >不支持</iframe>
28    </div>
29   </body>
30  </html>
```

(3) 把文档以 forget.php 为文件名保存在 member 文件夹中。

(4) 在 Dreamweaver 中，新建 PHP 文档。

(5) 单击"代码"标签,切换到"代码"视图,输入如下代码。

```php
1   <?php
2     @session_start();
3     $userid=$_SESSION['userid'];
4     require_once("opendata.php.inc");
5     $email=$_POST['email'];
6     $addr=$_POST['addr'];
7     $errmsg=""; $ok=0;
8     if($email=="" && $addr==""){
9        $errmsg="请输入地址或者电子邮件账号! ";
10       header("Location:forget.php?errmsg=$errmsg");
11    }
12    if($email<>""){
13       $sql="SELECT * FROM userinfo WHERE (email='$email' && userid='$userid')";
14       $records=mysql_query($sql);
15       $rows=mysql_fetch_array($records);
16       if(mysql_num_rows($records)==1){
17          $errmsg=$rows[password];
18          $ok=1;
19       }
20       else  $errmsg="无法按您的输入找到您的密码,请检查输入是否有误!!<br/>请重新输入";
21       header("Location:forget.php?errmsg=$errmsg&ok=$ok");
22    }
23    elseif($addr<>""){
24       $sql="SELECT * FROM userinfo WHERE (addr='$addr' && userid= '$userid')";
25       $records=mysql_query($sql);
26       $rows2=mysql_fetch_array($records);
27       if(mysql_num_rows($records)==1){
28          $errmsg=$rows2[password];
29          $ok=1;
30       }
31       else  $errmsg="无法按您的输入找到您的密码,请检查输入是否有误!!<br/>请重新输入";
32    }
33    header("Location:forget.php?errmsg=$errmsg&ok=$ok");
34  ?>
```

(6) 把文档以 search.php 为文件名保存在 member 文件夹中。

 代码解读

本段代码实现对查询输入的处理。用户只要输入 E-mail 或住址都可以查询到密码。

第 8~11 行: 没有输入任何信息就单击了"查询"按钮。设置反馈信息并重定向到页面 forget.php。

第 12~22 行: 输入了 E-mail 的处理。查询数据表 userinfo 中该会员的 E-mail,符合就标识查到到$ok=1,
不符合也设置反馈信息,以 ok 的方式(=1 时隐藏表单)重定向到页面 forget.php。

第 23~32 行: 输入了住址的处理。与输入了 E-mail 的处理类似。

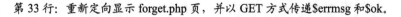

第 33 行：重新定向显示 forget.php 页，并以 GET 方式传递$errmsg 和$ok。

5.4.8　购书卡管理页与处理程序

代码文件：manager.php、card_p.php、addcard.php、updatecard.php、updatecardp.php、delcard.php

(1) 在 Dreamweaver 中，新建 PHP 文档。

(2) 单击"代码"标签，切换到"代码"视图，输入如下代码。

```php
1    <?php
2      $pageno=1;$errmsg="";$dd=array();
3      if(isset($_GET['pageno'])) {
4        $pageno=(int)$_GET['pageno'];
5         if(isset($_POST['pageno'])) $pageno=(int)$_POST['pageno'];
6      }
7      if(isset($_GET['errmsg']))  $errmsg=$_GET['errmsg'];
8      require("opendata.php.inc");
9      $sql="SELECT * FROM card";
10     $records=mysql_query($sql);
11     //设置分页显示开始
12     $total=mysql_num_rows($records);
13     $lastp=ceil($total/$pagemax);
14     $infostr="目前共有 <font color=red>". $total."</font> 张购书卡, 共 <font
color=blue>" .$lastp." </font> 页。";
15      if ($pageno>$lastp)  $pageno=$lastp;
16      elseif($pageno<1)  $pageno=1;
17     $numf=($pageno-1)*$pagemax+1;
18     $numl=$numf+$pagemax-1;
19     if($numl>$total)  $numl=$total;
20     $infostr.="本页是第 <font color=red>".$pageno."</font> 页,";
21     $infostr.="列出了第 <font color=red>".$numf."</font> 到";
22     $infostr.=" <font color=red>".$numl."</font> 条记录。";
23     if($pageno!=1)  $msg="<a href=manager.php?pageno=1>第 1 页</a> ";
24     else  $msg="第 1 页";
25     $msg.=" | ";
26     if($pageno>1)  $msg.="<a href=manager.php?pageno=".($pageno-1).">上一页
</a> | ";
27      if($pageno<$lastp)  $msg.="<a href=manager.php?pageno=".($pageno+1).">下
一页</a> | ";
28      if($pageno!=$lastp)  $msg.="<a href=manager.php?pageno=".($lastp).">
最后一页</a> ";
29      else  $msg.="最后页";
30     //设置分页显示结束
31     $title="购书卡管理";
32     include("memhead.php");
33    ?>
```

```
34      <div id="bt">购书卡管理&mdash;&mdash;查询<hr /></div>
35      <div id="bd">
36      <form action="manager.php?pageno=<? echo $pageno; ?>" method="post">
37       <table width="100%" border="0" cellspacing="0" class="tdl">
38        <tr id="err"><td><div><?php echo $infostr;?></div></td>
39            <td align="right"> 输入页次：<input type="text" size="3" name=
"pageno">
40         <input type="submit" value="转到" /></td></tr>
41      </table>
42      </form>
43      <form action="card_p.php?pageno=<?php echo $pageno; ?>" method= "post">
44       <table width="100%" border="1" cellspacing="1" class="tdl">
45          <tr id="err" align="center"><td >选中</td><td>卡号</td><td align=
"center">余额</td>
46              <td>等级</td><td>是否可用</td><td>有效日期</td></tr>
47  <?php
48    $sql="SELECT * FROM card WHERE (serial>='$numf' AND serial<='$numl')";
49    $records=mysql_query($sql);
50    while(list($cserial, $cno,, $cbalance, $clevel, $cstatus, $cctime)=
mysql_fetch_row($records)){
51     $dbdate=$cctime;
52     $year=substr($dbdate,0,4); $month=substr($dbdate,5,2); $day= substr
($dbdate,8,2);
53     $time=($year+2)."年".$month."月".$day."日";
54     echo "<tr align='center'><td><input type='checkbox' name= 'd[".$cserial."]
' value='del'>";
55     echo " NO.".$cserial."</td>"."<td>".$cno."</td><td>".$cbalance."
元</td>";
56     echo "<td>".$clevel."</td><td>".$cstatus."</td><td>".$time."</td></tr>";
57    }
58  ?>
59          <tr align="center"><td colspan="6"><input type="submit" name="send"
value="删除">  <input type="submit" name="send" value="添加
60  ">  <input type="submit" name="send" value="充值" /></td></tr>
61      </table>
62      </form>
63      <div id="err" align="center"><?php echo "$msg"; ?></div>
64      <div id="err" ><?php echo $errmsg; ?></div>
65      </div>
66      <hr/>
        <iframe scrolling="no"  width="780" height="70" src="membottom.html"
marginwidth="0" marginheight="0" border="0" frameborder="0" align="center" >
67  不支持</iframe>
68      </div>
69    </body>
   </html>
```

(3) 把文档以 manager.php 为文件名保存在 member 文件夹中。

代码解读

本段代码实现分页显示数据表 card 中所包含的所有记录。与 usercard.php 类似。

第 43 行：设置表单，包含"添加""充值"和"删除"按钮，处理程序是 card_p.php。

第 48 行：设置 SQL 语句。由于数据的来源是数据表 card，提取的记录数就是每页显示的行数，因此查询记录范围限制在每页的首尾行。

第 50 行：向表格输出每行的数据。使用 list( ) 函数来提取数组 mysql_fetch_row($records) 中对应的数据。

```
void list(mixed …)    // mixed 指数据可以是记录类型(不一定是同一数据类型)
功能：  list( )用一步操作给一组变量进行赋值(从最右边一个参数开始赋值)。
说明：像 array( )一样，这不是真正的函数，而是语言结构。
```

数组 mysql_fetch_row($records) 中 key 的顺序为 (serial,cardno,cardpsd,balance,cardlevel,cardstatus,ctime)，依次赋值给 ($cserial,$cno,,$cbalance,$clevel,$cstatus,$cctime)，由于不需要密码，因此列表中在 $cno 和 $cbalance 之间留出了空位。

第 54 行：使用数组获取复选项的数据收集。当选中某个复选框时，其对应的值就是 del，对应的下标是 $cserial，这样就能断定所选中的行了；没有被选中复选框，其值为空。

(4) 在 Dreamweaver 中，新建 PHP 文档。

(5) 单击"代码"标签，切换到"代码"视图，输入如下代码。

```php
1   <?php
2     session_start();
3     $pd=$_POST["send"];
4     if($pd=='添加') header("Location:addcard.php");
5     else{   //单击其他两个按钮的处理
6       $pageno=$_GET["pageno"];
7       $dd=$_POST["d"];
8       $num=count($dd);
9       if($num==0){
10        $errmsg="必须选中一个购书卡！<br/>";
11        header("Location:manager.php?pageno=$pageno&errmsg=$errmsg");
12      }
13      else{
14        if(!isset($_SESSION['del']))  $_SESSION['del']=array();
15        $_SESSION['del']=$dd;
16        if($pd=='充值')  header("Location:updatecard.php?pageno=$pageno");
17        else if($pd=='删除')  header("Location:delcard.php?pageno=$pageno");
18      }
19    }
20  ?>
```

(6) 把文档以 card_p.php 为文件名保存在 member 文件夹中。

代码解读

本段代码实现对管理员单击按钮的分类处理。"添加"操作不需要选中已经存在的某张卡,但"充值"和"删除"操作前需要先选中至少一张购书卡。这样,表单的处理程序必须对3个按钮的处理页面作出选择。获取的复选数据可能会在多个页面间传递,定义一个$_SESSION数组来存储它们。

第6行: 获取分页显示的当前页码。这个数据一直通过GET方式在页面间传递。

第7行: 提取表单数据。注意复选框名称d是一个数组。

第8~12行: 统计数组中所含数据的个数,就能了解用户是否选择了某个复选框,进一步给出反馈信息和页面重定向。

第13~18行: 判断是否已经创建$_SESSION['del'],否则就以数组方式创建它;这样就可以把提取的表单数据放在这个数组中,在启动会话的页面中使用了。

(7) 在Dreamweaver中,新建PHP文档。

(8) 单击"代码"标签,切换到"代码"视图,输入如下代码。

```php
1  <?php
2    $msg="";
3    if(isset($_GET['msg'])) $msg=$_GET['msg'];
4    if(isset($_POST['sendadd'])){
5      $sendadd=$_POST['sendadd'];
6      $cardno=$_POST['cardno'];
7      $password=$_POST['password'];
8      $balance=$_POST['balance'];
9    }
10   else $sendadd="";
11   if($sendadd=='确定添加'){              //单击"确定"按钮的处理
12       switch($balance){
13          case 2000: $cardlevel="钻石卡";break;
14          case 1500: $cardlevel="金卡";break;
15          case 1000: $cardlevel="银卡";break;
16          case 500: $cardlevel="普通卡";break;
17       }
18     require_once("opendata.php.inc");
19     $sql="select * from card where cardno=$cardno";
20     $records=mysql_query($sql);
21     if(mysql_num_rows($records)>0)   $msg="购书卡已经存在!";
22     else{
23       $sql="INSERT INTO card (cardno,cardpsd,balance,cardlevel,cardstatus)
   VALUES('$cardno', '$password','$balance','$cardlevel','Y')";
24       $records=mysql_query($sql);
25       $msg="添加成功!";
26     }
27   echo "<meta http-equiv='Refresh' content='0;url=addcard.php?msg=$msg'>";
28     }
```

```
29      else if($sendadd=='返回')  header("Location:manager.php");    //单击"返回"
                                                                      按钮的处理
30      $title="购书卡管理&mdash;&mdash;添加";
31      include("memhead.php");
32  ?>
33  <script language="javaScript" type="text/javascript">
34      function pdsr(){
35          var id=window.frm.cardno.value;
36          var pds=window.frm.password.value;
37         var blc=window.frm.balance.value;
38         if(id==""){
39            window.alert("输入购书卡号不能为空");
40            window.frm.cardno.focus();
41         }
42          else if(pds==""){
43            window.alert("输入购书卡密码不能为空");
44            window.frm.password.focus();
45         }
46        else if(blc==""){
47            window.alert("选择购书卡类型！");
48            window.frm.balance.focus();
49         }
50      }
51  </script>
52      <div id="bt">购书卡管理&mdash;&mdash;添加<hr /></div>
53      <div id="bd">
54        <form name="frm" action="addcard.php" method="post">
55        <table width="100%" border="0" cellspacing="0" class="tdl">
56            <tr><td width="30%"align="right">输入购书卡号</td>
57              <td> <input type="text" name="cardno" size="30"/></td></tr>
58            <tr><td align="right">输入购书卡密码</td>
59              <td><input type="text" name="password" size="20"/></td></tr>
60            <tr><td align="right">选择购书卡类别</td>
61              <td><select name="balance" size="1">
62                  <option value="500">普通卡</option>
63                  <option value="1000">银卡</option>
64                  <option value="1500">金卡</option>
65                  <option value="2000">钻石卡</option>
66                </select></td></tr>
67          <tr><td align="center"colspan=2>
68            <input type="submit" name="sendadd" value="确定添加" onmousedown
    ="pdsr()"/>
69              <input type="submit" name="sendadd" value="返回"/>
70        </table>
71        </form>
72        <div id="err" align="center"><?php echo $msg;?></div>
73        </div>
```

```
74        <hr/>
75        <iframe scrolling="no" width="780" height="60" src="membottom.html"
     marginwidth="0" marginheight="0" border="0" frameborder="0" align="center" >
     不支持</iframe>
76        </div>
77      </body>
78    </html>
```

(9) 把文档以 addcard.php 为文件名保存在 member 文件夹中。

 **代码解读**

本段代码实现对购书卡的添加功能。前面的 PHP 程序段实现对表单输入提交后的处理——写入数据表 card，后面的 HTML 实现表单和反馈信息的显示。表单处理程序为自处理，返回页面 manager.php 需要重定向。

第 12~17 行：数据表 card 中的字段 cardlevel 记录的是购书卡的等级，根据金额 balance 就能判断。

第 21~26 行：写入购书卡的信息前要先判断这个卡号是否在表 card 中存在。插入新记录就是对表中各字段的赋值。两种情况都要有反馈信息。

第 60~66 行：方便管理员输入，设置下拉列表选择，但各选项对应的值是数值，即获取的是金额 $balance。

(10) 在 Dreamweaver 中，新建 PHP 文档。

(11) 单击"代码"标签，切换到"代码"视图，输入如下代码。

```
1    <?php
2      @session_start();
3      $errmsg="";$errmsg2="<br />";
4      if(isset($_GET['errmsg'])) $msg=$_GET['errmsg'];
5      $pageno=$_GET['pageno'];
6      if(isset($_POST['senddel'])){
7        $senddel=$_POST['senddel'];
8        $dd=(array)$_POST['d'];
9      }
10     else $senddel="";
11     $ddp=$_SESSION['del'];
12     require("opendata.php.inc");
13     $numf=($pageno-1)*$pagemax;
14     $numl=$numf+$pagemax;
15     $sql="SELECT * FROM card WHERE (serial>='$numf' AND serial<='$numl')";
16     $records=mysql_query($sql);
17     if($senddel=="取消"){
18       $errmsg="取消删除！";
19       header("Location:manager.php?pageno=$pageno&&errmsg=$errmsg");
```

```
20        }
21      else if($senddel=="确定删除"){          //确定删除的处理
22        while($row=mysql_fetch_array($records)){
23            if($dd[$row['serial']]=="del"){
24              $sql="DELETE FROM usercard WHERE cardno='$row[cardno]'";
25              mysql_query($sql);            //删除表 usercard 指定卡号的记录
26              $sql="DELETE FROM card WHERE serial='$row[serial]'";
27              mysql_query($sql);            //删除表 card 指定序列号的记录
28              $errmsg.=$row['cardno']."卡成功删除!    ";    //反馈哪些卡被成功删除
29            }
30            else if($dd[$row['serial']]!="del" && $ddp[$row['serial']]=='del'){
31                $errmsg2.=$row['cardno']."卡取消删除!    "; }  //反馈哪些卡被取消删除
32        }
33      $errmsg.=$errmsg2;
34      $sql="ALTER TABLE card DROP serial";
35      mysql_query($sql);      //删除表 card 中的字段 serial
36       $sql="ALTER TABLE card ADD serial int auto_increment primary key FIRST ";
37      mysql_query($sql);      //向表 card 添加字段 serial(int, auto_increment,
primary key FIRST)
38      $sql="ALTER TABLE usercard DROP serial";
39      mysql_query($sql);
40      $sql="ALTER TABLE usercard ADD serial int auto_increment primary key
FIRST ";
41      mysql_query($sql);
42      header("Location:manager.php?pageno=$pageno&errmsg=$errmsg");
43    }
44    $title="购书卡管理&mdash;&mdash;删除";
45    include_once("memhead.php");
46  ?>
47      <div id="bt">购书卡管理&mdash;&mdash;删除<hr /></div>
48       <div id="err">以下购书卡确定要删除吗? </div>
49      <div id="bd">
50      <form action="delcard.php?pageno=<?php echo $pageno;?>" method="post">
51       <table width="100%" border="1" cellspacing="1" class="tdl">
52        <tr id="err" align="center"><td>选中</td><td>卡号</td><td>余额</td>
53          <td>等级</td><td>是否可用</td><td>创建日期</td></tr>
54  <?php
55    while($rows=mysql_fetch_array($records)){
56      if(isset($ddp[$rows['serial']])){ //提取并显示被选中的记录
57      echo "<tr align='center'><td><input type='checkbox' name=
'd[".$rows['serial']."]' value='del' checked>    
NO.".$rows['serial']." </td>";
58        echo "<td>".$rows['cardno']."</td><td>".$rows['balance']."元</td>
```

```
      <td>".$rows['cardlevel']." </td> <td>" .$rows['cardstatus']."</td> <td>
      ".$rows['ctime']." </td></tr>";
59        }
60      }
61   ?>
62          <tr align="center"><td colspan="6"><input type="submit" name=
      "senddel" value="确定删除"><input type="submit" name="senddel" value="取
      消"> </tr>
63      </table>
64      </form>
65        <div id="err" align="center"><?php echo $errmsg; ?></div>
66      </div>
67      <hr/>
68    <iframe scrolling="no" width="780" height="70" src="membottom.html"
      marginwidth="0" marginheight="0" border="0" frameborder="0" align="center" >
      不支持</iframe>
69      </div>
70    </body>
71  </html>
```

(12) 把文档以 delcard.php 为文件名保存在 member 文件夹中。

代码解读

本段代码实现对购书卡的删除功能。前面的 PHP 程序段实现对表单输入提交后的处理——删除数据表 card 和 usercard 中选定的记录并整理序列号,后面的 HTML 实现待删除购书卡表单和反馈信息的显示。表单处理程序为自处理,确认删除或取消删除都重定向到购书卡管理页面 manager.php。

第 8、11 行: 自定义数组变量$dd、$ddp 和预定义全局数组变量$_SESSION['del']记录的都是复选信息,但内容不同: $dd 记录的是当前页表单中选中的一定要删除的记录行,而$ddp 和 $_SESSION['del']记录的是在购书卡管理页面中选中的待删除的记录行。

第 12~16 行: 读取数据表 card 中的当前页的所有记录以备选择待删除记录和要删除记录。

第 21~43 行: 单击"确定删除"的处理,分 3 步。

第 22~33 行: 分别从数据表 usercard 中删除选中的用户卡(在已成为废卡时)及数据表 card 中删除选中的卡,同时明确指出哪些卡被删除,哪些卡被取消删除。

第 34~41 行: 整理数据表 card 和数据表 usercard 的序列号。

第 34、38 行: 设置 SQL 语句,删除指定表中的字段 serial。

第 36、40 行: 设置 SQL 语句,添加指定表中的字段 serial 具有第一关键字和自动增加(int)的属性。

第 42 行: 重定向到购书卡管理的指定页面,并返回操作反馈信息。

第 55~60 行: 向浏览器显示在 manager.php 页面选中的待删除记录行,数据源是当前页的记录 $records。其中第 56 行: 寻找当前被选中的行。

第 57 行: 复选框设置了被选中属性, 仍以数组为名。

(13) 在 Dreamweaver 中, 新建 PHP 文档。

(14) 单击 "代码" 标签, 切换到 "代码" 视图, 输入如下代码。

```php
<?php
  $errmsg="";
  if(isset($_GET['errmsg'])) $errmsg=$_GET['errmsg'];
  $pageno=(int)$_GET['pageno'];
  if(isset($_POST['send'])){
     $sendcz=$_POST['send'];
     $dd=(array)$_POST["d"];
     $money=(array)$_POST['money'];
  }
  else $sendcz="";
  $ddp=$_SESSION['del'];
  require("opendata.php.inc");
  $numf=($pageno-1)*$pagemax;
  $numl=$numf+$pagemax;
  $sql="SELECT * FROM card LIMIT $numf,$pagemax";
  $records=mysql_query($sql);
  $i=0;    //设置确定后重定向的标识
  if($sendcz=="取消"){
     $errmsg="取消充值! ";
     header("Location:manager.php?pageno=$pageno&&errmsg=$errmsg");
  }
  else if($sendcz=="确定充值"){
     while($row=mysql_fetch_array($records)){
       if($dd[$row['serial']]=="del"){          //处于充值选择状态的处理
          if($money[$row['serial']]==""){        //断定没有输入金额的反馈
             $errmsg.=$row['cardno']."卡充值数据不能为空! <br/>";
             $i=$i+1;    //只要有没有输入金额的代充值卡存在, 就要定向到本页面
          }
          else{   //计算充值后的金额并确定购书卡等级, 以此修改两字段的值
             $balance=(float)$money[$row['serial']]+(float)$row['balance'];
             if($balance>=2000)  $cardlevel="钻石卡";
             if($balance>=1500 && $balance<2000)  $cardlevel="金卡";
             if($balance>=1000 && $balance<1500)  $cardlevel="银卡";
             if($balance<1000)  $cardlevel="普通卡";
             $sql="UPDATE card SET balance='$balance',cardlevel='$cardlevel' WHERE serial= ".$row['serial'];
             $records1=mysql_query($sql);
             $ddx[$row['serial']]=$row['cardno']."卡充值成功! <br/>"; //设置反馈信息
          }
       }
     }
```

```
40      elseif($dd[$row['serial']]!="del" && $ddp[$row['serial']]=="del")
   //取消了复选框的反馈
41            $ddx[$row['serial']]=$row['cardno']."卡充值取消! <br/>";
42        }
43      $_SESSION['del']=$dd;              //修改选中数组的内容
44      foreach($ddx as $key=>$value)      //提取反馈信息
45          $errmsg.=$value;
46      if($i==0)  header("Location:manager.php?pageno=$pageno&errmsg=$errmsg");
47      else  header("Location:updatecard.php?pageno=$pageno&errmsg=$errmsg");
48    }
49    $title="购书卡管理&mdash;&mdash;充值";
50    include("memhead.php");
51  ?>
52    <div id="bt">购书卡管理&mdash;&mdash;充值<hr /></div>
53    <div id="err">以下购书卡确定要充值吗? </div>
54    <div id="bd">
55    <form name="frm" action="updatecard.php?pageno=<?php echo $pageno; ?>"
  method="post">
56      <table width="100%" border="1" cellspacing="1" class="tdl">
57        <tr id="err" align="center">
58          <td>选中</td><td>卡号</td><td>余额</td><td>等级</td><td>充值金额
  </td></tr>
59  <?php
60    while($rows=mysql_fetch_array($records)){
61      if(isset($ddp[$rows['serial']])){    //提取并显示被选中的记录
62      echo "<tr align='center'><td><input type='checkbox' name=
  'd[".$rows['serial']."]' value='del' checked>       
  NO.".$rows['serial']."</td>";
63      echo "<td>".$rows['cardno']."</td><td>".$rows['balance']."元</td>
  <td>".$rows['cardlevel'] ." </td><td><input type='text' name=
  'money[".$rows['serial']."]' size='30'/></td></tr>";
64      }
65    }
66  ?>
67      <tr><td  align="center"colspan="5"><input type="submit"   name="send"
  value="确定充值" onmousedown="pdsr()">
68          <input type="submit" name="send" value="取消"></td></tr>
69      </table>
70    </form>
71    <div id="err" align="center"><?php echo $errmsg;?></div>
72    </div>
73    <hr/>
74    <iframe  scrolling="no"  width="780"  height="70"  src="membottom.html"
  marginwidth="0" marginheight="0" border="0" frameborder="0" align="center" >
  不支持</iframe>
75    </div>
76  </body>
77  </html>
```

(15) 把文档以 updatecard.php 为文件名保存在 member 文件夹中。

代码解读

本段代码实现对购书卡的充值功能。与删除类似，不同之处在于除了是否进行充值处理外，还要对输入金额的有效性进行处理。

第 17、27、46~47 行：自定义变量$i 标识充值的有效性。0 表示所有待充值的购书卡处理完成，可回到页面 manager.php，正整数表示有未充值的购书卡待处理，必须留在当前页 updatecard.php。

第 22~48 行：单击"确定充值"按钮的处理，分 4 步。

第 23~42 行：对待充值的购书卡进行处理。

第 24~39 行：当前页面中选中的购书卡。

第 25~28 行：未输入有效金额：设置反馈信息和标识。

第 29~38 行：输入有效金额：计算有效金额、核定购书卡级别、更新表 card 中相应字段的信息。

第 37 行：反馈信息记录在数组$ddp[$row[serial]]中，把处理过与未处理的卡区分出来。

第 40~41 行：设置在当前页面取消了在页面 manager.php 中选中的卡的反馈。

第 43 行：修改被选中卡的状态信息。把$dd 赋予$_SESSION['del']，将有效跟踪在页 manager.php 选中卡的充值状态。

第 44~45 行：获取本轮的反馈信息。

第 46~47 行：重定向页面。

第 60~65 行：显示当前页中待充值的购书卡信息。与 delcard.php 类似。

案例扩展

5.4.9 调试代码

(1) 确认 memindex.php 等相关文件已在服务器访问目录(如 c:\htdocs\wuya 或 c:\appserv\www\wuya)的子目录 member 下。

(2) 启动浏览器，输入：http://localhost/wuya/member/memindex.php，按 Enter 键后，效果如图 5.13 所示。

图 5.13 会员管理主页界面

(3) 单击"购书卡专区"链接，效果如图5.14所示。

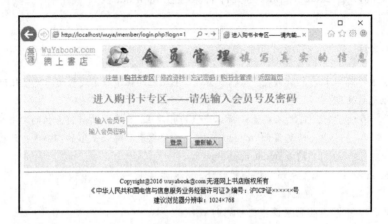

图5.14　购书卡专区身份验证页面

 说明

① 当单击"登录"按钮时，首先在浏览器端对用户输入的合法性进行检查。

② 如果输入的会员号不正确，则在按钮下方的提示区域显示"**输入的会员号不正确或者尚未登录为会员!!**"；如果输入的密码不正确，则显示"**密码输入不正确!!**"。这是在服务器端对用户输入的合法性的检查。

(4) 如果会员拥有购书卡，则在图5.14的表单中输入正确的会员信息后，单击"登录"按钮，效果如图5.15所示。这里显示的是会员所拥有的全部购书卡信息。

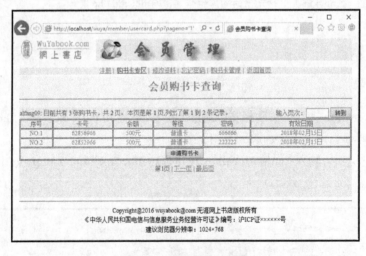

图5.15　会员购书卡查询

 说明

① 本页采用了分页显示技术，列出了所有的会员卡信息。

② 单击下方的"申请购书卡"按钮进入图5.16所示的"购书卡申请"页面。

(5) 如果会员不拥有购书卡，则在图5.14的表单中输入正确的会员信息后，单击"登录"按钮，效果如图5.16所示。

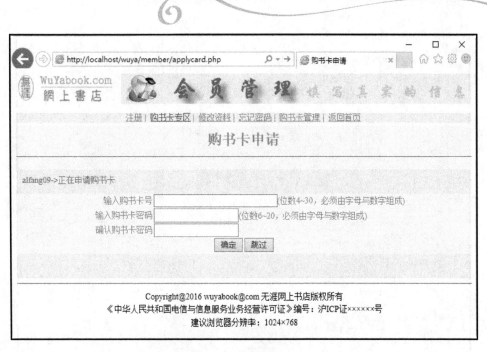

图 5.16　购书卡申请

 说明

如果单击"跳过"按钮，就看到如图 5.13 所示的会员管理主页。

(6) 单击"修改资料"链接，界面如图 5.17 所示。与购书卡专区类似，只是标题不同，注意观察地址栏上的 URL 的差异。

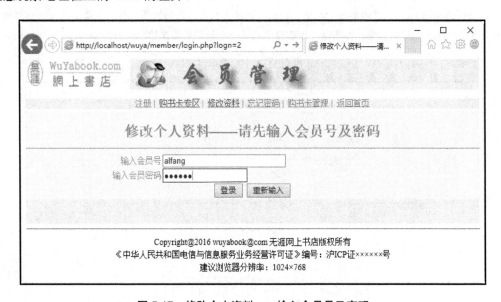

图 5.17　修改个人资料——输入会员号及密码

(7) 在图 5.17 的表单中输入正确的信息，单击"登录"按钮，进入如图 5.18 所示的界面。

图 5.18　修改会员申请资料

　说明

① 如果单击"重新填写"按钮，就清除文本框中的信息。

② 如果修改了相关资料后单击"提交"按钮，表单中显示会员的所有资料，隐藏下方的两个按钮，同时提示区中显示"修改信息：恭喜你，你已经完成了个人资料的修改!"。

(8) 单击"忘记密码"链接，可见如图 5.19 所示的界面，要求输入会员 ID。

图 5.19　查询密码——输入会员号

(9) 在图 5.19 的表单中输入会员号后，单击"登录"按钮，可见如图 5.20 所示的界面。

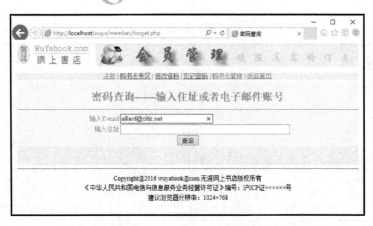

图 5.20 密码查询——输入地址或者电子邮箱账号

 说 明

① 如果单击"查询"按钮，会在提示区中显示"请输入地址或者电子邮件账号!"；

② 如果输入 E-mail 或者住址后单击"查询"按钮，当输入不正确时，会在提示区中显示"无法按您的输入找到您的密码，请检查输入是否有误!! 请重新输入"；当输入正确时，将在提示区中显示"×××：您的密码为:×××××"，并屏蔽按钮，如图 5.21 所示。

图 5.21 密码查询成功的界面

(10) 单击"购书卡管理"按钮，可见如图 5.22 所示的界面。这是管理员登录界面。

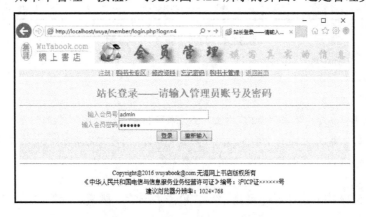

图 5.22 站长登录——输入账号和密码

(11) 在图 5.22 的表单中输入正确信息,单击"登录"按钮,可见如图 5.23 所示的界面。

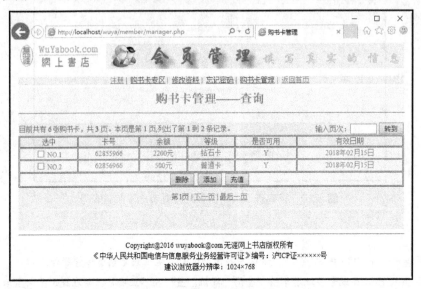

图 5.23 购书卡管理——查询

(12) 在图 5.23 中,单击"添加"按钮,可见如图 5.24 所示的界面。

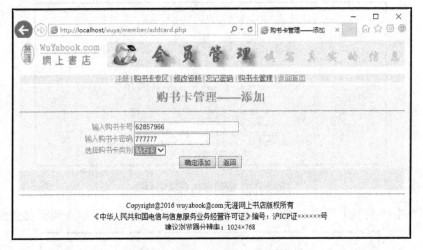

图 5.24 购书卡管理——添加

 说明

① 输入购书卡信息后,单击"确定"按钮,会在提示区中显示"**添加成功!**"。

② 单击"返回"按钮,会返回如图 5.23 所示的当前界面,同时可见界面状态栏中购书卡信息的变化。可以通过单击下方的翻页导航链接查看添加的购书卡信息。

(13) 在图 5.23 中,选中某个复选框后,单击"删除"按钮,可见如图 5.25 所示的界面。

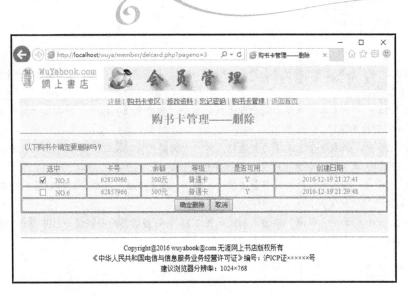

图 5.25　购书卡管理——删除

 说明

① 在图 5.23 中，如果没有选择就单击"确定删除"按钮，则在提示区中显示"必须选中一个购书卡！"，也可以选择多个复选框。

② 在图 5.25 中，如果取消选择的某个复选框，单击"确定删除"按钮，则回到图 5.23 中的当前界面并在提示区中显示"××××××××卡取消删除！"。

③ 在图 5.25 中，如果包含了选择的复选框，单击"确定删除"按钮，则回到图 5.23 中的当前界面并在提示区中显示"××××××××卡成功删除！"。

④ 在图 5.25 中，单击"取消"按钮，则回到图 5.23 中的当前界面并在提示区中显示"取消删除！"。

(14) 在图 5.23 中，选中某个复选框后，单击"充值"按钮，可见如图 5.26 所示的界面。

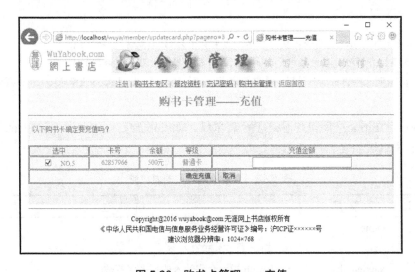

图 5.26　购书卡管理——充值

说明

① 在图 5.23 中，如果没有选择就单击"确定充值"按钮，会在提示区中显示"必须选中一个购书卡!"，也可以选择多个复选框。

② 在图 5.26 中，如果取消选择的某个复选框，单击"确定充值"按钮，则在提示区中显示"取消×××××××××卡的充值!"。

③ 在图 5.26 中，如果包含了选择的复选框，单击"确定充值"按钮，则回到图 5.23 中的当前界面并在提示区中显示"×××××××××卡充值数据不能为空!"。

④ 在图 5.26 中，在文本框中填入了合法数据，单击"确定充值"按钮，则回到图 5.23 中的当前界面并在提示区中显示"×××××××××卡充值成功!"。

⑤ 在图 5.26 中，单击"取消"按钮，则回到图 5.23 中的当前界面并在提示区中显示"取消充值!"。

 技术要点

5.5 表单数据处理

5.5.1 PHP 与表单

1. HTML 表单

HTML 表单在文本文件中创建，在浏览器中显示。其格式为

```
<form name="frmname" method="POST" action="procees.php" enctype="application/
x-www-form-urlencoded" >
    <input type="text" name="user_name">
    …
    <input type="submit" name="cmdLogin" value="登录" onClick="return
checkvalid();">
    </form>
```

 说明

① method 属性告诉浏览器如何发送表单，通常取值为 GET(默认)和 POST。

② action 属性告诉浏览器把数据发送到哪里，即服务器上处理表单数据的 URL。

③ enctype 表明表单的 MIME 编码，通常是 application/x-www-form-urlencoded(默认)、ultipart/form-data 和 text/plain。

在<form></form>之间可包含若干个表单域，如<input>、<textarea>、<select>等，常用输入类型的表单域如表 5.13 所示。

表 5.13　常用输入类型的表单域

输　入　类　型	主　要　属　性	描　　　　述
text	name	创建一个单行文本框
	size	size 指定了文本框的大小
	maxlength	maxlength 指定允许输入的最多字符数
	value	value 指定文本框的初始值

（续）

输 入 类 型	主 要 属 性	描　　述
textarea	name cols rows	创建一个多行文本区域 cols 指定了文本区域的行数 rows 指定每行允许输入的最多字符数
password	同 text	创建一个密码文本框，文本框内以星号代替输入的内容 类似于单行文本框
checkbox	name checked value	创建一个复选框(可以同时选中多个) checked 指定是否被选中 value 指定复选框的初始值
radio	类似 checkbox	创建一个单选框(只能选中一个)
select	name option size multiple	创建一个菜单(只能选中一个)或列表框(可以同时选中多个) option 指定菜单或列表框的选项 size 指定了列表框可见选项的个数 multiple 指定列表框是否能多选
hidden	name value	创建隐藏域 value 指定隐藏域的初始值
submit	name value	创建提交按钮，把表单提交给由 action 指定的程序处理 value 指定按钮上的标签
reset	同 submit	创建重置按钮，清除全部输入把表单重置为原始状态
button	同 submit	创建按钮
image	name src align	创建图像域 src 指定图像域的 URL align 指定图像域的对齐方式
file	name	指定要上传到服务器的文件。enctype 为 multipart/form-data

为了更好地实现对表单的浏览定位，常用 CSS 与表格元素相结合的方式来布局。

2. PHP 的表单处理机制

当用户填写表单后，浏览器对表单数据进行 URL 编码，并且把数据提交到服务器作进一步处理，如图 5.27 所示。

图 5.27　PHP 的表单处理机制示意

 说 明

① 当浏览器向服务器发送 Web 页面请求时，它建立一个 TCP/IP 连接。请求以 HTTP 格式处理，其中的第 1 行如：

```
GET / procees.php HTTP/1.1    //指定处理输入数据的方法是 GET，要检索的文件是
procees.php, HTTP 的版本是1.1
```

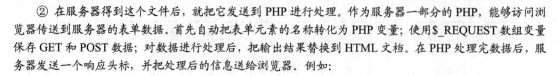

② 在服务器得到这个文件后，就把它发送到 PHP 进行处理。作为服务器一部分的 PHP，能够访问浏览器传送到服务器的表单数据。首先自动把表单元素的名称转化为 PHP 变量；使用$_REQUEST 数组变量保存 GET 和 POST 数据；对数据进行处理后，把输出结果替换到 HTML 文档。在 PHP 处理完数据后，服务器发送一个响应头标，并把处理后的信息送给浏览器。例如：

```
HTTP/1.1 200 OK
Content-type:text/html
```

③ 当浏览器接受这个页面时，它会翻译其中的 HTML 代码，并在浏览器中显示页面。

5.5.2 表单数据的采集

1. GET 方式

如果表单处理不会明显地改变页面状态，就采用 GET 方式。它主要用于静态 HTML 文档、图像或对数据库查询结果的简单检索。

如果在<form>标记里没有明确设置要使用的方法，默认方法就是 GET 方式。

GET 方式以"查询字符串"的形式把数据附加到 URL 的后面。当用户单击"提交"按钮后，浏览器对数据进行编码，把它以"关键字-值"对的形式附加到当前 URL 的后面(以问号为前导，之后不能含有空格)。格式如下：

```
http://www.localhost/wuya/register/login?id=1
```

 说 明

GET 方式的缺点：
① 数据不安全。因为表单通过 URL 发送，所以对于用户是可见的。
② 数据规模上有所限制。因为服务器对 URL 长度的限制，如 UNIX 的限制是 1024 字节。
③ 数据不可靠。因为输入的数据可能被缓存，所以浏览器可能会从缓存中获取前一个请求的结果而不是当前的请求。

2. POST 方式

当使用 POST 方式获取数据时，浏览器不把编码数据放在查询字符串里，而是对数据打包放在 http 头标里。与 GET 方式不同，这时的消息体没有规模限制，而且在浏览器的地址栏里是不可见的，因此通常使用于发送大量数据的场合，或者像数据库发送数据、发送电子邮件或者修改数据的场合。

要使用 POST 方式，必须在 HTML 文档的<form>标记里设置 method 属性，变量被保存的方式及用于 PHP 脚本的方式都与 GET 方式相同。

在大多数情况下，采用 POST 方式传输表单的数据，一方面是出于安全的考虑，另一方面可以封装更为复杂的二进制数据和更多的信息，而 GET 方式只能传输文本信息，且大小有限(不大于 2KB)。

3. 其他提交方式

通过 JavaScript 也可以把表单数据提交，但本质上仍离不开 POST 方式和 GET 方式。例如：

```
    <input type="password" name="psw" onkeypress="if(event.keyCode==13) form.
sumbit();" />
```

当按 Enter 键后即代表提交表单。对于登录表单，因为输入的密码要提交，所以在密码框处设置按 Enter 键完成。脚本 form.sumbit() 用来完成表单的提交操作，与单击"提交"按钮的作用是完全一样的。

? 问题

如何防止表单被自动提交？

产生自动提交的原因有多个，一是用户编制一些软件自动完成登录、注册等过程；二是为了大量注册账号或者试图破解别人的密码等的"机器人"，都会对系统带来危害。解决的方法是用位图验证码将"机器人"拦在系统外。

在表单中加入一个文本框与一张图片，例如

```
<input type="text" name="textcode" size="4" />
<img src="image/code.jpg?act=getCodeImg" id="cd" alignt="absmiddle" />
```

该图片是随机生成的含数字的位图，"机器人"很难识别位图中是什么字符。

在处理表单时，同样也要先进行验证码的检验，只有包含验证码的数据才可以被处理，从而拦截了所有程序自动添加的数据。详见 8.3 节内容。

如何防止表单被多次提交？

由于网络的延迟，可能导致用户多次提交同样的表单数据，这样很容易造成数据的重复处理。例如，PHP 要将提交的数据插入数据表中，由于重复提交，导致数据表中生成了多条完全一样的记录。可以通过"专用钥匙"来解决这个问题。

在显示表单时，就为该表单分配一个数据串(钥匙)。在提交表单时，只有正确的钥匙才被视为有效数据，一旦认定是有效数据，该数据就被作废。

首先在页面中生成这个钥匙，例如

```
<?php
  session_start();
  &key=rand(0,1000);        //随机生成数据串
  $_SESSION["KEY"]=$key;    //保存数据串信息，以便在提交时检查
?>
```

同时在表单中生成一个隐藏域：

```
<input type="hidden" name="key" value="?php echo $key;?>" />
```

然后，当表单提交时，检查数据的钥匙：

```
if(!checkKey($_REQUEST["key"]))  exit();
function checkKey($key){
  session_start();
  if($key==$_SESSION["key"] && $_SESSION["key"]!=""){
    $_SESSION["key"]="";  //及时销毁钥匙
    return true;
  }
  else return false;
  }
}
```

一旦判断出当前数据是有效的，就立即销毁"钥匙"。

5.5.3 表单数据处理描述

一个全面的表单处理流程如下：客户端初步校验→提交表单→数据采集→服务器数据校验→数据处理→对数据反馈。

1. 客户端初步校验

在客户端的数据校验主要核查数据是否合法、合理，如输入数字的地方是否输入了文字、密码长度是否有效、电子邮箱是否符合电子邮箱规范，这样能保证有效的数据传输到服务器，避免让用户等待几十秒的时间最后弹出一个错误提示。

客户端的数据校验一般采用 JavaScript 脚本，在提交前或用户输入时就进行判断，减轻了服务器端的负载。

2. 提交表单

当提交表单时，表单的 action 属性指明表单提交后处理表单的 URL，默认这个属性，处理表单的 URL 就默认为表单所在的页面。处理表单的 PHP 程序首先实现条件检查，判断表单是否已经被提交了。

表单的 method 属性设置数据的提交方式，有 POST 和 GET 两种。

要检查使用的是哪一种请求方式，可以通过如下语句：

```
if($_SERVER['REQUEST_METHOD']=='GET'){ PHP 语句 }
if($_SERVER['REQUEST_METHOD']=='POST'){ PHP 语句 }
```

3. 数据采集

(1) 使用超全局数据数组获得表单数据。PHP 预定义的超全局变量数组$_GET 和$_POST 能获取由 GET 和 POST 方式提交的表单数据。数组的关键字对应表单的 name 属性，数组的值对应用户输入的内容。

(2) 使用$_REQUEST 数组收集表单的数据。由于$_REQUEST 数组囊括了各类表单信息，不必了解传递使用的方式及数据的来源。还可获取来自 URL、链接和 cookie 等的数据，因此未必安全。

 小贴士

PHP 预定义的超全局变量数组

除了超全局数据数组$_GET 和$_POST 外，PHP 还预定义如表 5.14 所示的其他数组。

表 5.14　PHP 预定义的超全局变量数组

数组名(不推荐)	别　　名	描　　述
	$GLOBALS	包含指向脚本全局范围当前全部可用变量的应用。其关键字是全局变量的名称
$HTTP_COOKIE_VARS	$_COOKIE	通过 cookie 向脚本提供的值
$HTTP_GET_VARS	$_GET	全局关联数组，包含通过 GET 方式传递到脚本的变量
$HTTP_POST_VARS	$_POST	全局关联数组，包含通过 POST 方式传递到脚本的变量

（续）

数组名(不推荐)	别　　名	描　　述
$HTTP_ FILES _VARS	$_ FILES	通过 POST 文件上传提供的变量
$HTTP_ SERVER _VARS	$_ SERVER	Web 服务器设置的变量
$HTTP_ENV_VARS	$_ ENV	通过环境提供给脚本的变量
	$_ REQUEST	通过 GET、POST 和 cookie 提供给脚本的变量(不可靠)
	$_ SESSION	当前注册到脚本会话的变量

 说 明

PHP 创建变量保存信息的方式有 3 种。

① 短样式，即 PHP 直接创建与输入表单域的 name 属性同名的变量，变量的值就是在这个表单域输入的信息。例如，单行文本框的 name="uname"，PHP 创建变量$uname，其值为在文本框中输入的内容。

② 中样式，即 PHP 预定义的超全局变量数组$_ GET 和$_ POST。例如，单行文本框的 name="uname"，则预定义变量$_ GET['uname']、$_ POST['uname']，其值为输入的内容。

③ 长样式，即 PHP 5.0 以前版本使用的超全局变量数组$HTTP_GET_VARS、$HTTP_POST_VARS。这些变量已经很少使用了。

创建变量保存信息的方式取决于 PHP 的版本。如果是 PHP 4.2.0 以前的版本，php.ini 文件里的 register_globals 被设置为 on，允许使用短样式。使用短样式的问题在于这样的简单变量可能指来自 URL、cookie 或 session、环境、文件上传等途径的输入内容，并不一定是来自表单的。数据来源不明会产生安全风险。为此，PHP 设计者禁止使用短样式，把 php.ini 文件里的 register_globals 设置为 off，使用推荐的中样式能够更准确地说明数据以特定方式传递到服务器；当使用 PHP 5.0 时，可以在 php.ini 文件里把 register_long_arrays 设置为 off 来禁止使用长样式。

虽然长样式与中样式代表同样的数据，但它们是不同的变量，若在程序里同时使用一个长样式名称和其别名，改变一个变量并不会影响另一个。

(3) 获取多选项表单的数据。HTML 的 select 和 checkbox 标记创建的表单域都允许用户选择多个选项，PHP 使用数组来接收和处理相关数据。首先表单域的名称属性就是一个数组，例如

```
<input type="select" name="chat" src="../image/chat.jpg" />
```

在提交表单时，如果使用短样式，PHP 创建数组，其中每个元素被赋予选中的值；如果使用中样式，利用关联数组来检索输入的数据及表单域的名称。

(4) 获取使用图像按钮表单的数据。image 表单域一般起着提交按钮的作用。当单击图片时，除了表单被发送到的服务器外，同时还发送了鼠标在图像上单击的位置 chat.x 和 chat.y，PHP 自动转化为 chat_x 和 chat_y。相关代码如下。

```
<input type="image" name="chat" src="../image/chat.jpg" />
```

4. 服务器数据校验

不论是 POST 还是 GET 提交的数据，绝大部分都是文本形式的，即 PHP 中没有文本、整数、浮点数等的差别，用$_REQUEST 获取的都是字符串形式，所以可能会在 PHP 的各类运算中发生严重的错误。另外，客户端的脚本功能有限，PHP 却可以获得几乎所有可能的数据并判断其是否有效，如果用户改变浏览器的安全策略阻止脚本的运行，则客户端的脚本就不会被执行。因此，可以认为 PHP 校验关乎全局，客户端的校验能提升品质。

5. 数据处理

计算和存储是通常意义上的"数据处理"，针对不同的应用和不同的要求，需要各种各样的计算方法，而计算的结果需要保存，或者写入普通文件，或者保存在数据库中。

PHP 对表单数据的处理主要是对数据的计算、存储和反馈。

(1) 表单域名称中的字符处理。由于 PHP 接收表单数据时，表单域名称与 PHP 变量名相对应，在表单域内输入的内容与 PHP 变量值相对应，但表单域名称和用户输入的内容未必符合 PHP 变量的规范，因此 PHP 必须对此进行处理。

有效的 PHP 变量名以字母或下划线开始，后面跟着任意数量的字母、数字或下划线，当 PHP 接收表单数据时，表单域名称就变成短样式的变量名或中长样式的关键字。一般来说，PHP 在把它们传递到脚本时不会改变这些名称。但当表单域名称中包含句点或空格时，PHP 会用下划线代替它们，从而形成有效的 PHP 变量名。因此，强调在建立 HTML 表单时，为表单域命名要记住尽量符合 PHP 变量的规范。

(2) 表单域内输入的内容中包含斜线符。若在 php.ini 文件里把 magic_quotes_gpc 设置为 on(默认)，则大多数从外部资源返回数据的函数会用斜线对引号转义。如果在表单域内输入了引号，PHP 会用反斜线对这些引号转义，输入了反斜线，PHP 会再添加一个反斜线转义它。PHP 的 stripslashes( )函数可以清除这些添加的反斜线，返回填写表单的原始数据。

函数 stripslashes( )的格式
```
string stripslashes(string str)
```

6. 对数据反馈

向用户反馈数据处理的结果主要有：错误提示信息，如"系统发生错误""找不到数据库""数据保存失败""文件找不到"等；成功提示信息，如"数据被保存""表单提交成功"等。表述反馈信息一般遵循以下规则。

(1) 明确告知程序是否正常。

(2) 错误的可能原因。

(3) 建议用户做什么。

(4) 语言简洁，避免专业术语。

(5) 人性化处理。

问　题

表单处理页面的刷新问题

表单提交后，在单击浏览器的"刷新"按钮后，会出现如图 5.28 所示的对话框，如果单击"重试"按钮，就会又一次提交登录请求，如果单击"取消"按钮，就可能出现"网页已过期"的信息。

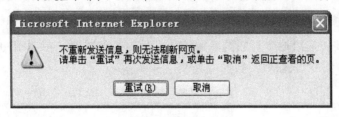

图 5.28　刷新页面提示框

显然，这时不需要再登录，而是让页面重新显示一次，这就是"表单处理页面的刷新问题"。它会导致重复提交表单信息，引起数据重复保存、误覆盖等严重问题。要防止"刷新"的表单处理，只需在处理结束后页面重定向。例如

```
header("location:login.php?id=1");
```

这样，在新页面中，不管用户怎么刷新都不会出现上述提示。

 问　题

如何收集放在不同页面、不同表单上的数据？

用户要输入的信息很多时，就有必要将表单分别放在不同的页面中，一步一步地填写，全部放在一个页面中让用户一口气填写下来会使用户感到压力和恐惧。

常规的方法是一页一个表单，提交一页处理一次，反馈时将页面重定向到下一页表单，但必须设置一个状态标识，用以表示当前处理到第几页或处理到哪种状态了，因为只有全部页面处理完时才代表这个庞大的表单被处理完。

另一种方法是把多次提交的数据暂时存起来，在最后一页提交时再处理。问题是如果填写的数据出了问题还需要返回那个表单所在的页面，这种方法在程序编写上简单但在用户使用时不推荐。

以上两种方法都涉及一个数据临时存放的问题，由于 PHP 内核机制与 JSP/ASP.NET 有较大的不同，页面间的数据传递只能通过以下 3 种方法。

(1) session：把数据放在 SESSION，等待下一个页面取出。

(2) cookie：把数据放在 COOKIE，等待下一个页面取出。

(3) 表单隐藏域：把数据放在下一页面表单中的隐藏域里，在下一页面继续被提交。

采用前两种方法，在程序处理上较为方便，但 SESSION 和 COOKIE 在容量上都是有限的。

5.6　cookie 与会话管理

5.6.1　数据传递概述

动态网页的显著特点是能根据给定的参数来决定显示的内容。参数来自网页本身，也可能来自别的网页，还可能是用户设定的。所以，如何传递参数是一个无法回避的问题。

传递参数实际上是让变量在多个地方都能使用到它的值。例如，从一个页面跳转到另一个页面时，需要把前一个页面的变量值传递到后一个页面。表单是实现数据传递的一种方式。使用预定义全局变量$GOLBALS 也是一种方式。

最常见的数据传递方式是 URL 地址传递参数，例如

```
http://locahost/login.php?id=1
```

"？"后是要传递给这个页面的参数，"="后的是参数值，在 PHP 中可以使用数组 $_REQUEST 或$_GET 来获取参数的值。

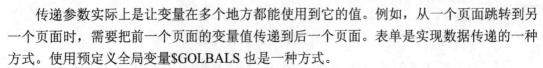

? 问 题

http://locahost/search.php?title=%B9%D8%D3%DAPHP 是什么意思？

这些符号实际上也是普通的字符串，只是被编码(Encode)过了。"？""&"和"="是特殊字符，如果参数中也有这些字符就必须把它们转化为其他字符。有些浏览器的 URL 中禁用中文，这样中文也必须被编码。编码后的值需要用 urldecode 函数来获取。

客户端的 cookie 和服务器端的会话(session)是两种重要的数据传递与保存的技术，它们各有长短，在 Web 系统中发挥着重要的作用。

5.6.2 cookie

1. cookie 的存取

cookie 是客户端(浏览器)支持的存储区，页面可以把一些信息保留在访问者的计算机上。当一个页面访问请求发出时，会查找是否有有效的 cookie 可用，若找到就将 cookie 中的信息一起传递到服务器，这样 PHP 程序就可以分析和获取 cookie 中的数据。

$_COOKIE 可以在所有的程序中直接使用，在函数和方法中不需要使用 global $_COOKIE 将其声明为全局变量。

⚠ 注　$_COOKIE 在 PHP 4.1.0 及以后的版本中使用，对于以前的版本使用$HTTP_COOKIE_VARS。

出于安全和性能方面的考虑，客户端不会给 cookie 很大的存储空间(不大于 4KB)，这是因为它要随 HTTP 包每次都被提交给服务器。cookie 可以被客户端的其他程序访问和修改，用户也可以禁用 cookie 功能。所以，cookie 并不可靠，其优点是能长期保存在客户端，可以与客户端的脚本共享其中的数据，适合于存放一些不太重要的个性化信息，如访问次数、最近一次搜索的关键字等。

2. cookie 的属性

cookie 的属性主要包括以下几种。

(1) 名称。每个都有自己的名称，相同的名称被认为是同一个。

(2) 值。即核心数据，要求其长度尽量小。

(3) 有效期。过期的 cookie 将被删除。

(4) 有效域。cookie 是属于某个网站(域名)的，一般情况下不允许访问其他网站的 cookie。

3．cookie 的管理

在 PHP 中，cookie 通过 setcookie( )函数创建赋值并通过$_COOKIE 变量获取。

```
bool setcookie(string name[,string value[,int expire[,string path[,string
domain[,int secure]]]]])
    name:cookie 的名称。
    value:cookie 的值。
    expire:cookie 的过期时间。
    path:指明 domain 域下的哪个目录中的页面允许访问这个 cookie。
    domain:指明这个 cookie 可以在哪个域名下被访问。
    secure:cookie 是否仅在安全 HTTP 上使用。
```

 说明

① cookie 是客户端传来的值。在设置了 cookie 的页面中，首次访问$_COOKIE 是取不到值的，当第二次访问到这段代码时，$_COOKIE 变量才能取到它的值。

② 由于 Cookies 是 HTTP 信息头中的一部分，因此 SetCookie 函数必须在向浏览器发送任何输出之前调用。对于 header( ) 函数也有同样的限制。

③ 不要把过多的内容放在 cookie 中而不删除，这样会超过客户端的限制而失去数据。太多的 cookie 意味着有太多的数据要在网络上传输，这在一定程度上也会影响效率。

5.6.3　会话管理

会话，简单地说就是在浏览器和服务器之间的一次对话过程，这个过程从第一次服务器收到浏览器的页面请求开始到最后一次请求为止。事实上，服务器并没有办法确认哪次请求是最后一次请求，可以通过 php.ini 设置请求延时，如一般设置请求 24min 内再没有发来请求则认为这次会话结束。

1．session 的存取

session 是针对一个会话期间而存在的数据，即一个会话对应一个 session，并且在整个会话期间任何被访问到的 PHP 页面都可以获取 session 中保存的数据。每个访问者都有自己的一个 session，所以像用户信息等全局性的数据非常适合放在 session 中。

$_SESSION 可以在程序任何地方用如下代码来存取数据。

```
$_SESSION['key']="值";      //把"值"保存在关键字为 key 的 session 变量中
$valuse=$_SESSION['key'];   //把关键字为 key 的 session 变量中的值赋予变量 value
```

⚠ 注　$_SESSION 在 PHP 4.1.0 及以后的版本中使用，对于以前的版本使用$HTTP_SESSION_VARS。

与 cookie 不同的是，session 的数据保存在服务器端，不需要每次都要从客户端传来，也不会自动传递给浏览器端。根据客户端发来的页面请求中的 SESSIONID 来查询是否有对应的 session 可用，若有则为 PHP 提供，若没有则创建一个供 PHP 使用，直到这次会话结束，session 才会被清除。

2．session 的属性

session 的属性包括以下几种。

(1) 生存期。生存期即会话期间。

(2) 容量。由于服务器是多用户的结构，因此它为每个 session 分配的空间是有限的，通常不大于 4KB。超出容量的 session 会导致数据的丢失或程序的异常。

3. session 管理

在 PHP 中，访问 session 中的数据首先通过 session_start()函数来激活 session 功能，再通过变量$_SESSION['name']对 session 中的数据进行存取，最后通过函数 session_unset ()或 session_destroy ()销毁 session。

```
bool session_start(void)                           //激活 session 功能
bool session_register(mixed name [, mixed …]) //注册 session 变量
void session_unset(void)                           //释放所有 session 变量
bool session_destroy(void)                         //销毁所有 session 变量
```

 说明

session 功能默认是不启用的，所以在使用 session 前必须使用 session_start()启用该功能，而且这个函数必须是在没有任何页面输出的时候执行，否则将出错。通过修改 php.ini 中的项 session.auto_start(设置为 1)，可实现让自动启用 session 功能而不必每次使用 session_start()。

 本章总结

通过学习本章案例，对 PHP 对表单的处理和页面间的数据传递技术有所认识，主要包括以下几点。

(1) PHP 对表单的处理方式——POST 和 GET。

(2) PHP 页面间的数据传递技术——cookie 和 session。

(3) 使用预定义的一组超全局变量数组实现数据传递功能。

 思考练习

(1) 简述 PHP 对表单的处理过程和方式。

(2) PHP 怎样实现对页面间的数据传递？

(3) 比较 cookie 技术和 session 技术的异同。

 实践项目

项目 5-1　登录页面(使用 cookie)

项目目标：

(1) 演示 cookie 的一个应用。

(2) 展示如何创建一个简单的登录页面。

步骤:

(1) 使用一个文本编辑器, 如记事本, 创建如下内容的 p5-1.php 的文件, 上载到服务器上的 exercise\ch5 文件夹中。

```php
<?php
  $password="";$username="";
  $passwords=array("liming"=>"apple", "zhangsan"=>"grape","wangwu"=> "tamato");
  if(isset($_POST["password"])) $password=$_POST["password"];
  if(isset($_POST["username"])) $username=$_POST["username"];
  if($password=="" || $username=="")
    echo "<H4>请输入姓名或密码<br />请使用浏览器上的"后退"按钮返回表单, 改正</H4>";
  else{
    if($password==@$passwords[$username]){
      setcookie("username",$username,time()+1200);
      echo "<H4>许可进入</H4>";
    }
    else{
      setcookie("username",$username,time()-3600);
      echo "<H3>不合法的用户名或密码: 拒绝访问</H3>";
    }
  }
?>
```

(2) 将下面的 HTML 文本放在一个名为 **p5-1.html** 的文件中, 并将这个文件上载到服务器上, 放在与文件 p5-1.php 相同的文件夹中。

```html
<!DOCTYPE html PUBLIC "-//W3C//DTD XHTML 1.0 Transitional//EN"
"http://www.w3.org/TR/xhtml1/DTD/xhtml1-transitional.dtd">
<html xmlns="http://www.w3.org/1999/xhtml">
  <head>
    <meta http-equiv="Content-Type" content="text/html; charset=utf-8" />
    <title>登录页面</title>
  </head>
  <body>
    <form method="POST" action="p5-1.php">
      <H2>登录页面</H2>
      <font face="Courier"> 用户名:
      <input type="TEXT" name="username" size="16">
      <br /><br />密  码: <input type="password" name="password" size="16">
      <br /><br /><input type="SUBMIT" value="提交">
      </font>
    </form>
  </body>
</html>
```

(3) 在 Web 浏览器上, 访问与 p5-1.html 相关联的 URL, 观察执行结果(屏幕截图表示)。

(4) 在文本框中输入文本，单击"提交"按钮，观察执行结果(屏幕截图表示)。

(5) 分析程序 p5-1.php 的代码：

    ① 如何存储认证用户的输入？

    ② cookie 在页面中的作用及这样做有什么益处？

项目 5-2　联系人表单

项目目标：

(1) 演示函数的定义和创建。

(2) 演示程序余段(stub)技术。

步骤：

(1) 使用一个文本编辑器，如记事本，创建如下内容的 p5-2.php 文件，上载到服务器上的 exercise\ch5 文件夹中。

```php
<?php
 include("p5-2.inc");
 function validate_form(){
$nickname="";$name="";$email="";$companyname="";
    if(isset($_POST['nickname'])) $nickname=$_POST['nickname'];
if(isset($_POST['name'])) $name=$_POST['name'];
if(isset($_POST['email'])) $email=$_POST['email'];
if(isset($_POST['companyname'])) $companyname=$_POST['companyname'];
    $errors=0;
    if(trim($nickname)==""){
        echo "<br /><B>昵称</B>是必需的！";
        $errors++;
    }
    if(trim($name)==""){
        echo "<br /><B>姓名</B>是必需的！";
        $errors++;
    }
    if(trim($email)==""){
        echo "<br /><B>邮箱地址</B>是必需的！";
        $errors++;
    }
    if(trim($companyname)==""){
        echo "<br /><B>公司名称</B>是必需的！";
        $errors++;
    }
    switch($errors){
        case 0: return true; break;
        case 1: echo '<br /><br /><br />请使用浏览器上的"后退"按钮返回表单，改
正错误并重新提交';  return false;break;
        default: echo '<br /><br /><br />请使用浏览器上的"后退"按钮返回表单，
改正多处错误并重新提交';  return false;
    }
 }
```

```
  function update_database(){
   echo "<br />updateing batabase…";
   }
  $ok= validate_form();
  if($ok)  update_database();
?>
   </body>
</html>
```

(2) 将下面的 HTML 文本存放在一个名为 p5-2.inc 的文件中，并将这个文件上载到服务器上，放在与文件 p5-2.php 相同的文件夹中。

```
<!DOCTYPE html PUBLIC "-//W3C//DTD XHTML 1.0 Transitional//EN"
"http://www.w3.org/TR/xhtml1/DTD/xhtml1-transitional.dtd">
<html xmlns="http://www.w3.org/1999/xhtml">
  <head>
   <meta http-equiv="Content-Type" content="text/html; charset=utf-8" />
   <title>联系人表单</title>
  </head>
  <body>
```

(3) 将下面的 HTML 文本放在一个名为 p5-2.html 的文件中，并将这个文件上载到服务器上，放在与文件 p5-2.php 相同的文件夹中。

```
<!DOCTYPE html PUBLIC "-//W3C//DTD XHTML 1.0 Transitional//EN"
"http://www.w3.org/TR/xhtml1/DTD/xhtml1-transitional.dtd">
<html xmlns="http://www.w3.org/1999/xhtml">
  <head>
   <meta http-equiv="Content-Type" content="text/html; charset=utf-8" />
   <title>联系人表单</title>
  </head>
  <body>
   <form method="POST" action="p5-2.php">
    <H1>联系信息</H1>
    <table>
     <tr><td><B>昵称：</B></td>
       <td><input type="TEXT" name="nickname"></td></tr>
     <tr><td><B>姓名：</B></td>
       <td><input type="TEXT" name="name" ></td></tr>
     <tr><td><B>邮箱地址：</B></td>
       <td><input type="TEXT" name="email" ></td>
       <td width="20"> </td>
       <td>其他邮箱地址：</td>
       <td><input type="TEXT" name="email_2" ></td></tr>
     <tr><td><B>公司名称：</B></td>
       <td><input type="TEXT" name="companyname" ></td></tr>
     <tr><td>办公地址：</td>
       <td><input type="TEXT" name="officeaddres1"></td>
       <td width="20"> </td></tr>
```

```
        <tr><td></td>
          <td><input type="TEXT" name="officeaddres2"></td></tr>
        <tr><td>所在城市：</td>
          <td><input type="TEXT" name="officecity"></td>
          <td width="20"> </td>
          <td>家庭住址：</td>
          <td><input type="TEXT" name="homeacity"></td></tr>
        <tr><td>邮编：</td>
          <td><input type="TEXT" name="officezip"></td>
          <td width="20"> </td>
          <td> </td>
          <td><input type="TEXT" name="homezip"></td></tr>
        <tr><td>电话：</td>
          <td><input type="TEXT" name="officephone"></td>
          <td width="20"> </td>
          <td> </td>
          <td><input type="TEXT" name="homephone"></td></tr>
        <tr><td>生日：</td>
          <td><input type="TEXT" name="birthday"></td></tr>
      </table>
      <br /><br /> <input type="SUBMIT" VALUE="提交">  
      <input type="RESET" VALUE="清除">
    </form>
  </body>
</html>
```

(4) 在 Web 浏览器上，访问与 p5-2.html 相关联的 URL，观察执行结果(屏幕截图表示)。

(5) 在文本框中输入文本，单击"提交"按钮，观察执行结果(屏幕截图表示)。

(6) 分析程序 p5-2.php 的代码：

① PHP 的函数的定义。

② 体会 include 的作用。

③ 在 update_database()函数中的函数体内只有一个 echo 语句，这样的函数称为余段(stub)函数。在程序开发过程中，使用这种函数，可以在完全编写之前运行和测试它。

项目 5-3 验证用户输入

项目目标：

(1) 演示条件语句的使用。

(2) 展示一种验证表单数据的方法。

步骤：

(1) 使用一个文本编辑器，如记事本，创建如下内容的 p5-3.php 的文件，上载到服务器上的 exercise\ch5 文件夹中。

```
<?php
  $nickname="";$name="";$email="";$companyname="";
```

```php
    if(isset($_POST['nickname'])) $nickname=$_POST['nickname'];
    if(isset($_POST['name'])) $name=$_POST['name'];
    if(isset($_POST['email'])) $email=$_POST['email'];
    if(isset($_POST['companyname'])) $companyname=$_POST['companyname'];
    $errors=0;
    if(trim($nickname)==""){
       echo"<br /><B>昵称</B>是必需的！";
       $errors++;
    }
    if(trim($name)==""){
       echo"<br /><B>姓名</B>是必需的！";
       $errors++;
    }
    if(trim($email)==""){
       echo"<br /><B>邮箱地址</B>是必需的！";
       $errors++;
    }
    if(trim($companyname)==""){
       echo"<br /><B>公司名称</B>是必需的！";
       $errors++;
    }
    if($errors>0)
       echo"<br /><br /><br />请使用浏览器上的"后退"按钮返回表单，改正";
  else
    echo"<br /><br /><br />数据库更新中...";
    if($errors==1)  echo"一处错误，";
    if($errors>1)  echo"多处错误，";
    if($errors>0)  echo"并重新提交";
 ?>
```

（2）使用一个文本编辑器，如记事本，创建如下内容的 p5-3.html 文件，上载到服务器上的 exercise\ch5 文件夹中。

```html
<!DOCTYPE html PUBLIC "-//W3C//DTD XHTML 1.0 Transitional//EN"
 "http://www.w3.org/TR/xhtml1/DTD/xhtml1-transitional.dtd">
<html xmlns="http://www.w3.org/1999/xhtml">
  <head>
   <meta http-equiv="Content-Type" content="text/html; charset=utf-8" />
   <title>验证用户输入</title>
  </head>
  <body>
   <form method="POST" action="p5-3.php">
     <H1>联系信息</H1>
     <table>
       <tr><td><B>昵称：</B></td> <td><input type="TEXT" name="nickname">
</td></tr>
       <tr><td <B>姓名：</B></td><td><input type="TEXT" name="name" ></td></tr>
```

```
        <tr><td ><B>邮箱地址: </B></td><td><input type="TEXT" name="email" ></td>
        <td width="20"> </td><td>其他邮箱地址: </td>
        <td><input type="TEXT" name="email_2" ></td></tr>
        <tr><td ><B>公司名称: </B></td><td><input type="TEXT" name="companyname" >
</td></tr>
        <tr><td>办公地址: </td><td><input type="TEXT" name="officeaddres1"></td>
        <td width="20"> </td></tr>
        <tr><td></td><td><input type="TEXT" name="officeaddres2"></td></tr>
        <tr><td>所在城市: </td><td><input type="TEXT" name="officecity"></td>
        <td width="20"> </td><td>家庭住址: </td>
        <td><input type="TEXT" name="homeacity"></td></tr>
        <tr><td>邮编: </td><td><input type="TEXT" name="officezip"></td>
        <td width="20"> </td><td> </td>
        <td><input type="TEXT" name="homezip"></td></tr>
        <tr><td>电话: </td><td><input type="TEXT" name="officephone"></td>
        <td width="20"> </td><td> </td>
        <td><input type="TEXT" name="homephone"></td></tr>
        <tr><td>生日: </td><td><input type="TEXT" name="birthday"></td></tr>
    </table>
    <br /><br /><input  type="SUBMIT"  value=" 提 交 ">  <input
type="RESET" value="清除">
    </form>
  </body>
</html>
```

(3) 在 Web 浏览器上，访问与 p5-3.html 相关联的 URL，观察执行结果(屏幕截图表示)。

(4) 在文本框中输入文本，单击"提交"按钮，观察执行结果(屏幕截图表示)。

(5) 分析程序 p5-3.php 的代码：

① PHP 的 if 语句在 HTML 中的作用。

② 若在昵称、姓名、邮箱地址处，不输入文本，就单击"提交"按钮会出现什么情况？

第 6 章

网上社区设计与 PHP 数据库访问

学习目标

通过本章的学习，能够使读者：
(1) 理解 PHP 访问数据库的机制。
(2) 掌握 PHP 查询数据的方法。
(3) 掌握留言板和聊天室的设计方法。

学习资源

本章为读者准备了以下学习资源：

(1) 示范案例：展示"网上社区"即聊天室和留言板的设计与实现过程，对应本章的 6.1~6.5 节。案例代码存放在文件夹 "教学资源\wuya\ch6\chat" 和 "教学资源\wuya\ch6\bbs" 中。

(2) 技术要点：描述 "PHP 访问 MySQL 数据库" 的技术要点，对应本章的 6.6 节。其中的示例给出了相关技术的说明实例，代码存放在文件夹 "教学资源\extend\ch6\"。

(3) 实践项目：代码存放在文件夹 "教学资源\ exercise\ch6\" 中。

学习导航

在学习过程中，建议读者按以下顺序学习：

(1) 解读示范案例的分析和设计。

(2) 模仿练习：选择一个 PHP 集成开发工具，如 Dreamweaver，按照实现步骤重现案例。

(3) 扩展练习：按实践项目的要求，先明确项目目标，再在 PHP 集成开发环境中实现项目代码，接着对代码中的 PHP 语言要素进行分析，提升理解和应用能力。

学习过程中，提倡结对或 3 人组成学习小组，一起探讨和研究会员注册和管理的设计，但对 PHP 访问 MySQL 数据库的学习和具体项目的实现还是鼓励能独立完成。

案例描述

本章案例介绍如何设计和实现网上社区模块，对应主页中的留言板和聊天室链接，其中涉及 PHP 访问 MySQL 数据库的相关知识。

预备知识

6.1　网上社区概述

聊天室是网友间在线交流互动的主要渠道之一。在聊天室中，网友之间即便互不相识，但仍可以就自己喜好的主题畅所欲言。对商务网站，常常利用聊天室来吸引用户加入，这也成为主导网站成功的关键因素之一，因而成为网站的标志之一。

留言板是网友间离线交流互动的主要渠道之一。在留言板中，网友可以看到之前使用者的留言，也可以留下自己的言论。对商务网站，用留言板可以了解用户的需求和意见。留言板的功能可大可小，小则简单地让用户浏览留言和写一个短篇留言，具有回复的功能；大则可以做到能按不同主题分门别类的 Web BBS 系统；再大就是 Web 社区系统了。

本书案例中的网上书店，设置了聊天室和留言板来加强与顾客的交互，构筑了一个较为完善的交流社区。

为了方便用户，在主页中设置了醒目的链接。单击"聊天室"或"顾客留言"的链接后，在独立的窗口中打开相应的子系统。

在本书案例中的留言板中，往往根据用户身份来设置功能，如普通用户可以设置留言的主题、查看所设主题的留言信息，管理员不仅能查看所有主题的留言信息，还可以对此进行删除和屏蔽管理。

在本书案例中的聊天室中，首先要确认聊天者的身份。进入聊天室后，普通用户可以看到当前在线的用户。聊天的过程是编辑所要表达的信息并发送到指定的显示区域，供在线的网友浏览。编辑发言信息是最主要的一个环节，可以使用文字输入的方式，也可以选择一些固定的动作描述或图片表达，发言时带一些表情会更加生动有趣。案例采用了两种发言模式：一种是表情加文字输入，另一种是选择动作描述。此外，还可以通过设置文字的颜色来表达发言时的心情。

案例设计

6.2　留言板的设计

6.2.1　留言板的架构

本案例留言板具有如下功能。

(1) 浏览留言。显示留言，具有分页浏览功能。

（2）回复留言。通过页面中的"回复留言"超链接，进入写留言页面。

（3）屏蔽留言。管理员身份的用户才具有屏蔽不适宜公布留言的功能，通过页面中的"屏蔽留言"超链接实现。

（4）删除留言。对于相同主题或长期无回复的留言，可通过页面中的"删除"超链接实现对留言的删除。

留言板的工作流程如图 6.1 所示。

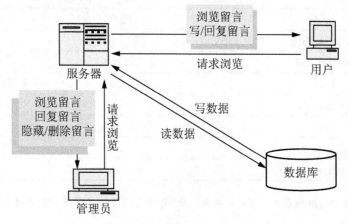

图 6.1　留言板的工作流程

说明

（1）用户向服务器发出访问请求并输入用户身份信息。

（2）服务器根据用户的身份显示主页面的功能：

① 一般用户，在留言板的主页中有留言和浏览功能，在浏览时还可以回复留言。

② 管理员，在留言板的主页中有管理功能，可浏览、回复、删除和屏蔽留言。

（3）写好的留言信息记录在数据库中。查看留言时，从数据库中读取并显示在页面上。

6.2.2　留言板的设计描述

1．逻辑结构设计

根据对留言板架构的描述，可得其逻辑结构，如图 6.2 所示。

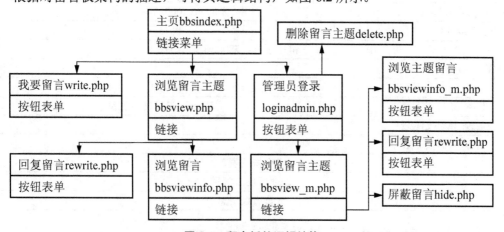

图 6.2　留言板的逻辑结构

2. 数据库设计

在 MySQL 数据库服务器上建立 guest 数据库,其中包含数据表 guestlist 和 replylist,两个表的结构基本一样,各字段的定义和说明如表 6.1 所示。

表 6.1 guest 数据库中的数据表 guestlist 和 replylist 结构

字　　段	类　　型	NULL	说　　明	备　　注
serial	int(5)	否	留言序列表	auto_increment 主键
name	varchar(20)	否	使用者姓名	
btitle	varchar(255)	否	留言主题	数据表 guestlist 中的字段
bserial	int(5)	否	留言序列号	数据表 replylist 中的字段
email	varchar (30)	否	使用者邮箱地址	CURRENT_TIMESTAMP
msg	text	否	留言内容	
btime	timestamp	否	留言时间	
flag	varchar (1)	否	显示标志 Y/N	默认为 Y

⚠注　通过 phpMyadmin 创建上述数据库表。在 MySQL 的 data 文件夹中会自动创建以此数据库为名的文件夹。

3. 界面设计

(1) 留言板主页 bbsindex.php 的页面布局如下所示。其中的样式定义在 bbs.css 中。

Logo:180×50	Banner:00×50
空白:780×10	
链接菜单:780×50	
空白:780×5	
欢迎词	
网页版权信息	

(2) 写留言页 write.php 的页面布局如下所示。

Logo:180×50	Banner:600×50
空白:780×10	
链接菜单:780×50	
空白:780×5	
标题栏	
昵称 单行文本表单	E-mail 单行文本表单
主题 单行文本表单	
内容 多行文本表单	
提交按钮表单	
处理后反馈信息	
网页版权信息	

⚠注　回复留言 rewrite.php 的页面布局同写留言页 write.php。

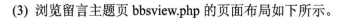

(3) 浏览留言主题页 bbsview.php 的页面布局如下所示。

Logo：180×50			Banner：600×50	
空白：780×10				
链接菜单：780×50				
空白：780×5				
标题栏				
留言主题信息栏				
主题	版主	发帖时间		回复次数
主题 1(超链接)	昵称	××××年××月××日××时××分×××秒		××
分页显示信息栏				
网页版权信息				

⚠注　管理员浏览留言主题页 adminview.php 的页面布局类同浏览留言主题页 bbsview.php，不同之处在于多了一个删除链接列(处理程序：delete.php)。

(4) 浏览主题留言页 bbsviewinfo.php 的页面布局如下所示。

Logo：180×50		Banner：600×50
空白：780×10		
链接菜单：780×50		
空白：780×5		
标题栏		
主题留言信息栏		
留言序号：× 版主：×××	主题：××	发帖时间：××××－××－×× ××:××:××
	内容：××	
		邮件：ada@sas 回复留言(超链接)
回复留言序号：× 回复者：×××	内容：×××	
		邮件：ada@sas 回复留言(超链接)
分页显示信息栏		
网页版权信息		

⚠注　管理员浏览留言主题页 adminviewinfo.php 的页面布局类同浏览留言主题页 bbsviewinfo.php，不同之处在于多了一个屏蔽链接(处理程序：hide.php)。

6.3　留言板的实现

　　由留言板的设计可见，留言板中各页面的头部和底部信息相同，为了使代码得到重用，把它们分别放在一个文档中，通过 CSS 对网页表现加以实现。网页中的图像需要通过图形处理软件或动画软件实现。

准备工作

(1) 确认在站点根目录已建立文件夹 bbs 作为存放与留言板相关的文件。

(2) 确认在 bbs 文件夹中建立文件夹 css 和文件夹 images。

(3) 在动画软件 Ulead GIF Animator 中制作留言板的 banner，以文件名 bbs.gif 保存在文件夹 images 中。

⚠️ **注**　bbs.gif 的制作方法与主页的 banner 类似。

(4) 把图像文件 logo.gif 也复制一份放在文件夹 images 中。

 CSS编码

代码文件：bbs.css

(1) 启动 Dreamweaver，新建 CSS 文档。

(2) 单击"代码"标签，切换到"代码"视图，输入如下代码。

```
1   @charset "utf-8";
2   /* CSS Document */
3   #app {    /*定义整个页面的样式*/
4      width: 780px;
5      margin: 0 auto;
6   }
7   #top {    /*定义顶部样式*/
8      height: 50px;
9      width: 780px;
10  }
11  #bt {    /*定义标题样式*/
12     font-size: 24px;
13     font-weight: bold;
14     color: #399;
15     height:40px;
16     background-color: #FFC;
17     vertical-align: middle;
18     text-align: center;
19     margin-top: 10px;
20     padding-top: 10px;
21  }
22  .nemulink{
23     font-size: 14px;
24     color: #099;
25     width: 780px;
26     margin-top: 10px;
27     background-color: #FFEFCE;
28  }
```

```
29  #bd {    /*定义表单样式*/
30     font-size: 14px;
31     color: #F30;
32  }
33  #bitem {    /*定义链接样式*/
34     font-size: 16px;
35     color: #099;
36     font-weight: bold;
37  }
38  .tdl {    /*定义表单样式*/
39     font-size: 14px;
40     color: #F60;
41     background-color: #FFC;
42  }
43  #err {    /*定义反馈信息栏样式*/
44     height: 20px;
45     font-size: 14px;
46     color: #099;
47     background-color: #FFEFCE;
48     padding-top: 10px;
49  }
50  #copyright {    /*定义底部版权信息样式*/
51     height: 60px;
52     text-align: center;
53     font-size: 14px;
54     line-height: 150%;
55  }
56  table {
57     margin: 0px;
58     padding: 0px;
59     width: 780px;
60  }
61  form {
62     margin: 0px;
63     padding: 0px;
64     width: 780px;
65  }
66  a:link { color: #399; }
67  a:visited { color: #906; }
68  a:hover { color: #F90; }
69  a:active { color: #099; }
70  hr {
71     width: 780px;
72     line-height: 150%;
73  }
```

(3) 把文档以 bbs.css 为文件名保存在文件夹 bbs/css 下。

 **PHP编码**

6.3.1 网页的头部、尾部和系统配置文件

代码文件：bbshead.php、bbsbottom.html 和 sys_conf.inc

(1) 在 Dreamweaver 中，新建 PHP 文档。

(2) 单击"代码"标签，切换到"代码"视图，输入如下代码。

```
1   <!DOCTYPE html PUBLIC "-//W3C//DTD XHTML 1.0 Transitional//EN"
2   "http://www.w3.org/TR/xhtml1/DTD/xhtml1-transitional.dtd">
3   <html xmlns="http://www.w3.org/1999/xhtml">
4   <head>
5   <meta http-equiv="Content-Type" content="text/html; charset=utf-8" />
6       <title>留言板</title>
7       <link href="css/bbs.css" rel="stylesheet" type="text/css" />   <!--链接样
    式文件 css/bbs.css-->
8     </head>
9     <body>
10      <div id="app">    <!--最外层区域-->
11        <div id="top">    <!--包含网站 LOGO 和网页 banner 的区域-->
12         <img src="images/logo.gif" width="180" /><img src="images/bbs.gif"
    width="600"/>
13        </div>
14        <div align="center" class="nemulink">    <!--包含导航栏的区域-->
15          <a href="write.php">我要留言</a> | <a
    href="bbsview.php">查看留言</a> | 
16          <a href="loginadmin.php">版主管理</a> | <a href="../index.php">
    返回首页</a>
17        </div>
```

(3) 把文档以 bbshead.php 为文件名保存在文件夹 bbs 下。

 代码解读

这只是网页的一部分，由于每个网页中的头部和尾部都是相同的，从代码重用的角度，把它们存放在一个独立的文件中，用系统函数 require_once()包含并运行在网页中，能提高代码效用。

第 10 行：定义了一个区域，采用类样式 app。注意此行<div>的闭标记未包含在此文件中。

第 11～13 行：定义了一个区域，采用类样式 top，装载 Logo 和 Banner 图片。

第 14～17 行：定义了一个区域，采用类样式 nemulink，表现链接菜单。

(4) 在 Dreamweaver 中，打开站点根文件夹中的 bottom.html。

(5) 把文件以 bssbottom.html 为文件名另存在文件夹 bbs 下，并修改 Link 标记中的 href。

(6) 在 Dreamweaver 中，新建 PHP 文档。

(7) 单击"代码"标签，切换到"代码"视图，输入如下代码。

```
1   <!--sys_conf.inc:系统配置文件-->
2   <?php
3     //配置数据库全局变量
4     $DBHOST="localhost";
5     $DBUSER="root";
6     $DBPWD="";
7     $DBNAME="guest";
8   ?>
```

(8) 把文档以 sys_conf.inc 为文件名保存在文件夹 bbs 下。

 代码解读

把数据库的配置参数作为全局变量存放在一个单独的文件中有利于维护。例如，要修改服务器的密码，只需要在这里修改就可以了。使用系统函数 include_once( )包含到 PHP 中，就可以使用这些变量了。

6.3.2 留言板的主页——欢迎页

代码文件：bbsindex.php

(1) 在 Dreamweaver 中，新建 PHP 文档。
(2) 单击"代码"标签，切换到"代码"视图，输入如下代码。

```
1   <?php require_once("bbshead.php") ?>    <!-- 使用系统函数 require_once( )包含
    bbshead.php-->
2       <div id="bt" align="center">欢迎光临留言板</div>    <!--设置欢迎文本区域，应用
    bt 样式-->
3       <hr/>
4       <!--使用<iframe>标记加载 bbsbottom.html-->
5       <iframe scrolling="no" width="780" height="70" src="bbsbottom.html"
    marginwidth="0" marginheight="0" border="0" frameborder="0" align="center" >
    不支持</iframe>
6     </div>    <!--与 bbshead 中的<div id="app">对应-->
7     </body>
8   </html>
```

(3) 把文档以 bssindex.php 为文件名保存在文件夹 bbs 下。

6.3.3 写留言页和回复留言

代码文件：write.php、rewrite.php

(1) 在 Dreamweaver 中，新建 PHP 文档。
(2) 单击"代码"标签，切换到"代码"视图，输入如下代码。

```
1   <?php
2     $err="";$action="";$name="";$email=""; $msg="";$btitle="";
3     if(isset($_GET['err'])) $err=$_GET['err'];
```

```
4      if(isset($_POST['action'])){
5        $action=$_POST['action'];
6        $name=$_POST['name'];
7        $email=$_POST['email'];
8        $msg=$_POST['msg'];
9       $btitle=$_POST['btitle'];
10     }
11   if($action=="放弃")
12       echo "<meta http-equiv='Refresh' content='0;url=bbsindex.php'>";
13    else if($action=="提交"){
14       if($name!="" && $email!="" && $msg!="" && $btitle!=""){
15          include_once("sys_conf.inc");
16          //使用mysqli建立与MySQL数据库的连接
17          $connection=mysqli_connect($DBHOST,$DBUSER,$DBPWD,$DBNAME) or
die("无法连接数据库! ");
18          mysqli_query($connection,"set names 'utf8'");   //设置字符集
19          //向服务器发送查询请求
20          $query="INSERT INTO guestlist(name,btime,msg,email,btitle)
values('$name',CURRENT_TIMESTAMP,'$msg','$email','$btitle')";
21          $result=mysqli_query($connection,$query) or die("存入数据库失败");
22          mysqli_close($connection) or die("无法断开与数据库的连接");
23          $err="填写留言成功!    3秒后自动返回.\n";
24          echo "<meta http-equiv='Refresh' content='3;url=bbsindex.php'>";
25       }
26       else{
27          $err="出错了!    信息不全!昵称、邮箱、主题和内容是
必须填写的!";
28          echo "<meta http-equiv='Refresh' content='2;url=".$_SERVER
['PHP_SELF']."?err=$err'>";
29       }
30     }
31   require("bbshead.php");
32 ?>
33    <div id="bt">写留言 <hr /></div>
34    <div id="bd">
35     <form method="post" action="<?php echo $_SERVER['PHP_SELF'];?>">
36     <table width="100%" border="0" cellspacing="0" class="tdl">
37      <tr><td align="right"> 昵 称: </td>
38       <td><input name="name" type="text" size="45" maxlength="20"></td>
39       <td align="right">Email: </td>
40       <td><input name="email" type="text" size="48" maxlength="20"></td>
</tr>
41      <tr><td align="right"> 主 题: </td>
42       <td colspan="3"><input name="btitle" type="text" size="113"
maxlength= "80"/> </td></tr>
```

43	`<tr><td align="right"> 内 容: </td>`	
44	`<td colspan="3"><textarea name="msg" cols="85" rows="8"></textarea></td></tr>`	
45	`<tr><td align="center" colspan="4"><input type="submit" name="action" value="提交">`	
46	`<input type="reset" value="重写"><input type="submit" name="action" value="放弃">`	
47	`</td></tr>`	
48	`</table>`	
49	`</form>`	
50	`</div>`	
51	`<div id="err" align="center"><?php echo $err; ?></div>` `<!--提示信息显示区域-->`	
52	`<hr/>`	
53	`<iframe scrolling="no" width="780" height="70" src="bbsbottom.html" marginwidth="0" marginheight="0" border="0" frameborder="0" align="center" >不支持</iframe>`	
54	`</div>`	
55	`</body>`	
56	`</html>`	

(3) 把文档以 write.php 为文件名保存在文件夹 bbs 下。

 代码解读

① 程序中用到的变量详解如表 6.2 所示。

表 6.2　程序中用到的变量

变 量 名	取 值	含 义
$_SERVER['PHP_SELF']	文件名	预定义全局变量。记录当前运行的 PHP 文件名
$_GET['']	字符串	预定义全局变量。记录 HTTP GET 方法发送的表单变量的值
$_POST['']	字符串	预定义全局变量。记录 HTTP POST 方法发送的表单变量的值
$name	字符串	自定义变量。记录提交表单后"昵称"文本框中输入的文本
$email	字符串	自定义变量。记录提交表单后"email"文本框中输入的文本
$btitle	字符串	自定义变量。记录提交表单后"主题"文本框中输入的文本
$msg	字符串	自定义变量。记录提交表单后"内容"文本框中输入的文本
$action	字符串	自定义变量。记录提交表单后按钮的名称
$connection	整数	自定义变量。记录连接数据库的句柄
$query	SQL 命令	自定义变量。记录 SQL 命令
$result	查询数据集	自定义变量。记录执行 SQL 命令后的返回结果
$err	字符串	自定义变量。记录提交后的提示信息

② 程序中用到的函数详解如表 6.3 所示。

表 6.3　程序中用到的函数

函　　数	用　　法	含　　义
isset()	参数取变量格式的字符串型	系统函数。当参数为变量时返回 true
mysqli_connect()	参数：服务器名,用户名,密码,数据库名	MySQL 函数。连接到指定的数据库服务器
mysqli_query()	参数：连接数据库的标识句柄,SQL 命令	MySQL 函数。执行 SQL 命令
mysqli_close()	参数：连接数据库的标识句柄	MySQL 函数。关闭数据库文件
now()	无参数	Date / Time 函数。返回当前的日期和时间

③ 程序中用到的 SQL 语句详解如表 6.4 所示。

表 6.4　程序中用到的 SQL 命令

命　令　格　式	含　　义
set names 'utf8'	设置数据库的字符集为 utf8
INSERT INTO guestlist(name,msg,email,btitle,btime) values('$name','$msg','$email','$btitle",CURRENT_TIMESTAMP)	向数据表 guestbook 的表尾追加记录

④ 对程序中各行代码的解读。

第 2～10 行：初始化自定义变量。未提交表单前，皆为空，提交后获取表单中对应的输入数据。

第 11～30 行：对用户提交表单后的处理。分 3 种情况：

　　第 11～12 行：当用户单击了"放弃"按钮后，刷新页面后立即返回 bbsindex.php。

　　第 13～30 行：当用户单击了"提交"按钮后，需要对输入检查。其中

　　　　第 14～25 行：当用户填写的信息有效（都不空）时，需要连接数据库、向数据表写入相关信息、关闭数据库连接、设置成功提交的反馈信息，最后刷新页面，3 秒后返回 bbsindex.php，同时带回反馈信息。

　　　　第 26～29 行：用户没有完整填写信息，设置出错的反馈信息并刷新页面，2 秒后返回本页，同时带回反馈信息。

由于"重写"按钮是 reset 类型，当单击它时，会擦除所有文本框信息。

第 35～49 行：用表格布局页面，表单提交的处理程序就在本页面进行。

第 51 行：显示反馈信息 $err。

(4) 把文件 write.php 以 rewrite.php 为文件名另存在文件夹 bbs 下。

(5) 单击"代码"标签，切换到"代码"视图，修改代码如下。

```
1    <?php
2        $action="";$msg="";$name="";$email="";$bserial="";$err="";
3        if(isset($_GET['err'])) $err=$_GET['err'];
4        if(isset($_GET['serial'])) $bserial=$_GET['serial'];
5        include_once("sys_conf.inc");
6        //建立与 MySQL 数据库的连接
7        $connection=mysqli_connect($DBHOST,$DBUSER,$DBPWD,$DBNAME) or
     die("无法连接数据库！");
8        mysqli_query($connection,"set names 'utf8'");          //设置字符集
9        $query="SELECT * FROM guestlist WHERE serial=$bserial";
10       $result=mysqli_query($connection,$query) or die("读取数据失败");
                                                     //查询本页留言主题信息
11       $row=mysqli_fetch_array($result);
```

```
12        $btitle=$row['btitle'];
13        $p=0;$pp="bbsviewinfo.php";
14        if(isset($_GET['p'])) $p=$_GET['p'];
15        if($p==1){
16            $name=$_SESSION['name'];
17            $email="admin@localhost.com";
18            $pp="adminviewinfo.php";
19        }
20        if(isset($_POST['action'])){
21            $action=$_POST['action'];
22            $name=$_POST['name'];
23            $email=$_POST['email'];
24            $msg=$_POST['msg'];
25        }
26        if($action=="放弃")
27            echo "<meta http-equiv=\"Refresh\" content=\"0;url=".$pp."?
serial=".$bserial."\">";
28        else if($action=="提交"){
29            if($name!="" && $email!="" && $msg!=""){
30                //向服务器发送查询请求
31                $query="INSERT INTO replylist(name,btime,msg,email,bserial)
values('$name',CURRENT_TIMESTAMP,'$msg','$email','$bserial')";
32                $result=mysqli_query($connection,$query) or die("存入数据库失败");
33                mysqli_close($connection) or die("无法断开与数据库的连接");
34                $err="回复留言成功!    3 秒后自动返回.\n";
35                echo "<meta http-equiv='Refresh' content='2;url=".$pp."?
serial=".$bserial."'>";
36            }
37            else{
38                $err="出错了!    信息不全!昵称、邮箱、主题
和内容是必须填写的!";
39        echo "<meta http-equiv='Refresh' content='2;url=".$_SERVER['PHP_
SELF']."?err=$err& serial=$bserial'>";
40            }
41        }
42        require("bbshead.php");
43    ?>
44        <div id="bt">回复留言 <hr /></div>
45        <div id="bd">
46        <form method="post" action="<?php echo $_SERVER['PHP_SELF']."?
    serial=$bserial &&p=$p";?>">
47        <table width="100%" border="0" cellspacing="0" class="tdl">
48          <tr><td align="right"> 昵 称: </td>
49            <td><input name="name" type="text" value="<?php echo $name; ?>"
size="45"  maxlength="20"></td>
50            <td align="right">Email: </td>
51            <td><input name="email" type="text" value="<?php echo $email; ?>"
```

```
      size="48" maxlength="20"> </td> </tr>
52          <tr><td align="right"> 主 题: </td>
53            <td colspan="3"><input name="btitle" type="text" value="<?php
      echo $btitle; ?>" size=" 93" maxlength="80" readonly="readonly" /></td></tr>
54          <tr><td align="right"> 内 容: </td>
55            <td colspan="3"><textarea name="msg" cols="85" rows="8">
      </textarea></td></tr>
56          <tr><td align="center" colspan="4"><input type="submit" name="action"
      value="提交">
57            <input type="reset"  value="重写"><input type="submit" name="action"
      value="放弃">
58              </td></tr>
59          </table>
60          </form>
61          </div>
62          <div id="err" align="center"><?php echo $err; ?></div>    <!--提示信息
      显示区域-->
63          <hr/>
64          <iframe scrolling="no" width="780" height="70" src="bbsbottom.html"
      marginwidth="0" marginheight="0" border="0" frameborder="0" align="center" >
      不支持</iframe>
65          </div>
66          </body>
67    </html>
```

(6) 保存文件。

代码解读

根据留言主题回复留言。因此,需要传递留言序列号。又因为普通用户和管理员都有回复留言的权限,所以还要传递权限数据,以便回复后能返回所在的页面。数据传递通过 GET 方式。同时,当回复留言时,不需要用户再输入主题,因此需要通过留言序列号读出对应的主题数据,直接显示在主题文本框中,用户输入的信息和留言序列号写入数据表 replylist 中。

第 7~12 行: 连接数据库,读出留言序列号对应的信息,获取主题数据$btitle。

第 13~19 行: 用预定义全局变量$_GET 获取用户类型数据$p,1 为管理员,0 为普通用户。根据用户类型设置返回的页面$pp。

第 31~32 行: 把回复的数据写入数据表 replylist。

第 46~60 行: 表单中的文本行显示相关的数据。

6.3.4 浏览留言主题页

代码文件: bbsview.php、adminview.php

(1) 在 Dreamweaver 中,新建 PHP 文档。

(2) 单击 "代码" 标签,切换到 "代码" 视图,输入如下代码。

```
1    <?php
2      $page=1;$numestr="";
```

```
3      if(isset($_GET['page'])) $page=$_GET['page'];
4      include_once("sys_conf.inc");
5      $connection=mysqli_connect($DBHOST,$DBUSER,$DBPWD,$DBNAME) or die("
无法连接数据库！");
6      mysqli_query($connection,"set names 'utf8'");   //设置字符集
7      $query="SELECT * FROM guestlist WHERE flag='Y' ORDER BY btime DESC";
8      $result=mysqli_query($connection,$query) or die("读取数据失败");
9      $count=mysqli_num_rows($result);    //统计留言主题信息
10     //制作信息条
11     $bbsinfostr="目前留言板共有".$count." 个留言主题。";
12     if($page<=0||$count==0) $page=1;
13     $msgPerPage=2;                      //设置一页中显示的最多记录数
14     $start=($page-1)*$msgPerPage;       //设置每页开始的记录序号-1
15     $end=$start+$msgPerPage;            //设置每页结束的记录序号
16     if($end>$count) $end=$count;
17     $totalpage=ceil($count/$msgPerPage);
18     if($count>0) $bbsinfostr.="本页列出了第".($start+1)." 至 ".$end." 个。";
19     //制作页导航
20     if($page>1) $numestr="<a href=".$_SERVER['PHP_SELF']."?page=".($page-1).
">上一页</a> "." | ";
21     for($i=1;($i<=$totalpage);$i++){
22       if($i==$page) $numestr=$numestr.$i;
23       else $numestr=$numestr."<a href=".$_SERVER['PHP_SELF']."?page=$i>".
$i."</a>";
24       if($i!=$totalpage) $numestr.=" | ";
25     }
26     if($page<($totalpage))
27       $numestr=$numestr." | <a
href=".$_SERVER['PHP_SELF']."?page=".($page+1).">下一页</a>";
28     require_once("bbshead.php");
29  ?>
30  <div id="bt">查看留言 <hr /></div>
31     <div id="err"><?php echo $bbsinfostr;?></div>
32     <div id="bd">
33       <table width="100%" border="1" cellspacing="1" class="tdl">
34         <tr align="center" id="bitem"><td>主  题</td><td>版
  主</td>
35             <td>发帖时间</td><td>回复次数</td></tr>
36  <?php
37     $query="SELECT * FROM guestlist WHERE flag='Y' ORDER BY btime DESC LIMIT
$start, $msgPerPage";
38     $result=mysqli_query($connection,$query) or die("读取数据失败");
                                    //查询本页留言主题信息
39     while($row=mysqli_fetch_array($result)){   //输出留言主题
40       //格式化时间输出
41       $dbdate=$row['btime'];
```

```
42        $year=substr($dbdate,0,4);     //获取年
43        $month=substr($dbdate,5,2);    //获取月
44        $day=substr($dbdate,8,2);      //获取日
45        $hour=substr($dbdate,11,2);    //获取小时
46        $min=substr($dbdate,14,2);     //获取分钟
47        $sec=substr($dbdate,17,2);     //获取秒
48        $time=$year."年".$month."月".$day."日".$hour."时".$min."分".$sec."秒";
49        //输出一条留言主题的信息
50        echo "<tr align='center'><td><a href='bbsviewinfo.php?serial=".$row
['serial']."'> ".$row['btitle']."</a></td>";
51        echo "<td>".$row['name']."</td><td>".$time."</td>";
52        $query="SELECT * FROM replylist WHERE (flag='Y' and bserial='".$row
['serial']."')";
53        $result1=mysqli_query($connection,$query) or die("读取数据失败");
54        $replynum=mysqli_num_rows($result1);
55        echo "<td>".$replynum."</td></tr>";
56    }
57    mysqli_close($connection) or die("无法断开与数据库的连接");
58 ?>
59        </table>
60        </div>
61      <div id="err" align="center"><?php echo $numestr; ?></div><hr/>
62      <iframe scrolling="no" width="780" height="70" src="bbsbottom.html"
marginwidth="0" marginheight="0" border="0" frameborder="0" align="center">
不支持</iframe>
63      </div>
64      </body>
65 </html>
```

(3) 把文档以 bbsview.php 为文件名保存在文件夹 bbs 下。

 **代码解读**

① 程序中用到的变量详解如表6.5所示。

表 6.5 程序中用到的变量

变 量 名	取 值	含 义
$result，$result2	数据表中的数据	自定义变量。记录 guestlist 数据表查询数据集合
$row	数组	自定义数组变量。记录查询数据集中的一条记录
$bbsinfostr	字符串	自定义变量。记录信息条上的文本
$count	整数	自定义变量。记录 guestlist 中记录的个数
$page	整数	自定义变量。记录分页显示的当前页码
$msgPerPage	整数	自定义变量。记录一页中显示的最多记录数
$start,$end	整数	自定义变量。记录每页开始和结束的记录序号

(续)

变 量 名	取 值	含 义
$totalpage	整数	自定义变量。记录总页数
$dbdate	时间戳	自定义变量。记录每条记录的发帖时间
$year	$month	$day	整数	自定义变量。分别记录时间字段 time 中的年月日
$hour	$min	$sec	整数	自定义变量。分别记录时间字段 time 中的时分秒
$time	字符串	自定义变量。记录格式转化后的时间
$replynum	整数	自定义变量。记录 replylist 中记录的个数
$numestr	字符串	自定义变量。记录页导航栏上的文本

② 程序中用到的函数详解如表 6.6 所示。

表 6.6　程序中用到的函数

函　　数	用　　法	含　　义
mysql_fetch_array( )	函数取查询数据集	MySQL 函数。以数组返回查询数据集中的记录
ceil( )	函数取数值	系统函数。对数值进行收尾处理
substr( )	详见 5.3 节	系统函数。对字符串取子串
mysql_num_rows( )	函数为查询数据集	MySQL 函数。统计查询数据集中记录个数

③ 程序中用到的 SQL 命令详解如表 6.7 所示。

表 6.7　程序中用到的 SQL 命令

命　令　格　式	含　　义
SELECT * FROM guestlist WHERE flag='Y' ORDER BY btime DESC LIMIT $start,$msgPerPage	查询表 guestbook 中所有 flag 是 Y 的记录并按 btime 的降序生成数据集(从 $start 始 $msgPerPage 条)
SELECT * FROM replylist WHERE(flag='Y' AND bserial="".$row['serial']."")	查询表 replylist 的所有 flag 是 Y 且指定标题的记录并生成查询数据集

④ 对程序中各行代码的解读。

第 2～3 行：初始化自定义变量。

第 4～8 行：连接数据库，查询数据。

第 11～18 行：设置信息条上的信息 $bbsinfostr。

第 20～27 行：设置分页显示信息条上的信息 $numestr。

第 28～63 行：页面设计。其中

　　第 31 行：显示信息条上的信息 $bbsinfostr。

　　第 34～35 行：用表格组织查看留言主题信息的表头。

　　第 37～38 行：查询数据表 guestlist 中的留言数据集。

　　第 39～56 行：逐条输出留言数据。

　　　　第 41～48 行：转化时间格式为×××年××月××日××时××分××秒。

　　　　第 50～51 行：按行输出每一个留言主题的信息。

　　　　第 52～53 行：查询表 replylist 中每个主题的回复数据集。

　　　　第 54 行：获取回复留言查询数据集中记录的个数 $replynum。

　　　　第 55 行：把回复留言查询数据集中记录的个数 $replynum 显示在对应的单元格中。

　　第 61 行：显示页导航栏上的信息文本 $numestr。

(4) 把文件 bbsview.php 以 adminview.php 为文件名保存在文件夹 bbs 下。

(5) 单击"代码"标签,切换到"代码"视图,修改 50 行、增加 56 行和在 35 行增加如下代码。

.	…
35	`<td>发帖时间</td><td>回复次数</td><td>删  除</td></tr>`
.	…
50	`echo"<tr align='center'><td><ahref='adminviewinfo.php?serial=".$row` `['serial']."'>".$row['btitle']."</a></td>";`
.	…
56	`echo "<td><a href='delete.php?serial=".$row['serial']."'>删除</a></td></tr>";`

(6) 保存文件。

 代码解读

第 35 行: 管理员的权限可以删除相同留言主题,增加一个选项列。

第 56 行: 在对应的删除列中,通过链接删除该行信息,处理程序为 delete.php。

6.3.5 浏览主题留言页

代码文件: bbsviewinfo.php、adminviewinfo.php

(1) 在 Dreamweaver 中,新建 PHP 文档。

(2) 单击"代码"标签,切换到"代码"视图,输入如下代码。

```php
1   <?php
2     $page=1;$numestr="";$bserial="";
3     if(isset($_GET['page'])) $page=$_GET['page'];
4     if(isset($_GET['serial'])) $bserial=$_GET['serial'];
5     include_once("sys_conf.inc");
6     $connection=mysqli_connect($DBHOST,$DBUSER,$DBPWD,$DBNAME) or die("
      无法连接数据库! ");
7     mysqli_query($connection,"set names 'utf8'");   //设置字符集
8     $query="SELECT * FROM guestlist WHERE serial='$bserial'";
9     $result=mysqli_query($connection,$query) or die("读取数据失败 0");
          //查询表 guestlist 的记录
10    $row=mysqli_fetch_array($result);
11    $query="SELECT * FROM replylist WHERE (flag='Y' and bserial='$bserial')";
12    $result1=mysqli_query($connection,$query) or die("读取数据失败 1");
          //查询表 replylist 的记录
13    $replynum=mysqli_num_rows($result1);   //统计回复主题信息
14    //制作信息条
15    $bbsinfostr="目前本主题共有  <font color='red'>".$replynum."</font>  条留言
      回复。";
```

```
16    if($page<=0||$replynum==0)   $page=1;
17    $msgPerPage=2;                        //设置一页中显示的最多记录数
18    $start=($page-1)*$msgPerPage;  //设置每页开始的记录序号
19    $end=$start+$msgPerPage;              //设置每页结束的记录序号
20    if($end>$replynum)  $end=$replynum;
21    $totalpage=ceil($replynum/$msgPerPage);
22    if($end>0)  $bbsinfostr.=" 本页列出了第  <font color='blue'>".($start+1)."
</font>至<font color='blue'> ".$end." </font>条\n";
23     //制作页导航条
24    if($page>1) $numestr="<a href=".$_SERVER['PHP_SELF']."?page=".($page-1).
"&serial =". $bserial."> 上一页</a>"."  |  ";
25    for($i=1;($i<=$totalpage);$i++){
26      if($i==$page)  $numestr=$numestr.$i;
27      else $numestr=$numestr."<a href=".$_SERVER['PHP_SELF']."?page=".$i.
"&serial=". $bserial.">".$i."</a>";
28     if($i!=$totalpage)  $numestr.="  |  ";
29     }
30    if($page<($totalpage))
31      $numestr=$numestr."  |  <a href=".$_SERVER['PHP_SELF']."?
page=". ($page+1)."&serial=".$bserial.">下一页</a>";
32    require_once("bbshead.php");
33  ?>
34    <div id="bt">留言信息<hr /></div>
35    <div id="err"><?php echo $bbsinfostr;?></div>
36    <div id="bd">
37    <table width="100%" border="1" cellspacing="1" class="tdl">
38       <tr id="err"><td width="30%" rowspan="3">留言序列号：<?php echo
$row['serial'];?><br />版主：<?php echo $row['name'];?></td><td>主题：
<?php echo $row['btitle'];?>     发表时间：<?php echo
$row['btime']; ?></td></tr>
39       <tr ><td>内容: <?php echo $row['msg'];?></td></tr>
40       <tr><td id="err" align="right"><a href="mailto:<?php echo $row
['email'];?>">邮件:
41    <?php echo $row['email'];?></a>     <a href="rewrite.
php?serial=<?php echo $bserial;?>">回复留言</a></td></tr>
42    <?php
43    $s="SELECT * FROM replylist WHERE (flag='Y' and bserial='".$bserial."')
ORDER BY btime DESC LIMIT $start,$msgPerPage";
44    $result2=mysqli_query($connection,$s) or die("读取数据失败 3");
          //查询本页回复留言信息
45    mysqli_close($connection) or die("无法断开与数据库的连接");
46    while($row2=mysqli_fetch_array($result2)){   //输出留言主题
47      echo "<tr><td width='30%' rowspan='3'>回复留言序列号：".$row2['serial']."
<br/> 回复者:".$row2['name']."</td><td>发表时间:".$row2['btime']."</td></tr>";
48      echo "<tr><td>内容: ".$row2['msg']."</td></tr>";
49      echo "<tr><td align='right'><a href='mailto:".$row2['email']."'>邮件: ".
```

```
      $row2['email']."</a>     <a href='rewrite.php?
      serial=".$bserial.">回复留言</a></td></tr>";
50      }
51    ?>
52        </table>
53        <div id="err" align="center"><?php echo $numestr; ?></div><hr/>
54        <iframe scrolling="no" width="780" height="70" src="bbsbottom.html"
      marginwidth="0" marginheight="0" border="0" frameborder="0" align="center" >
      不支持</iframe>
55      </div>
56    </body>
57  </html>
```

(3) 把文档以 bbsviewinfo.php 为文件名保存在文件夹 bbs 下。

 代码解读

根据留言主题查看留言，因此，需要传递留言主题数据。数据传递通过 GET 方式。版主信息从数据表 guestlist 中提取，回复留言信息从数据表 replylist 中提取。采用分页技术能有效查看回复留言的信息。

(4) 把文件 bbsviewinfo.php 以 adminviewinfo.php 为文件名保存在文件夹 bbs 下。

(5) 单击"代码"标签，切换到"代码"视图，修改第 41 和 49 行代码，如下所示。

```
...
41      <?php echo $row['email'];?></a>    <a
      href="rewrite.php?serial=<?php echo $bserial;?>&&p=1">回复留言</a></td></tr>
...
49      echo "<tr><td align='right'><a href='mailto:".$row2['email']."'>邮件:
      ".$row2['email']."</a>     <a href='rewrite.php?serial="
      .$bserial."&&p=1'>回复留言</a>    <a
      href='hide.php?bserial=".$bserial."&&serial=".
      $row2['serial']."'> 屏蔽留言</a></td></tr>";
      ...
```

(6) 保存文件。

 代码解读

第 41、49 行: 自定义变量$p=1 表示管理员身份; 管理员的权限还可以屏蔽留言, 处理程序为 hide.php。

6.3.6 管理员登录页

代码文件：loginadmin.php

(1) 在 Dreamweaver 中，新建 PHP 文档。

(2) 单击"代码"标签，切换到"代码"视图，输入如下代码。

```php
1  <?php
2      @session_start();    //启动 session 变量，注意一定要放在首行
3      require_once("bbshead.php")
4  ?>
5  <script language="javaScript" type="text/javascript">
6    function pdsr(){
7       var id=window.frm.name.value;
8       var pds=window.frm.psd.value;
9       if(id==""){
10          window.alert("管理员 ID 不能为空");
11          window.frm.name.focus();
12        }
13        else if(pds==""){
14          window.alert("密码不能为空");
15          window.frm.psd.focus();
16        }
17     }
18  </script>
19     <div id="bt">身份验证<hr /></div>
20     <div id="bd">
21     <form name="frm" method="post" action="<?php echo $_SERVER
   ['PHP_SELF'];?>">
22     <table width="100%" border="0" cellspacing="0" class="td1">
23       <tr><td align="right">管理员  </td>
24          <td><input name="name" type=text size="35" maxlength="20"></td></tr>
25       <tr><td align="right">密  码  </td>
26          <td ><input name="psd" type="password" size="20" /></td></tr>
27      <tr><td align="center" colspan="2"><input name="err" type="hidden"
   value="<?php echo $err; ?>" /></td></tr>
28       <tr><td align="center" colspan="2"><input type="submit" name="action"
   value="登录"  onmousedown="pdsr()" ><input type="reset" value="重新输入"></tr>
29     </table>
30     </form>
31  <?php
32     $action="";    $err="";
33     if(isset($_POST['action'])) {
34       $action=$_POST['action'];
35       $name=$_POST['name'];
36       $psd=$_POST['psd'];
37       $err=$_POST['err'];
38     }
39     $IP_m=$_SERVER['REMOTE_ADDR'];    //通过 IP 地址确定管理员的身份
40     if($action=="登录"){
41       include_once("sys_conf.inc");
42       $connection=mysqli_connect($DBHOST,$DBUSER,$DBPWD,"member") or die("
   无法连接数据库！");
```

```
43      mysqli_query($connection,"set names 'utf8'");    //设置字符集
44      $sql="SELECT * FROM administer WHERE userid='".$name."'";
45      $records=mysqli_query($connection,$sql);
46      mysqli_close($connection) or die("无法断开与数据库的连接");
47      $rows=mysqli_fetch_array($records);
48      if($psd==$rows['password'] or $IP_m==$rows['IP']){
49          $_SESSION['name']=$name;
50          echo "<meta http-equiv='Refresh' content='0;url= adminview.php'>";
51      }
52       else $err="输入信息有误，请重新输入。";
53      }
54  ?>
55      </div>
56       <div id="err" align="center"><?php echo $err; ?></div>
57       <hr/>
58       <iframe scrolling="no" width="780" height="70" src="bbsbottom.html"
    marginwidth="0" marginheight="0" border="0" frameborder="0" align="center">
    不支持</iframe>
59       </div>
60       </body>
61  </html>
```

(3) 把文档以 loginadmin.php 为文件名保存在文件夹 bbs 下。

6.3.7　屏蔽和删除留言页

代码文件：hide.php、delete.php

(1) 在 Dreamweaver 中，新建 PHP 文档。

(2) 单击"代码"标签，切换到"代码"视图，输入如下代码。

```
1   ?php
2     $sno=0;$bserial="";
3     if(isset($_GET['serial'])) $sno=$_GET['serial'];
4     if(isset($_GET['bserial'])) $bserial=$_GET['bserial'];
5     include_once("sys_conf.inc");
6     $connection=mysqli_connect($DBHOST,$DBUSER,$DBPWD,$DBNAME) or
    die("无法连接数据库！");
7     mysqli_query($connection,"set names 'utf8'");    //设置字符集
8     $query="UPDATE replylist SET flag='N' WHERE serial=$sno";
9     $result=mysqli_query($connection,$query) or die("存入数据库失败");
10    mysqli_close($connection) or die("无法断开与数据库的连接");
11    echo "<meta http-equiv='Refresh' content='0;url=adminviewinfo.php?
    serial=$bserial'>";
12  ?>
```

(3) 把文档以 hide.php 为文件名保存在文件夹 bbs 下。

 **代码解读**

屏蔽留言就是把数据表 replylist 相关记录中字段 flag 的值设置为 N，相关记录采用主键确认，因此需要传递 serial 数据。处理后仍然看到的是当前页面，需要传递留言序列号$bserial。

第 8 行：设置 SQL 语句更新 replylist 表指定 serial 记录的字段 flag 的值为 N。

第 11 行：根据留言序列号$bserial 刷新 adminviewinfo.php 页面。

(4) 在 Dreamweaver 中，新建 PHP 文档。

(5) 单击"代码"标签，切换到"代码"视图，输入如下代码。

```php
1   <?php
2     $sno=0;
3     if(isset($_GET['serial'])) $sno=$_GET['serial'];
4     include_once("sys_conf.inc");
5     $connection=mysqli_connect($DBHOST,$DBUSER,$DBPWD,$DBNAME) or
    die("无法连接数据库！");
6     mysqli_query($connection,"set names 'utf8'");    //设置字符集
7     $sql="DELETE FROM guestlist WHERE serial='$sno'";
8     mysqli_query($connection,$sql);
9     $sql="DELETE FROM replylist WHERE bserial='$sno'";
10    mysqli_query($connection,$sql);
11    $sql="ALTER TABLE guestlist DROP serial";
12    mysqli_query($connection,$sql);
13    $sql="ALTER TABLE guestlist ADD serial INT(11) NOT NULL AUTO_INCREMENT
    COMMENT '聊客序列号' FIRST, ADD PRIMARY KEY (serial)";
14    mysqli_query($connection,$sql);
15    $sql="ALTER TABLE replylist DROP serial";
16    mysqli_query($connection,$sql);
17    $sql="ALTER TABLE replylist ADD serial INT(11) NOT NULL AUTO_INCREMENT
    COMMENT '回复者序列号' FIRST, ADD PRIMARY KEY (serial)";
18    mysqli_query($connection,$sql);
19    mysqli_close($connection) or die("无法断开与数据库的连接");
20    echo "<meta http-equiv='Refresh' content='0;url=adminview.php'>";
21  ?>
```

(6) 把文档以 delete.php 为文件名保存在文件夹 bbs 下。

 案例扩展

6.3.8　调试代码

(1) 确认 bbsindex.php 等文件已在服务器访问文件夹(如 c:\htdocs\wuya 或 c:\appserv\www\wuya)的子文件夹 bbs 下。

(2) 启动浏览器，输入 http://localhost/wuya/bbs/bbsindex.php，单击"转到"按钮，可见如图 6.3 所示的效果。

图6.3　留言板的欢迎界面

(3) 单击"我要留言"链接，进入写留言界面。输入相关信息，如图6.4所示。

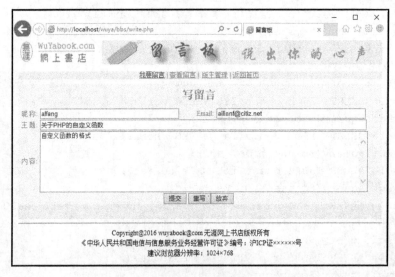

图6.4　写留言界面

 说明

　　① 当填写了所有的文本框后再单击"提交"按钮时，按钮下方出现提示语："**填写留言成功!二秒钟后自动返回.**"并在2s后自动返回欢迎界面。

　　② 当没有填写任何一项内容而单击"提交"按钮时，按钮的下方出现错误提示语："**出错了! 信息不全!昵称、邮箱、主题和内容是必须填写的!**"同时还原各文本框，等待重新输入。

　　③ 当单击"放弃"按钮时，将返回留言板的欢迎界面，等待用户重新选择。

　　(4) 单击"查看留言"链接，进入浏览留言界面，如图6.5所示。

 说明

　　① 单击某主题行链接将在新窗口中浏览该主题及其所有留言信息，如图6.6所示。

　　② 在这里可以看到每条留言的详细信息，还可以了解回复者的相关信息及回复留言。当单击"回复留言"链接时，出现如图6.7所示的回复留言界面。

　　③ 写好留言，单击"写好了"按钮，又回到如图6.6所示的界面。

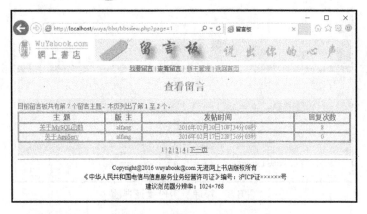

图 6.5 查看留言主题界面

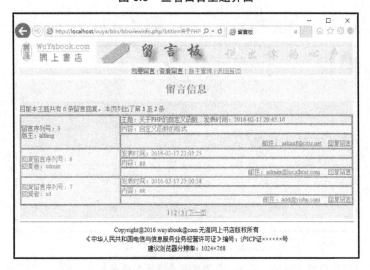

图 6.6 查看留言信息界面

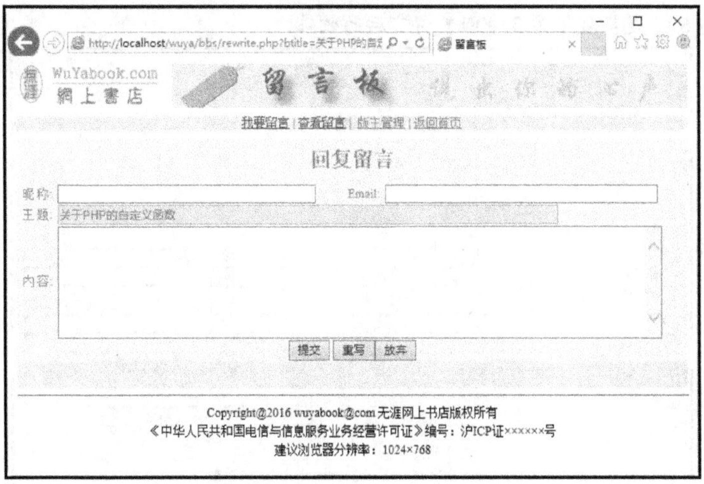

图 6.7 回复留言界面

(5) 单击"版主管理"链接，进入管理员身份验证界面，如图 6.8 所示。

图6.8　管理员身份验证界面

 说 明

① 填写了准确的信息后，单击"登录"按钮，进入如图6.9所示的管理员查看留言主题界面。

图6.9　管理员查看界面

② 单击某主题行最后的"删除"链接，将删除该主题及其所有留言信息。

③ 单击某主题行链接，将在新窗口中浏览该主题及其所有留言信息。在这里还可以对每条留言进行屏蔽留言处理。图6.10是屏蔽了第3条回复留言后的效果。

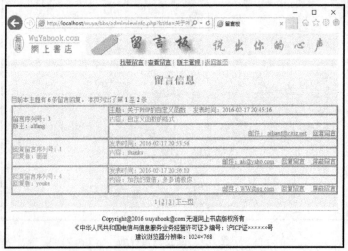

图6.10　留言信息界面(屏蔽第3条回复留言)

6.4 聊天室的设计

6.4.1 聊天室的架构

聊天时，首先要有个聊天的话题，聊天室要有聊天主题可供选择。

聊天的过程是编辑所要表达的信息并发送到指定的显示区域，供在线的网友浏览。编辑发言信息是最主要的一个环节，可以使用文字输入的方式，也可以选择一些固定的动作描述或图片表达，发言时带一些表情会更加生动有趣。本案例采用两种发言模式：一种是表情加文字输入，另一种是选择动作描述。

本案例聊天室具有如下功能：

(1) 登录到聊天室。

(2) 编辑聊天的内容。

(3) 显示聊天信息。

(4) 聊天信息的存储。

聊天室的工作流程图如图 6.11 所示。

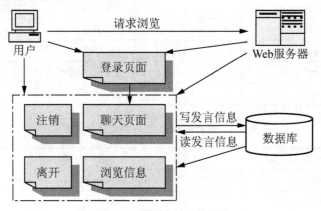

图 6.11 聊天室的工作流程

① 用户向服务器发出访问请求。

② 服务器根据向用户传送欢迎页面，并要求用户登录(输入昵称和密码)。

③ 进入聊天室页面：从数据库提取发言信息显示在固定区域。

④ 编辑聊天信息，发送到数据库中存储。

⑤ 用户还可以选择浏览聊天信息、离开或注销等操作。

6.4.2 聊天室的设计描述

1. 逻辑结构设计

根据对聊天室架构的描述，可得其逻辑结构，如图 6.12 所示。

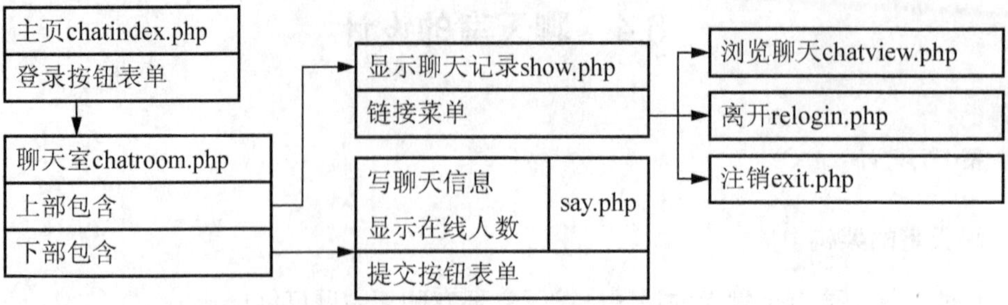

图 6.12　聊天室的逻辑结构

2. 数据库设计

在 MySQL 数据库服务器上建立名为 chat 的数据库，其中包含数据表 chatroom 和 user，各字段的定义和说明如表 6.8 和表 6.9 所示。

表 6.8　数据表 chatroom 字段的定义和说明

字　　段	类　　型	NULL	说　　明	备　　注
serial	int(11)	否	发言序列号	auto_increment 主键
author	varchar(20)	否	发言者姓名	
chattime	timestamp	否	发言时间	CURRENT_TIMESTAMP
emotion	varchar(20)		发言表情	
action	varchar(40)		发言动作	
color	varchar(5)		发言文本颜色	默认为 black
text	text	否	发言文本	

表 6.9　数据表 user 字段的定义和说明

字　　段	类　　型	NULL	说　　明	备　　注
user_id	int(11)	否	聊客序列号	auto_increment 主键
name	varchar(20)	否	聊客姓名	
password	varchar(20)	否	密码	
is_online	varchar(1)	否	是否在线标志	默认为 0

3. 界面设计

(1) 聊天室主页 chatindex.php 的页面规划与留言板中的管理员登录类似。

(2) 聊天室页 mian.php 的页面规划如下所示。其中的样式定义在 chat.css 中。

780×350(上部)	最新聊天信息显示区(show.php)
780×480(中部)	写聊天信息区(say.php)
780×70(底部)	版权信息

(3) 聊天信息显示 show.php 的页面规划如下所示。

Logo：180×50	Banner：600×50
空白：780×10	
链接菜单：780×50	
空白：780×5	
15 行最新聊天信息显示	

(4) 写聊天信息 say.php 的页面规划如下所示。

空白：780×5
文本框 (写聊天) 发言按钮 表情下拉列表 动作下拉列表 文本颜色下拉列表
当前在线人：复选框组(写聊天) 踢人按钮

(5) 浏览聊天信息页 chatview.php 的页面规划如下所示。

Logo：180×50		Banner：600×50	
空白：780			
链接菜单：780×50			
空白：780×5			
标题：780×50			
分页显示信息栏			
序号(5%)	聊客(10%)	聊天时间(20%)	聊天内容
		××××-××-××	
		××:××:××	
		780×20 顶部留白：10p　分页显示信息栏	
版权信息			

(6) 离开聊天室页 relogin.php 的页面与主页 chatindex.php 类似，不同之处在于标题栏的下方无提示语。

(7) 注销聊天室页 exit.php 的页面与主页 chatindex.php 相同。

6.5　聊天室的实现

由对聊天室的设计可见，聊天室中各个页面的头部和底部信息相同，为了使代码得到重用，把它们分别放在一个文档中。通过 CSS 对网页表现加以实现。网页中的图像需要通过图形处理软件或动画软件实现。

 准备工作

(1) 确认在站点根文件夹已建立文件夹 chat 作为存放与聊天室相关的文件。

(2) 确认在 chat 文件夹中已建立文件夹 css 和文件夹 images。

(3) 在动画软件 Ulead GIF Animator 中制作聊天室的 banner，以 chat.gif 保存在文件夹 images。

(4) 把图像文件 logo.gif 复制一份存放在文件夹 images 中。

 **CSS编码**

代码文件：chat.css

chat.css 与留言板的 bbs.css 基本类似，只是 bd 类样式有所不同。

(1) 启动 Dreamweaver，打开站点中 bbs\css\bbs.css。

(2) 单击"代码"标签，切换到"代码"视图，修改代码。

```
...
30  #bd {
31      font-size: 14px;
32      color: #F30;
33      height:250px;          <!--要修改的属性-->
34  }
...
```

(3) 把文档以 chat.css 为文件名保存在文件夹 chat\css 下。

 **PHP编码**

6.5.1 网页的头部、尾部和系统配置文件

代码文件：chathead.php、chatbottom.html 和 sys_conf.inc

(1) 在 Dreamweaver 中，新建 PHP 文档。

(2) 单击"代码"标签，切换到"代码"视图，输入如下代码，注意 link 标记的 href。

```
1   <!DOCTYPE html PUBLIC "-//W3C//DTD XHTML 1.0 Transitional//EN"
2   "http://www.w3.org/TR/xhtml1/DTD/xhtml1-transitional.dtd">
3   <html xmlns="http://www.w3.org/1999/xhtml">
4     <head>
5       <meta http-equiv="Content-Type" content="text/html; charset=utf-8" />
6       <title>欢迎光临 wuya 聊天室</title>
7       <link href="css/chat.css" rel="stylesheet" type="text/css" />
8     </head>
9     <body>
10      <div id="app">
11        <div id="top"><img src="images/logo.gif" width="180" height="50"
    /><img src="images/ chat.gif" width="600" height="50" /></div>
12        <div align="center" class="nemulink">
13         <a href="../index.php">返回首页</a> | 
          <a href="chatview.php">查看聊天记录</a> | 
          <a href="main.php">查看聊天室</a> | 
          <a href="relogin.php">离开</a> | 
          <a href= "exit.php">注销</a></div>
```

(3) 把文档以 chathead.php 为文件名保存在文件夹 chat 下。

(4) 在 Dreamweaver 中，打开站点根文件夹中的 bottom.html。

(5) 把文件以此 chatbottom.html 为文件名另存在 chat 下，并修改 link 标记中的 href。

(6) 在 Dreamweaver 中，新建 PHP 文档。

(7) 单击"代码"标签，切换到"代码"视图，输入如下代码。

```
1   <!--sys_conf.inc:系统配置和连接数据库的文件->
2   <?php
3     //配置数据库全局变量
4     $DBHOST="localhost";
5     $DBUSER="root";
6     $DBPWD="";
7     $DBNAME="chat";
8     $mysqli= new mysqli($DBHOST,$DBUSER,$DBPWD,$DBNAME); //连接数据库
9     if(mysqli_connect_errno()) //注意mysqli_connect_error()新特性
10       die("无法连接数据库！"). mysqli_connect_error();
11    $mysqli->query("set names utf8");
12  ?>
```

(8) 把文档以 sys_conf.inc 为文件名保存在文件夹 chat 下。

 代码解读

　　这里使用了 MySQLi 扩展中的描写对象的方法连接数据库。详见 6.6 节的技术要点。

　　第 4～7 行：配置数据库的全局变量，以便于阅读和修改。

　　第 8～11 行：连接数据库，并设置字符集为 utf8，可防止中文乱码。

6.5.2　聊天室的主页——登录页

　代码文件：chatindex.php、check_user.php

(1) 在 Dreamweaver 中，新建 PHP 文档。

(2) 单击"代码"标签，切换到"代码"视图，输入如下代码。

```
1   <?php
2     $err="如果您是首次登录本聊天室,系统将自动注册您的信息";
3     if(isset($_GET['err'])) $err=$_GET['err'];//初始化自定义变量
4     require_once("chathead.php");
5   ?>
6     <script language="JavaScript">   //检查用户输入的昵称和密码不能为空
7       function checkvalid(){
8         if(document.frmLogin.user_name.value==""){
9           alert("请输入昵称！");
10          document.frmLogin.user_name.focus();
11          return false;
12        }
13        if(document.frmLogin.password.value==""){
```

```
14        alert("请输入密码！");
15        document.frmLogin.password.focus();
16        return false;
17      }
18    return true;
19    }
20    </script>
21    <div id="bt">请您注册<hr /></div>
22    <div class="tdl" align="center">
23    <form name="frmLogin" method="POST" action="check_user.php">
24      昵称: <input type="text" name="username" >  
25      密码: <input type="password" name="password" cols="20"> 
 
26      <input type="submit" name="cmdLogin" value="登录" onClick="return
checkvalid();">
27    </form>
28    </div>
29    <div id="err" align="center"><?php echo $err; ?></div>
30    <hr/>
31    <iframe scrolling="no" width="780" height="70" src="chatbottom.html"
marginwidth="0" marginheight="0" border="0" frameborder="0" align="center" >
不支持</iframe>
32    </div>
33    </body>
34    </html>
```

(3) 把文档以 chatindex.php 为文件名保存在文件夹 chat 下。

 代码解读

使用 JavaScript 检查用户输入的合法性是在客户端进行的，这样能快速地让用户明确提交表单时，文本框不能为空。由于用户的信息写在数据库中，需要通过 PHP 验证用户密码输入的合法性。

第 23～27 行: 设置表单，表单的处理程序为 check_user.php。其中

第 26 行: 设置提交按钮表单，通过事件 onClick 触发 JavaScript 函数 checkvalid( )。

(4) 在 Dreamweaver 中，新建 PHP 文档。

(5) 单击 "代码" 标签，切换到 "代码" 视图，输入如下代码。

```
1    <?php
2      @session_start();                        //装载 session 库，一定要放在首行
3      $user_name=$_POST['username'];$password=$_POST['password'];
                                                //获取表单提交的数据
4      $_SESSION['username']=$user_name;   //注册$user_name 变量，注意没有$符号
5      require_once("sys_conf.inc");        //连接数据库
6      $sql="SELECT name,password FROM user WHERE name='$user_name'";
7      $result=$mysqli->query($sql)or die("查询数据失败1！");
```

```
8        $rows=$result->num_rows;
9        if($rows!=0){                              //对于老用户
10          list($name,$psd)=$result->fetch_row();
11          if($psd==$password){                    //密码输入正确
12             $sql="UPDATE user SET is_online='1' WHERE  name='$user_name' AND
     password='$password'";
13             $result=$mysqli->query($sql)or die("查询数据失败 2! ");
14             $mysqli->close() or die("关闭数据库失败! ");
15             echo "<meta http-equiv='Refresh' content='0;url=main.php'>";
                                                      //转到聊天室
16          }
17          else{                                    //密码输入错误
18             $mysqli->close() or die("关闭数据库失败! ");
19             require("relogin.php");                //重新登录
20          }
21        }
22        else{                                      //对于新用户, 将其信息写入数据库
23           $sql="INSERT  INTO  user(name,password,is_online)  VALUE('$user_name',
     '$password',1)";
24           $result=$mysqli->query($sql)or die("查询数据库失败! ");
25           $mysqli->close() or die("关闭数据库失败! ");
26           echo "<meta http-equiv='Refresh' content='0;url=main.php'>";
27        }
28     ?>
```

(6) 把文档以 check_user.php 为文件名保存在文件夹 chat 下。

代码解读

把表单中输入的昵称信息记录在会话变量 SESSION 中。对新老聊客区别处理, 对新聊客只要将其信息写入数据库, 对老聊客要验证密码输入的准确性, 这就需要读取数据库中相应的数据。

第 5~8 行: 连接数据库, 并查询数据。其中

第 6 行: 设置 SQL 语句, 查询 user 数据表中的 name 字段与用户输入的昵称的 name 比较, 验证身份。

第 7 行: 使用 PHP 的 MySQLi 类的方法 query()获取查询数据集记录在变量中。

第 8 行: 使用 PHP 的 MySQLi_RESULT 的属性 num_rows 获取查询数据集中的记录数量。

第 9~21 行: 对登录过聊客的处理。当查询集中的记录数不为 0 时, 说明该登录者已经记录在数据库中。其中

第 10 行: 使用 PHP 的 MySQLi_RESULT 的方法 fetch_row()获取查询集中的记录行并记录在列表数组变量中。

第 11~16 行: 输入密码正确时的处理。其中

第 12~13 行: 更新 user 数据表中登录聊客的 on_line 字段为 1, 确认其在线。

第 14 行: 使用 PHP 的 MySQLi 类的方法 close()关闭数据库。

第 15 行: 刷新 main.php, 即返回聊天室。

第 17~20 行: 当密码输入错误时, 关闭数据库, 并进入 relogin.php, 即重新登录。

第 22~27 行: 对新登录聊客的处理。将其数据写入数据库中并确认其在线。

6.5.3 聊天室页

代码文件: main.php、show.php、say.php

(1) 在 Dreamweaver 中, 新建 PHP 文档。

(2) 单击 "代码" 标签, 切换到 "代码" 视图, 输入如下代码。

```
1  <?php
2    @session_start();
3    require_once("chathead.php");
4    include_once("sys_conf.inc");    //选择数据库
5  ?>
6    <hr/>
7    <div id="bd" class="tdl"><?php include("show.php"); ?></div>
8    <div ><?php include("say.php"); ?></div><hr />
9    <iframe scrolling="no" width="780" height="70" src="chatbottom.html"
   marginwidth="0" marginheight="0" border="0" frameborder="0" align="center">
   不支持</iframe>
10   </div>
11   </body>
12 </html>
```

(3) 把文档以 main.php 为文件名保存在文件夹 chat 下。

代码解读

由于聊天室需要显示当前用户的昵称, 因此需要启动 session。有两个功能区域, 都有数据库操作, 因此需要先连接数据库, 最后关闭数据库。

第 7 行: 设置具有 bd 和 tdl 类样式的聊天信息显示区域, 装载 show.php。此处显示最新的 15 条聊天信息。

第 8 行: 设置聊天输入区域, 装载 say.php。此处显示输入聊天的各种方式和在线聊客信息。

(4) 在 Dreamweaver 中, 新建 PHP 文档。

(5) 单击 "代码" 标签, 切换到 "代码" 视图, 输入如下代码。

```
1  <?php
2    $sql="select * from chatroom ORDER BY chattime"; //按时间降序查找所有聊天记录
3    $result=$mysqli->query($sql) or die("查询数据库失败!");    //执行查询
4    $count=$result->num_rows;              //取得查询结果的记录数
5    if($count==0) $str="";
6    else{
7      if($count<15)  $l=$count;            //设置显示最新记录的条数
8      else   $l =15;
9      $result->data_seek($count-$l);     //移动记录指针到倒数第$l 条记录
10     for($i=1;$i<=$l;$i++){             //显示最新的记录
11       list($cid, $cauthor, $cctime, $cemotion, $caction, $ccolor, $ctext)
   =$result->fetch_row();
```

```
12        $str="$cctime  [".$cauthor."]  ";
13        if($ctext!="" || $cemotion!="") $str.="<font color='green'>".
    $cemotion." 说道</font>: <font color=$ccolor>".$ctext."</font><br/>";
14        else $str.="<font color='blue'>".$caction."</font><br/>";
15        echo $str;
16      }
17    }
18  ?>
```

(6) 把文档以 show.php 为文件名保存在文件夹 chat 下。

 代码解读

本段代码的功能: 从数据表 chatroom 中提取最近发出的 15 条聊天记录, 根据发言的类型组成发言信息, 以指定的格式显示在指定的区域中。

第 2～3 行: 从数据表 chatroom 中按时间降序查询数据。

第 4 行: 使用 PHP 的 MySQLi_RESULT 的属性 num_rows 获取查询数据集中的记录数量。

第 7～8 行: 根据记录总数设置输出记录的数目。若小于 15, 则输出数目为记录数; 否则为 15。

第 9 行: 使用 PHP 的 MySQLi_RESULT 的方法 data_seek()移动记录指针到指定的位置。

第 10～16 行: 输出每条记录。其中

第 11 行: 使用 PHP 的 MySQLi_RESULT 的方法 fetch_row()获取查询集中的记录行并记录在列表中的变量中。

第 12 行: 把发言时间和作者设置到输出字符串中。

第 13 行: 若发言方式为 "写" (发言内容和表情字段不空), 则把发言表情和发言内容设置到输出字符串中, 并根据选择的颜色修饰发言内容。

第 14 行: 若发言方式为 "动作" (动作字段不空), 则把发言动作设置到输出字符串中, 并用蓝色修饰动作文本。

第 15 行: 把输出字符串显示到浏览器中。

(7) 在 Dreamweaver 中, 新建 PHP 文档。

(8) 单击 "代码" 标签, 切换到 "代码" 视图, 输入如下代码。

```
1  <?php
2    $slt_text_color="";$behavior="";//初始化自定义变量
3    $emotion="";$action="";$kick="";$text="";$author="";
4    if(isset($_POST['behavior'])) $behavior=$_POST['behavior'];
                                        //获取表单传递的变量
5    if(isset($_POST['emotion'])) $emotion=$_POST['emotion'];
6    if(isset($_POST['action'])) $action=$_POST['action'];
7    if(isset($_POST['kick'])) $kick=$_POST['kick'];
8    if(isset($_POST['text'])) $text=$_POST['text'];
9    if(isset($_SESSION["username"])) $author=$_SESSION["username"];
         //获取全局变量
10   $opt1=$emotion; $opt2=$action ;
11   if($author=="" && $behavior!="") {//处理注销后查看聊天室,只能看而不能发言
```

```
12          $err="没有发言权,请注册! ";
13          echo "<meta http-equiv='Refresh' content='0;url=chatindex.php?err
      =$err'>";
14        }
15      if(isset($_POST["slt_text_color"])){//选择字体颜色
16        switch($_POST["slt_text_color"]){
17          case "红色":  $color="red";break;
18          case "蓝色":  $color="blue";break;
19          case "灰色":  $color="gray";break;
20          default:      $color="black";
21        }
22      }
23      if($behavior=="发言"){    //发言
24        if($text!="" || $motion!=""){
25          $sql="INSERT INTO chatroom(author,chattime,emotion,action,color,
      text)";
26          $sql.=" VALUE('$author',CURRENT_TIMESTAMP,'$emotion','','$color',
      '$text')";
27          $result=$mysqli->query($sql)or die("存入数据库失败1! ");
28          echo "<meta http-equiv='Refresh' content='0;url=main.php'>";
29        }
30      }
31      if($behavior=="发送"){    //动作
32        if($action!=""){
33          $sql="INSERT INTO chatroom(author,chattime,emotion,action,color,
      text)";
34          $sql.=" VALUE('$author',CURRENT_TIMESTAMP,'','$action','','')";
35          $result=$mysqli->query($sql)or die("存入数据库失败2! ");
36          echo "<meta http-equiv='Refresh' content='0;url=main.php'>";
37        }
38      }
39      if($behavior=="踢人"){    //踢人
40        $sql="UPDATE chat.user SET is_online='0' WHERE user.name='$kick'";
41        $result=$mysqli->query($sql) or die("查询数据库失败3! ");
42        echo "<meta http-equiv='Refresh' content='0;url=main.php'>";
43      }
44  ?>
45      <hr />
46      <form action="main.php" method="POST" target="_self">
47      <table width="100%" border="1" align="center" cellspacing="0" id="err">
48        <tr>
49        <td rowspan="2" align="center">本机聊客<br/><?php echo $author;?></td>
50          <td> 表情 <select name="emotion" size="1">   <!--表情-->
51              <option selected><?php echo $opt1; ?></option>
52              <option>害羞地</option>
53              <option>高兴地</option>
```

```
54              <option>难过地</option>
55              <option>傻呆呆地</option>
56              <option>惊奇地</option>
57              <option>笑眯眯地</option>
58              <option>吞吞吐吐地</option>
59              <option>愤怒地</option>
60              <option>语重心长地</option>
61              <option>迷惑地</option></select>
62           文本颜色 <select size="1" name="slt_text_color">  <!--
    文字颜色-->
63              <option selected><?php echo $slt_text_color; ?></option>
64              <option>红色</option>
65              <option>蓝色</option>
66              <option>灰色</option> </select>
67          <input name="text" type="text" size="60" /></td>
68        <td><input type="submit" name="behavior" value="发言" /></td></tr>
69      <tr><td> 动作 <select size="1" name="action">  <!--动作-->
70              <option selected><?php echo $opt2 ?></option>
71              <option>双手抱拳，作个揖道：各位朋友请了！</option>
72              <option>开始认真考虑</option>
73              <option>挺起胸膛，大声喊道：让我来说！</option>
74              <option>摇了摇头，叹道：还不明白</option>
75              <option>板着脸，咬着牙说：不！我怎么这么笨！</option>
76              <option>凄婉地说道：看来，我还得再看看书！</option>
77              <option>捧着肚子，嘻嘻哈哈地直笑得两眼翻白，喘不过气来。</option>
78              <option>快乐地唱道：我明白了！</option>
79              <option>深深地叹了口气</option></select></td>
80        <td><input type="submit" name="behavior" value="发送" /></td></tr>
81      <tr><td align="center">在线聊客</td><td> 
82  <?php
83    $sql="SELECT * FROM user WHERE is_online='1' ORDER BY name";
                                                        //查询在线用户
84    $result=$mysqli->query($sql) or die("查询数据库失败 4！");   //执行查询
85    while($row=$result->fetch_row()){   //取得查询结果的记录数
86      $uname=$row[1];
87      if($uname!=$author)
88        echo "<input type='radio' name='kick' value='"."$uname."'/> ["."$uname."]
     ";
89    }
90    $mysqli->close();//关闭数据库
91  ?>
92          </td><td><input type="submit" name="behavior" value="踢人" /> </
    td></tr>
93      </table>
94    </form>
```

(9) 把文档以 say.php 为文件名保存在文件夹 chat 下。

代码解读

本段代码的功能实现在指定的位置上显示当前机登录的聊客昵称、聊天的两种方式、在线的聊客，以及对发言的提交和对聊客的踢出。

① 程序中用到的变量详解如表 6.10 所示。

表 6.10　程序中用到的变量

变　量　名	取　　值	含　　义
$opt1,$opt2	列表中的选项	自定义变量。记录表情和动作列表中被选中的选项
$author	字符串	自定义变量。记录当前登录的聊客昵称
$_SESSION["username"]	字符串	预定义全局变量。记录当前登录的聊客昵称
$_POST["slt_text_color"]	字符串	预定义全局变量。记录提交的表单数据—选择的文本颜色
$_POST["text"]	字符串	预定义全局变量。记录提交的表单数据—输入的发言文本
$_POST["motion"]	字符串	预定义全局变量。记录提交的表单数据—选择的发言表情
$_POST["action"]	字符串	预定义全局变量。记录提交的表单数据—选择的发言动作
$color	字符串	自定义变量。记录文本颜色的英文名称
$behavior $emotion	字符串	表单变量。记录单击的按钮标签、表情列表的选择
$text $action	字符串	表单变量。记录输入的发言内容、动作列表的选择
$slt_text_color	字符串	表单变量。记录文本颜色列表的选择
$row	数据表的记录	自定义数组变量。记录数据表中的一行记录数据

② 程序中用到的 SQL 命令详解如表 6.11 所示。

表 6.11　程序中用到的 SQL 命令

命　令　格　式	含　　义
INSERT INTO chatroom(author,chattime,emotion,action,color, text) VALUE('$author',CURRENT_TIMESTAMP,'','$action','','')	把新发言信息(动作)插入表 chatroom 中
INSERT into chatroom(author,chattime,emotion,action,color,text) value('$author',CURRENT_TIMESTAMP,'$emotion','','$color','$text')	把新发言信息(带表情并设置了颜色的文本)插入表 chatroom 中
UPDATE chat.user SET is_online= '0' WHERE user.name='$kick'	更新表 user 中被选中用户的在线信息
SELECT * FROM user WHERE is_online='1' ORDER BY user_id	user_id 降序查询表 user 中的在线聊客

③ 对程序中各行代码的解读。

第11～14 行：对选择了注销链接再次进入聊天室的或没有登录的聊客，设置无发言权限。

第15～22 行：若选择了文本颜色，则把选项中的文本转化为英文名称。

第23～30 行：如果单击"发言"按钮，当发言文本或发言表情不空时，就把这些信息插入数据表中并刷新 main.php(可看到此条发言)。

第31～38 行：如果选择了发言动作并单击了"发送"按钮，就把这些信息插入数据表中并刷新 main.php(可看到此条发言)。

第39～43 行：如果选择了某个聊客昵称前的单选框并单击"踢人"按钮后，就把该聊客的在线属性设为 0 并刷新 main.php(可看到此聊客昵称消失)。

第 46～94 行：设置发言表单。处理程序为 main.php，目标在被浏览窗口中。以表格布局各个项目，
　　　　　　前两行设置发言格式，第 3 行设置在线聊客昵称。其中

第 49 行：合并两行的第一列，显示当前登录的聊客昵称。

第 50～61 行：设置表情列表，第一行中显示当前的选择。

第 62～66 行：设置输入文本的颜色列表，第一行中显示当前的选择。

第 67～68 行：输入发言文本和按钮表单，与下面的 3 个按钮的名称一样，以便对提交后分类处理。

第 69～80 行：设置动作列表和发送按钮表单。

第 82～91 行：设置在线聊客列表和踢人按钮表单。其中

第 85～89 行：逐条记录处理，获取每行中第一个字段(聊客昵称)。

第 87～88 行：若聊客昵称不是当前机在线聊客昵称，则显示在单选按钮后。

6.5.4　浏览聊天信息页

代码文件：chatview.php

(1) 在 Dreamweaver 中，新建 PHP 文档。

(2) 单击"代码"标签，切换到"代码"视图，输入如下代码。

```
1   <?php
2     $chatstr="";$numestr="";$page=1;
3     if(isset($_GET['page'])) $page=$_GET['page'];//初始化自定义变量
4     include_once("sys_conf.inc");
5     $query="SELECT * FROM chatroom ";
6     $result=$mysqli->query($query) or die("读取数据失败");
7     $mysqli->close() or die("无法断开与数据库的连接");
8     $chatnum=$result->num_rows;
9     $chatinfostr="目前聊天室中共有 <font color='red'>".$chatnum." </font>
   条聊天记录.";   //制作信息条
10    if($page<=0||$chatnum==0) $page=0;
11    $msgPerPage=10;   //设置一页中显示的最多记录数
12    $start=($page-1)*$msgPerPage;   //设置每页开始的记录序号
13    $end=$start+$msgPerPage;   //设置每页结束的记录序号
14    if($end>$chatnum) $end=$chatnum;
15    $totalpage=ceil($chatnum/$msgPerPage);
16    if($chatnum>0) $chatinfostr.="本页列出了第 <font color='blue'>".($start
   +1)." </font> 至第 <font color='blue'> ".$end." </font>条。";
17    require_once("chathead.php");
18  ?>
19     <div id="bt">查看聊天记录<hr /></div>
20      <div id="err"><?php echo $chatinfostr;?></div>
21      <div id="bd">
22        <table width="100%" border="1" cellspacing="1" class="tdl">
23          <tr align="center" id=err><td width="8%">序号</td><td width="10%">
   聊客</td>
24            <td width="20%">聊天时间</td><td>聊天内容</td></tr>
```

```
25  <?php
26    for($i=$start;$i<$end;$i++){    //输出聊天信息
27      $result->data_seek($i);
28      list($cid,$cauthor,$cctime,$cemotion,$caction,$ccolor,$ctext) =$result
->fetch_row();
29      if($ctext!="" || $cemotion!="") $chatstr.=$cemotion." 说道: <font color
=$ccolor>".$ctext." </font><br/>";
30      else $chatstr.="<font color='blue'>".$caction."</font><br/>";
31      echo "<tr><td align=\"center\">".$cid."</td><td>".$cauthor."</td><td>".
$cctime."</td> <td >".$chatstr." </td></tr>";//输出一条聊天信息
32      $chatstr="";
33    }
34    if($page==$totalpage)
35      for($j=$msgPerPage;$j>($i-10*floor($i/10));$j--){//一页中记录不足最大数
                                                       时, 补充空行
36        echo"<tr><td> </td><td> </td><td> </td><td> 
</td></tr>";
37      }
38    //制作页导航
39    if($page>1)
40      $numestr="<a href=".$_SERVER['PHP_SELF']."?page=".($page-1).">上
一页</a> |  ".$numestr;
41    for($i=1;($i<=$totalpage);$i++){
42      if($i==$page)  $numestr.=$i;
43      else $numestr.="<a href=".$_SERVER['PHP_SELF']."?page=$i>".$i."</a> ";
44      if($i<$totalpage)  $numestr=$numestr." | ";
45    }
46    if($page<$totalpage) $numestr.=" | <a href=".$_SERVER
['PHP_SELF']."? Page=".($page+1).">下一页</a>";
47  ?>
48      </table></div>
49    <div id="err" align="center"><?php echo "$numestr"; ?></div><hr/>
50    <iframe scrolling="no" width="780" height="60" src="chatbottom.html"
marginwidth="0" marginheight="0" border="0" frameborder="0" align="center" >
不支持</iframe>
51    </div>
52  </body>
53 </html>
```

(3) 把文档以 chatview.php 为文件名保存在文件夹 chat 下。

代码解读

这段代码的含义参见 6.3 节中 bbsviewinfo.php 的代码解读。

6.5.5　离开页

代码文件：relogin.php

(1) 在 Dreamweaver 中，打开文件 chatindex.php。

(2) 单击"代码"标签，切换到"代码"视图，修改代码。

```
1   <?php require_once("chathead.php");?>
2   <script language="JavaScript">    //检查用户输入的昵称和密码是否合法
3     function checkvalid(){
4       if(document.frmLogin.user_name.value==""){
5         alert("请输入昵称！");
6         document.frmLogin.user_name.focus();
7         return false;
8       }
9       if(document.frmLogin.password.value==""){
10        alert("请输入密码！");
11        document.frmLogin.password.focus();
12        return false;
13      }
14      return true;
15    }
16  </script>
17      <div id="bt">请您重新注册<hr /></div>
18      <div class="tdl" align="center">
19       <form name="frmLogin" method="POST" action="check_user.php">
20      昵称:<input type="text" name="username" value="<?php echo $_SESSION
    ['username'];?>"
21          密码:<input type="password" name="password" >
22          <input type="submit" name="cmdLogin" value="登录" onClick= "return
    checkvalid();">
23      </form></div>
24      <div id="err" align="center">如果您是首次登录本聊天室,系统将自动注册您的信息
    </div>
25  <hr/>
26    <iframe scrolling="no" width="780" height="70" src="chatbottom.html"
    marginwidth="0" marginheight="0" border="0" frameborder="0" align="center" >
    不支持</iframe>
27    </div>
28  </body>
29  </html>
```

(3) 把文件以 relogin.php 为文件名保存在文件夹 chat 下。

6.5.6　注销页

代码文件：exit.php

(1) 在 Dreamweaver 中，新建 PHP 文档。

(2) 单击 "代码" 标签, 切换到 "代码" 视图, 输入如下代码。

```php
1  <?php
2    @session_start();
3    $user=$_SESSION['username'];
4    require_once("sys_conf.inc");
5    $sql="update user set is_online='0' where name='$user'";//更新用户的在线属性
6    $result=$mysqli->query($sql) or die("查询数据库失败！");    //执行查询
7    $mysqli->close();            //关闭数据库
8    session_destroy();           //销毁本次会话(回收会话数组空间)
9    echo "<meta http-equiv='Refresh' content='0;url=chatindex.php'>";
10 ?>
```

(3) 把文档以 exit.php 为文件名保存在文件夹 chat 下。

 代码解读

本段代码实现了修改要注销聊客的在线属性、销毁本次的会话变量和定向到聊天室的首页。

 案例扩展

6.5.7 调试代码

(1) 确认 chatindex.php 等文件已在服务器访问目录(如 c:\htdocs\wuya 或 c:\Appserv\www\wuya)的子目录 chat 下。

(2) 启动浏览器, 输入: http://localhost/wuya/chat/chatindex.php, 单击 "转到" 按钮, 可见如图 6.13 所示的效果。

图 6.13 聊天室的主页页面

(3) 在表单中输入姓名和密码, 单击 "登录" 按钮, 可见如图 6.14 所示的效果。

 说明

① 若有一个文本框中没有输入或再次登录时密码输错, 则会弹出警示框。

② 在如图 6.14 所示的页面中, 可选择设置表情和文本颜色后, 再输入文本的 "发言" 方式, 或选择动作的 "发言" 方式进行聊天交互。

③ 同时页面下方还可见在线的聊客, 不喜欢可以 "踢人"。

图 6.14　聊天室界面

(4) 单击"查看聊天记录"链接，可见如图 6.15 所示的效果。

图 6.15　单击"查看聊天记录"链接后的界面

(5) 单击"离开"链接，可见如图 6.16 所示的效果。

图 6.16　单击"离开"链接后的界面

(6) 单击"注销"链接，回到如图 6.13 所示的登录界面。

(7) 单击"查看聊天室"链接，可见如图 6.14 所示的聊天室页面。

 说明

在单击"注销"链接后再单击"查看聊天室"链接，可见本机的聊客为空；在单击"离开"链接后再单击"查看聊天室"链接，可见本机的聊客不空；这就是"离开"与"注销"的区别，如图 6.17 所示。

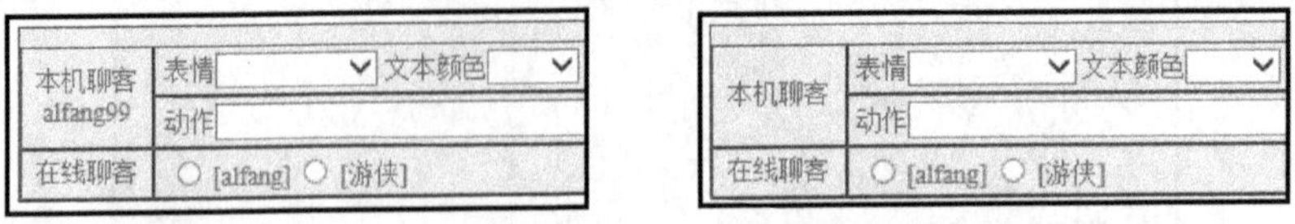

(a) "查看聊天室"链接界面(离开)　　(b) "查看聊天室"链接界面(注销)

图 6.17　"查看聊天室"链接界面

技术要点

6.6　PHP 访问数据库

6.6.1　PHP 访问数据库的机制

1．PHP 访问数据库的过程

数据存放在数据库服务器中。PHP 提供了一组函数实现对数据库的访问，SQL 命令作为字符串成为函数的参数。PHP 访问数据库的机制示意如图 6.18 所示。

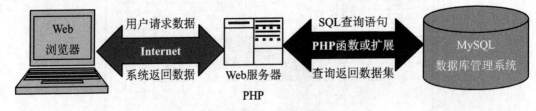

图 6.18　PHP 访问数据库的机制示意图

PHP 访问数据库的流程包括以下步骤，如图 6.19 所示。

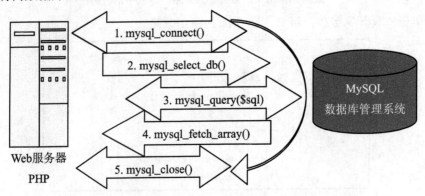

图 6.19　PHP 通过 MySQL 扩展访问数据库的流程示意图

(1) 连接数据库服务器。

(2) 选择数据库。

(3) 管理或查询数据表。

(4) 反馈查询结果。

(5) 关闭数据库。

2. PHP 访问 MySQL 的方式

随着 PHP 的不断发展，PHP 访问 MySQL 的方式也在不断更新。目前，常使用的有 MySQL 扩展、MySQLi 扩展和 PDO 操作等方式。

(1) MySQL 扩展。MySQL 扩展是 PHP 访问 MySQL 数据库的早期扩展。它提供了一个面向过程的接口，并且是针对 MySQL 4.1.3 或更早版本设计的。可见，如果使用 MySQL 4.1.3 或更新的服务端版本，建议使用 MySQLi 扩展替代它。

MySQL 扩展的源代码在 PHP 扩展目录的 ext/mysql 下。

(2) MySQLi 扩展。又称为 MySQL 增强扩展。可用于使用 MySQL 4.1.3 或更新版本中新的高级特性。MySQLi 扩展包含在 PHP 5 及以后版本中。MySQLi 扩展有一系列的优势，不仅提供了面向过程的接口，还提供了面向对象接口。相对于 MySQL 扩展，在 prepared 语句支持、多语句执行支持、事务支持、增强的调试能力和嵌入式服务支持等方面都有所提升。

MySQLi 扩展的源代码在 PHP 扩展目录的 ext/mysqli 下。

(3) PDO(PHP Data Object)扩展类库。PDO 为 PHP 访问数据库定义了轻量级的、一致性的接口，它提供了一个数据库访问抽象层。PDO 由 MySQL 驱动，而 MySQL 驱动是众多 PDO 驱动中的一个。它是基于 PHP 扩展框架实现的。PDO 简化了数据库的操作并能够屏蔽不同数据库之间的差异，可以方便地进行跨数据库程序的开发，以及不同数据库间的移植，是将来 PHP 在数据库处理方面的主要发展方向。

PDO 扩展类库的源码在 PHP 扩展目录的 ext/pdo_mysql 下。

表 6.12 比较了 PHP 中 3 种主要的 MySQL 连接方式的功能。

表 6.12　MySQL 配置选项

特　　性	PHP 的 MySQL 扩展	PHP 的 MySQLi 扩展	PDO MySQL API
引入的 PHP 版本	3.0 之前	5.0	5.0
PHP 5.x 是否包含	是	是	是
MySQL 开发状态	仅维护	活跃	在 PHP 5.3 中活跃
在 MySQL 新项目中的建议使用程度	不建议	建议 - 首选	建议
API 的字符集支持	否	是	是
服务端 prepare 语句的支持情况	否	是	是
客户端 prepare 语句的支持情况	否	否	是
存储过程支持情况	否	是	是
多语句执行支持情况	否	是	大多数
是否支持所有 MySQL 4.1 以上功能	否	是	大多数

无论使用哪种方式，都要确定启动了相应的扩展。按照第 2 章的安装和配置，需要修改 php.ini，释放 MySQL 扩展、MySQLi 扩展和 PDO 的 MySQL 扩展及如表 6.13 所示的配置选项。

```
    …
890 extension=php_mysql.dll
891 extension=php_mysqli.dll
893 …
894 ;extension=php_pdo_firebird.dll
895 extension=php_pdo_mysql.dll
    …
```

表 6.13　php.ini 中的配置选项

名　　　称	默　　认	描　　　述	可　更　改
mysql.allow_persistent	"1"	是否允许 MySQL 的持久连接	PHP_INI_SYSTEM
mysql.max_persistent	"-1"	每个进程中最大的持久连接数目	PHP_INI_SYSTEM
mysql.max_links	"-1"	每个进程中最大的连接数	PHP_INI_SYSTEM
mysql.trace_mode	"0"	跟踪模式。从 PHP 4.3.0 起可用	PHP_INI_ALL
mysql.default_port	NULL	默认连接数据库的 TCP 端口号	PHP_INI_ALL
mysql.default_socket	NULL	默认的 socket 名称	PHP_INI_ALL
mysql.default_host	NULL	默认的服务器地址	PHP_INI_ALL
mysql.default_user	NULL	默认使用的用户名	PHP_INI_ALL
mysql.default_password	NULL	默认使用的密码	PHP_INI_ALL
mysql.connect_timeout	"60"	连接超时秒数	PHP_INI_ALL
mysqli.allow_local_infile	"1"	允许访问 PHP 本地文件	PHP_INI_SYSTEM
mysqli.reconnect	"0"	连接丢失时是否自动重新连接	PHP_INI_SYSTEM
pdo_mysql.default_socket	"/tmp/mysql.sock"	设置 Unix domain socket	PHP_INI_SYSTEM
pdo_mysql.debug	NULL	允许调试 PDO_MYSQL	PHP_INI_SYSTEM

第 5 和第 6 章中的案例分别用到了 MySQL 扩展、MySQLi 扩展的面向过程接口、MySQLi 扩展的面向对象接口，在这里对相关技术做一些梳理。对于 PDO 方式，本书暂未涉及。

PHP 操作 MySQL 函数和 MySQLi 函数和类的属性和方法可分为如下几类。

(1) 数据库操作函数如表 6.14 所示。

表 6.14　数据库操作函数

MySQL 函数	MySQLi 函数 (面向过程)	MySQLi 函数 (面向对象)	功　能　说　明
mysql_connect()	mysqli_connect()	mysqli::__construct()	打开一个到MySQL服务端的新的连接
mysql_pconnect()			永久连接 MySQL 数据库服务器
mysql_close ()	mysqli_close()	mysqli->close()	关闭先前打开的数据库连接
mysql_select_db ()	mysqli_select_db()	mysqli->select_db()	为数据库查询选择默认数据库

(续)

MySQL 函数	MySQLi 函数 (面向过程)	MySQLi 函数 (面向对象)	功 能 说 明
mysql_create_db()			创建数据库
mysql_drop_db()			删除数据库
mysql_list_dbs()			获取数据库名
mysql_list_tables()			获取数据库下所有表的名称
mysql_tablename			取得表名

(2) 数据表操作函数如表 6.15 所示。

表 6.15　数据表操作函数

MySQL 函数	MySQLi 函数 (面向过程)	MySQLi 函数 (面向对象)	功 能 说 明
mysql_query ()	mysqli_query()	mysqli->query()	在数据库上执行一个查询
mysql_db_query()			在特定的数据库里执行 SQL 语句
mysql_affected_rows()	mysqli_affected_rows()	$mysqli->affected_rows	获取前一个 MySQL 操作受影响行数
mysql_insert_id()	mysqli_insert_id()	$mysqli->insert_id	返回最后一次查询自动生成并使用的ID

(3) 记录操作函数如表 6.16 所示。

表 6.16　记录操作函数

MySQL 函数	MySQLi 函数 (面向过程)	MySQLi 函数 (面向对象)	功 能 说 明
mysql_num_fields()	mysqli_num_fields()	$mysqli_result->field_count	获取结果集中字段数量
mysql_fetch_lengths()	mysqli_fetch_lengths()	$mysqli_result->lengths	返回结果集中当前行的列长度
mysql_num_rows ()	mysqli_num_rows()	$mysqli_result->num_rows	获取结果集中行的数量
mysql_data_seek()	mysqli_data_seek()	mysqli_result->data_seek()	将结果集中的指针调整到任意行
mysql_fetch_array()	mysqli_fetch_array()	mysqli_result->fetch_array()	以一个关联数组、数值索引数组，或者两者皆有的方式抓取结果集中的一行
mysql_fetch_assoc()	mysqli_fetch_assoc()	mysqli_result->fetch_assoc()	以一个关联数组方式抓取结果集中的一行
mysql_fetch_field()	mysqli_fetch_field()	mysqli_result->fetch_field()	返回结果集中的下一个字段
	mysqli_fetch_fields()	mysqli_result->fetch_fields()	返回一个代表结果集字段的对象数组
mysql_fetch_object()	mysqli_fetch_object()	mysqli_result->fetch_object()	以对象方式返回结果集中的当前行
mysql_fetch_row()	mysqli_fetch_row()	mysqli_result->fetch_row()	以一个枚举数组方式返回结果集中的一行
mysql_field_seek()	mysqli_field_seek()	mysqli_result->ield_seek()	设置结果集指针到特定的字段开始位置

(续)

MySQL 函数	MySQLi 函数 (面向过程)	MySQLi 函数 (面向对象)	功 能 说 明
mysql_field_flags()			从结果集中取得和指定字段关联的标志
mysql_field_len()			返回结果集中指定字段的长度
mysql_field_name()			取得结果集中指定字段的字段名
mysql_field_table()			取得结果集中指定字段所在的表名
mysql_field_type()			取得结果集中指定字段的类型
mysql_list_fields()			列出结果集中的字段
mysql_result()			取得结果集中的数据
mysql_free_result()	mysqli_free_result()	mysqli_result->free(), mysqli_result->close, mysqli_result->free_result	释放与结果集相关的内存

(4) 错误检查函数如表 6.17 所示。

表 6.17 错误检查函数

MySQL 函数	MySQLi 函数 (面向过程)	MySQLi 函数 (面向对象)	功 能 说 明
mysql_errno()	mysqli_errno()	$mysqli->errno	返回最近的函数调用产生的错误代码
mysql_error()	mysqli_error()	$mysqli->error	返回最近的函数调用产生的错误描述
	mysqli_connect_errno()	$mysqli->connect_errno	返回最后一次连接调用的错误代码
	mysqli_connect_error()	$mysqli->connect_error	返回上一次连接错误的错误描述
	mysqli_error_list ()	mysqli::$error_list	返回最近调用函数的错误列表

6.6.2 连接 MySQL 数据库

与连接 MySQL 数据库相关的操作包括连接到 MySQL 服务器、选择数据库和关闭数据库连接，其中还要考虑对错误的检查和报告。

1. MySQL 扩展

```
示例 6_1_mysql// MySQL 扩展
<?php
    $link=mysql_connect("localhost","root","");   //连接 MySQL 服务器
    if(mysql_errno()>0){
        echo "<br />1. ".mysql_errno().":".mysql_error()."<br />" ; //检查错误
        exit();
    }
    else{
        echo "1. 数据库连接成功! <br />";
```

```
    mysql_select_db('test');   //选择数据库
    if(mysql_errno()>0){
        echo "<br />2. ".mysql_errno().":".mysql_error()."<br />" ;   //检查错误
        exit();
    }
    else{
        echo "2. test 数据库被选取！<br />";
        $s=mysql_close($link);   //关闭与 MySQL 服务器的连接
        if(!$s){
            echo "<br />3. ".mysql_errno().":".mysql_error()."<br />" ;   //检查错误
        exit();
        }
        else  echo "3. 关闭连接成功！<br />";
    }
}
?>
```

运行结果（若 MySQL 的主机，用户和密码是"localhost","root",""且存在数据库 test）

Deprecated: mysql_connect(): The mysql extension is deprecated and will be removed in the future: use mysqli or PDO instead in D:\wamp\www\extend\ch6\6_1_mysql.php on line 2

1. 数据库连接成功！
2. test 数据库被选取！
3. 关闭连接成功！

若把第 2 行中的 mysql_connect 修改为 @mysql_connect，密码改为"12345"，运行结果是：

1. 1045:Access denied for user 'root'@'localhost' (using password: YES)

若把第 9 行中的数据库改为"testdb"(不存在)时，运行结果是：

1. 数据库连接成功！
2. 1049:Unknown database 'testdb'

若把第 16 行修改为 mysql_close($link1)，运行结果是：

1. 数据库连接成功！
2. test 数据库被选取！

Notice: Undefined variable: link1 in D:\wamp\www\extend\ch6\6_1_mysql.php on line 16

Warning: mysql_close() expects parameter 1 to be resource, null given in D:\wamp\www\extend\ch6\ 6_1_mysql.php on line 16

3. 0:

1）连接 MySQL 数据库服务器

语法格式	①resource mysql_connect([string $server [, string $username[, string $password [, bool $new_link [, int$client_flags]]]]]) ②resource mysql_pconnect ([string $server [, string $username [, string $password[, int $client_flags]]]])
函数功能	①打开或重复使用一个到 MySQL 服务器的连接。 ②打开一个到 MySQL 服务器的持久连接。

参数说明	◆server: MySQL 服务器。 可以包括端口号，如 "hostname:port"。若 PHP 指令 mysql.default _host 未定义(默认情况)，则默认值是 'localhost:3306'。在 SQL 安全模式时，用 'localhost:3306'。 ◆username: 用户名。 默认值由 mysql.default_user 定义。在 SQL 安全模式时，用服务器进程所有者的用户名。 ◆password: 密码。 默认值由 mysql.default_password 定义。在 SQL 安全模式时，用空密码。 new_link: 指定打开的新连接标识符。 如果用同样的参数第二次调用 mysql_connect()，将不会建立新连接，而将返回已经打开的连接标识。参数 new_link 改变此行为并使 mysql_connect()总是打开新的连接。 ◆client_flags: MySQL 客户端常量。 ①可以是以下常量的组合: MYSQL_CLIENT_SSL，MYSQL_CLIENT_ COMP RESS，MYSQL_CLIENT_IGNORE_SPACE 或 MYSQL_CLIENT_INTERA CTIVE。 ②client_flags 参数可以是以下常量的组合: MYSQL_CLIENT_COMPRESS，MYSQL_CLIENT_IGNORE_SPACE 或者 MYSQL_CLIENT_INTERACTIVE
返回值	①若执行成功，则返回一个整数值(MySQL 连接标识); 若执行失败，则返回 FALSE。 ②若执行成功，则返回一个正的 MySQL 持久连接标识符; 若出错，则返回 FALSE。

 说明

① 本扩展自 PHP 5.5.0 起已废弃，应使用 MySQLi 或 PDO_MySQL 扩展来替换。用以替代本函数的有 mysqli_connect()、PDO::__construct()。

② PHP 程序结束时，与服务器的连接就被关闭，除非之前已经明确调用 mysql_close() 关闭了。

③ 可以在函数名前加上一个 @ 来抑制出错时的错误信息。

mysql_pconnect()函数与 mysql_connect()语法相同，区别在于以下几点。

① 每次连接前，要检查是否有同样参数的连接，若有，则直接使用。

② 不能用 mysql_close()函数关闭它。

③ 当脚本执行完毕后，也不会切断对服务器的连接，故称为"永久性连接"。

④ 使用持久连接需要调整 Apache 和 MySQL 的配置以使不会超出 MySQL 所允许的连接数目。

2) 选择数据库

语法格式	bool mysql_select_db (string $database_name [, resource $ link_ identifier])
函数功能	选择 MySQL 数据库。
参数说明	database_name: 选择的数据库名称。 link_identifier: 可选，MySQL 连接标识。
返回值	成功时返回 TRUE, 失败时返回 FALSE。

 说明

如不指定连接标识，则使用由 mysql_connect() 最近打开的连接。如果没有找到指定连接，会尝试不带参数调用 mysql_connect() 来创建。如没有找到连接或无法建立连接，则会生成 E_WARNING 级别的错误。

3) 检查错误

语法格式	① int mysql_errno ([resource $link_identifier]) ② string mysql_error ([resource $link_identifier])

函数功能	①返回上一个 MySQL 函数的错误号码，如果没有出错，则返回 0(零)。 ②返回上一个 MySQL 函数的错误文本，如果没有出错，则返回 " (空字符串)。
参数说明	link_identifier: 由 mysql_connect() 返回的连接标识。

 说 明

① 如果指定了可选参数则用给定的连接提取错误代码。否则使用上一个打开的连接。

② 如果没有指定连接标识，则使用上一个成功打开的连接从 MySQL 服务器提取错误信息。

 小贴士

错误报告的处理

PHP 的错误报告通过函数实现，格式如下，其中参数的含义如表 6.18 所示。

```
int error_reporting([int level])
```

表 6.18　error_reporting() level 参数取值与字符串对照

数　值	字 符 串 值	数　值	字 符 串 值	数　值	字 符 串 值
1	E_ERROR	32	E_CORE_WARNING	1024	E_USER_NOTICE
2	E_WARNING	64	E_COMPILE_ERROR	2047	E_ALL
4	E_PARSE	128	E_COMPILE_WARNING	2048	E_STRICT
8	E_NOTICE	256	E_USER_ERROR		
16	E_CORE_ERROR	512	E_USER_WARNING		

 说 明

① level=0, 不报告任何消息; level=E_ALL, 报告所有消息。

② 程序调试阶段需要报告错误和警告，以帮助识别和查明问题。

③ 用户使用阶段，应该禁止错误和警告消息的出现，以免造成困惑。

④ 在函数前的@也能屏蔽函数的错误报告。

4) 关闭数据库连接

语法格式	bool mysql_close ([resource $link_identifier = NULL])
函数功能	关闭指定的连接标识所关联的到 MySQL 服务器的非持久连接。
参数说明	link_identifier MySQL 的连接标识。
返回值	成功时返回 TRUE, 失败时返回 FALSE。

 说 明

① 如果参数为 NULL, 将使用最近一次 mysql_connect()建立的连接; 如果没有找到可使用的连接, 将产生一个 E_WARNING 错误。

② 当程序终止时，会自动关闭 mysql_connect()函数打开的连接。

③ 不会关闭由 mysql_pconnect() 建立的持久连接。

2. MySQLi 扩展

示例 6_1_mysqli.php// MySQLi 扩展(面向过程)

```php
<?php
    $link=mysqli_connect("localhost","root","","");    //连接 MySQL 服务器
    if(mysqli_connect_errno($link)>0){
        echo "<br />1. ".mysqli_connect_errno($link).":".mysqli_connect_error
($link)."<br />" ; //检查错误
        exit();
    }
    else{
        echo "1. 数据库连接成功! <br />";
        mysqli_select_db($link,'testdb'); //选择数据库
        if(mysqli_errno($link)>0){
            echo "<br />2. ".mysqli_errno($link).":".mysqli_error($link)."<br
/>" ; //检查错误
            exit();
        }
        else{
            echo "2. test 数据库被选取! <br />";
            mysqli_close($link);//关闭与 MySQL 服务器的连接
            if(mysqli_errno($link)>0){
                echo "<br />3. ".mysqli_errno().":".mysqli_error($link)."<br
/>" ; //检查错误
                exit();
            }
            else  echo "3. 关闭连接成功! <br />";
        }
    }
?>
```

运行结果　若 MySQL 的主机,用户和密码是"localhost","root",""且存在数据库 test。

    1. 数据库连接成功!
    2. test 数据库被选取!
    3. 关闭连接成功!

如把第二行中的密码改为"12345",运行结果是:

    Warning: mysqli_connect(): (HY000/1049): Unknown database '123456' in
D:\wamp\www\extend\ch6\ 6_1_mysqli.php on line 2
    1. 1049:Unknown database '123456'

若把第二行中数据库改为"testdb"(不存在)时,运行结果是:

    1. 数据库连接成功!
    2. 1049:Unknown database 'testdb'

再把第 14 行修改为 mysql_close($link1),运行结果是:

    1. 数据库连接成功!
    2. test 数据库被选取!

Notice: Undefined variable: link1 in D:\wamp\www\extend\ch6\6_1_mysqli.php on line 16

Warning: mysqli_close() expects parameter 1 to be mysqli, null given in D:\wamp\www\extend\ch6\ 6_1_mysqli.php on line 16

3.0:

示例 6_1_mysqlio.php// MySQLi 扩展(面向对象)

```php
<?php
    $mysqli = new mysqli("localhost", "root", "", "test"); //连接 MySQL 服务器
    if($mysqli->connect_errno>0){
        echo "<br />1. ".$mysqli->connect_errno.":".$mysqli->connect_error."<br />" ; //检查错误
        exit();
    }
    else{
        echo "1. 数据库连接成功! <br />";
        $mysqli->select_db('test'); //选择数据库
        if($mysqli->errno>0){
            echo "<br />2. ".$mysqli->errno.":".$mysqli->error."<br />" ; //检查错误
            exit();
        }
        else{
            echo "2. test 数据库被选取! <br />";;
            $s=$mysqli->close();//关闭与 MySQL 服务器的连接
            if(!$s){
                echo "3. <br />".$mysqli->errno.":".$mysqli->error.
                    "<br />" ; //检查错误
                exit();
            }
            else echo "3. 关闭连接成功! <br />";
        }
    }
?>
```

运行结果　若 MySQL 的主机，用户和密码是"localhost","root",""且存在数据库 test。
同 6_1_mysqli.php

1) 连接 MySQL 数据库服务器

语法格式	① mysqli mysqli_connect ([string $host = ini_get("mysqli.default_ host") 　　　　　　　　　　　 [, string $username =ini_get ("mysqli. default_ user") 　　　　　　　　　　　 [, string $passwd = ini_get("mysqli.default_ pw") 　　　　　　　　　　　 [, string $dbname ="" 　　　　　　　　　　　 [, int$port = ini_get("mysqli.default_port") 　　　　　　　　　　　 [, string $socket = ini_get("mysqli.default _socket")]]]]]]) ② mysqli::__construct ([string $host = ini_get("mysqli.default_ host") 　　　　　　　　　　　 [, string $username = ini_get("mysqli.default_ user")

语法格式	[, string $passwd = ini_get("mysqli.default_ pw") [, string $dbname = "" [, int$port = ini_get("mysqli.default_port") [, string $socket = ini_get("mysqli.default_ socket")]]]]]])
函数功能	打开一个到 MySQL 服务器的连接。
参数说明	host: 可选。规定主机名或 IP 地址。 username: 可选。规定 MySQL 的用户名。 passwd: 可选。规定 MySQL 的密码。 dbname: 可选。规定默认使用的数据库名称。 port: 可选。规定尝试连接到 MySQL 服务器的端口号。 socket: 可选。规定 socket 或要使用的已命名 pipe。
返回值	①如果成功，则返回一个代表到 MySQL 服务器的连接标识；如果出错，则返回 FALSE。 ②如果成功，则返回一个代表到 MySQL 服务器的连接对象；如果出错，则返回 FALSE。

 说 明

mysqli_connect()函数与 mysql_connect()函数虽然都能实现与 MySQL 的连接，但从语法上看有以下区别。

① 返回值不同。mysqli_connect()返回的是一个对象。

② 参数不同。mysqli_connect()可以指定要操作的数据库。

③ mysqli::__construct ()是 mysqli 类的构造函数，创建对象时自动执行。详见下面的示例 6-1-3。

2) 选择数据库

语法格式	bool mysqli_select_db (mysqli $link , string $dbname) bool mysqli::select_db (string $dbname)
函数功能	选择用于数据库查询的默认数据库。
参数说明	dbname: 选择的数据库名称。 link: 由 mysqli_connect() 返回的连接标识。
返回值	成功时返回 TRUE, 失败时返回 FALSE。

 说 明

应该只被用在改变本次连接的数据库，也能在 mysqli_connect()第四个参数确认默认数据库。mysqli::select_db()是 mysqli 类的方法(函数)。使用方法见下面的示例 6-1-3 第 2 行。

3) 检查错误

语法格式	① int mysqli_errno(mysqli $link); ② string mysqli_error (mysqli $link); ③ int mysqli_connect_errno (void); ④ string mysqli_connect_error (void); ⑤ array mysqli_error_list (mysqli $link);	int $mysqli->errno; string $mysqli->error; int $mysqli->connect_errno; string $mysqli->connect_error; array $mysqli->error_list;
函数功能	①③返回最近的函数调用产生的错误代码。 ②④返回最近的函数调用产生的错误代码。 ⑤返回最近调用函数的错误列表。	
参数说明	link: 由 mysqli_connect() 返回的连接标识。	

	①返回最近的 mysqli 函数调用产生的错误代码，返回 0 代表没有错误发生。
	②返回最近的 mysqli 函数调用产生的错误文本，如果没有出错，则返回 "（空字符串）。
	③返回最近的 mysqli_connect() 函数调用产生的错误代码，返回 0 代表没有错误发生。
返回值	④返回最近的 mysqli_connect() 函数调用产生的错误文本，如果没有出错，则返回 "(空字符串)。
	⑤返回最近调用函数的错误列表，每个错误都是一个带有 errno(错误代码)、error(错误文本)和 sqlstate 的关联数组。

 说 明

客户端错误在 Mysqlerrmsg.h 头文件中列出，服务端错误号在 mysqld_error.h 中列出。在 mysql 源码分发包中的 Docs/mysqld_error.txt 可以发现一个完整的错误消息和错误号。

4）关闭与 MySQL 服务器的连接

语法格式	bool mysqli_close (mysqli $link)　　　　bool mysqli::close (void)
函数功能	关闭先前打开的数据库连接。
参数说明	link：由 mysqli_connect() 返回的连接标识。
返回值	成功时返回 TRUE，失败时返回 FALSE。

 说 明

mysqli:: close()是 mysqli 类的方法(函数)。

6.6.3　管理数据库函数

管理数据库首先要创建数据库，这只是一个"壳"。其次要创建数据表，然后插入数据和更新数据。这里我们需要建立一个 bank 数据库。

示例 6-2　创建数据库 bank

其内包含表 message，其结构如下：

示例 6-2　创建数据表 message

Field	Type	Null	Key	Default	Extra
name	varchar(20)	Yes			
email	varchar(40)	Yes			
password	varchar(12)	Yes			
id			PRI	0	auto increment

插入如下数据：

示例 6-2　向数据表 message 添加下列数据（INSERT 操作）

name	E-mail	password	id
张三	szhang123@cs.edu.cn	123456	(自动增加)
李四	Sli123@Cs.edu.cn	000000	(自动增加)

更新如下数据:

示例 6-2	更新数据表 message（UPDATE、DELETE 操作）		
张三	szhang123@cs.edu.cn	asdfg	更新密码
李四	Sli123@Cs.edu.cn	000000	删除

1. MySQL 扩展

可以利用 MySQL 扩展中的函数创建数据库 mysql_create_db ()，也可以使用 SQL 语句先编写相应的 SQL 命令，再把 SQL 命令传送给 mysql_query() 来创建数据库表，插入和更新数据。

示例 6_2_mysql.php//MySQL 扩展

```php
<?php
    $link=@mysql_connect("localhost","root","");    //连接 MySQL 服务器
//1 创建新数据库
    //mysql_create_db("bank",$link); //使用的是 MySQL 4.x 以上版本，该函数不可用
    $sql ="create database bank" ;    //编写 SQL 语句
    mysql_query($sql) ;               //执行 SQL 语句
    if(!mysql_select_db("bank")){
        echo "<br />1:bank 数据库没有创建";
        exit();
    }
    else  echo "<br />1:bank 数据库已经创建";
//2 创建数据表
    $SQL="CREATE TABLE bmessage ('id' INT(10) NOT NULL AUTO_INCREMENT COMMENT
'用户 ID 号' ,
                    'name' VARCHAR(20) NULL COMMENT '用户名' ,
                    'email' VARCHAR(40) NULL COMMENT '用户电子邮箱',
                    'password' VARCHAR(20) NULL COMMENT '用户密码' ,
                    PRIMARY KEY ('id')) ENGINE = InnoDB CHARSET=utf8 COLLATE
                    utf8_bin; ";
    mysql_query($SQL); //执行 SQL 语句
    if(mysql_errno()){
        echo "<br />2:".mysql_errno( ).":".mysql_error( )."<br />";    //检查错误
        exit();
    }
    else  echo "<br />2:在 bank 数据库中已经创建数据表 bmessage";
//3 插入数据
    $SQL="INSERT INTO bmessage (name, email, password) VALUE ('张三','szhang123@
126.net', '123456');";
    mysql_query($SQL);                //连接数据库并执行 SQL 命令
    $SQL="INSERT INTO bmessage (name, email, password) VALUE ('李四','sli123@
126.net', '000000')";
    mysql_query($SQL);                //连接数据库并执行 SQL 命令
```

```
    if(mysql_errno())  echo "<br />3:".mysql_errno().":".mysql_error( )."<br
/>";    //检查错误
    if(mysql_affected_rows()!=1){     //检查数据是否添加入表
        echo "<br />3:添加数据没有成功";
        exit();
    }
    else{
        $id=mysql_insert_id();       //自动为主键分配值
        echo "<br />3:添加数据成功,记录序号为".$id;
    }
```

```
//4 更新数据
    $SQL="UPDATE bmessage SET password='asdfgh' WHERE name='张三'; ";
    mysql_query($SQL);                //执行 SQL 命令
    if(mysql_affected_rows()!=1){     //检查数据是否执行更新
        echo "<br />4:更新数据没有成功";
        exit();
    }
    else echo "<br />4:更新数据成功";
//5 更新数据
    $SQL="DELETE FROM bmessage WHERE id= 2";
    mysql_query($SQL);                //连接数据库并执行 SQL 命令
    if(mysql_affected_rows()!=1){     //检查是否操作成功
        echo "<br />5:删除数据没有成功";
        exit();
    }
    else echo "<br />5:删除数据成功";
```

```
//6 删除数据库
    $sql="DROP DATABASE bank";//连接数据库
    if(mysql_select_db("bank")){
            if(mysql_query($sql))  echo "6:book 数据库已经被删除";
        else {
            echo "6:book 数据库没有被删除";
            exit();
        }
    }
```

```
mysql_close();
?>
```

运行结果　若 MySQL 的主机，用户和密码是"localhost","root",""。

1:bank 数据库已经创建

2:在 bank 数据库中已经创建数据表 bmessage

3:添加数据成功,记录序号为 2

4:更新数据成功

5:删除数据成功

6:book 数据库已经被删除

1) 创建 MySQL 数据库

语法格式	bool mysql_create_db (string $database name [, resource $link_ identifier])
函数功能	尝试在指定的连接标识所关联的服务器上建立一个新数据库。
参数说明	database_name: 在指定连接标识的服务器上建立一个新数据库。 link_identifier: 指定 MySQL 连接标识。
返回值	成功时返回 TRUE，失败时返回 FALSE。

 说明

① 如不指定 ink_identifier，则使用由 mysql_connect() 最近打开的连接。如果没有找到该连接，会尝试不带参数调用 mysql_connect() 来创建。如没有找到连接或无法建立连接，则会生成 E_WARNING 级别的错误。

② 如果 MySQL 扩展是基于 MySQL 4.x 客户端库编译的话，则本函数不可用。不提倡使用函数 mysql_create_db()，最好用 mysql_query() 来提交一条 SQL 命令:

```
$sql ="create database" .$database;
mysql_query($sql) ;
```

③ 自 PHP 5.5.0 起已废弃，并在将来会被移除。应使用 MySQLi 或 PDO_MySQL 扩展来将其替换。用以替代本函数的有 mysqli_query()，PDO::query()。

2) 执行 SQL 语句

语法格式	① resource mysql_query (string $query [, resource $link_ identifier = NULL]) ② resource mysql_db_query (string $database , string $query [, resource $ link_identifier])
函数功能	①向与指定连接的服务器中的当前活动数据库发送一条查询（不支持多条查询）。 ②选择一个数据库并在其上执行查询。
参数说明	database: 指定要操作的数据库。 query: 指定 SQL 查询语句。查询字符串不以分号结束，被嵌入的数据应该正确地转义。 link_identifier: 指定 MySQL 连接标识。
返回值	对 SELECT、SHOW、DESCRIBE、EXPLAIN 等 SQL 语句，成功时返回一个 resource; 对 INSERT、UPDATE、DELETE、DROP 等 SQL 语句，成功时返回 TRUE; 出错时返回 FALSE; 如果没有权限访问查询语句中引用的表，返回 FALSE。

 说明

① 函数如果没有提供可选的连接标识，会去找一个到 MySQL 服务器的已打开的连接; 如果找不到已打开连接，则会尝试无参数调用 mysql_connect() 来建立一个。

② 返回的结果资源应该传递给 mysql_fetch_array() 和其他函数来处理结果表,取出返回的数据。假定查询成功，可以调用 mysql_num_rows() 来查看对应于 SELECT 语句返回了多少行，或者调用 mysql_affected_rows() 来查看对应于 DELETE、INSERT、REPLACE 或 UPDATE 语句影响到了多少行。

③ 两函数的区别在于: 后者可以不使用函数 mysql_select_db()选择数据库，而在执行 SQL 语句的同时，选择数据库。

④ 自 PHP 4.0.6 起不提倡使用 mysql_db_query()，用 mysql_select_db(), mysql_query()。

⑤ 自 PHP 5.5.0 起已废弃，并在将来会被移除。应使用 MySQLi 或 PDO_MySQL 扩展来替换。用以替代本函数的有 mysqli_query()，PDO::query()。

3) 分配主键的值

语法格式	int mysql_insert_id ([resource $link_identifier])
函数功能	返回给定的 link_identifier 中上一步 INSERT 查询中产生的 AUTO_INCREMENT 的 ID 号。如果没有指定 link_identifier，则使用上一个打开的连接。
参数说明	link_identifier: 指定 MySQL 连接标识。

 说 明

① 如果上一查询没有产生 AUTO_INCREMENT 的值，则 mysql_insert_id()返回 0。

② 如果需要保存该值以后使用，就要确保在产生了值的查询之后立即调用 mysql_insert_id()。

③ 如果 AUTO_INCREMENT 的列的类型是 BIGINT，则 mysql_insert_id() 返回的值将不正确。可以在 SQL 查询中用 MySQL 内部的 SQL 函数 last_insert_id()来替代。

④ 函数 last_insert_id()将 MySQL 赋予的值返回一个 AUTO_INCREMENT 标志的字段，不管字段的类型如何，只涉及 INSERT 操作。

4) 返回最近受影响的记录数

语法格式	int mysql_affected_rows ([resource $link_identifier = NULL])
函数功能	取得最近一次与 link_identifier 关联的 INSERT、UPDATE 或 DELETE 查询所影响的记录行数。
参数说明	link_identifier: 指定 MySQL 连接标识。
返回值	如果执行成功，则返回受影响的行的数目；如果最近一次查询失败，则函数返回-1。 当计算 UPDATE 实际更改的行时，旧列和新列值相等的行不再受影响行的计数中。 没有 WHERE 子句的 DELETE 将使该函数返回 0，不管删除了多少行。 "INSERT ... ON DUPLICATE KEY UPDATE" 这种情况的查询，当执行了一次 INSERT 返回的值会是 1；如果是对已经存在的记录执行一次 UPDATE 将返回 2。 如果最近一次操作是没有任何条件(WHERE)的 DELETE 查询，在表中所有的记录都会被删除，但本函数 REPLACE 语句首先删除具有相同主键的记录，然后插入一个新记录。本函数返回的是被删除的记录数加上被插入的记录数。

 说 明

自 PHP 5.5.0 起已废弃，并在将来会被移除。应使用 MySQLi 或 PDO_MySQL 扩展来替换。用以替代本函数的有 mysqli_affected_rows(), PDOStatement::rowCount()。

5) 删除数据库

语法格式	bool mysql_drop_db (string $database_name [, resource $ link_ identifier])
函数功能	尝试丢弃（删除）指定连接标识所关联的服务器上的一整个数据库。
参数说明	database_name: 在指定连接标识的服务器上建立一个新数据库。成功时返回 TRUE。 link_identifier: 指定 MySQL 连接标识。
返回值	成功时返回 TRUE， 或者在失败时返回 FALSE。

 说 明

① 如果 MySQL 扩展库是基于 MySQL 4.x 客户端库建立的，则本函数不可用。

② 不提倡使用 mysql_drop_db() 函数。最好用 mysql_query() 提交一条 SQL DROP DATABASE 语句来替代。

③ 自 PHP 5.5.0 起已废弃，并在将来会被移除。应使用 MySQLi 或 PDO_MySQL 扩展来替换。用以替代本函数的有 Execute a DROP DATABASE query。

2. MySQLi 扩展

示例 6_2_mysqli.php//MySQLi 扩展(面向过程)

```php
<?php
$mysqli=mysqli_connect("localhost","root","","");      //连接 MySQLi 服务器
//1 创建新数据库
$sql ="create database bank" ;                         //编写 SQL 语句
mysqli_query($mysqli,$sql) ;                           //执行 SQL 语句
if(!mysqli_select_db($mysqli,"bank")){
    echo "<br />1:bank 数据库没有创建";
    exit( );
}
```

```php
//2 创建数据表
$SQL="CREATE TABLE bmessage('id' INT(10) NOT NULL AUTO_INCREMENT COMMENT '用户 id 号' ,
                            'name' VARCHAR(20) NULL COMMENT '用户名' ,
                            'email' VARCHAR(40) NULL COMMENT '用户电子邮箱',
                            'password' VARCHAR(20) NULL COMMENT '用户密码' ,
                            PRIMARY KEY ('id')) ENGINE = InnoDB CHARSET=utf8 COLLATE utf8_bin; ";
mysqli_query($mysqli,$SQL); //执行 SQL 语句
if(mysqli_errno($mysqli)){
    echo "<br />2:".mysqli_errno($mysqli).":".mysqli_error($mysqli)."<br
/>";   //检查错误
    exit();
}
else  echo "<br />2:在 bank 数据库中已经创建数据表 bmessage";
```

```php
//3 插入数据
$SQL="INSERT INTO bmessage (name, email, password) VALUE ('张三','szhang123@
126.net', '123456');";
mysqli_query($mysqli,$SQL);                            //连接数据库并执行 SQL 命令
$SQL="INSERT INTO bmessage (name, email, password) VALUE ('李四','sli123@126.
net', '000000')";
mysqli_query($mysqli,$SQL);                            //连接数据库并执行 SQL 命令
if(mysqli_errno($mysqli)) echo "<br />3:".mysqli_errno($mysqli).":".mysqli_
error ($mysqli)."<br />";   //检查错误
if(mysqli_affected_rows($mysqli)!=1){                  //检查数据是否添加入表
    echo "<br />3:添加数据没有成功";
    exit();
}
else{
    $id=mysqli_insert_id($mysqli);                     //自动为主键分配值
```

```
        echo "<br />3:添加数据成功,记录序号为".$id;
    }
```

```
    //4 更新数据
    $SQL="UPDATE bmessage SET password='asdfgh' WHERE name='张三'; ";
    mysqli_query($mysqli,$SQL);                    //执行 SQL 命令
    if(mysqli_affected_rows($mysqli)!=1){          //检查数据是否执行更新
        echo "<br />4:更新数据没有成功";
        exit();
    }
    else echo "<br />4:更新数据成功";
    //5 更新数据
    $SQL="DELETE FROM bmessage WHERE id= 2";
    mysqli_query($mysqli,$SQL);                    //连接数据库并执行 SQL 命令
    if(mysqli_affected_rows($mysqli)!=1){          //检查是否操作成功
        echo "<br />5:删除数据没有成功";
        exit();
    }
    else echo "<br />5:删除数据成功";
```

```
    //6 删除数据库
    $sql="DROP DATABASE bank";                     //连接数据库
    if(mysqli_select_db($mysqli,"bank")){
        if(mysqli_query($mysqli,$sql))  echo "<br />6:book 数据库已经被删除";
            else {
                echo "<br />6:book 数据库没有被删除";
                exit();
            }
    }
```

```
  mysqli_close($mysqli);
?>
```

运行结果　若 MySQL 的主机, 用户和密码是"localhost","root",""。

同 6_6_mysql.php

示例 6_2_mysqlio.php//MySQLi 扩展(面向对象)

```
<?php
    $mysqli = new mysqli("localhost", "root", "", "");   //连接 MySQLi 服务器
    $mysqli->query("set names 'utf8'");                   //设置客户端的字符集
    //1 创建新数据库
    $sql ="create database bank" ;        //编写 SQL 语句
    $mysqli->query($sql) ;                //执行 SQL 语句
    if(!$mysqli->select_db("bank")){
        echo "<br />1:bank 数据库没有创建";
        exit();
    }
    else  echo "<br />1:bank 数据库已经创建";
```

```
//2 创建数据表
$SQL="CREATE TABLE bmessage ('id' INT(10) NOT NULL AUTO_INCREMENT COMMENT
'用户 ID 号' ,
                    'name' VARCHAR(20) NULL COMMENT '用户名' ,
                    'email' VARCHAR(40) NULL COMMENT '用户电子邮箱',
                    'password' VARCHAR(20) NULL COMMENT '用户密码' ,
                    PRIMARY KEY ('id')) ENGINE = InnoDB CHARSET=utf8
                    COLLATE utf8_bin; ";
$mysqli->query($SQL);                    //执行 SQL 语句
if($mysqli->errno){
    echo "<br />2:".$mysqli->errno.":".$mysqli->error."<br />";    //检查错误
    exit();
}
else  echo "<br />2:在 bank 数据库中已经创建数据表 bmessage";
```

```
//3 插入数据
 $SQL="INSERT INTO bmessage (name, email, password) VALUE ('张三','szhang123
@126.net', '123456');";
 $mysqli->query($SQL);                    //连接数据库并执行 SQL 命令
 $SQL="INSERT INTO bmessage (name, email, password) VALUE ('李四','sli123
@126.net', '000000')";
 $mysqli->query($SQL);                    //连接数据库并执行 SQL 命令
 if($mysqli->errno)  echo "<br />3:".$mysqli->errno.":".$mysqli->error."<br
/>";  //检查错误
 if($mysqli->affected_rows!=1){          //检查数据是否添加入表
    echo "<br />3:添加数据没有成功";
    exit();
 }
 else{
    $id=$mysqli->insert_id;              //自动为主键分配值
    echo "<br />3:添加数据成功,记录序号为".$id;
 }
```

```
//4 更新数据
$SQL="UPDATE bmessage SET password='asdfgh' WHERE name='张三'; ";
$mysqli->query($SQL);                    //执行 SQL 命令
if($mysqli->affected_rows!=1){          //检查数据是否执行更新
    echo "<br />4:更新数据没有成功";
    echo "<br />4:更新数据没有成功";
      exit();
}
else echo "<br />4:更新数据成功";
//5 更新数据
$SQL="DELETE FROM bmessage WHERE id= 2";
$mysqli->query($SQL);                    //连接数据库并执行 SQL 命令
if($mysqli->affected_rows!=1){          //检查是否操作成功
```

```
    echo "<br />5:删除数据没有成功";
    exit();
}
else  echo "<br />5:删除数据成功";
//6 删除数据库
$sql="DROP DATABASE bank";//连接数据库
if($mysqli->select_db("bank")){
    if($mysqli->query($sql))  echo "<br />6:book 数据库已经被删除";
    else {
        echo "<br />6:book 数据库没有被删除";
        exit();
    }
}
$mysqli->close();
?>
```

运行结果　若 MySQL 的主机，用户和密码是"localhost","root",""。

同 6_2_mysql.php

1) 执行 SQL 语句

语法格式	mixed mysqli::query (string $query [, int $resultmode = MYSQLI_ STORE_ RESULT]) mixed mysqli_query (mysqli $link , string $query [, int $result mode = MYSQLI_STORE_RESULT])
函数功能	对数据库执行一次 SQL 语句。
参数说明	link: (面向过程)由 mysqli_connect() 返回的链接标识。 query: 规定 SQL 语句的字符串。 resultmode: 可选。可以是下列常量中的任意一个: MYSQLI_USE_RESULT（如果需要检索大量数据，请使用这个）。 MYSQLI_STORE_RESULT（默认）。
返回值	针对成功的 SELECT、SHOW、DESCRIBE 或 EXPLAIN 查询,将返回一个 mysqli_result 对象; 针对其他成功的查询,将返回 TRUE。如果失败,则返回 FALSE。

扩展

2) MySQLi 扩展中其他执行 SQL 语句函数

语法格式	①bool mysqli_multi_query (mysqli $link, string $query); ①bool mysqli::multi_query (string $query); ②bool mysqli_real_query (mysqli $link, string $query); ②bool mysqli::real_query (string $query);
函数功能	①执行一个或多个针对数据库的查询。多个查询用分号进行分隔。 ②执行一个单条数据库查询。
参数说明	link: (面向过程)由 mysqli_connect() 返回的连接标识。 query: ①规定一个或多个查询,用分号进行分隔。 　　　　②查询字符串。查询中的数据可以进行属性转义。
返回值	①如果第一个查询失败,则返回 FALSE。 ②成功时返回 TRUE,或者失败时返回 FALSE。

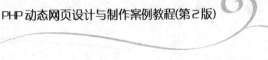

说明

① multi_query()从第一个查询可以使用 mysqli_use_result()或 mysqli_store_result()检索结果集。所有后续的查询结果可以用 mysqli_more_results()和 mysqli_next_result()处理。

② real_query()的结果可以使用 mysqli_store_result()或 mysqli_use_result()检索或存储。为了确定给定的查询是否真的返回一个结果集，可以查看 mysqli_field_count()。

语法格式	① bool mysqli_next_result (mysqli $link)
	  bool mysqli::next_result (void)
	② bool mysqli_more_results (mysqli $link)
	  bool mysqli::more_results (void)
	③ mysqli_result mysqli::store_result ([int $option])
	③ mysqli_result mysqli_store_result (mysqli $link [, int $option])
	④ mysqli_result mysqli_use_result (mysqli $link); mysqli_result mysqli::use_result (void)
	⑤ int mysqli_field_count (mysqli $link);
	  int $mysqli->field_count;

函数功能	①为 mysqli_multi_query() 准备下一个结果集。 ②检查一个多查询是否有更多的结果。 ③传输最后一个查询的结果集。 ④从上次使用 mysqli_real_query() 执行的查询中初始化结果集的检索。 ⑤返回最近查询的列数。
参数说明	link: (面向过程)由 mysqli_connect() 返回的连接标识。 option: 可取值 MYSQLI_STORE_RESULT_COPY_DATA(把结果集从缓存中复制到相应的变量中)。
返回值	①②如果成功，则返回 TRUE；如果失败，则返回 FALSE。 ③④返回一个缓冲的结果对象，如果发生错误，则返回 FALSE。 ⑤一个表示结果集合中的字段数的整数。

说明

① multi_query()从第一个查询可以使用 mysqli_use_result()或 mysqli_store_result()检索结果集。所有后续的查询结果可以用 mysqli_more_results()和 mysqli_next_result()处理。

② real_query()的结果可以使用 mysqli_store_result()或 mysqli_use_result()检索或存储。为了确定给定的查询是否真的返回一个结果集，可以查看 mysqli_field_count()。

③ 虽然使用 mysqli_free_result()函数释放被查询集占据的内存一直是很好的做法，但当传输大规模的结果集，使用 mysqli_store_result()就显得尤为重要。

④ 由于 use_result()函数不传递来自数据库的完整的结果集，因此不能使用如 mysqli_data_seek()移动到设定的行这样的功能。要使用此功能，结果集必须存储 mysqli_store_result()。如果进行客户端的很多处理就不要使用 mysqli_use_result()，因为这会占用服务器和防止其他线程更新任何表中获取的数据。

⑤ field_count 能被用在用 mysqli_store_result()函数确定查询是否产生一个非空的结果集还是未知的查询属性。

3) 分配主键的值

语法格式	mixed mysqli_insert_id (mysqli $link); mixed $mysqli->insert_id;

函数功能	返回给定的 link 中上一步 INSERT 查询中产生的 AUTO_INCREMENT 的 ID 号。如果没有指定 link，则使用上一个打开的连接。
参数说明	link: 指定 MySQL 连接标识。
返回值	一个表示产生 ID 的正整数。0 表示更新或没有 AUTO_INCREMENT 字段。

 说 明

如果数字大于最大整数值，它就返回一个字符串。

执行插入或更新使用 last_insert_id() 函数声明也将修改 mysqli_insert_id() 函数返回值。

4）获取受影响的行数

语法格式	int mysqli_affected_rows (mysqli $link) ; 　　int $mysqli->affected_rows;
函数功能	返回前一次 MySQL 操作(SELECT、INSERT、UPDATE、REPLACE、DELETE)所影响的记录行数。
参数说明	link: 指定 MySQL 连接标识。
返回值	一个正整数表示所影响的记录行数。0 表示没有受影响的记录。–1 表示查询返回错误。

 说 明

如果受影响的行数大于最大整数值（php_int_max），则受影响的行数将作为字符串返回。

6.6.4　处理查询数据集

SELECT 查询是把符合条件的记录返回一个数据集中，这个数据集以表的方式与数据表对应。查询结果集包含在一个名为 resultset 的数据结构中。处理 SELECT 查询就是从 resultset 中提取需要的数据。

从查询结果集中能获取数据表的信息，如记录的行数、记录行数据、字段的数据、数据表的结构，以及数据库中所含的数据表等。

1. MySQL 扩展

```
示例 6_3_mysql.php//MySQL 扩展
<?php
  $link=@mysql_connect("localhost","root","");        //连接 MySQL 服务器
  mysql_query("set names 'utf8'");                     //设置客户端的字符集
  mysql_select_db("bank");
  //1 获取查询数据集
    $sql="SELECT *FROM bmessage";      //SQL 语句
    $result=mysql_query($sql);         //执行 SQL 语句并把结果返回给变量
    if(mysql_errno()){
     echo "<br />2:".mysql_errno().":".mysql_error( )."<br />";  //检查错误
     exit();
    }
    else echo "<br />1:查询数据表 bmessage 成功！<br />";        }
```

```
//2 获取记录行数
$num=mysql_num_rows($result);                //从结果集中获取表中包含的记录数
echo "<br />2:使用 mysql_num_rows:数据表中包含了".$num."个记录。<br />";
```

```
//3 使用 mysqli_fetch_row 获取记录行信息
$row=mysql_fetch_row($result);          //$result 为查询结果集
$num=mysql_num_fields($result);
echo "<br />3:使用 mysql_fetch_row+num_fields()获取记录行信息<br />";
for($i=0;$i<$num;$i++)
    echo $row[$i]."|";
```

```
//4 使用 mysqli_fetch_array 获取记录行信息
mysql_data_seek($result,0);             //把操作指针回拨到最前端位置
$arr=mysql_fetch_array($result);        //$result 为查询结果集
echo "<br /><br />4-1:使用 mysql_fetch_array(ASSOC)+data_seek 获取记录行信息<br />";
for($i=0;$i<$num;$i++)
    echo $arr[$i]." | ";
echo "<br /><br />4-2:使用mysql_fetch_array(NUM)+data_seek 获取记录行信息<br />";
for($i=0;$i<$num;$i++)
    echo $arr[$i]." | ";
```

```
//5 使用 mysqli_fetch_object 获取记录行信息
echo "<br /><br />5:使用 mysql_fetch_object+data_seek 获取记录行信息";
mysql_data_seek($result,0);                        //把操作指针回拨到最前端位置
while($object=mysql_fetch_object($result)){        //$result 为查询结果集
    echo "<br />";
    echo $object->id."|";
    echo $object->name."|";
    echo $object->email."|>";
    echo $object->password;
}
```

```
//6 使用 mysqli_fetch_assoc 获取记录行信息
echo "<br /><br />6:使用 mysql_fetch_assoc+data_seek 获取记录行信息<br />";
mysql_data_seek($result,0);                //把操作指针回拨到最前端位置
$array=mysql_fetch_assoc($result);
$str=$array['id']."|".$array['name']."|>".$array['email']."|".$array['password'];
echo $str;
```

```
//7 使用 mysql_fetch_array 获取记录行信息
echo "<br /><br />7:使用 mysql_result 获取记录行信息<br />";
echo mysql_result($result,0,"id")."|";     //$result 为查询结果集
echo mysql_result($result,0,"name")."|";
echo mysql_result($result,0,"email")."|";
echo mysql_result($result,0,"password");
```

```
mysql_free_result($result);
mysql_close();
?>
```

运行结果　若 MySQL 的主机，用户和密码是"localhost","root",""。

```
1:查询数据表 bmessage 成功！
2:使用 mysql_num_rows:数据表中包含了 1 个记录
3:使用 mysql_fetch_row+num_fields()获取记录行信息
1|张三|szhang123@126.net|asdfgh|

4-1:使用 mysql_fetch_array(ASSOC)+data_seek 获取记录行信息
1 | 张三 | szhang123@126.net | asdfgh |

4-2:使用 mysql_fetch_array(NUM)+data_seek 获取记录行信息
1 | 张三 | szhang123@126.net | asdfgh |

5:使用 mysql_fetch_object+data_seek 获取记录行信息
1|张三|szhang123@126.net|>asdfgh

6:使用 mysql_fetch_assoc+data_seek 获取记录行信息
1|张三|>szhang123@126.net|asdfgh

7:使用 mysql_result 获取记录行信息
1|张三|szhang123@126.net|asdfgh
```

1) 获取数据表中记录的信息

语法格式	int mysql_num_rows(resource $result)
函数功能	取得结果集中行的数目。
参数说明	result: resource 型的结果集。此结果集来自对 mysql_query() 的调用。

说明

① 此命令仅对 SELECT 语句有效。

② mysql_affected_rows()返回被 INSERT、UPDATE 或者 DELETE 查询影响的行的数目。

语法格式	①array mysql_fetch_row (resource $result); ②array mysql_fetch_assoc (resource $result); ③array mysql_fetch_array (resource $result [, int $ result_ type]); ④object mysql_fetch_object (resource $result); ⑤bool mysql_data_seek (resource $result , int $row_number);
函数功能	①从结果集中取得一行作为枚举数组。 ②从结果集中取得一行作为关联数组。 ③从结果集中取得一行作为关联数组，或数字数组，或二者兼有。 ④从结果集中取得一行作为对象。 ⑤将指定的结果标识所关联的 MySQL 结果内部的行指针移动到指定的行号。
参数说明	result: resource 型的结果集。此结果集来自对 mysql_query() 的调用。 result_type: 常量。可取值: MYSQL_ASSOC，MYSQL_NUM 和 MYSQL_ BOTH(默认)。 row_number: 想要设定的新的结果集指针的行数。取值应该从 0 到 mysql_num_rows −1。

	①从和指定的结果标识关联的结果集中取得一行数据并作为数组返回。每个结果的列储存在一个数组的单元中，偏移量从 0 开始。
返回值	②返回对应结果集的关联数组，并且继续移动内部数据指针。 ③取 MYSQL_ASSOC 时，只得到关联索引（如同 mysql_fetch_assoc() 那样）； 取 MYSQL_NUM 时，只得到数字索引（如同 mysql_fetch_row() 那样）； 取 MYSQL_BOTH 时，得到一个同时包含关联和数字索引的数组。 ④返回根据所取得的行生成的对象，如果没有更多行，则返回 FALSE。 ⑤成功时返回 TRUE，失败时返回 FALSE。

 说明

① 依次调用 mysql_fetch_row() 将返回结果集中的下一行，如果没有更多行，则返回 FALSE。

② 如果结果集中的两个或以上的列具有相同字段名，最后一列将优先。要访问同名的其他列，要么用 mysql_fetch_row() 来取得数字索引或给该列起个别名。

③ 返回的字段名大小写敏感。

④ 引用对象属性的语法：$object->字段名。

⑤ 如果结果集为空(mysql_num_rows()==0)，要将指针移动到 0 会失败并发出 E_WARNING 级的错误，mysql_data_seek() 将返回 FALSE。

2）获取字段的数据

语法格式	mixed mysql_result (resource $result , int $row [, mixed $field]); int mysql_field_seek (resource $result , int $field_offset);
函数功能	返回 MySQL 结果集中一个单元的内容。 将结果集中的指针设定为指定的字段偏移量。
参数说明	Result: resource 型的结果集。此结果集来自对 mysql_query() 的调用。 row: 从 0 开始的行数。 field: 字段名。
返回值	如果执行成功，则返回查询结果集中指定字段值；如果执行失败，则返回 FALSE。 如果执行成功，则指针指向查询结果集中指定的字段。

 说明

① 字段参数可以是字段的偏移量或者字段名，或者是字段表.字段名（tablename.fieldname）。如果给列起了别名（'select foo as bar from...'），则用别名替代列名。

② 在字段参数中指定数字偏移量比指定字段名或者 tablename.fieldname 要快得多。

③ 当作用于很大的结果集时，应该考虑使用能够取得整行的函数。

④ 不能和其他处理结果集的函数混合调用。

3）释放结果集占据的内存

语法格式	bool mysql_free_result (resource $result);
函数功能	释放所有与结果标识符 result 关联的内存。
参数说明	result: resource 型的结果集。此结果集来自对 mysqli_query() 的调用。
返回值	成功时返回 TRUE，失败时返回 FALSE。

说明

需要在考虑到返回很大的结果集时会占用多少内存时调用。在脚本结束后所有关联的内存都会被自动释放。

2. MySQLi 扩展

示例 6_3_mysqli.php//MySQLi 扩展(面向过程)

```php
<?php
    $link=mysqli_connect("localhost","root","","bank");     //连接 MySQL 服务器
    mysqli_query($link,"set names 'utf8'");;
    //1 获取查询数据集
    $sql="SELECT *FROM bmessage";            //SQL 语句
    $result=mysqli_query($link,$sql);       //执行 SQL 语句并把结果返回给变量
    if(mysqli_errno($link)){
        echo "<br />2:".mysqli_errno($link).":".mysqli_error($link)."<br />";
        //检查错误
        exit();
    }
    else echo "<br />1:查询数据表 bmessage 成功! <br />";
    //2 获取记录行数
    $num=mysqli_num_rows($result);        //从结果集中获取表中包含的记录数
    echo "<br />2:使用 mysqli_num_rows:数据表中包含了".$num."个记录。<br />";
    //3 使用 mysqli_fetch_row 获取记录行信息
    $row=mysqli_fetch_row($result);       //$result 为查询结果集
    $num=mysqli_num_fields($result);
    echo "<br />3:使用 mysqli_fetch_row+ num_fields ()获取记录行信息<br />";
    for($i=0;$i<$num;$i++)
        echo $row[$i]."|";
    //4 使用 mysqli_fetch_array 获取记录行信息
    mysqli_data_seek($result,0);         //把操作指针回拨到最前端位置
    $arr=mysqli_fetch_array($result);     //$result 为查询结果集
    echo "<br /><br />4-1:使用mysqli_fetch_array(ASSOC)+data_seek获取记录行信息<br />";
    for($i=0;$i<$num;$i++)
        echo $arr[$i]." | ";
    echo "<br /><br />4-2:使用 mysqli_fetch_array(NUM)+data_seek 获取记录行信息<br />";
    for($i=0;$i<$num;$i++)
        echo $arr[$i]." | ";
    //5 使用 mysqli_fetch_object 获取记录行信息
    echo "<br /><br />5:使用 mysqli_fetch_object+data_seek 获取记录行信息";
    mysqli_data_seek($result,0);                        //把操作指针回拨到最前端位置
    while($object=mysqli_fetch_object($result)){     //$result 为查询结果集
        echo "<br />";
        echo $object->id."|";
        echo $object->name."|";
```

```
            echo $object->email."|>";
            echo $object->password;
    }
    //6 使用 mysqli_fetch_assoc 获取记录行信息
    echo "<br /><br />6:使用 mysqli_fetch_assoc+data_seek 获取记录行信息<br />";
    mysqli_data_seek($result,0);                              //把操作指针回拨到最前端位置
    $array=mysqli_fetch_assoc($result);
    $str=$array['id']. "|".$array['name']."|>".$array['email']. "|".$array
['password'];
    echo $str;
    mysqli_free_result($result);
    mysqli_close($link);
?>
```

同 6_3_mysql.php

示例 6_3_mysqlio.php//MySQLi 扩展(面向对象)

```
<?php
    $mysqli=new mysqli("localhost","root","","bank"); //连接 MySQL 服务器
    $mysqli->query("set names 'utf8'");                      //设置客户端的字符集
    //1 获取查询数据集
    $sql="SELECT *FROM bmessage";                            //SQL 语句
    $result=$mysqli->query($sql);                            //执行 SQL 语句并把结果返回给变量
    if($mysqli->errno){
        echo "<br />2:".$mysqli->errno.":".$mysqli->error."<br />";  //检查错误
        exit( );
    }
    else echo "<br />1:查询数据表 bmessage 成功! <br />";;
    //2 获取记录行数
    $num=$result->num_rows;            //从结果集中获取表中包含的记录数
    echo "<br />2:使用 mysql->result::num_rows:数据表中包含了".$num."个记录。<br />";
    //3 使用 mysql->result::fetch_row 获取记录行信息
    $row=$result->fetch_row( );        //$result 为查询结果集
    $num=$result->field_count;
    echo "<br />3:使用 mysql->result::fetch_row()+field_count 获取记录行信息<br />";
    for($i=0;$i<$num;$i++)
        echo $row[$i]."|";
    //4 使用 mysql->result::fetch_array 获取记录行信息
    $result->data_seek(0);             //把操作指针回拨到最前端位置
    $array=$result->fetch_array();
    echo "<br /><br />4-1:使用 mysql->result::data_seek()+fetch_array()_MYSQL_
ASSOC 获取记录行信息<br />";
    $str=$array['id']. "|".$array['name']."|>".$array['email']. "|".$array
['password'];
    echo $str;
    echo "<br /><br />4-2:使用 mysql->esult::data_seek()+fetch_array()_MYSQL_NUM
```

```
获取记录行信息<br />";
    for($i=0;$i<$num;$i++)
        echo $array[$i]." | ";
//5 使用 mysql->result:fetch_objectc 获取记录行信息
echo "<br /><br />5:使用mysql->result::data_seek()+fetch_object()获取记录行信息";
$result->data_seek(0);                      //把操作指针回拨到最前端位置
while($object=$result->fetch_object()) {    //$result 为查询结果集
    echo "<br />";
    echo $object->id."|";
    echo $object->name."|";
    echo $object->email."|>";
    echo $object->password;
}
//6 使用 mysql->result::fetch_ assoc 获取记录行信息
echo "<br /><br />6:使用 mysql->result::data_seek( )+fetch_assoc( )获取记
录行信息<br />";
$result->data_seek(0);                      //把操作指针回拨到最前端位置
$array=$result->fetch_assoc( );
$str=$array['id']. "|".$array['name']."|>".$array['email']. "|".$array
['password'];
echo $str;
$result->free_result( );
$mysqli->close( );
?>
```

运行结果　若 MySQL 的主机，用户和密码是"localhost","root",""。

同 6_3_mysql.php 的前 6 项

1) 获取数据表中记录的信息

语法格式	int mysqli_num_rows (mysqli_result $result) ; int $mysqli_result ->num_rows;
函数功能	取得结果集中行的数目。
参数说明	Result: resource 型的结果集。此结果集来自对 mysqli_query( ) 的调用。

 说明

① 此命令仅对 SELECT 语句有效。

② 若行的数目大于 PHP_INT_MAX，则将返回一个字符串。

语法格式	① int mysqli_num_rows (mysqli_result $result) ; int $mysqli_result ->num_rows; ② array mysqli_fetch_assoc(mysqli_result $result);　array mysqli_ result::fetch_assoc(void); ③ mixed mysqli_fetch_array (mysqli_result $result [, int $resulttype = MYSQLI_BOTH]); ③ mixed mysqli_result::fetch_array ([int $resulttype = MYSQLI_ BOTH]) ④ object mysqli_fetch_object(mysqli_result $result [, string $class_ name="stdClass" [, array $params]]) ④ object mysqli_result::fetch_object ([string$class_name= "stdClass" [,array$params]]) ⑤ bool mysqli_data_seek (mysqli_result $result , int $offset);　　　　mysqli_result::data_seek (int$offset);

函数功能	①从结果集中取得当前行作为枚举数组。 ②从结果集中取得当前行作为关联数组。 ③从结果集中取得当前行作为关联数组，或数字数组，或二者兼有。 ④从结果集中取得当前行，并作为对象返回。 ⑤将指定的结果标识所关联的 MySQL 结果内部的行指针移动到指定的行号。
参数说明	result: resource 型的结果集。此结果集来自对 mysqli_query() 的调用。 class_name: 规定要实例化的类名称，设置属性并返回。若没有制定，则返回 stdClass 对象。 params: 规定一个传给 class_name 对象构造器的参数数组。 resulttype: 常量。可取值: MYSQL_ASSOC，MYSQL_NUM 和 MYSQL_ BOTH(默认)。 offset: 想要设定的新的结果集指针的行数。取值应该从 0 到 mysql_num_ rows −1。
返回值	①一个与所取得行相对应的字符串数组。如果在结果集中没有更多的行，则返回 NULL。 ②代表读取行的关联数组。如果结果集中没有更多的行，则返回 NULL。 ③与读取行匹配的字符串数组。如果结果集中没有更多的行，则返回 NULL。 当取 MYSQL_ASSOC 时，只得到关联索引（如同 fetch_assoc( )那样）； 当取 MYSQL_NUM 时，只得到数字索引（如同 fetch_row( )那样）； 当取 MYSQL_BOTH 时，得到一个同时包含关联和数字索引的数组。 ④带有所取得行的字符串属性的对象。如果在结果集中没有更多的行，则返回 NULL。 ⑤成功时返回 TRUE，失败时返回 FALSE。

 说 明

① 依次调用 fetch_row() 将返回结果集中的下一行，如果没有更多行，则返回 FALSE。

② 如果 结果中的两个或以上的列具有相同字段名，最后一列将优先。要访问同名的其他列，要么用 fetch_row() 来取得数字索引或给该列起个别名。

③ 返回的字段名大小写敏感。

④ 引用对象属性的语法: $object->字段名。

⑤ 如果结果集为空(num_rows()==0)，要将指针移动 0 会失败并发出 E_WARNING 级的错误，data_seek() 将返回 FALSE。

2) 释放结果集占据的内存

语法格式	void mysqli_free_result (mysqli_result $result); void mysqli_result::free_result (void); void mysqli_result::close (void); void mysqli_result::free (void);
函数功能	释放结果集占据的内存。
参数说明	result: resource 型的结果集。此结果集来自对 mysqli_query() 的调用。

说 明

当不需要结果集中的数据时，要及时回收内存。

6.6.5 查询数据表的结构

数据表的结构包括字段的个数、字段的名称、字段的数据类型、字段的长度、字段的标志等。

1. MySQL 扩展

示例 6_4_mysql.php//MySQL 扩展

```php
<?php
    $link=@mysql_connect("localhost","root","");        //连接 MySQL 服务器
    mysql_query("set names 'utf8'");                    //设置客户端的字符集
    mysql_select_db("bank");
```

```php
//1 获取查询数据集
    //同 6_4_mysql.php
```

```php
//2 获取数据表 bmessage 中字段的个数
$num=mysql_num_fields($result);     //从结果集中获取表中包含的记录数
echo "<br />2:数据表中包含了".$num."个字段。<br />";
```

```php
//3 使用 mysql_field_name 获取极端的名称
echo "<br />3 使用 mysql_field_name 获取极端的名称。<br />";
for($i=0;$i< mysql_num_fields($result);$i++){   //$result 为查询结果集
    $name[$i]=mysql_field_name($result,$i);
    echo $name[$i]." | ";
}
```

```php
//4 使用 mysql_field_type 获取极端的数据类型
echo "<br />4 使用 mysql_field_type 获取极端的数据类型。<br />";
for($i=0;$i<mysql_num_fields($result);$i++){    // $result 为查询结果集
    $type[$i]=mysql_field_type($result,$i);
    echo $type[$i]." | ";
}
```

```php
//5 使用 mysql_field_len 获取字段的长度
echo "<br />5 使用 mysql_field_len 获取字段的长度。<br />";
for($i=0;$i<mysql_num_fields($result);$i++){    // $result 为查询结果集
    $len[$i]=mysql_field_len($result,$i);
    echo $len[$i] ." | ";
}
```

```php
//6 使用 mysql_field_flags 获取字段的标志
echo "<br />6 使用 mysql_field_flags 获取字段的标志。<br />";
for($i=0;$i<mysql_num_fields($result);$i++){    // $result 为查询结果集
if($flags=mysql_field_flags($result,$i))         //获取字段属性并赋给变量
    echo "第".$i."字段的 MySQL 标记：$flags<br />"; //显示字段的 MySQL 标记
}
```

```php
//7 使用 mysql_fetch_field 获取字段的信息
echo "<br />7 使用 mysql_fetch_field 获取字段的信息。<br />";
for($i=0;$i<mysql_num_fields($result);$i++){    // $result 为查询结果集
    $field= mysql_fetch_field($result,$i);
    echo "第".$i."字段的信息：<br />";
    echo "<pre>
        table:       $field->table
        fieldname:   $field->name
        fieldtype:   $field->type
        max_length:  $field->max_length
```

```
        multiple_key: $field->multiple_key
        primary_key: $field->primary_key
        unique_key:  $field->unique_key
        unsigned:    $field->unsigned
        zerofill:    $field->zerofill
        not_null:    $field->not_null
        numeric:     $field->numeric
        </pre>";
    }
    mysql_close();
?>
```

运行结果　若 MySQL 的主机，用户和密码是"localhost","root",""。

1 查询数据表 bmessage 成功！

2 数据表中包含了 4 个字段。

3 使用 mysql_field_name 获取字段的名称。

id | name | email | password |

4 使用 mysql_field_type 获取字段的数据类型。

int | string | string | string |

5 使用 mysql_field_len 获取字段的长度。

10 | 60 | 120 | 60 |

6 使用 mysql_field_flags 获取字段的标志。

第 0 字段的 MySQL 标记：not_null primary_key auto_increment

第 1 字段的 MySQL 标记：binary

第 2 字段的 MySQL 标记：binary

第 3 字段的 MySQL 标记：binary

7 使用 mysql_fetch_field 获取字段的信息。

第 0 字段的信息：

```
table:        bmessage
fieldname:    id
fieldtype:    int
max_length:   1
multiple_key: 0
primary_key: 1
unique_key:   0
unsigned:     0
zerofill:     0
not_null:     1
numeric:      1
...
```

语法格式	int mysql_num_fields (resource $result) string mysql_field_name (resource $result , int $field_offset) string mysql_field_type (resource $result , int $field_offset) int mysql_field_len (resource $result , int $field_offset) object mysql_fetch_field (resource $result [, int $field_offset]) string mysql_field_flags (resource $result , int $field_offset)

函数功能	取得结果集中字段的数目。 返回指定字段索引的字段名称。 返回指定字段索引的字段数据类型。 返回指定字段索引的字段宽度。 返回指定字段索引的字段信息。 返回指定字段索引的字段标志。
参数说明	Result: resource 型的结果集。此结果集来自对 mysql_query() 的调用。 field_offset: 数值型字段偏移量。从 0 开始，依次对应第 1,2,...个字段。
返回值	如果执行成功，则返回查询结果集中字段的数目；如果执行失败，返回 FALSE。 如果执行成功，则返回查询结果集中指定字段的名称；如果执行失败，返回 FALSE。 如果执行成功，则返回查询结果集中指定字段的类型；如果执行失败，返回 FALSE。 如果执行成功，则返回查询结果集中指定字段的宽度；如果执行失败，返回 FALSE。 如果执行成功，则返回查询结果集中指定字段信息的对象；如果执行失败，返回 FALSE。 如果执行成功，则返回查询结果集中指定字段的标志；如果执行失败，返回 FALSE。

 说 明

① 配合 mysql_field_name(),mysql_field_len(),mysql_field_type(),mysql_fetch_fields(), mysql_field_flags() 以获取字段的单独属性。

② mysql_field_name()返回的字段名大小写敏感。

③ mysql_field_type()返回的字段类型有 int、real、string、blob 及其他。

④ 如果 field_offset 不存在，则会发出一个 E_WARNING 级别的错误。

⑤ mysql_fetch_fields()返回 field 对象，其属性包含多种查询集中关于数据表的字段属性，如表 6.19 所示。

表 6.19　field 对象的属性

属　　性	说　　明	属　　性	说　　明
name	字段的名称	table	字段所属的数据表名称
type	字段的数据类型	Not_null	若字段不接受无效数据，则返回 1
max_length	字段的最大长度	blob	若字段为 blob 数据类型，则返回 1
primary_key	若字段是主键，则返回 1	unsigned	若字段仅为 unsigned 数据类型，则返回 1
unique_key	若字段是唯一的，则返回 1	zerofill	若字段为数据需要补 0，则返回 1
multiple_key	若字段不是唯一的，则返回 1	numeric	若字段为 numeric 数据类型，则返回 1

 说 明

① 每个标志都用一个单词表示，之间用一个空格分开，可以用 explode()将其分开。

② field_offse 从 0 开始，0 对应第一个字段，1 对应第二个字段，依此类推。

2. MySQLi 扩展

```
示例 6_4_mysqli.php//MySQLi 扩展(面向过程)
<?php
  $link=mysqli_connect("localhost","root","","bank");      //连接 MySQL 服务器
  mysqli_query($link,"set names 'utf8'");                  //设置客户端的字符集
```

```
//1 获取查询数据集
   //同 6_4_mysqli.php
//2 获取数据表 bmessage 中字段的个数
$num=mysqli_num_fields($result);              //从结果集中获取表中包含的记录数
echo "<br />2:数据表中包含了".$num."个字段。<br />";
//3 使用 mysqli_fetch_field 获取字段的标志
echo "<br />3 使用 mysqli_fetch_field 获取字段的标志。";
echo "<br /> Table | Name | max. Len | Flags | Type";
while ($finfo = mysqli_fetch_field($result)) {
  echo "<br />  ".$finfo->table;
  echo " | ".$finfo->name;
  echo " | ".$finfo->max_length;
  echo " | ".$finfo->flags;
  echo " | ".$finfo->type;
}
//4 使用 mysqli_fetch_fields 获取字段的信息
echo "<br /><br />4 使用 mysqli_fetch_fields 获取字段的信息。";
$finfo = mysqli_fetch_fields($result);
echo "<br /> Table | Name | max. Len | Flags | Type | Length | charsetnr";
foreach ($finfo as $val) {
  echo "<br />  ".$val->table;
  echo " | ".$val->name;
  echo " | ".$val->max_length;
  echo " | ".$val->flags;
  echo " | ".$val->type;
  echo " | ".$val->length;
  echo " | ".$val->charsetnr;
}
mysqli_free_result($result);
mysqli_close($link);
?>
```

运行结果　若 MySQL 的主机，用户和密码是"localhost","root",""。

1 查询数据表 bmessage 成功！
2 数据表中包含了 4 个字段。
3 使用 mysqli_fetch_field 获取字段的标志。

```
Table | Name | max. Len | Flags | Type
bmessage | id | 1 | 49667 | 3
bmessage | name | 6 | 128 | 253
bmessage | email | 17 | 128 | 253
bmessage | password | 6 | 128 | 253

4 使用 mysqli_fetch_fields 获取字段的信息。
Table | Name | max. Len | Flags | Type | Length | charsetnr
bmessage | id | 1 | 49667 | 3 | 10 | 63
bmessage | name | 6 | 128 | 253 | 60 | 33
```

```
bmessage | email | 17 | 128 | 253 | 120 | 33
bmessage | password | 6 | 128 | 253 | 60 | 33
```

示例 6_4_mysqli.php//MySQLi 扩展(面向过程)

```php
<?php
    $mysqli=new mysqli("localhost","root","","bank");  //连接 MySQL 服务器
    $mysqli->query("set names 'utf8'");                //设置客户端的字符集
    //1 获取查询数据集
        //同 6_4_mysqlio.php
    //2 使用 mysqli_result:: field_count 获取数据表 bmessage 中字段的个数
    $num=$result->field_count;   //从结果集中获取表中包含的记录数
    echo "<br />2:数据表中包含了".$num."个字段。<br />";
    //3 使用 mysqli_result::fetch_field 获取字段的标志
    echo "<br />3 使用 mysqli_result::fetch_field 获取字段的标志。";
    echo "<br /> Table | Name | max. Len | Flags | Type";
        while ($finfo = $result->fetch_field()) {
            echo "<br />  ".$finfo->table;
            echo " | ".$finfo->name;
            echo " | ".$finfo->max_length;
            echo " | ".$finfo->flags;
            echo " | ".$finfo->type;
        }
    //4 使用 mysqli_result ::fetch_fields 获取字段的信息
    echo "<br /><br />4 使用 mysqli_result ::fetch_fields 获取字段的信息。";
    $finfo = $result->fetch_fields();
    echo"<br /> Table | Name | max. Len | Flags | Type | Length | charsetnr";
    foreach ($finfo as $val) {
        echo "<br /> ".$val->table;
        echo " | ".$val->name;
        echo " | ".$val->max_length;
        echo " | ".$val->flags;
        echo " | ".$val->type;
        echo " | ".$val->length;
        echo " | ".$val->charsetnr;
    }
    $result free->result();
    $mysqli->close();
?>
```

运行结果　若 MySQL 的主机，用户和密码是"localhost","root",""。
同 6_5_mysqlio.php

语法格式	int mysqli_num_fields (mysqli_result $result);　　　int $mysqli_ result->field_count; object mysqli_fetch_field (mysqli_result $result);　　object mysqli_result::fetch_field (void); array mysqli_fetch_fields (mysqli_result $result);　　array mysqli_result::fetch_fields (void);

函数功能	取得结果集中字段的数目。 从结果集中取得下一字段(列)。 返回指定结果集中关于数据表的字段属性。
参数说明	result: resource 型的结果集。此结果集来自对 mysqli_query() 的调用。
返回值	整数,查询结果集中字段的数目。 一个对象,包含字段定义的信息。如果没有定义字段信息,则返回 FALSE。 一个对象的数组,包含了字段定义的信息。如果没有定义字段信息,则返回 FALSE。

 说明

① mysqli_num_fields()函数与 field_count 对应,field_count 是 mysqli_result 类的属性。

② fetch_field 与 fetch_fields 的区别: fetch_field 返回一个对象,fetch_fields 返回的列为对象的数组。返回对象包含的属性如表 6.20 所示。fetch_fields 缺少了 def、db 和 catalog。

表 6.20　field 对象包含的属性

属　　性	说　　明	属　　性	说　　明
name	字段(列)的名称	table	字段所属的数据表名称
orgname	原始的字段(列)名(如果指定了别名)	orgtable	原始的表名(如果指定了别名)
charsetnr	字段的字符集数(id)	flags	代表字段位标志的整数
max_length	结果集中字段的最大宽度	length	在表定义中规定的字段宽度
type	字段(列)的数据类型	decimals	整数字段,小数点后的位数
def	保留作为默认值,当前总是为 ""	db	数据库（在 PHP 5.3.6 中新增的）
catalog	目录名称,总是为 "def"（自 PHP 5.3.6 起）		

 说明

字段的宽度(Length)使用的数字(字节)可能与表定义值(字符)不同,这取决于使用的字符集。例如,字符集 utf8 每字符 3 个字节,所以 varchar（10）将返回 UTF8 长度为 30（10×3）,而数字 1 返回的是 10。

6.6.6　查询数据库的结构

查询数据库的结构,列出当前 MySQL 服务器上包含的数据表和指定数据库中包含的数据表。

1. MySQL 扩展

```
示例 6_5_mysql.php//MySQL 扩展
<?php
    $link=@mysql_connect("localhost","root","");        //连接 MySQL 服务器
    mysql_query("set names 'utf8'");                     //设置客户端的字符集
    //1 获取数据库服务器中包含的数据库
    //$dblist=mysql_list_dbs($link);                     //获取可用数据库名称的结果集
    $sql="SHOW DATABASES ";
```

```
    $dblist=mysql_query($sql);
    echo "<br />1.获取数据库服务器中包含的数据库。<br />";
    while ($row = mysql_fetch_object($dblist))    //从结果集中，获取数据库名称
      echo $row->Database . "<br \>";
//2 获取 bank 数据库中包含的数据表
echo "<br />2.获取 bank 数据库中包含的数据表。<br />";
$tblist=@mysql_list_tables("bank");          //获取指定数据库中包含数据表的结果集
$n= mysql_num_rows($tblist);                 //从结果集中，获取数据表的个数
for($i=0;$i<$n;$i++)
  echo mysql_tablename($tblist,$i)."<br />";   //从结果集中，获取数据表名称
    mysql_close();
?>
```

运行结果　若 MySQL 的主机，用户和密码是"localhost","root",""。

1. 获取数据库服务器中包含的数据库。
bank
bookshop
chat
guest
member
mysql
test
2. 获取 bank 数据库中包含的数据表。
bmessage

语法格式	resource mysql_list_dbs ([resource $link_identifier]) resource mysql_list_tables (string $database [, resource $link_ identifier])
函数功能	列出 MySQL 服务器中所有的数据库。 列出 MySQL 数据库中的表。
参数说明	link_identifier: 指定 MySQL 连接标识。 Database: 指定连接标识的服务器上的一个数据库。
返回值	一个结果指针，包含了当前 MySQL 进程中所有可用的数据库。 一个结果指针，包含了当前 MySQL 进程中数据库包含的数据表。

 说 明

用 mysql_tablename() 函数或使用结果表的函数，如 mysql_fetch_array()来遍历此结果指针。

配合 mysql_num_rows()获取数据表的个数；配合 mysql_tablename()获取数据表的名称。

2. MySQLi 扩展

在 MySQLi 扩展中，没有直接数据库和表的函数或方法。可以用命令 SHOW DATABASES 和 SHOW TABLES 来实现该函数的功能。

示例 6_5_mysqli.php//MySQLi 扩展（面向过程）

```php
<?php
    $link=mysqli_connect("localhost","root","","bank");//连接 MySQL 服务器
    mysqli_query($link,"set names 'utf8'");                //设置客户端的字符集
```

```
//1 获取数据库服务器中包含的数据库
$sql="SHOW DATABASES;";
$dblist=mysqli_query($link,$sql);
echo "<br />1.获取数据库服务器中包含的数据库。<br />";
while ($row = mysqli_fetch_object($dblist))  //从结果集中，获取数据库名称
    echo $row->Database . "<br \>";
```

```
//2 获取 bank 数据库中包含的数据表
echo "<br />2.获取 bank 数据库中包含的数据表。<br />";
$result = mysqli_query( $link,"SHOW TABLES");
while($row = mysqli_fetch_array($result))
  echo $row[0]."";
```

```
mysqli_close($link);
?>
```

运行结果　若 MySQL 的主机，用户和密码是"localhost","root",""。

同 6_5_mysql.php

示例 6_5_mysqlio.php//MySQLi 扩展（面向对象）

```php
<?php
$mysqli=new mysqli("localhost","root","","bank");  //连接 MySQL 服务器
$mysqli->query("set names 'utf8'");  //设置客户端的字符集
```

```
//1 获取数据库服务器中包含的数据库
$sql="SHOW DATABASES;";
$dblist=$mysqli->query($sql);
echo "<br />1.获取数据库服务器中包含的数据库。<br />";
while ($row =$dblist->fetch_object())  //从结果集中，获取数据库名称
    echo $row->Database . "<br \>";
```

```
//2 获取 bank 数据库中包含的数据表
echo "<br />2.获取 bank 数据库中包含的数据表。<br />";
$result = $mysqli->query("SHOW TABLES");
while($row =$result->fetch_array())
  echo $row[0]."";
```

```
$mysqli->close();
?>
```

运行结果　若 MySQL 的主机，用户和密码是"localhost","root",""。

同 6_5_mysql.php

6.6.7　其他数据管理工具

1. PostgreSQL

与 MySQL 一样，PostgreSQL 是一个开源数据库管理系统，提供以下功能。

(1) 外键：自动拒绝对数据库进行将会破坏数据库结构的更改。

(2) 子选项：可执行复杂的查询，能够最大限度地减小在网络上发送的结果集。

(3) 事务：避免应用一组有关的数据库更改而导致数据的破坏。

(4) 触发器：在任何特定事件发生时可以指定数据库服务器执行的操作。

(5) 视图：很方便地向特定用户提供对数据库子集的访问。

PHP 也提供了类似 MySQL 的函数，用以实现对 PostgreSQL 数据库的访问和管理。

2. ODBC

ODBC(Open Database Connectivity，开放数据库连接)是由 Microsoft 公司开发的标准，广泛地使用于 Microsoft 公司的操作系统和 UNIX/Linux 操作系统。ODBC 提供了访问数据库所必需的一切功能，每一个商业数据库管理系统和大多数非商业数据库管理系统都提供 ODBC 驱动程序。

Microsoft 公司的操作系统提供内置的 ODBC 支持。UNIX/Linux 操作系统下，必须安装一个从 ODBC 到 ODBC 的桥或者其他一些支持 ODBC 的功能。

ODBC 的商业解决方案包括 Openlink(www.openlinksw.com)、Easysoft(www.easysoft.com)、ODBCSocketServer(sourceforge.net)。

PHP 也提供了一组内置函数实现对 ODBC 的支持。

3. LDAP

LDAP(Lightweight Directory Access Protocol，轻量级目录访问协议)特别适合于存储目录，即人员和组织及它们的特征的列表；存储很少修改的相对简单的数据及存储关于系统用户的信息。

LDAP 提供了复制 LDAP 数据库的机制，以便保护数据完整性并提供协调繁重处理任务的负载平衡。

4. XML

XML(Extensible Markup Language，可扩展标记语言)是一种描述数据的语言，能够描述数据的结构。PHP 支持 xpat 库。允许构造一个 XML 文档的"解析器"，解析器理解 XML 文档的语法，并且可以识别组成文档的结构组件。通过将一个函数与每一个组件类型关联起来，可以将解析器配置为处理或转换 XML 文档。

5. 其他

PHP 的库相当广泛，支持的其他数据管理工具还包括 dBase、DBM、Dbx、DOM XML、FrontBase、filePro 和 mSQL 等。

 本章总结

通过学习本章案例，对 PHP 访问 MySQL 数据库有所认识，也能体会到动态网页的本质特征。

(1) PHP 访问 MySQL 数据库的机制和步骤。

(2) PHP 对 MySQL 数据库访问的 MySQL 扩展和 MySQLi 扩展的功能和用法。

(3) PHP 对数据的管理，也能用类似访问 MySQL 数据库的方法访问其他数据库。

思考练习

(1) 总结 PHP 调用 MySQL 数据库的步骤。

(2) 画图说明在 PHP+MySQL 的 Web 系统中处理数据的流程。

(3) 编写程序代码,建立以(root,1234)身份访问 MySQL 数据库"Music"的连接,并选择这个数据库和关闭这个数据库。

项目 6-1　通信簿浏览器

项目目标:

(1) 展示一个访问 MySQL 数据库的完整程序。

(2) 演示支持浏览的数据库编程技术。

步骤:

(1) 在 MySQL 数据库服务器上创建名为 maildb 的数据库,再在其下创建数据表 addressbook 并插入数据,对应的 SQL 命令如下:

```
DROP DATABASE maildb;
CREATE DATABASE maildb;
USE maildb;
CREATE TABLE `addressbook` (`serial` INT(10) NOT NULL AUTO_INCREMENT,
`name` VARCHAR(50) NOT NULL , `email` VARCHAR(50) NOT NULL , PRIMARY KEY (`serial`))
ENGINE = InnoDB;
INSERT INTO addressbook(name,email)
    VALUES
    ('爱丽丝','al@yahoo.coom'),
    ('丽丽','lil@stories.com'),
    ('希勒','xi@126.com'),
    ('扎德','zad@google.com'),
    ('泰勒','tle@ms.com'),
    ('雅雅','yya@edu.com'),
    ('亚胡','huya@citiz.net');
```

① 研究这些命令,理解其操作。

② 观察文件夹 MySQL\data 中的变化。

(2) 创建下面的命令解释脚本,将其放在一个名为 browser_mysql.php 的文件中,相应地修改用户 ID 和密码,然后将其上载到 PHP 服务器上,放在合适的目录下,以用于 Web 访问。

```
<!DOCTYPE html PUBLIC "-//W3C//DTD XHTML 1.0 Transitional//EN"
"http://www.w3.org/TR/xhtml1/DTD/xhtml1-transitional.dtd">
<html xmlns="http://www.w3.org/1999/xhtml">
  <head>
    <meta http-equiv="Content-Type" content="text/html; charset=utf-8" />
```

```
        <title>php_通信簿浏览器</title>
    </head>
    <body>
        <h2>通信簿浏览器</h2>
<?php
    $name=""; $email=""; $message="";$id=0;
    if(isset($_POST['name'])) $name=$_POST['name'];
    if(isset($_POST['email'])) $email=$_POST['email'];
    if(isset($_POST['id'])) $id=$_POST['id'];
    function check_mysql(){
        if(mysql_errno()>0) echo "<BR> MySQL 错误". mysql_errno().":". mysql_error();
    }
    $db=@mysql_connect("localhost","root","");
    if(!$db)  echo "数据库连接失败";
    @mysql_query("set names utf8");
    mysql_select_db("maildb");
    check_mysql();
    if(isset($_POST['left'])){
        $id-=1;
        if($id<1){
            $id=1;
            $message="这是第 1 条信息";
        }
        $query="SELECT * FROM addressbook WHERE id='$id' ORDER BY id";
        $result=mysql_query($query);
        check_mysql();
        $row=mysql_fetch_row($result);
        $id=$row[0]; $name=$row[1]; $email=$row[2];
        if($message=="") $message="第".$id."条记录";
    }
    if(isset($_POST['right'])){
        $query="SELECT * FROM addressbook ORDER BY id";
        $result=mysql_query($query);
        $max=mysql_num_rows($result);
        if($id<1) $id=0;
        $id+=1;
        if($id>$max) {$id=$max;$message="这是最后 1 条信息";}
        $query="SELECT * FROM addressbook WHERE id='$id'";
        $result1=mysql_query($query);
        check_mysql();
        $row=mysql_fetch_row($result1);
        $id=$row[0]; $name=$row[1]; $email=$row[2];
        if($message=="") $message="第".$id."条记录";
    }
    if(isset($_POST['search'])){
        $query="SELECT * FROM addressbook WHERE (name='$name' or email= '$email')";
```

```php
      $result=mysql_query($query);
      check_mysql();
      $row=mysql_fetch_row($result);
      if($row[0]>0){
          $id=$row[0]; $name=$row[1]; $email=$row[2];}
      else {$name=""; $email=""; $message="记录不存在";}
  }
  if(isset($_POST['add'])){
     if($name!="" & $email!=""){
        $query="SELECT * FROM addressbook where id>0";
        $result=mysql_query($query);
        while($row2=mysql_fetch_row($result)){
          if($name!=$row2[1])$bj=1; else {$bj=0; break; $message.=$bj;}}
        if($bj==0)$message.="记录已存在!";
        else {
        $query="INSERT INTO addressbook(name,email) VALUES('$name', '$email')";
        $result=mysql_query($query);
        check_mysql();
         $id=mysql_insert_id();
        $message.="记录已添加(id='$id')";
        }
     }
     else $message="请检查输入数据不能有空";
  }
  if(isset($_POST['update'])){
     if($name!="" & $email!=""){
        $query="UPDATE addressbook SET name='$name', email='$email' WHERE
id='$id'";
        $result=mysql_query($query);
        check_mysql();
        $message="记录已更新(id='$id')";
        }
     else $message="请检查输入数据不能有空";
  }
  if(isset($_POST['delete'])){
     $query="DELETE FROM addressbook WHERE id='$id'";
     $result=mysql_query($query);
     check_mysql();
     $name=""; $email="";
     $message="记录已删除(id='$id')";
     $sql="alter table addressbook drop id";
     mysql_query($sql);
     $sql="alter table addressbook add id int auto_increment primary key FIRST";
     mysql_query($sql);
  }
  $name=trim($name); $email= trim($email);
```

```
    ?>
        <form method="post" action="browser_mysql.php">
        <br>name: <br><input type="text" name="name" value="<?php echo $name?>"
/><br>
        <br>email address <br><input type="text" name="email" value="<?php
echo $email ?>" /><br>
        <br><input type ="submit" name="left" value="<">
          <input type ="submit" name="right" value=">">
          <input type ="submit" name="search" value="查询"><br>
        <br><input type ="submit" name="add" value="添加">
          <input type ="submit" name="update" value="更新">
          <input type ="submit" name="delete" value="删除">
          <input type ="hidden" name="id" value= "<?php echo $id ?>" >
    <?php  echo "<br \><br \>$message"; ?>
        </form>
      </body>
    </html>
```

(3) 研究这段脚本，以理解其操作。

① 自定义函数 chech_mysql()的作用。

② 导航按钮(<　>)执行查询如何使用 MySQL 自动为其赋予行 ID。

③ 查询结果是如何排序的。

(4) 在 Web 浏览器上浏览这段代码的执行结果(屏幕截图表示并予以说明)。

(5) 运行脚本，查询通信簿内的信息，同时添加、更新和删除通信簿条目。

项目 6-2　改写项目 6-1

项目目标：

使用 MySQLi 扩展的面向过程的方法改写项目 6-1，文件名为 browser_mysqli_p.php。

项目 6-3　改写项目 6-1

项目目标：

使用 MySQLi 扩展的面向对象的方法改写项目 6-1，文件名为 browser_mysqli_o.php。

项目 6-4　改进本章案例中的聊天室

项目目标：

(1) 可以加入图片方式的表情等。

(2) 聊天内容监控：聊天室的管理员界面，对不合主题的聊天内容进行删除，并对捣乱的网友取消其权限。为此也要建立聊天会员制或聊天群制。

第 7 章

网上购书与 PHP 面向对象技术

学习目标

通过本章的学习，能够使读者：
(1) 理解 PHP 支持的面向对象技术。
(2) 掌握在 PHP 中使用面向对象的方法。
(3) 了解在 PHP 中使用 MVC 的方法。

学习资源

本章为读者准备了以下学习资源：

(1) 示范案例：展示"网上购书模块"的分析、设计与实现过程，对应本章的 7.1~7.3 节。案例代码存放在文件夹"教学资源\wuya\bookshop\"，以及\wuya\left_num.php,main.php 中。

(2) 技术要点：描述"PHP 面向对象技术"的技术要点，对应本章的 7.4 节。其中的示例给出了相关技术的说明实例，代码存放在文件夹"教学资源\extend\ch7\"中。

(3) 实验项目：要求参考示范案例对网上书店的管理员模块的实现。

学习导航

在学习过程中，建议读者按以下顺序学习：

(1) 解读示范案例的分析和设计。

(2) 模仿练习：选择一个 PHP 开发工具，如 Dreamweaver，按照实现步骤重现案例。

(3) 创作练习：按实践项目的要求，先做出分析和设计，再在 PHP 开发环境中实现所做的设计，提升对 PHP 面向对象技术的理解和应用能力。

学习过程中，提倡结对或 3 人组成学习小组，采取分工合作，交流设计和制作的经验体会，也能培养协作精神，会得到更多的收获。

案例描述

　　本章案例实现的是本书案例的网上购书模块。该模块搭建一个规模虽小，但功能齐全的网上购书模型，分一般用户和管理员两级用户，分别实现了图书搜索、图书信息显示、购物车管理、订单生成的一般用户购书功能和图书信息、图书类别、订单的信息管理功能，其中涉及 PHP 面向对象技术。

7.1　网上购书系统分析

　　随着互联网的高速发展，人们生活和商品销售的方式也发生了很大的变化。网上购物是由互联网产生的一种新型消费模式，也是网站实现赢利的一种手段，更是电子商务发展的主要方向之一。会员通过网络购物，足不出户地就可以买到自己所需的商品。PHP 作为当前日益推广的服务器脚本语言，对于电子商务的支持也是不遗余力的。使用 PHP 和MySQL 数据库，再加上一些基本的网页设计技巧，我们可以很轻松地搭建一个网上购物网站，实现网上购物的各种功能。在实际应用的网上购物网站中，它涉及的技术是多方面的，而且需要考虑大量的设计细节。为此，需要明确网上购书的工作流程，并分解出各个功能模块以便设计和实现。

案例分析

7.1.1　系统工作流程分析

　　使用网上书店系统的用户有两类，即一般用户和管理员用户。当一般用户进入网站后，其购书流程如图 7.1 所示。管理员在后台对系统进行管理和维护，其工作流程如图 7.2 所示。

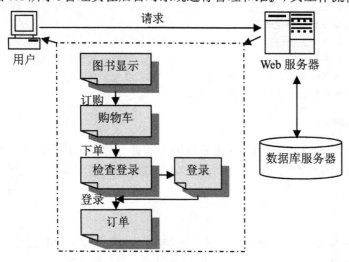

图 7.1　一般用户购书流程

① 用户向服务器发出浏览或搜索图书请求。
② 服务器读取相关图书信息，向客户端返回图书信息。
③ 用户选购图书，暂时存放在购物车上。
④ 用户进一步确认购物车上的图书，下订单。
⑤ 服务器验证用户是否登录，确认用户信息。
⑥ 用户填写订单相关信息，确认订单。
⑦ 用户可查询订单。

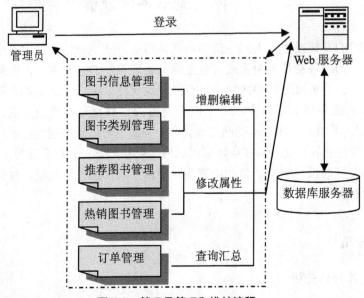

图7.2　管理员管理和维护流程

① 管理员向服务器发出登录请求。
② 服务器向管理员传送欢迎页面，并提供功能选择链接。
③ 管理员可对图书信息、图书列表进行增删编辑，并把结果存储到数据库中。
④ 管理员可对图书信息设置推荐和热销属性，并把结果存储到数据库中。
⑤ 管理员对用户提交的订单进行汇总、查询和管理。

7.1.2　系统功能模块分析

通过对系统工作流程的分析，可把系统分为前台和后台。前台面向一般用户，实现与他们的交互；后台面向管理员，实现对用户交互数据的处理。显然，系统应该具有以下主要功能模块。

1. 系统前台

(1) 图书显示模块：显示新图书列表、分类图书列表、搜索图书列表和详细图书信息。

(2) 购物车模块：订购图书、查看和管理订购图书、下订单。

(3) 订单模块：检查是否登录，查询我的订单。

2. 系统后台

(1) 图书信息管理模块：添加、编辑和删除图书信息。

(2) 图书类别管理模块：添加、编辑和删除图书类别，设置前台图书目录查询列表。

(3) 图书属性管理模块：设置图书的推荐、热销属性。

(4) 订单管理模块：管理用户提交的订单，查询订单，汇总订单。

后台管理中各模块的功能较为单一且独立，主要涉及读取数据库相关内容和表单处理。但要认识前台各模块的功能，需要进一步分析各模块的工作流程。

3. 图书显示模块

图书显示模块的工作流程如图 7.3 所示。

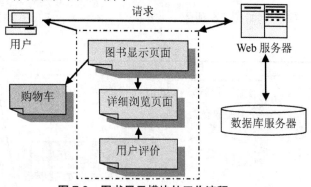

图 7.3　图书显示模块的工作流程

 说明

① 用户向服务器发出图书查询请求。

② 服务器向用户传送图书显示页面，其中设置链接到详细浏览页面和放入购物车的按钮。

③ 在详细浏览页面中用户可发表对图书的评价等反馈，并把结果存储到数据库中。

4. 购物车模块

购物车模块的工作流程如图 7.4 所示。

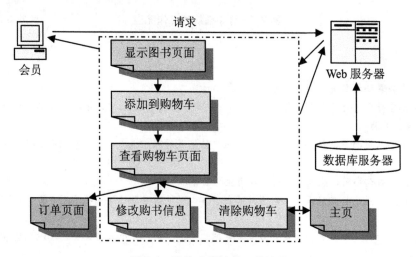

图 7.4　购物车模块的工作流程

说 明

① 用户从图书显示页面选定图书，向服务器发出加入购物车请求。

② 服务器处理了添加后，用户的去向可能是继续购书，那就回到显示页面，也可能想查看购物车，那就进入查看购物车页面。

③ 进入查看购物车页面后，会员能浏览到所选图书的信息，同时还能修改购书信息，也能选择继续购书，或下订单，还可能清除购物车。

④ 如果在这里未清除购物车，就在购物结束时自动清除。

5. 订单模块

订单模块的工作流程如图 7.5 所示。

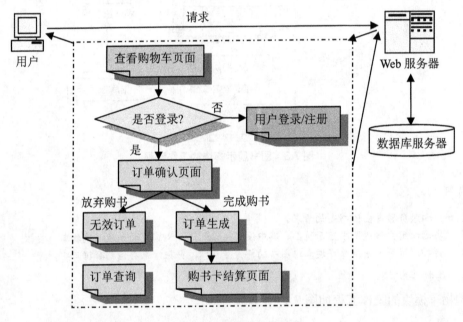

图 7.5　订单模块的工作流程

 说 明

① 用户在查看购物车页面向服务器发出下订单请求。

② 服务器检查用户是否登录，若没有登录，则转向用户登录，向用户登录/注册模块；若已经登录，则传送订单确认页面。

③ 在订单确认页面中，服务器向表单显示用户信息及付款方式，由用户修改或选择，同时提供放弃购书的选择。

④ 当用户完成购书时，生成订单并自动清空购物车。

⑤ 根据付款方式显示相应信息，当选择购书卡方式时，服务器传送购物卡结算页面，即修改购书卡金额。

⑥ 订单查询作为一个独立的模块通过主页菜单链接，实现用户个人订单查询，没有登录的用户一定没有订单信息。

7.2 网上购书系统设计

7.2.1 模块的逻辑结构设计

根据对网上购书模块的功能描述，可得各个子模块的逻辑结构图。

(1) 图书显示模块的逻辑结构如图 7.6 所示。

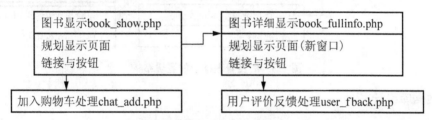

图 7.6 图书显示模块的逻辑结构

(2) 购物车模块的逻辑结构如图 7.7 所示。

图 7.7 购物车模块的逻辑结构

(3) 订单处理模块的逻辑结构如图 7.8 所示。

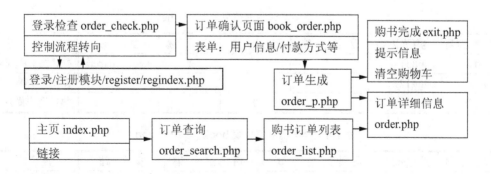

图 7.8 订单处理模块的逻辑结构

(4) 后台管理模块的逻辑结构如图 7.9 所示。

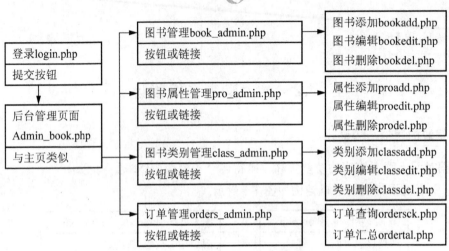

图 7.9　后台管理模块的逻辑结构

7.2.2　数据库设计

通过对系统的分析,在 MySQL 数据库服务器上创建名为 bookshop 的数据库,并在其中建立数据库表,如表 7.1～表 7.11 所示。

表 7.1　图书子类信息表 book_class

字 段 名 称	类型(长度)	是 否 为 空	默 认 值	主　键	备　注	描　述
book_class_id	int(5)			是	auto_increment	图书类型序列号
book_class_name	varchar(30)					图书子类名称
book_type_id	int(4)					图书基类序列号

表 7.2　图书基类信息表 book_type

字 段 名 称	类型(长度)	是 否 为 空	默 认 值	主　键	备　注	描　述
book_type_id	int(4)			是	auto_increment	图书基类序列号
book_type_name	varchar(30)					图书基类名称

表 7.3　热销图书信息表 book_hot

字 段 名 称	类型(长度)	是 否 为 空	默 认 值	主　键	备　注	描　述
hot_id	int(3)			是	auto_increment	热销图书序列号
book_id	int(12)					图书序列号
hot_order	int(3)		0			热销图书顺序

表 7.4　推荐图书信息表 book_recommend

字 段 名 称	类型(长度)	是 否 为 空	默 认 值	主　键	备　注	描　述
recom_id	int(3)			是	auto_increment	推荐图书序列号
book_id	int(12)					图书序列号
recom_order	int(3)		0			推荐图书顺序

表 7.5 新图书信息表 book_new

字 段 名 称	类型(长度)	是否为空	默 认 值	主 键	备 注	描 述
new_id	int(3)			是	auto_increment	新图书序列号
book_id	int(12)					图书序列号
new_order	int(3)		0			新图书顺序

表 7.6 图书信息表 book_inf

字 段 名 称	类型(长度)	是否为空	默 认 值	主键	备 注	描 述
book_id	int(12)			是	auto_increment	图书编号
book_no	varchar(30)					图书 ISBN
book_name	varchar(40)					书名
author	varchar(30)					作者
publisher	varchar(40)					出版社
pub_date	datetime					出版日期
price	float					图书原价
price_m	float					图书会员价
book_l_price	float					图书折扣价
book_storenum	int(4)					目前库存量
book_class_id	int(5)					所属子类
book_index	mediumtext	是				目录
book_abstract	mediumtext	是				内容提要
book_level	tinyint(1)		1		1~5 级	图书评级
book_level_pic	varchar(255)					图书评级图
book_pic	varchar(255)					图书封面图
input_date	datetime		CURRENT_TIMESTAMP			入库日期
book_bs	varchar(4)		平装		精装|平装	图书包装
book_view	int(10)					访问次数

表 7.7 购物车信息表 book_cart

字 段 名 称	类型(长度)	是否为空	默 认 值	主键	备 注	描 述
cart_id	int(12)			是	auto_increment	购书序列号
user_id	varchar(30)	是				会员登录 ID
book_id	int(12)					图书序列号
cart_session_id	varchar(32)				由 IP 生成	用户 session
buy_num	int(12)		1			购买数量
order_id	int(10)		0		0—未生效	订单序列号
cart_time	timestamp		CURRENT_TIMESTAMP			订购时间

表 7.8　订单信息表 order_info

字 段 名 称	类型(长度)	是否为空	默认值	主键	备　注	描　述
order_id	int(10)			是	auto_increment	订单序列号
user_name	char(30)					联系人姓名
order_post	varchar(10)					送书邮编
order_addr	varchar(255)					送书地址
order_phone	varchar(20)					联系电话
order_mail	varchar(30)					邮箱地址
order_send	tinyint(2)				与表 order_send 关联	送书方式
order_fmoney	tinyint(2)				与表 order_fmoney 关联	付款方式
order_num	int(4)					购书总册数
order_money	float		0.00		2 位小数	付款总额
order_state	tinyint(2)		0		0—未处理；1—已处理	订单状态
order_time	timestamp				CURRENT_TIMESTAMP	下单时间
order_note	text					记录订单细节

表 7.9　用户反馈信息表 user_message

字 段 名 称	类型(长度)	是否为空	默认值	主　键	备　注	描　述
M_id	int(10)			是	auto_increment	用户反馈序列号
book_id	int(12)					图书系序列号
user_id	char(30)					用户 ID
message_content	text					信息内容
message_time	timestamp				CURRENT_TIMESTAMP	发布时间

表 7.10　送书方式信息表 order_send

字 段 名 称	类型(长度)	是否为空	默认值	主　键	备　注	描　述
send_id	tinyint(1)			是	auto_increment	送书方式序列号
send_name	char(12)					送书方式
send_con	char(255)					说明

表 7.11　付款方式信息表 order_fmoney

字 段 名 称	类型(长度)	是否为空	默认值	主　键	备　注	描　述
fmoney_id	tinyint(1)			是	auto_increment	付款方式序列号
fmoney_name	char(12)					付款方式
fmoney_con	char(255)					说明

注　数据表 order_info 与 order_send、order_fmoney 中的数据有关联。

7.2.3　数据操作类设计

把对数据库的操作定义为一个类 DBSQL，实现对数据库的连接和对数据表的一些基本操作功能。同时参照 MVC 架构，定义类 DBSQL 的子类 booktype 实现折叠菜单处理，子类 control 实现对数据库 bookshop 中各类数据表的数据访问，而子类 user 是对数据库 member 中各类数据表的数据访问。类 display 实现页面的分页显示功能和对显示字符数量的控制，各类所包含的属性和方法如图 7.10 所示。

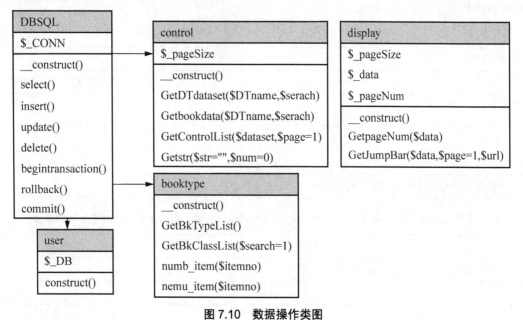

图 7.10　数据操作类图

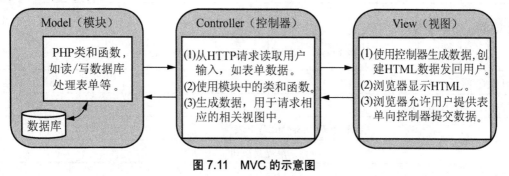

小贴士

MVC

MVC(Model View Controller，模块—视图—控制器)是设计 Web 应用的一种方法。其优势在于把业务逻辑、数据访问和界面表现分离开来。这样的 3 层结构能提高开发效率，降低维护成本，增强系统的扩展性。现在 PHP 的 MVC 框架比较多，主要有 CokePHP、ZendFramework、Wact 等。图 7.11 是 MVC 的示意图。

图 7.11　MVC 的示意图

虽然可以直接使用 ZendFramework+Smarty，模块和控制器采用 ZendFramework，视图采用 Smarty，但考虑到与各模块的衔接，采用逐步建构的方式来解析 MVC 架构。

7.2.4 界面设计

本章案例涉及的页面较多，但总体上可为 4 类：以表格方式组织的信息列表，如图书显示、购物车查询和表单列表等；以显示操作提示或反馈信息为主的页面，如下订单、清空购物车等；以表格组织的详细信息，如图书详细信息、订单详细信息等；以表单组织的信息收集页面，如确认订单、查询订单。但图书显示和查看购物车页面中的表单界面不同。案例中的样式定义在 bscss.css 中。

(1) 信息列表页面(book_show.php、cart_list.php、order_list.php)：

标题行(样式：id="bt")		
分页信息栏(样式：class="tdl")		输入页次(文本框)(按钮)
表格(样式：id="tdl")		
	列表标题行(样式：id="bb")	
	列表内容	
	分页状态栏	
页面操作反馈和提示信息(样式：id="bb")		按钮

(2) 操作提示或反馈页面(cart_add.php.cart_check.php、order_check.php、exit.php)：

标题行(样式：id="bt")	
操作提示或反馈信息(样式：id="bb")	
按钮	

(3) 详细信息显示页面(book_fullinfo.php、order.php)：

标题行(样式：id="bt")
空白行(样式：id="bb")
详细信息表格(class="tdl"|"tdd"|"bb")
返回(超链接：Javascript:close())

⚠ **注** 页面宽度为 780px。

(4) 信息采集的表单页面(book_order.php、order_search.php)：

标题行(样式：id="bt")	
操作提示行(样式：id="bb")	
表单标签(class="tdl")	表单
提交按钮	
操作提示或反馈信息(样式：id="bb")	

⚠ **注** book_order.php 的页面结合了列表显示信息和表单采集信息页面。页面如下：

标题行(样式：id="bt")	
××：您的购书清单！(样式：id="bb")	
共有××本书(样式：id="tdl")	
表格(样式：id="tdl")	
标题行(样式：id="bb")	
内容	
注意：在填写完订单后，请使用浏览器的打印功能打印出订单。(样式：id="tdl")	
×××：请确认你的配送信息！(样式：id="bb")	
表单标签(class="tdl")	表单
送货方式(样式：id="bb")	单选按钮
送货方式简介：××××(class="tdl")	
付款方式(样式：id="bb")	单选按钮
付款方式简介：××××(class="tdl")	
放弃确定(提交按钮)	
操作提示或反馈信息(样式：id="bb")	

 说明

　　主页 index.php 中的两个框架页 leftFrame 和 mainFrame。其中 leftFrame 包含的浮动框架 numeFrame 页 left_nemu.php 实现了折叠菜单的功能。mainFrame 主要放置图书、购物车和订单等内容。

7.3 网上购书系统的实现

 准备工作

　　(1) 确认在站点根目录已建立了文件夹 webshop。
　　(2) 确认在 webshop 下建立了文件夹 css。
　　(3) 确认在 webshop 下建立了文件夹 images，再在其下新建文件夹 bookpic，复制准备若干幅图书封面图片，在 images 下新建文件夹 level，复制准备的图像文件 1star.gif~5star.gif。
　　(4) 确认在 webshop 下建立了文件夹 include。

 CSS编码

　　代码文件：bscss.css

　　(1) 启动 Dreamweaver，新建 CSS 文档。
　　(2) 单击"代码"标签，切换到"代码"视图，输入如下代码。

```
1  @charset "utf-8";
2  /* CSS Document */
3  #appb {    /*定义整个页面的样式*/
```

```
 4      width: 600px;
 5      padding:1;
 6      margin: 0 auto;
 7   }
 8   #bt {    /*定义标题样式*/
 9      font-size: 18px;
10      font-weight: bold;
11      color: #399;
12      height:40px;
13      background-color: #FFC;
14      vertical-align: middle;
15      text-align: center;
16      padding-top: 10px
17   }
18   .tdl {    /*定义表单样式*/
19      font-size: 12px;
20      color: #F60;
21      background-color: #FFC;
22      margin: 0px;
23      padding: 0px;
24      border: 0px none #FFF;
25   }
26   .tdd {    /*定义表单样式*/
27      color: #399;
28      font-size: 14px;
29      line-height: 150%;
30   }
31   #bb {    /*定义反馈信息栏样式*/
32      color: #366;
33      background-color: #FC6;
34      border: thin solid #CCC;
35      font-size: 13px;
36      line-height: 150%;
37   }
38   table ,form{
39      margin: 0px;
40      padding: 0px;
41   }
42   a:link {color: #399;}
43   a:visited {}
44   a:hover {color: #F90;}
45   a:active {color: #099;}
46   tr {line-height: 150%;}
47   hr { line-height: 100%;}
48   body {
49      padding: 0px;
```

```
50      margin-top: 2px;
51    }
```

(3) 把文档以 bscss.css 为文件名保存在新建的 css 文件夹下。

PHP编码

7.3.1　数据操作类

首先要定义一组与数据库相关的全局配置变量，然后定义如图 7.10 所示的各个类。

1. 全局配置变量

代码文件：config.inc.php

(1) 在 Dreamweaver 中，新建 PHP 文档。

(2) 单击"代码"标签，切换到"代码"视图，输入如下代码。

```php
1  <?php
2    define("DBHost","localhost");
3    define("DBUser","root");
4    define("DBPassword","");
5    define("DBName","bookshop");
6  ?>
```

(3) 把文档以 config.inc.php 为文件名保存在新建的 include 文件夹中。

2. 数据库连接和基本操作类

代码文件：db.inc.php

(1) 在 Dreamweaver 中，新建 PHP 文档。

(2) 单击"代码"标签，切换到"代码"视图，输入如下代码。

```php
1  <?php
2      require_once('config.inc.php');
3  /**
4     功能：数据库的基础操作类
5  */
6    class DBSQL{
7      private $CONN="";  //定义数据库连接变量
8    /**
9    *功能：构造函数，连接数据库
10   */
11       public function __construct($DBName){
12           $con=mysqli_connect(DBHost,DBUser,DBPassword,$DBName);
13           if(mysqli_connect_errno($con)){  //检查数据库连接
14               echo "连接 MySQL 失败: " . mysqli_connect_error();
15           }
16           mysqli_query($con,"set names 'utf8'");
```

```
17              $this->CONN=$con;
18          }
19      /**
20      *功能：关闭数据库
21      */
22          public function closedb(){
23              if($this->CONN){
24                  return mysqli_close($this->CONN);            ;
25              }
26          }
27      /**
28      *功能：数据库查询函数
29      *参数：$sql SQL 语句
30      *返回：二维数组或 FALSE
31      */
32          public function select($sql){
33              if(empty($sql)) return false;  //如果 SQL 语句为空，则返回 FALSE
34              if(empty($this->CONN)) return false;  //如果数据库连接为空，
                                                          则返回 FALSE
35              $results=mysqli_query($this->CONN,$sql);
36              if((!$results)or(empty($results))){  //如果查询结果为空，
                                                        则释放结果并返回 FALSE
37                return false;
38              }
39              $count=0;
40              $data=array();
41              while($row=mysqli_fetch_array($results)){  //把查询结果重组成一个二
                                                              维数组
42                $data[$count]=$row;
43                $count++;
44              }
45              return $data;
46          }
47      /**
48      *功能：数据插入函数
49      *参数：$sql SQL 语句
50      *返回：0 或新插入数据的 ID
51      */
52          public function insert($sql=""){
53              if(empty($sql)) return 0;  //如果 SQL 语句为空，则返回 FALSE
54              if(empty($this->CONN)) return 0;  //如果连接为，空则返回 FALSE
55              $results=mysqli_query($this->CONN,$sql);
56              if(!$results) return 0;  //如果插入失败，则返回 0;
                                            否则返回当前插入数据的 ID
57              else return mysqli_insert_id($this->CONN);
58          }
```

```
59      /**
60       *功能：数据更新函数
61       *参数：$sql SQL 语句
62       *返回：TRUEORFALSE
63      */
64          public function update($sql=""){
65              if(empty($sql)) return false;  //如果 SQL 语句为空，则返回 FALSE
66              if(empty($this->CONN)) return false;  //如果连接为空，则返回 FALSE
67              $results=mysqli_query($this->CONN,$sql);
68              if(!$results) return 0;  //如果插入失败，则返回 0；否则返回当前插入数据的 ID
69              else return 1;
70          }
71      /**
72       *功能：数据删除函数
73       *参数：$sql SQL 语句
74       *返回：TRUEORFALSE
75      */
76          public function delete($sql=""){
77              if(empty($sql)) return false;   //如果 SQL 语句为空，则返回 FALSE
78              if(empty($this->CONN)) return false;  //如果连接为空，则返回 FALSE
79              $results=mysqli_query($this->CONN,$sql);
80              if(!$results) return 0; //如果插入失败，则返回 0；否则返回当前插入数据的 ID
81              else return 1;
82          }
83      /**
84       *功能：定义事务
85      */
86          public function begintransaction(){
87              mysqli_query($this->CONN,"SETAUTOCOMMIT=0");  //设置为不自动提交, MySQL
                                                              默认立即执行
88              mysqli_query($this->CONN,"BEGIN");//开始事务定义
89          }
90      /**
91       *功能：回滚
92      */
93          public function rollback(){
94              mysqli_query($this->CONN,"ROOLBACK");
95          }
96      /**
97       *功能：提交执行
98      */
99          public function commit(){
100             mysqli_query($this->CONN,"COMMIT");
101         }
102     }
103 ?>
```

(3) 把文档以 db.inc.php 为文件名保存在 include 文件夹中。

 代码解读

数据操作基本类 DBSQL 中用于连接数据库并对其中的数据表实现插入、更新、删除操作和事务处理。事务操作是在执行多个更新或删除操作时为了保证数据完整性而使用的。

把这些基本操作封装在一个类中能增强代码的可读性、系统的扩展性和健壮性。

第 7 行: 类 DBSQL 的私有属性$CONN，定义数据库连接变量。

第 11～18 行: 构造函数__construct()用于连接数据库表。

第 22～26 行: 函数 closedb()用于关闭数据库表。

第 32～46 行: 函数 select($sql="")用于执行由$sql 指定的 SQL 语句的查询操作。

第 52～58 行: 函数 insert($sql="")用于执行由$sql 指定的 SQL 语句的插入操作。

第 64～70 行: 函数 update($sql="")用于执行由$sql 指定的 SQL 语句的更新操作。

第 76～82 行: 函数 delete($sql="")用于执行由$sql 指定的 SQL 语句的删除操作。

第 86～89 行: 函数 begintransaction()用于实现事务操作的起始功能。

第 93～95 行: 函数 rollback()用于实现事务操作的回滚功能。

第 99～102 行: 函数 commit()用于实现事务操作的提交执行功能。

3. 图书分类查询菜单子类

代码文件: booktype.inc.php

(1) 启动 Dreamweaver，新建 PHP 文档。

(2) 单击"代码"标签，切换到"代码"视图，输入如下代码。

```php
1   <?php
2     require_once('db.inc.php');
3   /**
4       *功能: 实现对图书类别的数据处理
5    */
6     class booktype extends DBSQL{
7       public function __construct(){    //加载父类构造函数，创建数据库连接
8         $DBName=DBName;
9         parent::__construct($DBName);
10      }
11  /**
12    *功能: 提取图书类列表
13    *返回: 数组
14  */
15      public function GetBkTypeList(){
16        $sql="SELECT * FROM book_type";
17        $b=$this->select($sql);
18        return $b;
19      }
20  /**
21    *功能: 提取图书分类列表
```

```
22          *参数：图书类别
23          *返回：数组
24      */
25          public function GetBkClassList($search=1){
26              $sql="SELECT * FROM book_class WHERE book_type_id='$search'";
27              $b=$this->select($sql);
28              return $b;
29          }
30      /**
31          *功能：弹出菜单的二级菜单项的数目
32          *返回：字符串
33      */
34          public function numb_item($itemno){
35              $bktclist=$this->GetBkClassList($itemno);
36              $ccount=count($bktclist);
37              return $ccount;
38          }
39      /**
40          *功能：弹出菜单的二级菜单项
41          *返回：字符串
42      */
43          public function nemu_item($itemno){
44              $item ="";
45              $bktclist=$this->GetBkClassList($itemno);
46              $ccount=count($bktclist);    //统计弹出菜单的二级菜单项的数目
47              for($k=0;$k<$ccount;$k++)
48                  $item.="   <a href='webshop/book_show.php?title =".
$bktclist[$k]['book_class_name']. "&&page=1&&search=book_class_id=". $bktclist
[$k]['book_class_id']."' target='mainFrame'>".$bktclist[$k]['book_class_
name']."</a><br>";
49              return $item;
50          }
51      }
52  ?>
```

(3) 把文档以 booktype.inc.php 为文件名保存在新建的 include 文件夹中。

 代码解读

类 booktype 是数据操作基本类 DBSQL 的子类，用于生成 left.php 中的分类显示菜单。

第 6 行：类 booktype 是 DBSQL 的子类(注意关键字 extends 的作用)。

第 7~10 行：构造函数 __construct()用于加载父类构造函数，创建数据库连接。

第 15~19 行：函数 GetBkTypeList()用于查询数据表 booktype 中的数据，查询结果重组成一个二维数组返回。

第 25~29 行：函数 GetBkClassList($search=2)用于查询数据表 bookclass 中指定 book_type_id 的数据，查询结果重组成一个二维数组返回。

第34~38行：函数 numb_item($itemno)用于统计弹出菜单的二级菜单项的数目。

第43~51行：函数 nemu_item($itemno)用于生成菜单的二级菜单项。

4. 获取图书/订单的数据子类

代码文件：control.inc.php

(1) 在 Dreamweaver 中，新建 PHP 文档。

(2) 单击"代码"标签，切换到"代码"视图，输入如下代码。

```php
1    <?php
2      require_once('db.inc.php');
3    /**
4        *功能：实现对数据库表中的数据提取
5    */
6      class control extends DBSQL{
7        public $_pageSize;              //定义每页显示的记录数
8        public function control(){      //加载父类构造函数，创建数据库连接
9          $DBName=DBName;
10         parent::__construct($DBName);
11         $this->_pageSize=8;
12        }
13   /**
14       *功能：提取指定数据表符合条件的记录
15       *参数：数据表和查询条件
16       *返回：数组
17   */
18     public function GetDTdataset($DTname,$search){
19       $sql="SELECT * FROM $DTname WHERE ".$search;
20       $data_s=$this->select($sql);
21       return $data_s;
22      }
23   /**
24       *功能：提取图书信息
25       *参数：数据表和查询条件
26       *返回：数组
27   */
28     public function Getbookdata($DTname,$search){
29       $data_s=$this->GetDTdataset($DTname,$search);
30       if($DTname!="book_info"){
31         $books=array();
32         for($j=0;$j<count($data_s);$j++){
33           $sql="SELECT * FROM book_info WHERE book_id=".$data_s[$j]
     ['book_id'];
34           $book=$this->select($sql);
35           if($book!="") $books=array_merge($books,$book) ;
36         }
37         return $books;
```

```
38              }
39          else return $data_s;
40        }
41   /**
42      *功能：分页提取图书/订单列表
43      *参数：当前页码
44      *返回：数组
45   */
46      public function GetControlList($dataset,$page=1){
47          $control_o=$dataset;
48          $b=array();
49          if($page<1) $page=1;
50          $control_num=count($control_o);
51          $pagelast=ceil($control_num/$this->_pageSize);
52          if($pagelast<1)   $pagelast=1;
53          if($page>$pagelast)   $page=$pagelast;
54          $pagenum=$control_num-(floor($control_num/$this->_pageSize)*
$this->_pageSize);
55          if($page<$pagelast || $pagenum==0) $pagenum=$this->_pageSize;
56          $start=($page-1)*$this->_pageSize;
57          if($start<$control_num) $b=array_slice($control_o,$start,$pagenum);
58          return $b;
59        }
60   /**
61      *功能：从$str 提取指定长度$num 的字符串
62      *返回：字符串
63   */
64      public function Getstr($str="",$num=20){
65          $str = trim($str);
66          $strlength = strlen($str);
67          if ($num == 0 || $num >= $strlength) {
68              return $str;  //若截取长度等于 0 或大于等于本字符串的长度，
                                 返回字符串本身
69          }
70          elseif ($num < 0){   //如果截取长度为负数，
71              $num = $strlength + $num;  //那么截取长度就等于字符串长度减去截取长度
72              if ($num < 0){
73                  $num = $strlength;  //如果截取长度的绝对值大于字符串本身长
                                            度，则截取长度取字符串本身的长度
74              }
75          }
76          if (function_exists('mb_substr')){
77              $newstr = mb_substr($str,0, $num);
78          }
79          elseif (function_exists('iconv_substr')){
80              $newstr = iconv_substr($str,0, $num);
```

```
81            }
82            else{
83                //$newstr = trim_right(substr($str, 0, $num));
84                $newstr = substr($str, 0, $num);
85            }
86            if ($str != $newstr) {
87                $newstr.= '...';
88            }
89            return $newstr;
90        }
91    }
92 ?>
```

(3) 把文档以 control.inc.php 为文件名保存在新建的 include 文件夹中。

小技巧

① array_merge(array array1, array array2[, array …])合并两个或多个数组。若此参数中有相同的字符串键名，则该键名的值取后面参数。若数组包含数字键名，则后面参数的值被追加在末端。

② array_slice(array array, int offset[, int length]) 返回根据 offset 参数和 length 参数所指定的 array 数组中的一段序列。若 offset 为正，则序列将从 array 中的此偏移量开始。若 offset 为负，则序列将从 array 末端向前|offset|开始。若 length 为正，则序列中将具有 length 个单元。若 length 为负，则序列将终止在数组末端前|length|处。若省略 length，则序列从 offset 开始到 array 的末端。

 代码解读

子类 control 用于获取数据并分离出指定查询表中指定页的数据，以便在网页中输出。

第 7 行：子类 control 的公共属性$_pageSize，定义每页显示的记录数。

第 8～12 行：构造函数__construct()除了加载父类的构造函数实现对数据库的连接外，还初始化了变量$_pageSize。

第 18～22 行：方法 GetDTdataset($DTname,$search)用于获取数据表$DTname 符合条件$search 的数据查询集，以二维数组形式返回。

第 28～40 行：方法 Getbookdata($DTname,$search)用于获取数据表$DTname 符合条件$search 的图书数据查询集，以二维数组形式返回。

第 46～59 行：方法 GetControlList($dataset,$page=1)用于分离数据集$dataset 指定页面$page 中的数据，以二维数组形式返回。

第 64～91 行：函数 Getstr($str="",$num=20)用于提取字符串$str 中前$num 个有效字符。

5. 用户子类

代码文件：user.inc.php

(1) 在 Dreamweaver 中，新建 PHP 文档。

(2) 单击"代码"标签，切换到"代码"视图，输入如下代码。

```
1 <?php
2    require_once('db.inc.php');
3 /**
4    *功能：实现用户数据的操作
```

```
5       */
6         class user extends DBSQL{
7           public function __construct(){
8             $DBName="member";
9             parent::__construct($DBName);      //加载父类构造函数，创建数据库连接
10          }
11        }
12    ?>
```

(3) 把文档以 user.inc.php 为文件名保存在 include 文件夹中。

 代码解读

　　子类 user 用于对数据表 member 的相关操作。继承父类中的定义的各种公共属性和方法，但重新指定了数据库的名称 member，覆盖了原来的数据库 bookshop。

　　6. 数据显示子类

代码文件：display.inc.php

(1) 在 Dreamweaver 中，新建 PHP 文档。
(2) 单击"代码"标签，切换到"代码"视图，输入如下代码。

```
1     <?php
2     /**
3       *功能：实现页面导航栏的显示
4     */
5       class display{
6         public $_pageSize=10;     //每页显示数量
7         private $_data;           //要分页的数据
8         private $_pageNum=1;      //总页数
9     /**
10      *功能：构造函数
11      *参数：$data 要分页的数据，$pageSize 每页显示数量
12    */
13        public function __counstruct($data,$pagesize=8){
14          if($pagesize>0) $this->_pageSize=$pagesize;
15          $this->_data=$data;
16          $this->_pageNum=$this->GetpageNum($data);
17        }
18    /**
19      *功能：取得总页数
20    */
21        public function GetpageNum($data){
22          $data_num=count($data);
23          $pagelast=ceil($data_num/$this->_pageSize);
24          return $pagelast;
```

```
25            }
26    /**
27      *功能：生成分页导航栏
28    */
29        public function GetJumpBar($data,$page=1,$url){
30            $count=count($data);
31            $pagelast=$this->GetpageNum($data);
32            $strJumpBar="";
33            if($pagelast<1) $pagelast=1;
34            if($page>$pagelast) $page=$pagelast;
35            $hr="<a href='".$url.($pagelast)."'";
36            if($count==0){
37                $msg1="暂无信息";
38                $pagelast=0;
39            }
40            else{
41                $msg1="当前页:".$page;
42                if($page<>1) $strJumpBar.="<a href='".$url."1'>第 1 页</a> ";
43                else $strJumpBar.="第 1 页";
44                $strJumpBar.=" | ";
45                if($page>1) $strJumpBar.="<a href='".$url.($page-1)."'>上一页
</a> | ";
46                if($page<$pagelast) $strJumpBar.="<a href='".$url.($page+1)."'>
下一页</a> | ";
47
48                if($page!=$pagelast) $strJumpBar.="<a href='".$url.
49    ($page last)."'> 最后页</a> ";
                    else $strJumpBar.=" 最后页";
50            }
51            return array('JumpBar'=>$strJumpBar,'msg'=>$msg1);
52        }
53    }
54    ?>
```

(3) 把文档以 display.inc.php 为文件名保存在新建的 include 文件夹中。

 代码解读

类 display 用于根据数据设置分页显示的导航栏。

第 6~8 行：定义类 display 的公共属性$_pagesize 和私有属性$_data, $_pageNum。

第 13~17 行：构造函数 __construct($data,$pagesize)，初始化类 display 的公共属性，其中$_pageNum 由方法 GetpageNum($data,$pagesize)指定。

第 21~25 行：函数 GetpageNum($data)用于计算数据集$data 中每页显示$pagesize 行的最大页数。

第 29~53 行：函数 GetJumpBar($data,$page=1,$url)用于生成页面导航栏的信息。

7.3.2　图书查询

1.　图书分类菜单

代码文件：**left_nemu.php**

(1) 在 Dreamweaver 中，新建 PHP 文档。

(2) 单击"代码"标签，切换到"代码"视图，输入如下代码。

```
1  <!DOCTYPE html PUBLIC "-//W3C//DTD XHTML 1.0 Transitional//EN"
2   "http://www.w3.org/TR/xhtml1/DTD/xhtml1-transitional.dtd">
3  <html xmlns="http://www.w3.org/1999/xhtml">
4    <head>
5      <meta http-equiv="Content-Type" content="text/html; charset=utf-8" />
6      <title>搜索图书</title>
7      <link href="css/left.css" rel="stylesheet" type="text/css" />
8    </head>
9    <body>
10     <div class="txt">
11 <?php
12    $nume="";
13    $item=0;    //初始化自定义变量
14    require_once('webshop/include/booktype.inc.php');
15    $bktc=new booktype();
16    $bktlist=$bktc->GetBkTypeList();
17    $tcount=count($bktlist);
18    for($j=0;$j<$tcount;$j++){
19        $i=$bktlist[$j][0];
20        $tccount=$bktc->numb_item($i);
21        if($tccount>0){
22          if(isset($_GET['item'])) $item=$_GET['item'];//获取页面传递的数据，
                                                        确定是否有子菜单
23          if($item==$i && $item!=0){
24              $nume.=" <a href='left_nemu.php?item=0'
   target='_self'>-</a>  ".$bktlist[$j][1]."<br>";
25              $nume.=$bktc->nemu_item($item);
26          }
27          else $nume.=" <a href='left_nemu.php?item=".$i."'
   target='_self' >+</a>  ".$bktlist[$j][1]."<br>";
28      }
29      else $nume.="   <a href='webshop/book_show.php?title=".
   $bktlist[$j][1]. "&&page=1&&search='book_type_id=".$bktlist[$j][0]."'
   target= 'mainFrame'>".$bktlist[$j][1]."</a> <br>";
30    }
31    echo $nume;
32    $bktc->closedb();
33 ?>
34     </div>
```

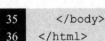

```
35      </body>
36      </html>
```

(3) 把文档以 left_nemu.php 为文件名保存在站点根文件夹下。

 代码解读

left_nemu.php 实现了分类查询菜单的显示功能,通过超链接折叠和展开二级子菜单。

第12～13行: 初始化变量。$nume 记录显示其余的内容,$item 取非负整数数值。

第14～16行: 包含所有需要的文件,即图书类别子类 booktype.inc.php,注意存放这些文件的路径。

第15行: 创建对象实例$bktc。

第16行: 调用子类 booktype 中的方法 GetBkTypeList()函数,获取图书类别列表。

第17行: 统计图书类别的个数。

第18～30行: 生成图书类别查询菜单。其中

第19行: 获取图书类别的序列号。

第20行: 统计该图书类别所包含的图书子类数目。

第21～28行: 含有子类的处理,即变量$item 作为设置图书类别名称前超链接+或-的"开关"。其中

第22行: 如果单击+或-超链接符号后,则进入本页会通过 GET 方式获取 item 的值。

第23～26行: 当 $item 为非零值时的处理。其中

第24行: 把在图书类别名称前含超链接-(传递$item 为零)的字符串作为菜单信息的部分内容。

第25行: 把该类别图书的二级子菜单设置为菜单信息接下来的内容。

第27行: 当$item 为零时,折叠二级子菜单并在图书类别名称前设置超链接+(传递$item 为当前图书类别序列号)。

第29行: 不含有子类的处理。菜单信息为带有超链接的图书类别的名称。

第31行: 显示设置的菜单信息。

2. 图书搜索处理

代码文件: search_key.php

(1) 在 Dreamweaver 中,新建 PHP 文档。

(2) 单击"代码"标签,切换到"代码"视图,输入如下代码。

```php
1   <?php
2     $search=1;
3     $keys=(string)$_POST['keys']; $cond=$_POST['selt1'];
4     if($cond=="pub_date"){
5       $search=" $cond>=%27$keys%27";
6     }
7     else{
8         $search=" $cond like %27$keys%27";
9     }
10    echo "<meta http-equiv='Refresh' content='0;url=webshop/book_show.php?
title=$title&search =$search&pp=1&page='>";
11  ?>
```

(3) 把文档以 search_key.php 为文件名保存在站点根文件夹下。

代码解读

search_key.php 是对 left.php 页面中的表单处理程序，主要实现了对数据的获取和传递。这里使用的 URL 编码：%27 是对单引号'的编码。

第 2 行：初始化变量$search。

第 3 行：获取表单数据，$_POST['selt1']是列表域中选中的选项，$_POST['keys']是文本输入域中输入的内容，注意对这个数据使用了强制类型转换(string)。

第 4～6 行：对出版日期这类特殊数据进行处理，找出的是大于某天的，而其他条件是匹配的字符串。

第 10 行：页面重新定向到 webshop/book_show.php，同时传递相关数据。

3. 特色栏目链接处理

代码文件：top.php、main.php

(1) 在 Dreamweaver 中，打开文件 top.php。

(2) 切换到"代码"视图，添加第 10~12 行的代码并修改第 52 行的代码，如下所示。

```
...
20      <div id="vai2" align="center">
21      <a href="webshop/book_show.php?title=热卖图书&&DTname=book_hot&&page=1"
target="mainFrame">热卖图书</a>   |  
22      <a href="webshop/book_show.php?title=特价图书&&DTname= book_sale &&page=1"
target="mainFrame">特价图书</a> | 
23      <a href=" webshop/ book_show.php?title=推荐图书&&DTname=book_recommend
&&page= 1" target= "mainFrame">推荐图书</a> | 
24      <a href="webshop/book_ show.php?title=最新图书&&DTname=book_new&&page=1"
target="mainFrame"> 最新图书</a>
...
```

(3) 保存文件。

(4) 在 Dreamweaver 中，打开文件 main.php。

(5) 切换到"代码"视图，修改 main.php 中"更多"超链接中的"#"分别如下：

① 热卖图书：webshop/book_show.php?title=热卖图书&& DTname =book_hot&&page=1。

② 特价图书：webshop/book_show.php?title=特价图书&& DTname =book_sale&&page=1。

③ 推荐图书：webshop/book_show.php?title=推荐图书&& DTname =book_recommend&&page=1。

(6) 保存文件。

7.3.3　图书显示处理

1. 图书显示列表

代码文件：book_show.php

(1) 在 Dreamweaver 中，新建 PHP 文档。

(2) 单击"代码"标签，切换到"代码"视图，输入如下代码。

```php
1   <?php
2     require_once('include/control.inc.php');
3     require_once('include/display.inc.php');          //请求包含相应类的文件
4     $title="图书显示";
5     $search=1; $page=1; $pp=0;
6     $DTname="book_info";
7     if(isset($_GET['title'])) $title=$_GET['title'];   //获取由 URL 传递来的数据
8     if(isset($_GET['DTname'])) $DTname=$_GET['DTname'];
9     if(isset($_GET['search'])) $search=$_GET['search'];
10    if(isset($_GET['page'])) $page=$_GET['page'];
11    if(isset($_POST['page'])) $page=$_POST['page'];
12    if(isset($_GET['pp'])) $pp=$_GET['pp'];
13    if($page<1) $page=1;
14    $books=new control();
15    $book_s=$books->Getbookdata($DTname,$search);     //获取要显示图书的数据
16    if($pp==1){
17        $title="图书搜索";
18        $search=str_replace("'", "%27",$search);       //把'替代为%27
19        $ss="?title=$title&&DTname=$DTname&&search=$search&&pp=1&&page=";
20    }
21    else{
22        $ss="?title=$title&&DTname=$DTname&&search=$search&&page=";
23    }
24    $url="book_show.php".$ss;
25    $displaybook=new display($book_s,$books->_pageSize);
26    $displaybook->_pageSize=$books->_pageSize;         //统一显示页与数据分页的行数
27    $pagelast=$displaybook->GetpageNum($book_s);       //提取显示的最后页码
28    $book=$books->GetControlList($book_s,$page);       //提取当前页的显示数据
29    $displaybar=$displaybook->GetJumpBar($book_s,$page,$url);  //生成分页导航栏信息
30  ?>
31  <!DOCTYPE html PUBLIC "-//W3C//DTD XHTML 1.0 Transitional//EN"
32  "http://www.w3.org/TR/xhtml1/DTD/xhtml1-transitional.dtd">
33  <html xmlns="http://www.w3.org/1999/xhtml">
34    <head>
35      <meta http-equiv="Content-Type" content="text/html; charset=utf-8">
36      <title>图书显示</title>
37      <base target="mainFrame" />
38      <link href="css/bscss.css" rel="stylesheet" type="text/css" />
39    </head>
40    <body>
41      <div id="appb">
42        <div id="bt">请您选购&mdash;&mdash;<?php echo $title; ?><hr/></div>
43        <form action="<?php echo $url.($page);?>" method="post" target="_self">
44        <table width="600" border="0" cellspacing="0" class="tdl">
45          <tr><td>共有<?php echo count($book_s); ?>本书  共<?php echo
    $pagelast; ?>页  <?php echo $displaybar['JumpBar']; ?></td></tr>
```

```
46    <td align="right">输入页次: <input type="text" size="3" name="page">
<input type="submit" name="send2" value="转到" /></td></tr>
47        </table>
48        </form>
49        <table width="600" border="1" cellspacing="1" class="tdl">
50        <form name="frm" action="cart_add.php<?php echo $ss;?>" method="post">
51         <tr align="center" id="bb"><td width="30">选中</td><td width="200">
书名</td>
52            <td width="150">作者</td><td width="60">出版社</td><td width="30">原
价</td>
53            <td width="30">折扣</td><td width="60">购买数量</td><td width="40">
详情</td></tr>
54    <?php
55      $buynum=array();
56      for($j=0;$j<count($book);$j++){    //按行依次输出图书信息
57        $buynum[$book[$j]['book_id']]=0;
58        echo "<tr class='tdl'>";
59        echo "<td align='center' width='50'><input type='checkbox' name='bookbm
[".$book[$j] ['book_id'] ."]' value='sel'>".$book[$j]['book_id']."</td>";
60        echo"<td width='200'>".$books->Getstr($book[$j]['book_name'],18).
"</td>";
61        echo"<td  width='150'>".$books->Getstr($book[$j]['author'],10).
"</td>";
62        echo"<td>".$book[$j]['publisher']."</td><td>";
63        printf("%.2f",$book[$j]['price']);
64        echo"</td><td>";
65        printf("%.2f",$book[$j]['book_l_price']);
66        echo'</td><td align="center"><input type="text" size="4" name="buynum
['.$book[$j] ['book_id'].']" ></td>';
67        echo"<td align='center'><a href='book_fullinfo.php?bookid=".$book
[$j]['book_id']."' target='_blank' >详情..</a></td></tr>";
68      }
69      if(count($book)<$books->_pageSize){
70        echo"<tr class='tdl'>";
71        echo"<td align='center' colspan='8' height=''".(abs($books->_pageSize-
count($book))*27)."'>  </td></tr>";
72      }
73    ?>
74        <tr><td colspan="8" align="right"><?php echo $displaybar['msg'];?>
</td></tr>
75        <tr id="bb"><td align="left" colspan="5">提示: 先选中购买的书, 再填写购
买的数量, 最后单击"放入购物车"按钮</td>
76            <td colspan="3" align="center"><input type="submit"value="放入
购物车"/></td></tr>
77        </form>
78        </table>
```

```
79        </div>
80      </body>
81  </html>
```

(3) 把文档以 book_show.php 为文件名保存在 webshop 文件夹下。

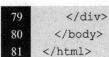 代码解读

book_show.php 实现对查询图书的显示功能。查询的方式可以是表单提交的关键字搜索，也可以是分类查询中的菜单链接，还可以是导航菜单中的特色书目的链接。采用显示分页技术，传递数据的方式是 URL，包括 4 个参数：title 页面中显示的标题；page 当前显示页码；DTname 操作的数据库表；search 数据查询条件。

第 4~13 行：获取并处理查询图书的 URL 参数。而 pp=1 对应来自文本输出查询的 title 和 search。

第 14 行：创建 control 类的对象。

第 15 行：对象获取要显示图书的数据集(二维数组)。

第 16~24 行：准备 display 类中的 URL 参数。

第 25 行：创建 display 类的对象。

第 27~29 行：生成翻页导航栏信息和分页显示的数据。

第 42 行：显示页面的标题。

第 43~48 行：设置翻页导航栏及状态信息，包含一个输入页码转向的表单，处理程序是自身。

第 50~77 行：表单中包含用户选择图书的操作方式。一是在第 1 列设置选中复选框，二是在第 6 列设置文本输入购买的数量，下方设置提交按钮，处理程序为 cart_add.php，注意到添加后用户可能还会继续购书，因此要把参数传递过去。其中

第 56~72 行：按行显示当前页的图书数据。

第 74 行：输出状态行。

第 75 行：显示操作提示信息。

2. 显示图书详细信息

代码文件：book_fullinfo.php

(1) 在 Dreamweaver 中，新建 PHP 文档。
(2) 单击"代码"标签，切换到"代码"视图，输入如下代码。

```
1   <?php
2     require_once('include/control.inc.php');  //请求包含相应类的文件
3     $bookid=1;$msg="";$num=0;$level=0;
4     if(isset($_GET['bookid'])) $bookid=$_GET['bookid'];  //获取图书序列号bookid
5     $book_s=new control();  //创建图书对象
6     $sql="SELECT * FROM book_info WHERE book_id=".$bookid;
7     $book=$book_s->select($sql);  //使用基本操作类中的方法select($sql)查询数据集
8     $user=new control();  //创建反馈用户对象
9     $sql2="SELECT * FROM ueser_message WHERE book_id=".$bookid;
10    $usermsg=$user->select($sql2);
11    if($usermsg=="") $msg="暂无评价信息";
12    else $num=count($usermsg);
```

```
13   ?>
14   <!DOCTYPE html PUBLIC "-//W3C//DTD XHTML 1.0 Transitional//EN"
15   "http://www.w3.org/TR/xhtml1/DTD/xhtml1-transitional.dtd">
16   <html xmlns="http://www.w3.org/1999/xhtml">
17     <head>
18       <meta http-equiv="Content-Type" content="text/html; charset=utf-8" />
19       <title>图书详细信息显示</title>
20       <link href="css/bscss.css" rel="stylesheet" type="text/css"/>
21     </head>
22     <body>
23       <div id="appb">
24         <div id="bt">查询的图书详细信息<hr/></div>
25         <table width="100%" border="0" cellspacing="0">
26           <tr><td id="bb">  </td></tr>
27         </table>
28         <table width="100%" border="1" cellspacing="1" class="tdl">
29           <tr><td width="10%" align="right">书名</td>
30               <td  width="50%"  class="tdd"><?php  echo  $book[0]['book_
     name']; ?></td>
31            <td rowspan="9" align="center" ><img src="<?php echo $book[0]['book_
     pic']; ?>" /> </td></tr>
32           <tr><td align="right">作者</td>
33               <td class="tdd"><?php echo $book[0]['author']; ?></td></tr>
34           <tr><td align="right">出版社</td>
35               <td class="tdd"><?php echo $book[0]['publisher']; ?> 出版社
     </td></tr>
36           <tr><td align="right">出版日期</td>
37               <td  class="tdd"><?php  echo  substr($book[0]['pub_date'],0,
     10); ?></td></tr>
38           <tr><td align="right">书号</td>
39               <td class="tdd"><?php echo $book[0]['book_no']; ?></td></tr>
40           <tr><td align="right">原价</td>
41               <td class="tdd"><?php printf("%.2f",$book[0]['price']); ?></td></tr>
42           <tr><td align="right">折扣价</td>
43               <td class="tdd"><?php echo $book[0]['book_l_price']; ?></td></tr>
44           <tr><td align="right">会员价</td>
45               <td class="tdd"><?php echo $book[0]['price_m']; ?></td></tr>
46           <tr><td align="right">等级</td>
47               <td class="tdd"><font color="#FF0000"><?php echo $book[0]['book_
     level'];?> </font> 级  <img src="<?php echo $book[0]['book_
     level_pic'];?>" /></td></tr>
48           <tr><td colspan="3">摘要  <span class="tdd"><?php echo
     $book[0]['book_abstract'] ;?></span></td></tr>
49           <tr><td colspan="3">目录<pre class="tdd"><?php echo $book[0] ['book_
     index'];?> </pre></td></tr>
50           <tr><td colspan="3" align="center"><a href="#" onClick= "javascript:
     window.close();return false;">返回</a></td></tr>
```

```
51        </table>
52        <table width="100%" border="1" cellspacing="1" class="td1">
53          <tr><td id="bt">访客评价信息<hr/></td></tr></table>
54        <table width="100%" border="1" cellspacing="1" class="td1">
55          <tr><td colspan="4"> 目前对本书的评价有<?php echo $num ;?>条。
   </td></tr>
56          <tr align="center"id="bb">
57           <td width="20%">用户名</td><td width="20%">评价等级</td><td>评价内
   容</td><td>评价时间</td></tr>
58    <?php
59      if($num>0){
60        for($j=0;$j<count($usermsg);$j++){
61        echo"<tr class='td1'><td>".$usermsg[$j]['user_id']."</td>";
62        echo"<td>".$usermsg[$j]['book_level']."</td>";
63        echo'<td>'.$usermsg[$j]['message_content'].'</td>';
64        echo'<td>'.$usermsg[$j]['message_time'].'</td></tr>';
65          }
66        }
67      ?>
68          <tr><td colspan="4" align="center"> <?php echo $msg;?></td> </tr>
69          <tr align="center" id="bb"><td colspan="4">我要评书</td></tr>
70        <form action="user_fback.php?bookid=<?php echo $bookid; ?>" method= "post">
71          <tr><td width="20%" align="right">用户名</td>
72           <td colspan="3"><input name="user_id" type="text" size="68"
   id="textfield" />*</td></tr>
73          <tr><td align="right">评价等级</td>
74        <td class="tdd" colspan="3"><input type="radio" name="book_level"
   value="5"id="RadioGroup1_0"/>很好  
75          <input type="radio" name="book_level" value="4" id="RadioGroup1_0"/>较好
     
76          <input name="book_level" type="radio" id="RadioGroup1_1" value="3" />
   好  
77          <input type="radio" name="book_level" value="2" id="RadioGroup1_2"/>
   一般  
78          <input type="radio" name="book_level" value="1" id="RadioGroup1_2"/>
   差  
79          <input type="radio" name="book_level" value="0" id="RadioGroup1_2"/>
   很差</td></tr>
80          <tr><td align="right">评语内容</td>
81            <td class="tdd" colspan="3"><textarea name="comm" cols="60" rows="5"
   id="textfield3"> </textarea></td></tr>
82          <tr><td colspan="4" align="center"><input type="submit"
   name="button" id="button"value="提交"/></td></tr>
83        </form>
84        </table>
```

```
85      </div>
86     </body>
87   </html>
```

(3) 把文档以 book_fullinfo.php 为文件名保存在 webshop 文件夹下。

 代码解读

book_fullinfo.php 实现对图书信息的详细显示。

第 1~13 行：根据 URL 传递的图书序列号提取数据表 bookinfo 中的图书数据，同时也提取数据表 usermessage 中对图书的反馈信息。

第 26 行：向浏览器输出具有 bb 样式的空行。

第 28~51 行：以表格的方式组织详细图书信息显示。其中

第 31 行：跨 9 行显示图书的封面图像。

第 54~84 行：以表格的方式显示用户对该图书的反馈信息。

第 70~83 行：提供用户对该图书的反馈信息的输入表单。

3. 用户评书反馈信息处理

代码文件：user_fback.php

(1) 在 Dreamweaver 中，新建 PHP 文档。

(2) 单击"代码"标签，切换到"代码"视图，输入如下代码。

```
1   <?php
2     require_once('include/control.inc.php');  //请求包含相应类的文件
3     $bookid=1; $userid="";$booklevel=-1;$bookcomm="";
4     if(isset($_GET['bookid'])) $bookid=$_GET['bookid']; //获取图书序列号bookid
5     if(isset($_POST['user_id'])) $userid=$_POST['user_id']; //获取图书序列号bookid
6     if(isset($_POST['book_level'])) $booklevel=(int)$_POST['book_level'];
        //获取图书序列号bookid
7     if(isset($_POST['comm'])) $bookcomm=$_POST['comm']; //获取表单数据
8     if($userid!="" && $booklevel>=0){
9       $usermsg=new control(); //创建反馈用户对象
10      $sql="INSERT INTO ueser_message(user_id,book_id,book_level,message_ content)
VALUES('$userid','$bookid','$booklevel','$bookcomm')"; //插入数据的SQL语句
11      $usermsg->insert($sql);
12      $book_s=new control(); //创建图书对象
13      $sql="SELECT * FROM book_info WHERE book_id=".$bookid;
14      $book=$book_s->select($sql); //使用基本操作类中的方法select($sql)查询数据集
15      $level=floor(($booklevel+$book[0]['book_level'])/2);
16      $sql="UPDATE book_info SET book_level = ".$level." WHERE book_id=".$bookid;
17      $book=$book_s->update($sql); //使用基本操作类中的方法select($sql)查询数据集
18      $sql="UPDATE book_info SET book_level_pic='images/level/".$level.
"star.gif'  WHERE book_id=".$bookid;
19      $book=$book_s->update($sql); //使用基本操作类中的方法select($sql)查询数据集
20    }
```

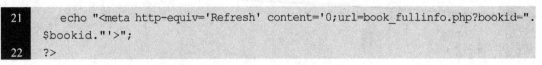

```
21        echo "<meta http-equiv='Refresh' content='0;url=book_fullinfo.php?bookid=".
   $bookid."'>";
22    ?>
```

(3) 把文档以 user_fback.php 为文件名保存在 webshop 文件夹下。

4. main.php 中的图书信息显示

代码文件：main.php

(1) 在 Dreamweaver 中，打开文件 main.php。

(2) 切换到"代码"视图，添加如下代码。

```
…
12        <table width="580" border="0" cellspacing="0" >
13   <?php
14     require_once('webshop/include/control.inc.php');
15     $books=new control();
16     $bookDBname="book_hot";
17     $serach=" 1 ORDER BY hot_order ASC LIMIT 0,2";        //从数据表中前2条记录
18     $book=$books->Getbookdata($bookDBname,$serach);       //获取显示图书的信息
19     $count=count($book);
20     $i=0;
21     while($i<$count){     //输出要显示图书的信息到相应的单元格中
22       $book_name_d=$books->Getstr($book[$i]['book_name'],18);
23   ?>
24       <td width="55"><a href='webshop/book_fullinfo.php?bookid=<?php echo$book[$i]
   ['book_id']; ?>' target='_blank'><img id="imgc" src="webshop/<?php echo
   $book[$i]['book_pic'];?>"/></a></td>
25       <td width="240">书名:<?php echo $book_name_d;?><br/>
                     ISBN:<?php echo $book[$i]['book_no'];?><br/>
                     出版社:<?php echo $book[$i]['publisher'];?>出版社<br/>
                     原价:RMB <?php echo $book[$i]['price'];?> 元<br/>
                     会员价: RMB <?php echo $book[$i]['price_m'];?> 元</td>
26   <?php $i++; }?>
27         </tr>
28         </table>
…
33           <table width="580" border="0" cellspacing="0"><tr>
34   <?php
35     $bookDBname="book_sale";
36     $serach=" 1 ORDER BY sale_order ASC LIMIT 0,2";      //从数据表中前2条记录
37     $book=$books->Getbookdata($bookDBname,$serach);       //获取显示图书的信息
38     $count=count($book); $i=0;
39     while($i<$count){    //输出要显示图书的信息到相应的单元格中
40       $book_name_d=$books->Getstr($book[$i]['book_name'],18);
41   ?>
```

```
42      <td width="55"><a href='webshop/book_fullinfo.php?bookid=<?php echo $book[$i]
    ['book_id'];?> 'target='_blank'><img id="imgc" alt="暂缺" src="webshop/<?php echo
    $book[$i]['book_pic'];?>"/></a></td>
43      <td width="240">书名:<?php echo $book_name_d;?><br/>
                    ISBN:<?php echo $book[$i]['book_no'];?><br/>
                    出版社:<?php echo $book[$i]['publisher'];?>出版社<br/>
                    原价:RMB <?php echo $book[0]['price'];?> 元<br/>
44                  优惠:<?php echo $book[$i]['book_l_price'];?> 折</td>
45  <?php $i++; } ?>
        </tr></table>
50  …
51      <table width="580" border="0" cellspacing="0"><tr>
52  <?php
53    $bookDBname="book_recommend";
54    $serach=" 1 ORDER BY recom_order ASC LIMIT 0,2";      //从数据表中前 2 条记录
55    $book=$books->Getbookdata($bookDBname,$serach);       //获取显示图书的信息
56    $count=count($book); $i=0;
57    while($i<$count){     //输出要显示图书的信息到相应的单元格中
58      $book_name_d=$books->Getstr($book[$i]['book_name'],18);
59  ?>
60    <td width="55"><a href="webshop/book_fullinfo.php?bookid=<?php echo
    $book[$i]['book_id'];?>"target="_blank"><img id="imgc" src="webshop/<?php
    echo $book[$i]['book_pic']; ?>" /></a></td>
61    <td width="240">书名:<?php echo $book_name_d;?><br/>
                    ISBN:<?php echo $book[$i]['book_no'];?><br/>
                    出版社:<?php echo $book[$i]['publisher'];?>出版社<br/>
                    会员价:RMB <?php echo $book[$i]['price_m'];?> 元<br/>
                    评级:<font color="#FF0000"><?php echo $book[$i]['book_level']; ?>
    </font> 级   <img src='webshop/<?php echo $book[$i]['book_level_
    pic']; ?>' height="10" /></td>
62  <?php $i++;}?>
63      </tr></table>
    …
```

(3) 保存文件。

7.3.4　购物车

1.　加入购物车

代码文件：cart_add.php

(1) 在 Dreamweaver 中，新建 PHP 文档。

(2) 单击"代码"标签，切换到"代码"视图，输入如下代码。

```
1   <?php
2     @session_start();//启动会话
```

```
3    $msg1=""; $userid="";
4    if(isset($_SESSION['userid'])) $userid=$_SESSION['userid'];  //获取会话数据
5    require_once('include/control.inc.php');  //请求包含相应类的文件
6    $bookbmm=array(); $booknumm=array();
7    $title=""; $search=""; $DTname="";$page=1;  //初始化变量
8    if(isset($_POST['bookbm']))  $bookbmm=$_POST['bookbm'];
9    if(isset($_POST['buynum']))  $booknumm=$_POST['buynum'];  //获取提交表单的数
10   if(isset($_GET['title']))  $title=$_GET['title'];
11   if(isset($_GET['DTname']))  $DTname=$_GET['DTname'];
12   if(isset($_GET['page']))  $page=$_GET['page'];
13   if(isset($_GET['search']))  $search=$_GET['search'];
14   if(isset($_POST['page']))  $page=$_GET['page'];  //获取 URL 传递的数据
15   $url="book_show.php?title=$title&&DTname=$DTname&&search=$search&&page=";
16   $userIP=$_SERVER['REMOTE_ADDR'];      //获取用户的 IP 地址,以识别用户
17   $cart=new control();                 //创建购物车对象
18   foreach($bookbmm as $key=>$value){ //寻找并处理被选中的图书
19       $search="(cart_session_id ='".$userIP."' AND book_id=".$key.")";
20       if($value=="sel"){
21           if((int)$booknumm[$key]<1){
22               $msg1.="所选图书".$key."的购买数量应该为正整数!<br/>";
23           }
24           else{
25               $DTname="book_cart";
26               $cart_s=$cart->GetDTdataset($DTname,$search);  //查询用户是否选
                                                                 购过这本书
27               if(count($cart_s)==0){        //没有选购的处理
28                   $sql="INSERT INTO book_cart(user_id, book_id, buy_num,
     cart_session_id) VALUES('$userid','$key','$booknumm[$key]','$userIP')";
29                   $pp=$cart->insert($sql);  //插入到购物车表中
30               }
31               else{  //选购过的处理
32                   $booknu=$cart_s[0]['buy_num']+$booknumm[$key];
33                   $sql ="UPDATE book_cart SET buy_num=".$booknu." WHERE".$search;
34                   $pp=$cart->update($sql);  //以累加值更新购书数量
35               }
36               if($pp){
37                   $msg1.="所选图书".$key."添加成功!<br/>";  //成功操作后的反馈信息
38               }
39           }
40       }
41   }
42   $cart->closedb();
43   if($msg1=="")
44       $msg1.="没有选购任何图书<br/>";  //没有选中图书的反馈信息
45   ?>
46   <!DOCTYPE html PUBLIC "-//W3C//DTD XHTML 1.0 Transitional//EN"
```

```
47    "http://www.w3.org/TR/xhtml1/DTD/xhtml1-transitional.dtd">
48    <html xmlns="http://www.w3.org/1999/xhtml">
49      <head>
50        <meta http-equiv="Content-Type" content="text/html; charset=utf-8">
51        <title>图书显示</title>
52        <link href="css/bscss.css" rel="stylesheet" type="text/css" />
53      </head>
54      <body>
55        <div id="appb">
56         <div id="bt">购书反馈信息<hr /></div>
57         <table width="600" border="0" cellspacing="0" class="tdl">
58           <tr id="bb" align="center"><td colspan="3"><?php echo $msg1; ?></td></tr>
59            <tr><td align="right"><form method="post" action="<?php echo
      $url; ?>"><input type="submit" value="继续选书&gt;&gt;"></form></td>
60           <td width="12"> </td><td align="left">
61            <form method="post" action="cart_check.php?page=1"><input type=
      "submit" value="查看购物车&lt;&lt;"></form></td></tr>
62         </table>
63        </div>
64      </body>
65    </html>
```

(3) 把文档以 cart_add.php 为文件名保存在 webshop 文件夹下。

 代码解读

cart_add.php 实现用户在图书列表中选择所要购买的图书并填写购买数量后放入购物车后的处理。

第 2~4 行：用户选购图书就开始了与系统的会话。需要获取用户的 ID 信息，如果用户还没有注册，则用户的 ID 为""。

第 16 行：获取用户的 IP 地址作为对本机购书用户的一个标识。

第 17~44 行：对用户购书表单的处理。其中：

　　第 18~41 行：当用户选中了想购买的图书，依次寻找并处理选中的图书。

　　　第 19 行：设置查询购物车上该用户对该书的购书条件。

　　　第 20~41 行：处理图书被选中。

　　　　第 22 行：若没有填写购买数量，则设置反馈信息。

　　　　第 24~40 行：填写了合法的购书信息。

　　　　　第 27~30 行：该用户没有选购过该书，直接插入到购物车表中。

　　　　　第 31~35 行：该用户选购过，要与原来的购买量累加并更新表 bookcart 的字段 buy_num。

　　　　　第 36~38 行：设置所选图书添加成功的信息。

　　第 43~44 行：设置用户没有选中任何图书的反馈信息。

第 59~61 行：向该用户提供操作反馈信息，同时设置了两个表单，设置按钮实现对页面的重定向。

2. 查看购物车

代码文件：cart_check.php

(1) 在 Dreamweaver 中，新建 PHP 文档。

(2) 单击"代码"标签，切换到"代码"视图，输入如下代码。

```php
1   <?php
2     @session_start();                                    //启动会话
3     $msg1=""; $userid="";
4     if(isset($_SESSION['userid'])) $userid=$_SESSION['userid'];
5     require_once('include/control.inc.php');
6     require_once('include/display.inc.php');    //请求包含相应类的文件
7     $search=""; $page=0;
8     if(isset($_GET['title']))  $title=$_GET['title'];
9     if(isset($_GET['page']))  $page=$_GET['page'];      //获取 URL 传递的数据
10    if(isset($_POST['page']))  $page=$_POST['page'];    //获取 POST 传递的数据
11    $userIP=$_SERVER['REMOTE_ADDR'];    //获取用户的 IP 地址，以识别用户
12    if($page<1)  $page=1;
13    $carts=new control();                       //创建购物车对象
14    $DTname="book_cart";$search="cart_session_ID ='".$userIP."'";
15    $cart_s=$carts->GetDTdataset($DTname,$search);       //获取购物车信息
16    $book_s=$carts->Getbookdata($DTname,$search);  //获取购物车上所有的图书信息
17    $carts->closedb();
18    $url="cart_check.php?page=";
19    $displaycart=new display();                 //创建购物车显示的对象
20    $displaycart->_pageSize=$carts->_pageSize;
21    $pagelast=$displaycart->GetpageNum($cart_s);
22    $cart=$carts->GetcontrolList($cart_s,$page);
23    $displaybar=$displaycart->GetJumpBar($cart_s,$page,$url);  //生成购物车显示
                                                            的页面导航栏
24  ?>
25  <!DOCTYPE html PUBLIC "-//W3C//DTD XHTML 1.0 Transitional//EN"
26  "http://www.w3.org/TR/xhtml1/DTD/xhtml1-transitional.dtd">
27  <html xmlns="http://www.w3.org/1999/xhtml">
28    <head>
29      <meta http-equiv="Content-Type" content="text/html; charset=utf-8">
30      <title>查询购物车</title>
31      <base target="mainFrame">
32      <link href="css/bscss.css" rel="stylesheet" type="text/css" />
33    </head>
34    <body>
35      <div id="appb">
36        <div id="bt">查看购物车<hr /></div>
37        <form action="<?php echo $url.$page; ?>" method="post" target="mainFrame">
38        <table width="600" border="0" cellspacing="0" class="tdl">
39          <tr><td height="24" >共有<?php echo count($cart_s); ?>本书 
     共<?php echo $pagelast; ?>页  <?php echo $displaybar
    ['JumpBar']; ?></td>
40              <td align="right"> 输入页次: <input type="text" size="3" name="page"
    ><input type="submit" name="send2" value="转到" /></td></tr>
```

```
41        </table>
42        </form>
43        <table width="600" border="1" cellspacing="1" class="td1">
44        <form  method="post" action="cart_update.php?page=<?php echo
   $page; ?>" target="mainFrame">
45            <tr align="center" id="bb"><td>取消</td><td>书名</td><td>作者</td>
46              <td>出版社</td><td>单价</td><td>购买数量</td><td>合计</td></tr>
47   <?php
48     for($j=0;$j<count($cart);$j++){    //输入选购图书的信息
49        echo '<tr><td><input type="checkbox" name="bookbm['.$cart[$j]['book_
   id'].']" value="del"> '.$cart[$j]['book_id'].'</td>';
50        echo  "<td>".$carts->Getstr($book_s[$j]['book_name'],18)."</td>";
51        echo  "<td>".$carts->Getstr($book_s[$j]['author'],10)."</td>";
52        echo  "<td>".$book_s[$j]['publisher']."</td>";
53        echo  "<td>".$book_s[$j]['price']*$book_s[$j]['book_l_price']."</td>";
54        echo '<td><input type="text" size="6" name="buynum['.$cart[$j]['book_
   id'].']" value="'.$cart[$j]['buy_num'].'"></td>';
55        echo  "<td>".$book_s[$j]['price']*$book_s[$j]  ['book_l_price']*$cart[$j]
   ['buy_num']." </td></tr>";
56      }
57   ?>
58        <tr><td colspan="7" align="right"><?php echo $displaybar['msg']; ?></td>
   </tr>
59        <tr id="bb"><td colspan="5">单击取消复选框或修改购书数量，再单击“修改”按钮，
   就能修改所买<br/>如果确定了要买的书，可以单击“下订单”按钮</td>
60            <td align="center"><input type="submit" value="修改" /></td>
61                <td><input type="button" value="下订单"  onclick="window.location.
   replace('order_check.php')"/></form></td></tr>
62        </form>
63        </table>
64        <div align="center" class="td1"> <br/> </div>
65      </div>
66    </body>
67   </html>
```

(3) 把文档以 cart_check.php 为文件名保存在 webshop 文件夹下。

代码解读

cart_check.php 生成购物车查询列表清单。采用分页显示技术，同时提供用户修改选购信息的方式。

第 45～56 行：根据序列号依次在对应的单元格中显示购物车中的图书信息，同时在第 1 列设置了复选框，
　　　　　　第 6 列设置了文本输入框，以供用户修改选购信息。

3.　修改购物车

代码文件：cart_update.php

(1) 在 Dreamweaver 中，新建 PHP 文档。

(2) 单击"代码"标签，切换到"代码"视图，输入如下代码。

```php
<?php
  @session_start();  //启动会话
  $msg1="";  $userid="";
  if(isset($_SESSION['userid']))  $userid=$_SESSION['userid'];
  require_once('include/control.inc.php');  //请求包含相应类的文件
  $bookbmm=array(); $booknumm=array();
  $search=""; $pp="";$page="";  //初始化变量的值
  if(isset($_POST['bookbm']))  $bookbmm=$_POST['bookbm'];
  if(isset($_POST['buynum']))  $booknumm=$_POST['buynum'];  //获取提交表单的数
  if(isset($_GET['page']))  $page=$_GET['page'];  //获取 URL 传递的数据
  $userIP=$_SERVER['REMOTE_ADDR'];  //获取用户的 IP 地址，以识别用户
  $cart=new control();  //创建购物车对象
  if(count($booknumm)>0){  //处理用户更改了购买数量
    foreach($booknumm as $key=>$value) {
      if((int)$value<=0)
        $msg1.="所选图书".$key."的购买数量应该为正整数!<br/>";
      else{
        $DTname="book_cart";
        $search="(cart_session_id='".$userIP."' and book_id=".$key.")";
        $cartss=$cart->GetDTdataset($DTname,$search);  //获取购物车信息
        if((int)$value<>$cartss[0]['buy_num']){
        $sql ="UPDATE book_cart SET buy_num=".$value." WHERE ".$search;
        $pp=$cart->update($sql);
          if($pp){
            $msg1.="所选图书".$key."修改成功!<br/>";
          }
        }
      }
    }
  }
  if(count($bookbmm)>0){  //处理用户更改了购买数量
    foreach($bookbmm as $key=>$value){  //处理用户选中取消复选框
      if($value=="del"){
        $sql="DELETE FROM book_cart WHERE (cart_session_id
='".$userIP."' AND book_id=".$key.") ";
        $pp=$cart->delete($sql);
        $sql="ALTER TABLE book_cart DROP cart_id ";
        $pp=$cart->delete($sql);
        $sql="ALTER TABLE bookcart ADD cart_id INT(11) NOT NULL AUTO_
INCREMENT PRIMARY KEY FIRST";
        $pp=$cart->delete($sql);
        $msg1.="所选图书".$key."已经取消购买!<br/>";
      }
```

```
42          }
43        }
44        $cart->closedb();
45        if($msg1=="") {
46          $msg1="没有选择修改的方式！<br/>";
47        }
48   ?>
49   <!DOCTYPE html PUBLIC "-//W3C//DTD XHTML 1.0 Transitional//EN"
50   "http://www.w3.org/TR/xhtml1/DTD/xhtml1-transitional.dtd">
51   <html xmlns="http://www.w3.org/1999/xhtml">
52     <head>
53       <meta http-equiv="Content-Type" content="text/html; charset=utf-8">
54       <title>修改购书信息</title>
55       <link href="css/bscss.css" rel="stylesheet" type="text/css" />
56     </head>
57     <body>
58     <div id="appb">
59       <div id="bt">修改购书信息<hr /></div>
60       <table width="600" border="0" cellspacing="0" class="tdl">
61         <tr id="bb" align="center"><td colspan="3"><?php echo $msg1; ?></td></tr>
62         <tr><td align="left"><form method="post" action="cart_check.php?<?php
     echo $page; ?> "><input type="submit" value="返回&lt;&lt;"></form></td></tr>
63       </table>
64     </div>
65   </body>
66   </html>
```

(3) 把文档以 cart_update.php 为文件名保存在 webshop 文件夹下。

 代码解读

cart_update.php 用于处理在 cart_check.php 中的用户操作。主要有两个：取消购书(选中复选框)和更改购买数量(重新填写文本框)。

第 6 行：设置用于获取由 cart_check.php 中表单提交的数据的变量，由于用户可以复选或更改多个文本框，因此获得的数据是以数组方式提交的。

第 12~30 行：处理用户更改购书数量。若修改数据不合法，则设置反馈信息；若修改数据合法，则更新相关字段并设置反馈信息。

第 31~43 行：处理用户选中复选框。删除选中的记录并重新排序购物车中记录的序号，设置反馈信息。

第 46 行：如果没有设置反馈信息，则说明没有修改任何信息，设置反馈信息。

4. 清空购物车

代码文件：cart_clear.php

(1) 在 Dreamweaver 中，新建 PHP 文档。

(2) 单击 "代码" 标签，切换到 "代码" 视图，输入如下代码。

```php
1   <?php
2     @session_start();   //启动会话
3     $msg1=""; $userid=""; $button=""; $count=0;
4     if(isset($_SESSION['userid']))  $userid=$_SESSION['userid'];
5     $userIP=$_SERVER['REMOTE_ADDR'];   //获取用户的IP地址，以识别用户
6     if(isset($_POST['sub']))   $button=$_POST['sub'];
7     require_once('include/control.inc.php');   //请求包含相应类的文件
8     $carts=new control();
9     $DTname="book_cart";$search="cart_session_id ='".$userIP."'";
10    $cart_s=$carts->GetDTdataset($DTname,$search);   //获取购物车信息
11    if(count($cart_s)==0){   //确认购物车上是否有图书
12      $msg="购物车为空!<br/>购物车中没有选购的图书信息!";
13      $submit="返回";
14      $url="../main.php";
15    }
16    else{   //确认购物车上的图书是否已经生成订单
17      for($i=0;$i<count($cart_s);$i++){
18       if($cart_s[$i]['order_id']==0)   $count++;   //0 表示未生成订单
19      }
20      if($count==0) {   //购物车上的图书已经生成订单
21        $msg="购物车需要清空!<br/>购物车中选购的".count($cart_s)."图书已经生成订单!";
22        $submit="确定";
23        $url="cart_clear.php";
24      }
25      else{   //购物车上的图书未生成订单
26        $msg="购物车需要清空?<br/>购物车中选购的".$count."本图书尚未生成订单!";
27        $submit="确定";
28        $url="cart_clear.php";
29      }
30    }
31    if($button=="确定"){   //用户确认要清除购物车
32      $sql=" DELETE FROM book_cart WHERE cart_session_id ='$userIP'";
33      $carts->delete($sql);
34      $sql=" ALTER TABLE book_cart DROP cart_id;";
35      $carts->delete($sql);
36      $sql= "ALTER TABLE book_cart ADD cart_id INT(11) NOT NULL AUTO_INCREMENT
      PRIMARY KEY FIRST;";
37      $carts->delete($sql);
38      $msg="购物车已清空!<br/>购物车中没有选购的图书信息!";
39      $submit="返回";
40      $url="../main.php";
41    $carts->closedb();
42    }
43  ?>
44  <!DOCTYPE html PUBLIC "-//W3C//DTD XHTML 1.0 Transitional//EN"
45  "http://www.w3.org/TR/xhtml1/DTD/xhtml1-transitional.dtd">
```

```
46  <html xmlns="http://www.w3.org/1999/xhtml">
47    <head>
48      <meta http-equiv="Content-Type" content="text/html; charset=utf-8">
49      <title>清空购物车反馈信息</title>
50      <link href="css/bscss.css" rel="stylesheet" type="text/css" />
51    </head>
52    <body>
53      <div id="appb">
54        <div id="bt">清空购物车反馈信息<hr /></div>
55        <table width="600" border="0" cellspacing="0" class="tdl">
56          <tr id="bb" align="center"><td colspan="2"><?php echo $msg; ?></td></tr>
57          <tr align="center"><td><form method="post" action="<?php echo
$url; ?>"><input type="submit" name="sub" value="<?php echo $submit; ?>">
</form></td>
58  <?php if($count<>0){ ?>
59          <td align="right"><form method="post" action="cart_check.php? <?php
echo $page; ?>"><input type="submit" value="查看购物车&gt;&gt;"></form></td>
60  <?php } ?>
61        </tr>
62      </table>
63    </div>
64  </body>
65 </html>
```

(3) 把文档以 cart_clear.php 为文件名保存在 webshop 文件夹下。

 代码解读

cart_clear.php 实现了对购物车的清空功能。根据不同情况提供用户反馈信息，设置用户下一步的操作。

第 11～15 行：对购物车上没有选购图书的反馈，设置用户的操作为"返回"主页。

第 16～30 行：当购物车上有选购的图书时，要区分是否生成了订单。其中：

第 17～19 行：统计购物车上未生成订单的图书。

第 20～24 行：对购物车上生成订单的反馈，设置用户的操作为"确定"和"查看购物车"。

第 25～29 行：对购物车上未生成订单的反馈，设置用户的操作为"确定"和"查看购物车"。

第 31～42 行：用户确认要清除物车的处理，删除记录并对序列号重新排序。设置反馈和"返回"操作。

第 57 行：用户的操作通过按钮表单实现，按钮的名称可能是"确定"或"返回"，由表单中的设置而定。

第 58～60 行：当购物车上存在尚未生成订单的图书时，用户可以通过按钮实现"查看购物车"操作。

7.3.5 订单处理

1. 下订单

代码文件：order_check.php

(1) 在 Dreamweaver 中，新建 PHP 文档。

(2) 单击"代码"标签,切换到"代码"视图,输入如下代码。

```php
1   <?php
2     @session_start();  //启动会话
3     $msg1="";    $userid="";
4     if(isset($_SESSION['userid']))  $userid=$_SESSION['userid'];
5     $_SESSION['userid']=$userid;
6     $userIP=$_SERVER['REMOTE_ADDR'];  //获取用户的 IP 地址,以识别用户
7     require_once('include/control.inc.php');  //请求包含相应类的文件
8     $bcob=new control();
9     $DTname="book_cart";$search="cart_session_id='".$userIP."'";
10    $cart_s=$bcob->GetDTdataset($DTname,$search);  //获取购书车信息
11    $bcob->closedb();
12    if(count($cart_s)==0){  //确认购物车上无图书的反馈和操作设置
13      $msg="购物车上没有图书,不能下订单!";
14      $submit="返回主页";
15      $url="../main.php";
16    }
17    else{  //确认购物车上有图书
18      if($userid==""){  //设置用户没有登录的反馈和操作
19        $msg="还没有登录!<br/>请您先登录,再下订单!";
20        $submit="去登录";
21        $url="'../register/regindex.php' target='_blank'";
22      }
23      else{  //设置用户登录的反馈和操作
24        $msg="确认要下订单? <br/>确定要购买购物车上的图书!";
25        $submit="确定";
26        $url="'book_order.php' target='_blank'";
27      }
28    }
29  ?>
30  <!DOCTYPE html PUBLIC "-//W3C//DTD XHTML 1.0 Transitional//EN"
31  "http://www.w3.org/TR/xhtml1/DTD/xhtml1-transitional.dtd">
32  <html xmlns="http://www.w3.org/1999/xhtml">
33    <head>
34      <meta http-equiv="Content-Type" content="text/html; charset=utf-8">
35      <title>下订单反馈信息</title>
36      <link href="css/bscss.css" rel="stylesheet" type="text/css" />
37    </head>
38    <body>
39      <div id="appb">
40        <div id="bt">下订单反馈信息<hr /></div>
41        <table width="600" border="0" cellspacing="0" class="tdl">
42          <tr id="bb" align="center"><td colspan="2"><?php echo $msg; ?></td></tr>
43        <tr align="center"> <td><form method="post" action=<?php echo $url; ?> >
44          <?php if(count($cart_s)>0){ ?>
45          <a href="cart_check.php"> <input type="button" name="sub" value="
    返回" ></a>
```

```
46      <?php }?>
47       <input type="submit" name="sub" value="<?php echo $submit; ?>"
   onmousedown= "window.close();">
48      </form></td></tr>
49     </table>
50    </div>
51   </body>
52  </html>
```

(3) 把文档以 order_check.php 为文件名保存在 webshop 文件夹下。

 代码解读

　　order_check.php 实现对用户下订单前的一系列检查，包括是否选购了图书、是否登录，并根据检查结果设置反馈信息和操作。与 cart_clear.php 类似。

　　2. 确认订单

　　代码文件：book_order.php、order_p.php、exit.php

(1) 在 Dreamweaver 中，新建 PHP 文档。

(2) 单击"代码"标签，切换到"代码"视图，输入如下代码。

```
1   <?php
2     @session_start();  //启动会话
3     $msg=""; $userid="";
4     if(isset($_SESSION['userid']))  $userid=$_SESSION['userid'];
5     $userIP=$_SERVER['REMOTE_ADDR'];  //获取用户的 IP 地址，以识别用户
6     $button=$_POST['sub'];
7     require_once('include/control.inc.php');  //请求包含相应类的文件
8     if(isset($_GET['msg']))  $msg=$_GET['msg'];
9     $bcob=new control();
10    $DTname="book_cart";$search="cart_session_id ='".$userIP."'";
11    $cart_s=$bcob->GetDTdataset($DTname,$search);  //获取购物车信息
12    $book_s=$bcob->Getbookdata($DTname,$search);  //获取购物车上所有的图书信息
13  ?>
14  <!DOCTYPE html PUBLIC "-//W3C//DTD XHTML 1.0 Transitional//EN"
15  "http://www.w3.org/TR/xhtml1/DTD/xhtml1-transitional.dtd">
16  <html xmlns="http://www.w3.org/1999/xhtml">
17    <head>
18      <meta http-equiv="Content-Type" content="text/html; charset=utf-8">
19      <title>订单信息确认</title>
20      <base target="mainFrame">
21      <link href="css/bscss.css" rel="stylesheet" type="text/css"/>
22    </head>
23    <body>
24      <div id="appb">
```

```
25      <div id="bt">确认订单信息<hr/></div>
26      <div id="bb"><?php echo $userid; ?>:您的购书清单!
27      <p class="tdl">共有<?php echo count($cart_s); ?>本书</p></div>
28      <table width="600" border="1" cellspacing="1" class="tdl">
29        <tr id="bb" align="center"><td width="30%">书名</td><td width="25%">
作者</td>
30          <td>包装说明</td><td>出版社</td><td>价格</td><td>购买数量</td><td>
合计</td></tr>
31  <?php
32    $b_id="";$b_num="";$total=0;
33    for($j=0;$j<count($cart_s);$j++){   //输出选购的图书信息
34      if($book_s[$j]['book_bs']==0)  $bz="平装";  else  $bz="精装";
35      echo "<tr><td>".$book_s[$j]['book_name']."</td><td>". $book_s[$j]
['author']."</td>";
36      echo "<td align='center'>".$bz."</td>";
37      echo "<td align='center'>".$book_s[$j]['publisher']."</td>";
38      echo "<td align='center'>".$book_s[$j]['price_m']."</td>";
39      echo "<td align='center'>".$cart_s[$j]['buy_num']."</td>";
40      echo "<td align='center'>".$book_s[$j]['price_m']*$cart_s[$j]['buy_
num']." </td></tr>";
41      if($j==0){
42          $b_id=$cart_s[$j]['book_id'];
43          $b_num=$cart_s[$j]['buy_num'];
44      }
45      else{
46          $b_id.=",".$cart_s[$j]['book_id'];
47          $b_num.=",".$cart_s[$j]['buy_num'];
48      }
49      $total+=$book_s[$j]['price_m']*$cart_s[$j]['buy_num'];   //计算购书的金额
50    }
51    echo "<tr id='bb'><td colspan='5' align='right'>书款总额</td>";
52    echo "<td colspan='2'>".$total."     元</td></tr>";
53    $b_id.=":".$b_num;   //记录购买的每本书的书号和数量
54    $_SESSION['b_id']=$b_id;$_SESSION['b_money']=$total;
55    $_SESSION['bk_num']=count($cart_s);   //把购买的书号、数量和金额保存在SESSION
56    require_once('include/user.inc.php');
57    $user=new user();
58    $sql_u="SELECT * FROM userinfo WHERE userid='".$userid."'";
59    $user_s=$user->select($sql_u);   //获取用户信息
60    $sql_c="SELECT * FROM usercard WHERE userid='".$userid."'";
61    $user_c=$user->select($sql_c);   //获取用户购书卡信息
62    $fm=0;   //标识用户是否可用购书卡购书:1-不可用;0-可用
63    if(count($user_c)==0) $fm=1;   //用户无购书卡
64    else{   //用户有购书卡
65      $cardtotal=0;
```

```
66      for($i=0;$i<count($user_c);$i++){   //统计用户购书卡的金额
67          $sql="SELECT * FROM card WHERE cardno='".$user_c[$i]['cardno']."'";
68          $card_s=$user->select($sql);
69          if($cardtotal<$total) $cardtotal+=$card_s[0]['balance'];
70      }
71      if($cardtotal<$total) $fm=1;   //用户购书卡的金额不足以支付此次购书
72    }
73    $sf=new control();
74    $sql_f="SELECT * FROM order_fmoney";
75    $order_f=$sf->select($sql_f);   //获取付款方式信息
76    $sql_s="SELECT * FROM order_send";
77    $order_s=$sf->select($sql_s);   //获取送书方式信息
78  ?>
79      <tr><td colspan="7" class="td1">注意:在填写完订单后，请用浏览器的打印
    功能打印出订单。</td></tr>
80      </table>
81    <script language="JavaScript" type="text/javascript">
82      function is_OK(){
83        var username1=document.frm.username.value;
84        var post1=document.frm.post.value;
85        var addr1=document.frm.addr.value;
86        var phone1=document.frm.phone.value;
87        var email1=document.frm.email.value;
88        if(username1==""){
89          window.alert("联系人不能为空");
90          document.frm.userid.focus();
91        }
92        else if(post1==""){
93          window.alert("邮编不能为空");
94          document.frm.password.focus();
95        }
96        else if(addr1==""){
97          window.alert("地址不能为空");
98          document.frm.password.focus();
99        }
100       else if(phone1==""){
101         window.alert("联系电话号码不能为空");
102         document.frm.password.focus();
103       }
104       else if(email1==""){
105         window.alert("电子邮箱不能为空");
106         document.frm.password.focus();
107       }
108     }
109   </script>
110   <table width="600" border="1" cellspacing="1" class="td1">
```

```
111        <form method="POST"  name="frm" action="order_p.php">
112        <tr><td id="bb" colspan="2"><?php echo $userid; ?>:请确认你的配送信息!
      </td></tr>
113        <tr><td align=right>联系人: </td>
114         <td><input type="text"size="60" name="username" value="<?php
      echo $user_s[0] ['username'] ; ?>" /></td></tr>
115        <tr><td align="right">邮编: </td>
116         <td><input type="text"size="60" name="post" value="<?php echo
      $user_s[0] ['post'] ;?>"/></td></tr>
117        <tr><td align="right">地址: </td>
118         <td><input type="text" name="addr" size="60" value="<?php echo
      $user_s[0]['addr'];?>" /></td></tr>
119        <tr><td align="right">电话号码: </td>
120         <td><input type="text" name="phone" size="60" value="<?php echo
      $user_s[0] ['phone'];?>" /></td></tr>
121        <tr><td align="right">电子邮件: </td>
122         <td><input type="text" name="email" size="60" value="<?php echo
      $user_s[0] ['email'];?>"/></td></tr>
123        <tr id="bb"><td align="right">送书方式: </td><td>
124    <?php
125      for($i=0;$i<count($order_s);$i++){ //设置单选按钮组, 让用户选择送书方式
126         echo '<input name="sendb" type="radio" value="'.$order_s[$i]['send_id'];
127         if($i==0) echo '" checked="checked" />'; else echo '" />' ;
128         echo $order_s[$i]['send_name'];
129      }
130    ?>
131        </td></tr><tr class='tdl'><td colspan="2"> 送书方式简介: <br/>
132    <?php
133      for($i=0;$i<count($order_s);$i++)   //显示各种送书方式的简单介绍
134         echo  ($i+1).".".$order_s[$i]['send_con']."<br />";
135    ?>
136        </td></tr><tr id="bb"><td align="right">付款方式: </td><td>
137    <?php
138      for($i=$fm;$i<count($order_f);$i++){   //设置单选按钮组, 让用户选择付款方式
139         echo '<input type="radio" name="pay" value="'.$order_f[$i]['fmoney_
      name'];
140         if($i==$fm) echo '" checked="checked" />'; else echo '" />';
141         echo $order_f[$i]['fmoney_name'];
142      }
143    ?>
144        </td></tr><tr class='tdl'><td colspan="2">付款方式简介: <br/>
145    <?php
146      for($i=$fm;$i<count($order_f);$i++){   //显示各种付款方式的简单介绍
147         if($fm==1) echo $i; else echo ($i+1);
148         echo  ".".$order_f[$i]['fmoney_name'].":".$order_f[$i]['fmoney_con']."
      <br />";
```

```
149        }
150    ?>
151            </td></tr><tr id="bb"><td align="center" colspan="2">
152            <input type="button" value="放弃" onclick=" window.close()" /> <input
type="submit" name='act' value="确定" onmouseover="is_OK();" onclick="window.
close()" /> </td></tr>
153        </form>
154        </table>
155        <div id="bb"><?php echo $msg; ?></div>
156      </div>
157    </body>
158 </html>
```

(3) 把文档以 book_order.php 为文件名保存在 webshop 文件夹下。

 代码解读

　　book_order.php 用于显示选购图书的详细信息及配送信息、送书方式、支付方式和相关提示信息，以便用户对订单的确认。这段代码中使用了多个数据表：从数据库 member 的数据表 usercard、card 中提取用户购书卡和卡内的数据，以判断用户是否具有购书卡支付资格；数据表 userinfo 提供了用户的基本信息供送书联系之用。bookcart 提供用户选购图书的信息，order_send 提供了详细的送书方式信息，order_fmoney 提供了详细的付款方式信息。由于用户在确认时可能会修改其中的数据，因此使用表单并显示其值方便用户确认和修改，还使用 JavaScript 对表单输入做初步检查。

　　第 45~48 行：输出用户选购图书的相关信息并记录选购图书的书号和数量。其中：

　　　第 46、47 行：记录选购图书的序列号和数量。用逗号(,)在前分割，用函数 explode() 分离时，有效数据从 1 开始。这些数据将记录在数据表 orderinfo 的字段 order_note 中以备订单查询时使用。

　　第 49 行：计算本次购书的总金额。

　　第 54~55 行：把数据存放在全局变量 $_SESSION 中，便于页面间的数据传递和使用。

　　第 61~72 行：获取和处理要用户确认的配送信息。获取用户信息用于显示在输入表单中；获取用户的购书卡以确定卡内金额是否足以支付本次购书，若不能就不会在支付方式中显示购书卡支付，$fm 初值设置为 0 表示可用购书卡支付，这与其后的支付方式选择相对应。

　　第 123~135 行：以单选按钮表单显示送书方式选择，其中默认为第一个。

　　第 136~150 行：以单选按钮表单显示付款方式选择，其中默认为第一个。注意，购书卡支付是否可用，取决于 $fm 是否为 0。

(4) 在 Dreamweaver 中，新建 PHP 文档。

(5) 单击"代码"标签，切换到"代码"视图，输入如下代码。

```
1  <?php
2    @session_start();  //启动会话
3    $msg1="";$userid="";$sub="";$b_id="";$b_num=0;$b_money=0.0;
4     $button="确定";
5    if(isset($_SESSION['userid'])) $userid=$_SESSION['userid'];
6    if(isset($_POST['act'])) $sub=$_POST['act'];  //获取用户对前一页的操作
```

```
7      if($sub=="放弃"){   //用户放弃本次购书的反馈信息和操作设置
8        $msg1=$userid.':确定要放弃吗？请慎重！<br/>单击"确定"按钮后，将清除购物车上
  的所有信息。';
9        $url="cart_clear.php";
10     }
11   else if($sub=="确定"){   //用户确认本次购书的反馈信息和操作设置
12       if(isset($_SESSION['b_id'])) $b_id=$_SESSION['b_id'];
13      if(isset($_SESSION['bk_num'])) $b_num=$_SESSION['bk_num'];
14       if(isset($_SESSION['b_money'])) $b_money=$_SESSION['b_money'];  //获取SESSION
                                                          变量
15       if(isset($_POST['username'])) $username=$_POST['username'];
16      if(isset($_POST['post'])) $post1=$_POST['post'];
17      if(isset($_POST ['addr'])) $addr1=$_POST ['addr'];
18      if(isset($_POST['phone'])) $phone1=$_POST['phone'];
19      if(isset($_POST['email'])) $email1=$_POST['email'];
20      if(isset($_POST['sendb'])) $send=$_POST['sendb'];
21      if(isset($_POST['pay'])) $fmoney=$_POST['pay'];  //获取提交的表单信息
22      if($fmoney=="购书卡支付"){   //对购书卡支付的处理
23        require_once('include/user.inc.php');
24        $user=new user();
25        $search_u="UPDATE userinfo SET username='".$username."',email='".
  $email1."',addr='".$addr1."', post='".$post1."',phone='".$phone1."' WHERE
  userid='".$userid."'";
26        $user_s=$user->update($search_u);   //获取用户信息
27        $search_s="SELECT * FROM usercard WHERE userid='".$userid."'";
28        $user_s=$user->select($search_s);   //获取用户信息
29        $msg1.=$userid.": 您采用购书卡支付，已结清书款！<br/>";
30        $j=0; $p_money=$b_money;   //备份本次消费金额
31        while($p_money>0 && $j<count($user_s)){   //扣除购书卡本次消费的金额
32          $sql_c="SELECT * FROM card WHERE cardno='".$user_s[$j]['cardno']."'";
33          $card_s=$user->select($sql_c);
34         if($card_s[0]['balance']>=$p_money){   //一张购书卡能支付本次消费的金额
35           $cards=$card_s[0]['balance']-$p_money;   //扣除本次消费的金额
36           $p_money=0;   //尚未付费金额设置为0
37           $search_c="UPDATE card SET balance=$cards WHERE cardno='".$user_s[$j]
  ['cardno']."'";
38           $cardu=$user->update($search_c);   //更新购书卡的余额
39           $msg1.="购书卡".$user_s[$j]['cardno']."内余额: ".$cards."<br/> <br/>";
40          }
41         else{   //一张购书卡不足以支付本次消费的金额
42           $p_money=$p_money-$card_s[0]['balance'];   //设置尚未付费金额为0
43           $msg1.="购书卡".$user_s[$j]['cardno']."内已无余额<br/><br/>";
44           $search_c="UPDATE card SET balance=0 WHERE cardno='".$user_s[$j]
  ['cardno']."'";
45           $cardu=$user->update($search_c);   //设置该购书卡的金额为0
46           $j++;
47          }
```

```
48        }
49      }
50      require_once('include/control.inc.php');
51      $bcob=new control();  //创建订单对象
52    $sql_f="SELECT * FROM order_fmoney WHERE fmoney_name='".$fmoney."'";
53      $fmoney_id=(int)$bcob->select($sql_f)[0]['fmoney_id'];
54      $sql_o="INSERT INTO order_info(user_name,order_post,order_addr,order_
    phone,order_mail, order_send,order_fmoney,order_num,order_state, order_money,
    order_time,order_note) VALUES('$username','$post1','$addr1','$phone1',
    '$email1','$send','$fmoney_id','$b_num','0','$b_money',CURRENT_TIMESTAMP,
    '$b_id')";
55      $order_o=(int)$bcob->insert($sql_o);  //生成一个新订单，返回的是该记录的序列号，
                                                    作为订单号
56      $sql_c="UPDATE book_cart SET order_id='".$order_o."' WHERE user_id
    ='".$userid."'";
57      $cart_c=$bcob->update($sql_c);  //修改购书车的 order_ID
58      $msg1.=$userid.":恭喜您，购书成功!<br/>您的订单号为: ".$order_o;
59      $button="查看订单详细内容";
60      $url="order.php?order_id=".$order_o;
61     $bcob->closedb();
62    }
63  ?>
64  <!DOCTYPE html PUBLIC "-//W3C//DTD XHTML 1.0 Transitional//EN"
65  "http://www.w3.org/TR/xhtml1/DTD/xhtml1-transitional.dtd">
66  <html xmlns="http://www.w3.org/1999/xhtml">
67    <head>
68    <meta http-equiv="Content-Type" content="text/html; charset=utf-8">
69     <base target="mainFrame">
70    <title>订单信息确认</title>
71     <link href="css/bscss.css" rel="stylesheet" type="text/css" />
72    </head>
73    <body>
74    <div id="appb">
75      <div id="bt">确认订单信息<hr/></div>
76      <div id="bb"><?php echo $msg1; ?></div>
77      <div align="center">
78      <form action="<?php echo $url; ?>" method="post"  target="_blank">
    <input type="submit" value="<?php echo $button; ?>" />
79  <?php if($button=="查看订单详细内容"){ ?>
80      <a href="exit.php" target="mainFrame" ><input type="button" value="
    完成购书"  /></a></form>
81  <?php }
82  else {?>
83      <a href="book_order.php" target="_blank" ><input type="button" value="
    返回"  /></a></form>
84  <?php }
85  ?>
```

```
86        </div>
87      </div>
88    </body>
89  </html>
```

(6) 把文档以 order_ p.php 为文件名保存在 webshop 文件夹下。

 代码解读

order_ p.php 用于处理用户对订单的确认。放弃订单就清除购物车；确认订单就生成订单号并把相关数据写入数据表 orderinfo。

第 4，6 行：获取用户对前页的操作，单击了"放弃"按钮还是单击了"确定"按钮。

第 7~10 行：对单击"放弃"按钮的处理，即设置反馈信息、本页提交按钮的名称和表单处理程序。

第 11~62 行：对单击"确定"按钮的处理，即处理写入数据表的数据、将数据插入数据表、设置反馈信息、本页提交按钮的名称和表单处理程序。其中：

第 22~50 行：对使用购书卡支付的数据处理。

第 23~29 行：获取用户所有购书卡的信息。

第 31~49 行：扣除本次购书金额，修改卡内的余额，设置反馈信息。

第 32~33 行：获取该用户的一张购书卡。

第 34~40 行：该张卡能支付本次购书金额，就扣除相应的金额，未付金额设为 0，修改卡内的余额。

第 41~48 行：该张卡不能支付本次购书金额，就计算出未付金额，修改卡内的余额为 0。

第 51~57 行：插入一条新记录到数据表 orderinfo。字段 order_note 记录了订单中各本书的书号和数量。

第 55，57 行：返回值是当前记录的序列号，用它作为订单号。

第 78 行：设置用户的操作，根据前面的设置来确定按钮的名称和处理程序。

第 79~81 行：当确定用户确定表单时，再添加"购书完成"按钮，通过超链接实现页面更新。

第 82~85 行：当确定用户放弃表单时，添加"返回"按钮，通过超链接实现页面更新。

(7) 在 Dreamweaver 中，新建 PHP 文档。

(8) 单击"代码"标签，切换到"代码"视图，输入如下代码。

```php
1   <?php
2     $userIP=$_SERVER['REMOTE_ADDR'];              //获取用户的 IP 地址，以识别用户
3     require_once('include/control.inc.php');      //请求包含相应类的文件
4     $bcob=new control();                          //创建购物车对象
5     $sql="DELETE FROM book_cart WHERE cart_session_id ='".$userIP."'";
6     $bcob->delete($sql);
7     $sql="ALTER TABLE book_cart DROP cart_ID";
8     $bcob->delete($sql);
9     $sql="ALTER TABLE book_cart ADD cart_ID INT(11) NOT NULL AUTO_INCREMENT
    PRIMARY KEY FIRST;";
10    $bcob->delete($sql);
11    echo "<meta http-equiv='Refresh' content='0;url=../main.php'>";
12  ?>
```

(9) 把文档以 exit.php 为文件名保存在 webshop 文件夹下。

3. 查询订单

代码文件：order_search.php

(1) 在 Dreamweaver 中，新建 PHP 文档。

(2) 单击"代码"标签，切换到"代码"视图，输入如下代码。

```php
<?php
  $msg=""; $orderID=""; $username=""; $email=""; $sub="";
  if(isset($_POST['orderID'])) $orderID=$_POST['orderID'];
  if(isset($_POST['username'])) $username=$_POST['username'];
  if(isset($_POST['email'])) $email=$_POST['email'];
  if(isset($_POST['set'])) $sub=$_POST['set'];
  if($sub=="查询"){
   require_once('include/control.inc.php');     //请求包含相应类的文件
   $order=new control();                        //创建订单对象
   $search="(order_id='".$orderID."' OR user_name ='".$username."' OR
order_mail='".$email."')";
   $DTname="order_info";
   $order_s=$order->GetDTdataset($DTname,$search);  //获取指定条件的订单信息
   $order->closedb();
   if(count($order_s)<1 ) $msg="没有符合查询条件的订单！";
   else
      echo "<meta http-equiv='Refresh' content='0;url=order_list.php?page=
1&&order_id=".$orderID."&&username=".$username."&&email=".$email."'/>";
   }
?>
<!DOCTYPE html PUBLIC "-//W3C//DTD XHTML 1.0 Transitional//EN"
"http://www.w3.org/TR/xhtml1/DTD/xhtml1-transitional.dtd">
<html xmlns="http://www.w3.org/1999/xhtml">
  <head>
    <meta http-equiv="Content-Type" content="text/html; charset=utf-8">
    <title>订单查询信息</title>
    <link href="css/bscss.css" rel="stylesheet" type="text/css" />
    <script language="JavaScript">
      function tjpd(){
        var orderID1=window.frm.orderID.value;
      var username1=window.frm.username.value;
        var email1=window.frm.email.value;
        if(orderID1=="" && username1=="" && email1==""){
          window.alert("必须输入一个条件！");
          window.frm.orderID.focus();
        }
      }
    </script>
  </head>
```

```
38    <body>
39      <div id="appb">
40       <div id="bt">查询订单<hr/></div>
41       <table width="600" border="0" cellspacing="0" class="tdl">
42        <tr><td id="bb">请确认查询条件</td></tr>
43       </table>
44       <form name="frm" action="order_search.php" target="mainFrame" method=
      "post">
45         <table width="600" border="1" cellspacing="1" class="tdl">
46         <tr><td align="right">订单号: </td>
47          <td><input name="orderID" type="text" size="20"/>  或者
      </td></tr>
48          <tr><td align="right">订单联系人: </td>
49           <td><input name="username" type="text" size="20"/>  
      或者</td></tr>
50          <tr><td align="right">联系人邮箱: </td>
51           <td><input name="email" type="text" size="20"/></td></tr>
52         <tr><td colspan="2" align="center"><input name="set" type="submit"
      value="查询" onmousedown="tjpd()" /> <input type="reset" value="重置" />
      </td></tr>
53         </table>
54       </form>
55       <div id="bb"><?php echo $msg; ?></div>
56      </div>
57     </body>
58 </html>
```

(3) 把文档以 order_search.php 为文件名保存在 webshop 文件夹下。

 代码解读

　　order_search.php 用于设置查询订单页面的显示和处理。查询条件可以是订单号、联系人、邮箱地址之一，符合条件的订单存在就转到 order_list.php。

　　第 1~18 行: 对表单提交后的处理，即首先获取提交表单的数据，接着组织查询条件并在表 orderinfo 中查询符合查询条件的记录，由此判断订单是否存在来确定是给出反馈信息还是转到 order_list.php。

　　第 41~54 行: 以表格的方式组织查询表单，处理程序是自身。

　　4. 显示订单列表

代码文件: order_list.php

(1) 在 Dreamweaver 中，新建 PHP 文档。
(2) 单击"代码"标签，切换到"代码"视图，输入如下代码。

```
1  <?php
2    $orderID=""; $email="";$page=0;$username='';
```

```
3    if(isset($_GET['order_id'])) $orderID=$_GET['order_id'];
4    if(isset($_GET['username'])) $username=$_GET['username'];
5    if(isset($_GET['email'])) $email=$_GET['email'];
6    if(isset($_GET['page'])) $page=$_GET['page'];
7    if(isset($_POST['page'])) $page=$_POST['page'];
8    if($page<1) $page=1;
9    require_once('include/control.inc.php');
10   require_once('include/display.inc.php');
11   $order=new control(); //创建订单对象
12   $search="(order_id='".$orderID."' OR user_name ='".$username."' OR
order_mail='".$email."')";
13   $DTname="order_info";
14   $order_s=$order->GetDTdataset($DTname,$search); //获取指定条件的订单信息
15   $order->closedb();
16 $url="order_list.php?orderID=".$orderID."&&username=".$username."
&&email=".$email."&&page=";
17   $displayorder=new display($order_s,$order->_pageSize);
18   $displayorder->_pageSize=$order->_pageSize; //统一显示页与数据分页的行数
19   $pagelast=$displayorder->GetpageNum($order_s); //提取显示的最后页码
20   $orders=$order->GetControlList($order_s,$page); //提取当前页的显示数据
21   $displaybar=$displayorder->GetJumpBar($order_s,$page,$url); //生成分页导
                                                        航栏信息
22 ?>
23 <!DOCTYPE html PUBLIC "-//W3C//DTD XHTML 1.0 Transitional//EN"
24 "http://www.w3.org/TR/xhtml1/DTD/xhtml1-transitional.dtd">
25 <html xmlns="http://www.w3.org/1999/xhtml">
26   <head>
27     <meta http-equiv="Content-Type" content="text/html; charset=utf-8">
28     <title>订单信息</title>
29     <link href="css/bscss.css" rel="stylesheet" type="text/css" />
30   </head>
31   <body>
32     <div id="appb">
33       <div id="bt">订单列表信息<hr/></div>
34       <table width="600" border="0" cellspacing="0" class="tdl">
35       <form action="<?php echo $url.($page);?>" method="post" target="_self">
36        <tr><td >共有<?php echo count($order_s); ?>个订单  共<?php
echo $pagelast; ?>页  <?php echo $displaybar['JumpBar'];?></td>
37          <td align="right"> 输入页次: <input type="text" size="3" name="page">
<input type="submit" name="send2" value="转到" /> </td></tr></form>
38       </table>
39       <table width="600" border="1" cellspacing="1" class="tdl">
40        <tr align="center" id="bb" ><td>序号</td><td>订单号</td><td>联系人</td>
41          <td>定书数量</td><td>总价格</td><td>订单状态</td><td>创建时间</td>
<td>详细</td></tr>
```

351

```
42   <?php
43      for($j=0;$j<count($orders);$j++){
44         if($orders[$j]['order_state']==1) $state="完成";
45         else{
46           if($orders[$j]['order_fmoney']==1) $state="已付费,配送中";
47           else $state="配送中";
48         }
49      $orderID=$orders[$j]['order_ID'];
50       echo "<tr algin='center'><td>".($j+1)."</td>";
51       echo "<td>".$orderID."</td><td>".$orders[$j]['user_name']." </td>";
52       echo "<td>".$orders[$j]['order_num']." </td><td>".$orders[$j]['order_
     money']." </td>";
53       echo "<td>".$state."</td><td>".$orders[$j]['order_time']."</td>";
54       echo "<td><a href='order.php?order_id=$orderID' target='_blank'>查
     看</a></td></tr>";
55      }
56   ?>
57        <tr><td colspan="8" align="right"><?php echo $displaybar['msg']; ?>
     </td></tr>
58        <tr id="bb"><td align="left" colspan="8">提示:单击"查看"链接可以查
     看订单的详细情况。</td></tr>
59      </table>
60     </div>
61    </body>
62 </html>
```

(3) 把文档以 order_list.php 为文件名保存在 webshop 文件夹下。

 代码解读

order_list.php 采用分页显示技术,列出了查询的所有表单,页面布局与 book_show.php 类似。

5. 显示订单信息信息

代码文件: order.php

(1) 在 Dreamweaver 中,新建 PHP 文档。

(2) 单击"代码"标签,切换到"代码"视图,输入如下代码。

```
1   <?php
2      $orderID=0;
3      if(isset($_GET['order_id'])) $orderID=$_GET['order_id'];
4      require_once('include/control.inc.php');
5      $order=new control();                              //创建订单对象
6      $DTname="order_info";$search="order_id='".$orderID."'";
7      $order_s=$order->GetDTdataset($DTname,$search);   //获取制定订单号的订单信息
8      $book_s=explode(":",$order_s[0]['order_note']);   //分离出图书的序列号和数量
```

```
9     $book_IDS=explode(",",$book_s[0]);              //分离出各本图书的序列号
10    $book_nums=explode(",",$book_s[1]);             //分离出各本图书的数量
11  ?>
12  <!DOCTYPE html PUBLIC "-//W3C//DTD XHTML 1.0 Transitional//EN"
13  "http://www.w3.org/TR/xhtml1/DTD/xhtml1-transitional.dtd">
14  <html xmlns="http://www.w3.org/1999/xhtml">
15    <head>
16    <meta http-equiv="Content-Type" content="text/html; charset=utf-8">
17    <title>订单信息</title>
18    <link href="css/bscss.css" rel="stylesheet" type="text/css" />
19    </head>
20    <body>
21    <div id="appb">
22      <div id="bt">订单信息<hr /></div>
23      <table width="100%" border="0" cellspacing="0" class="tdl">
24        <tr><td id="bb">订单号：<?php echo $orderID;?></td></tr>
25        <tr><td>共有<?php echo $order_s[0]['order_num'];?>本书</td></tr>
26      </table>
27      <table width="100%" border="1" cellspacing="1" class="tdl">
28      <tr align="center" id="bb"><td width="30%">书名</td><td width="30%">
作者</td>
29        <td>包装说明</td><td>出版社</td><td>价格</td><td>购买数量</td><td>合计
</td></tr>
30  <?php
31    $book=new control();
32    for($j=0;$j<$order_s[0]['order_num'];$j++){       //输出各本图书的信息
33      $search_b="SELECT * FROM book_info WHERE book_id='".$book_IDS[$j]."'";
34      $books=$book->select($search_b);
35      echo  "<tr><td>".$books[0]['book_name']."</td><td>".$books[0]['author'].
"</td>";
36        echo "<td align='center'>".$books[0]['book_bs']."</td><td
align='center'>".$books[0] ['publisher']."</td>";
37        echo "<td align='center'>".$books[0]['price_m']."</td><td align=
'center'>". $book_nums[$j]." </td>";
38        echo "<td align='center'>".$books[0]['price_m']*$book_nums[$j]. "</td>
</tr>";
39      }
40      echo "<tr id='bb'><td colspan='5' align='right'>书款总额</td>";
41      echo "<td  colspan='2'>".$order_s[0]['order_money']."   元
</td></tr>";
42    $DTname="order_send";$search="send_id='".$order_s[0]['order_send']."'";
43    $order_send=$order->GetDTdataset($DTname,$search);  //获取制定订单号的订单信息
44    $DTname="order_fmoney";$search="fmoney_id='".$order_s[0]['order_
fmoney']."'";
45    $order_fm=$order->GetDTdataset($DTname,$search);  //获取制定订单号的订单信息
```

```
46        $book->closedb();
47     ?>
48        </table>
49        <table width="100%" border="1" cellspacing="1" class="tdl">
50          <tr><td id="bb" colspan="2">配送信息：</td></tr>
51          <tr><td colspan="2">联系人：<?php echo $order_s[0]['user_name'];?>
     </td></tr>
52          <tr><td>地址：<?php echo $order_s[0]['order_addr']; ?></td>
53             <td>邮编：<?php echo $order_s[0]['order_post']; ?></td></tr>
54          <tr><td>电子邮件：<?php echo $order_s[0]['order_mail']; ?></td>
55             <td>电话：<?php echo $order_s[0]['order_phone']; ?></td></tr>
56          <tr><td colspan="2" id="bb">送货方式：<?php echo $order_send[0]['send_
     name']; ?> </td></tr>
57          <tr><td colspan="2" id="bb">结算方式：<?php echo $order_fm[0]['fmoney_
     name']; ?> </td></tr>
58          <tr><td colspan="2" align="center" id="bb"><a href="#" onClick=
     "window.close();">返回</a></td></tr>
59        </table>
60      </div>
61   </body>
62   </html>
```

(3) 把文档以 order.php 为文件名保存在 webshop 文件夹下。

 代码解读

order.php 用于显示用户确认后的订单信息，页面布局与 book_order.php 类似。

 案例扩展

7.3.6 调试代码

1. 准备测试数据

在 bookshop 数据库的 12 张数据表中，表 bookcart、orderinfo 和 usermessage 不需要准备数据，其中的数据是在运行过程中生成的。而其他表需要准备测试数据。

表 booktype 中至少有 3 个类别的图书，一个没有子类别，一个有多个子类别。表 bookclass 至少有 5 个数据，其中一个至少有 4 个。测试数据如表 7.12 和表 7.13 所示。

表 7.12　表 booktype 中的数据

book_type_id	book_type_name	说　　明
1	计算机	有 6 个子类别
2	文学	无子类别
3	数学	有一个子类别

表 7.13　表 bookclass 中的数据

book_class_id	book_class_name	book_type_id
1	程序设计类	1
2	网络技术类	1
3	图像处理类	1
4	数据库技术类	1
5	人工智能类	1
6	软件工程类	1
7	高等数学	3

表 bookinfo 中需要不少于 10 本图书的详细资料，并且一类图书至少有 9 本以验证图书列表中的分页显示功能。从身边找一些图书，按照表 bookinfo 中各字段的要求，通过 phpMyAdmin 录入所有数据。

在 phpMyAdmin 中设置推荐图书表 bookrecommend 和热卖图书表 bookhot 中都至少有 1 个记录、特价图书表 booksale 中有 1 个记录以验证 main.php 中的数据呈现。

表 order_fmoney 中的数据是固定的，其内容如表 7.14 所示。

表 7.14　表 order_fmoney 中的数据

fmoney_id	fmoney_name	fmoney_con
1	购书卡支付	对于申请了购书卡的会员，购书款可直接从中扣除
2	邮局汇款	通过邮局汇款，款到即可发书
3	货到付款	适用于送书上门方式，当面结清书款
4	在线支付	通过网上银行等支付方式划转书款

表 order_send 中的数据也是相对固定的，其内容如表 7.15 所示。

表 7.15　表 order_send 中的数据

send_id	send_name	send_con
1	送书上门	送货范围为市区，每张订单运费 4 元
2	特快专递	收费标准为订单金额的 20%，订单金额等于或低于 50 元时按 20 元收取
3	平邮	每张订单运输费：4.5 元
4	上门取书	不收取任何费用

用户信息和购书卡数据参照第 5 章的会员管理。

2．确认程序上传到服务器

确认本章所编写的文件已存放在服务器访问目录(如 c:\Appserv\www\wuya 或 c:\htdocs\wuya)的根目录下和 webshop 子目录下。

3．在 IE 上测试代码

(1) 启动 IE 浏览器，输入 http://localhost/wuya/index.php，单击"转到"按钮，可见如图 7.12 所示的效果。

图7.12　网站的主界面

 说　明

① 单击"分类查询"栏目中的"+"展开二级菜单,可见"+"变成了"-",再单击"-",菜单被折叠,同时"-"变成了"+",说明实现了 leftnemu.php 中的菜单功能。

② "热卖图书"等3个栏目的数据都正常显示,说明 tsbook.php、main.php 等文件也实现了预设的功能。同时说明 config.inc.php、db.inc.php 和 control.inc.php 正常有效。

(2) 单击"分类查询"栏目中"计算机"前的"+"展开二级菜单,从中选择"程序设计类"链接,可见如图7.13所示的效果。

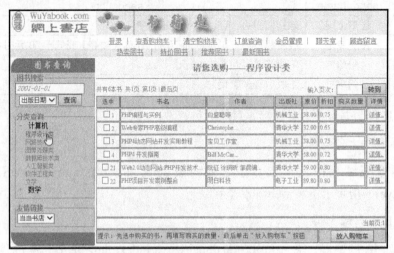

图7.13　分类查询界面

说 明

① leftnemu.php 中的链接功能正常实现。book_show.php 能正常显示。

② 进一步测试 book_show.php：单击导航栏上的"热卖图书"等 4 个链接及 main.php 中的 3 个"更多"链接，或在"图书搜索"栏目中设置查询条件(尤其关注出版日期)，单击"查询"按钮，观察显示是否正常。

③ 单击如图 7.13 所示的翻页导航，观察变化。测试 display.inc.php 中定义类的功能。

④ 单击"分类查询"栏目中的"文学"链接，观察界面的变化。

　(3) 单击图 7.13 中的最右侧的"详情…"链接，可见如图 7.14 所示的效果。

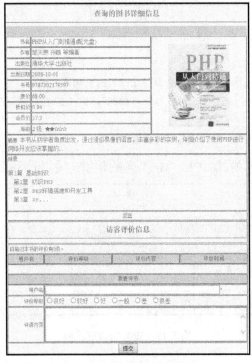

图 7.14　图书详情界面(部分)

 说 明

① 界面对应文件 bookfullinfo.php。与之链接的还有图 7.12 中的图书图片。

② 在如图 7.14 所示的界面下方是用户对该书的评价和反馈信息。输入用户名、选择"评价等级"并写一段评价内容，提交后，可见如图 7.15 所示界面的变化。这里测试的是 user_fback.php 的功能。

图 7.15　用户评书反馈界面

③ 单击"返回"链接，将关闭这个界面，回到进入前的界面。

(4) 在图 7.13 所示的界面中，选中某行第一列的复选框，并在"购买数量"文本框中输入数据，再单击"放入购物车"按钮，可见如图 7.16 所示的效果。

图 7.16　购书反馈界面-有效

① 界面对应文件 cart_add.php。

② 在图 7.13 中，没有选中任何复选框，就单击"放入购物车"按钮，图 7.16 给出的反馈是"**没有选购任何图书**"；没有填写数据，就单击"放入购物车按钮"，图 7.17 给出的反馈是"**所选图书 5 的购买数量应该为正整数!**"。

③ 单击"继续购书"按钮，回到进入前的界面。

(5) 在如图 7.16 所示的界面中，单击"查看购物车"按钮，可见如图 7.17 所示的效果。

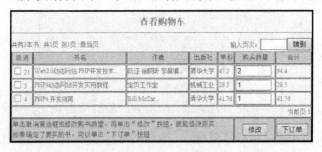

图 7.17　查看购物车界面

① 界面对应文件 cart_check.php。界面还可验证添加购物车是否成功。

② 在图 7.13 中添加多个图书，测试图 7.17 界面的分页显示功能。

③ top.php 中的"查看购物车"链接也能进入如图 7.17 所示的界面。

(6) 在图 7.17 所示的界面中，选择某个复选框，或修改文本框中的数据，再单击"修改"按钮，可见如图 7.18 所示的效果。

① 界面对应文件 cart_update.php。

② 在图 7.17 中，如果没有选中任何复选框，就单击"修改"按钮，图 7.18 给出的反馈是"**没有选择修改的方式!**"；当填写数据非正整数时，图 7.18 给出的反馈是"**所选图书 6 的购买数量应该为正整数!**"。

③ 单击"返回"按钮，回到查看购物车界面。

(7) 单击导航栏中的"清空购物车"链接，可见如图 7.19 所示的效果。

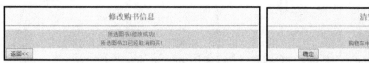

图 7.18 修改购书信息界面　　　　**图 7.19 清空购物车反馈界面**

说明

① 界面对应文件 cart_clear.php。

② 单击"确定"按钮，图 7.19 给出的反馈是"购物车已清空! 购物车中没有选购的图书信息!"；当购物车上没有图书信息时，单击导航栏中的"清空购物车"链接，图 7.19 给出的反馈是"购物车为空! 购物车中没有选购的图书信息!"。

③ 在图 7.19 中，单击"查看购物车"按钮，放弃清空购物车操作，回到查看购物车界面。

(8) 在如图 7.17 所示的界面中，单击"下订单"按钮，可见如图 7.20 所示的效果。

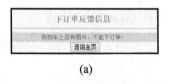
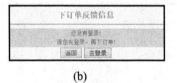
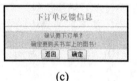

(a)　　　　　　　　　　(b)　　　　　　　　　　(c)

图 7.20 下订单反馈界面

说明

① 页面对应文件 order_check.php。

② 当购物车上没有图书信息时，图 7.20 给出的反馈是"购物车上没有图书，不能下订单!"，下方有"返回主页"按钮，单击它返回主页；当用户还没有登录时，图 7.20 所示给出的反馈是"还没有登录! 请您先登录!"，下方有"去登录"按钮，单击它进入登录与注册界面。

(9) 在图 7.20 所示的界面中，单击"确定"按钮，可见如图 7.21 所示的效果。

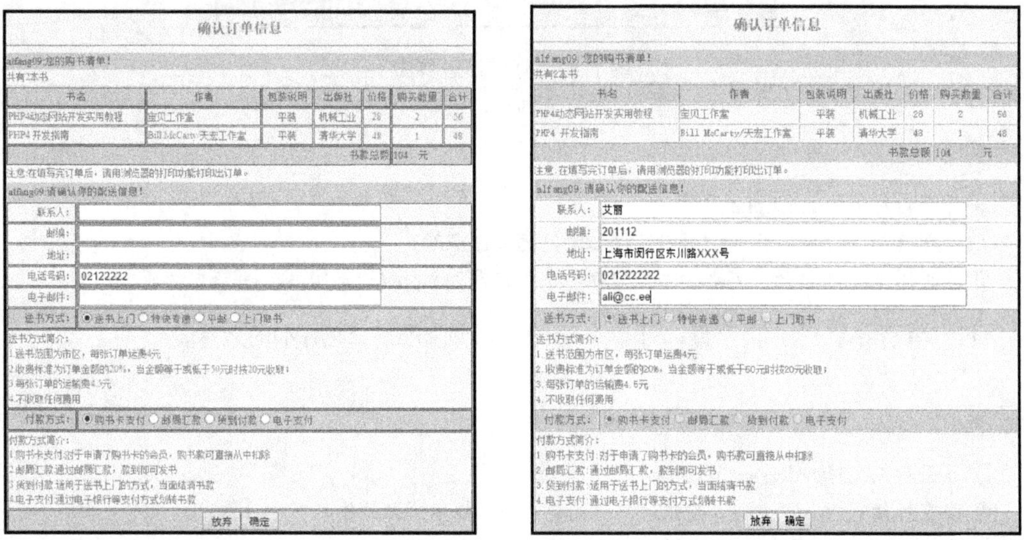

(a)　　　　　　　　　　　　　(b)

图 7.21 订单确认界面

说明

① 界面对应文件 book_order.php。单击下方的按钮将对应文件 order_p.php。

② 左边图中的配送信息需要填写，否则会跳出警示框提醒输入，这里输入的信息也会更新用户表 (member.userinfo)中对应的字段。当购书卡不可用时，将屏蔽付款方式的购书卡支付。

③ 当单击下方的"放弃"按钮时，出现如图 7.22 所示给出的反馈信息，再单击下方的"确定"按钮，将进入如图 7.20 所示的清空购物车界面。单击"确定"按钮，将返回如图 7.21 所示的界面。

④ 当单击下方的"确定"按钮时，出现如图 7.23 所示给出的反馈信息。

图 7.22　确认订单反馈界面-放弃　　　　图 7.23　确认订单反馈界面-确定

(10) 在图 7.23 所示的界面中，单击"查看订单详细内容"按钮，可见如图 7.24 所示的效果。

图 7.24　订单信息界面

 说明

① 界面对应文件 order.php。

② 在图 7.24 中单击下方的"返回"按钮时，返回图 7.23。

③ 单击图 7.23 下方的"完成购书"按钮，执行文件 exit.php(清空购书车)并返回主页。

(11) 单击导航栏中的"查询订单"链接，可见如图 7.25 所示的效果。

 说明

① 界面对应文件 order_search.php。

② 当鼠标指针指向"查询"按钮时，出现警示框，提示"必须输入一个条件!"。

③ 当输入的条件无效时，下方提示"没有符合查询条件的订单!"

(12) 填写一个有效条件，如订单号，单击"查询"按钮，可见如图 7.26 所示的效果。

图 7.25　查询订单界面　　　　　　　图 7.26　订单列表信息界面

 说 明

① 界面对应文件 order_list.php。
② 单击"查看"链接，可见如图 7.24 所示的订单信息界面。
③ 尝试生成 9 个订单，选择联系人查询，观察图 7.26 分页显示的效果。

7.4　PHP 面向对象技术

7.4.1　基本概念

面向对象编程(Object Oriented Programming，OOP)是一种计算机编程架构，OOP 的一条基本原则是计算机程序由单个能够起到子程序作用的单元或对象组合而成。为了实现整体运算，每个对象都能够接收信息、处理数据和向其他对象发送信息。面向对象一直是软件开发领域内比较热门的话题，首先，面向对象符合人类看待事物的一般规律；其次，采用面向对象方法可以使系统各部分各司其职、各尽所能。再次，采用面向对象方法可以使其编程的代码更简洁、更易于维护，并且具有更强的可重用性。

面向对象编程具有三大特性：抽象性、封装性和继承性。

(1) 抽象性有两个含义：抽象性是使具体事物一般化的过程，即对具有特定属性及行为特征的对象进行概括，从中提炼出这一类对象的共性，并从通用性的角度描述其共有的属性及行为特征。抽象又分为数据抽象和代码抽象，数据抽象描述某类对象的公共属性，代码抽象描述某类对象共有的行为特征。

(2) 封装性是一种数据隐蔽技术。有两个含义：一是把对象的全部属性和方法结合在一起，形成一个不可分割的独立单元(即对象)；二是信息隐蔽，即尽可能隐蔽对象的内部细节，对外形成一道道屏障，只保留有限的对外接口与外部联系。

(3) 继承性指建立一个新的派生类，从一个或多个先前定义的类中继承属性和方法，而且可以重新定义或加进新属性和方法，从而建立类的层次或等级。

类、对象、属性、方法是面向对象技术的基本概念。

① 类是对具有相同特性(属性)与行为(方法)的一类事物的抽象描述。在代码中表现为由关键字 class 声明的一段代码，其内部包括属性和方法两个主要部分。

② 对象是用来描述客观事物的一个实体，它是构成系统的一个基本单位。在创建了类之后，创建对象，其特性与行为由所属类的特性(属性)与行为(方法)决定。在代码中表现为一个变量，由关键字 new 创建，通过->符号获取或改变它的特性或执行某种行为。

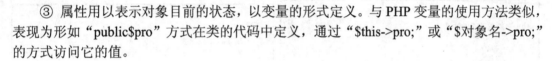

③ 属性用以表示对象目前的状态，以变量的形式定义。与 PHP 变量的使用方法类似，表现为形如 "public$pro" 方式在类的代码中定义，通过 "$this->pro;" 或 "$对象名->pro;" 的方式访问它的值。

说明

在 PHP 5 之前，使用关键字 var 定义类的公共属性，也就是说属性在当前整个 PHP 脚本里是可见的。在 PHP 5 中，不提倡使用关键字 var，默认为 public。

(4) 方法是类中的函数，表示对象可以完成的一系列操作，它的定义方式与普通 PHP 函数一致，与属性一样，方法也是通过->符号来访问的。

属性和方法被称为类的成员。

示例 7-1　我的朋友

"我的朋友" 是一个类，它不表示具体的一位朋友，是所有朋友的总称。

姓名、性别、年龄、身高、体重、电话、家庭住址是 "我的朋友" 的基本信息(属性)。

开车，会说英语，可以使用计算机是 "我的朋友" 能做的事情(方法)。

"李丽" 是一个对象，它是一位具体的 "朋友"。

因此，可以知道她的姓名、性别、年龄、身高、体重、电话、家庭住址等，也可以了解她会开车，会说英语，可以使用计算机。

说明

PHP 由一种建立简单页面的工具逐渐发展为一种 Web 开发语言，它对 OOP 的支持也有一个发展过程。PHP 4 以前的版本是一种面向过程的编程语言，PHP 4 引入了类的概念，但仍采用的是过程模型，只是兼容了面向对象的编码写法，PHP 5 采用的对象模型舍弃了原来的约束而真正实现面向对象的各种特性。例如，在类的封装方面，可以对属性和方法等访问进行限定；在类的实现机制方面，使用类接口、抽象类及对象内置方法，可以更好地优化对象处理流程，此外，PHP 5 的面向对象引擎还提供十余个可以实现类反射的对象。

在 PHP 5 环境中可以兼容运行按 PHP 4 标准编写的程序，但按 PHP 5 标准编写的程序在 PHP 4 环境中未必可运行，尤其是面向对象部分。

7.4.2　定义类

1. 定义类的语法格式

```
[final]classclassname{                                    //定义类
public[private[protected[static[const]]]]$protery1;       //定义属性
…
//定义方法
[final]public[private[protected[static]]]functionmethod1(pa1,…){…};
…
}//end of class
```

2. 限定符

从限定符中可以看到 PHP 面向对象的特性。

(1) final 声明方法或类是最终的。如果限定的是类，则该类不可继承；如果限定的是方法，则该方法不可覆盖。final 写在 public、private、protected 之前。

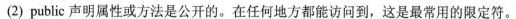

(2) public 声明属性或方法是公开的。在任何地方都能访问到，这是最常用的限定符。

(3) private 声明属性或方法是私有的，只有在定义它的类代码中使用。

(4) protected 声明属性或方法是被保护的。只有在定义它的类或其派生类中访问。

(5) static 声明属性或方法是静态的，可以直接通过 classname::$pro 来访问属性或 classname::methodname() 来调用方法，而不必创建对象。static 写在 public、private、protected 之后。静态成员有许多特别之处，如在类被引入时就被执行，而不是要等到对象声明；静态属性在内存中只有一个地址，而不是为每个对象都分配一个地址。

(6) const 声明属性是常量。声明常量不需要$符号并且在使用时与 static 类似，如通过 classname::constpro 来访问，用 self::constpro 访问类内部的常量。

3. 构造与析构

在创建对象时需要对一些属性进行初始化；在对象销毁时，需要释放内存。在类中，这两种函数被称为构造函数与析构函数。

(1) 构造函数。构造函数__construct()在对象创建之初被执行。其作用是将对象调整到"就绪"状态，以供程序使用。

(2) 析构函数。析构函数__destruct()在对象将要被销毁时执行。其作用是回收资源和释放内存。

一般情况下，对象会自动销毁，即当前 PHP 脚本执行完成时，所有对象都被自动销毁，所用的内存都被收回。

另一种情况是通过调用函数来显式地销毁对象，即触发析构函数执行。

并不是所有的类都要有构造函数和析构函数，要根据实际需要来确定，若不需要进行初始化和回收资源，则完全不必加上这两个函数。

 说明

在 PHP 4 中，类也有构造函数，但函数名不为__construct()，而是与类同名的函数；没有析构函数。为了保持兼容性，在 PHP 5 中，如果类中没有定义构造函数，则会尝试与类同名的函数作为构造函数。反过来，PHP 4 不能将__construct()和__destruct()识别为构造和析构函数。(__是两个_)

```
示例7-2  定义"我的朋友"类
<?php
  class friends{
     //下面是朋友的成员属性，都是封装的私有成员
     private $name;          //朋友的姓名
     private $sex;           //朋友的性别
     private $age;           //朋友的年龄
     //下面是朋友的成员方法
     function say(){    //这是朋友自我介绍的方法，可以访问 private 属性
        echo "我的姓名: ".$this->name."性别: ".$this->sex."年龄: ".$this->age.
"<br>";
     }
     private function run(){    //这是朋友会开车的方法
        echo "我会开车";
```

```
        }
        //定义构造函数，参数为姓名$name、性别$sex和年龄$age，可以访问private属性
        function __construct($name,$sex,$age){
            $this->name=$name;  //传进来的$name给成员属性$this->name赋初值
            $this->sex=$sex;     //传进来的$sex给成员属性$this->sex赋初值
            $this->age=$age;     //传进来的$age给成员属性$this->age赋初值
        }
        function __destruct(){    //这是析构函数，在对象销毁前调用
            echo "再见".$this->name."<br>";
        }
    }
    ...
?>
```

 说明

特殊的引用 "$this" 的使用：每个对象都有一个对象的引用$this来代表它本身，完成对对象内部成员的调用。

7.4.3 创建对象

1. 创建对象的语法格式

```
$objectname=new classname();
```

2. 使用对象的属性和方法

```
$objectname->proname=newvalue;              //修改属性
$variablename=$objectname->proname;         //获取属性
$variablename=$objectname->methodname();    //执行方法
```

示例 7-3   创建对象

```
<?php
    //示例7-2中的类friends代码
    $p1=new friends("张义山","男",20);
    $p2=new friends("李丽","女",30);
    $p3=new friends("王帅","男",40);
    $p1->say();    //访问$p1对象中的说话方法
    $p2->say();    //访问$p2对象中的说话方法
    $p3->say();    //访问$p3对象中的说话方法
?>
```

运行结果

```
我的姓名：张义山 性别：男 年龄：20
我的姓名：李丽 性别：女 年龄：30
我的姓名：王帅 性别：男 年龄：40
再见王帅
再见李丽
再见张义山
```

7.4.4　使用对象的属性和方法

1.　使用对象中被封装的属性

一般来说，总是把类的属性定义为 private 或 protected，这更符合逻辑。但对属性的读取和赋值操作非常频繁，因此，PHP 5 中预定义了__get()和__set()方法来获取和赋值其属性，以及函数__isset()和__unset()来检查属性和删除属性的方法。

__set()和__get()不是默认存在的，需要手动添加到类中。可以按下面的方式来添加这两个方法。

```
//__get()方法用来获取私有属性
public void function __get($property_name){
    if(isset($this->$property_name))  return($this->$property_name);
    else  return(NULL);
    }
//__set()方法用来设置私有属性
public mixed function __set($property_name,$value){
      $this->$property_name=$value;
    }
```

 说 明

① __get()方法：用来获取私有成员属性值。参数传入要获取的成员属性的名称，返回获取的属性值。这个方法不用手动去调用，而是在直接获取私有属性时自动调用的。因为私有属性已经被封装了，是不能直接获取值的，但是如果在类内加上了这个方法，在使用外部对象直接获取值(如$o->name)时，就会自动调用__get($property_name)方法，将属性 name 传给参数$property_name，通过这个方法的内部执行，返回传入的私有属性值。

② __set()方法：用来为私有成员属性设置值。第一个参数为要设置值的属性名，第二个参数是要给属性设置值，函数没有返回值。这个方法也不用手动调用，在直接设置私有属性值时会自动调用，私有属性已经被封装上了。如果没有__set()方法，就不允许改变私有属性的值，如$this->name="lili"会出错，但是如果在类中定义了__set($property_name,$value)方法，在直接给私有属性赋值时，就会自动调用它，把属性如 name 传给$property_name，把要赋的值"lili"传给$value，通过这个方法的执行，达到赋值的目的。

__isset()和__unset()与__get()和__set()的原理差不多，它们的原型如下：

```
//__isset()方法用来获取私有属性
public bool __isset(string $name ){
    return isset($this->$name);
}
//__unset()方法用来设置私有属性
public void __unset(string $name ){
    unset($this->$name);
}
```

 说 明

① __isset()用于测定变量是否设定可用，传入一个变量作为参数，如果传入的变量存在，则返回

TRUE; 否则, 返回 FALSE。在一个对象外面使用 isset()去测定对象里面的成员是否被设定时, 如果对象的成员是公有的, 就可以使用这个函数来测定成员属性; 如果对象的成员是私有的, 这个函数就不起作用了, 原因是私有成员被封装了, 在外部不可见。在类内加上一个方法__isset(), 当在类外部使用 isset()函数来测定对象里面的私有成员是否被设定时, 就会自动调用类内的__isset()方法。

② __unset()的作用是删除指定的变量且返回TRUE, 参数为要删除的变量。使用方法类似于 isset()。__unset()方法用来在对象的外部删除对象的私有成员属性。_isset()和__unset()也是自动触发的。

示例 7-4 使用方法__get()、__set()、__isset()、__unset()获取封装的属性

```php
<?php
    class friends{
        //下面是朋友的成员属性,都是封装的私有成员
        private $name;      //朋友的姓名
        private $sex;       //朋友的性别
        private $age;       //朋友的年龄
        //__get()方法用来获取私有属性
        public function __get($property_name){
            echo "在直接获取私有属性值时,自动调用了__get()方法<br>";
            if(isset($this->$property_name))  return($this->$property_name);
            else  return(NULL);
        }
        //__set()方法用来设置私有属性
        public function __set($property_name,$value){
            echo "在直接设置私有属性值时,自动调用__set()方法为私有属性赋值<br>";
            $this->$property_name=$value;
        }
        //__isset()方法
        public function __isset($nm){
            echo "isset()函数测定私有成员时,自动调用<br>";
            return isset($this->$nm);
        }
        //__unset()方法
        public function __unset($nm){
            echo "当在类外部使用 unset()函数来删除私有成员时自动调用的<br>";
            unset($this->$nm);
        }
    }
    $p1=new friends();
    //直接为私有属性赋值的操作,会自动调用__set()方法进行赋值
    $p1->name="李莉莉";
    $p1->sex="女";
    $p1->age=23;
    //在使用 isset()函数测定私有成员时,自动调用__isset()方法,返回结果为 TRUE
    echo var_dump(isset($p1->name))."<br>";   //var_dump()显示关于一个或多个
表达式的结构信息,包括表达式的类型与值
    echo"姓名:".$p1->name."<br>";
    //在使用 unset()函数删除私有成员时,自动调用__unset()方法,删除 name 私有属性
    unset($p1->name);
```

```
        //已经被删除了，所以这行不会有输出
        echo"姓名：".$p1->name."<br>";
        echo"性别：".$p1->sex."<br>";
        echo"年龄：".$p1->age."<br>";
    ?>
```

运行结果

在直接设置私有属性值时，自动调用__set()方法为私有属性赋值
在直接设置私有属性值时，自动调用__set()方法为私有属性赋值
在直接设置私有属性值时，自动调用__set()方法为私有属性赋值
isset()函数测定私有成员时，自动调用
bool(true)
在直接获取私有属性值的时候，自动调用了这个__get()方法
姓名：李莉莉
当在类外部使用 unset()函数来删除私有成员时自动调用
在直接获取私有属性值时，自动调用了__get()方法
isset()函数测定私有成员时，自动调用
姓名：
在直接获取私有属性值时，自动调用了__get()方法
性别：女
在直接获取私有属性值时，自动调用了__get()方法
年龄：23

2. 类继承

类继承是类的主要特性之一。它指在已存在的类上派生出一个新类。已存在的用来派生新类的类为基类，又称为父类或超类，派生出的新类称为派生类或子类。即子类可以从父类中继承所有可见的属性与方法。PHP 中用 extends 关键字来实现类之间的继承。

如果父子两个类都定义了同名的方法或属性，则父类的方法或属性将会被覆盖，即 $this->proname 或$this->methodname()所使用的都是在子类中重新新定义的。要在子类中使用与父类同名的成员可以使用 parent::proname()或 parent::methodname()。

 说　明

不能使用 parent::__construct()和 parent::__destruct()，这将导致递归调用，最终导致程序溢出错误。

如果没有发生覆盖，使用$this->proname()或$this->methodname()访问到的就是父类中定义的方法或属性。在子类中，可以添加新的属性或方法，使得类的功能更具有针对性。

通过类的继承，可以快速实现程序的功能，在很大程度上提高了代码的复用程度。但从程序性能上来说，继承使程序变慢了，特别是经过多层的继承之后，类与类之间的关系将会变得复杂，这将需要更多的时间来编译。因此，建议自定义的类控制在 3 层以内的继承。少用类继承多用类组合是面向对象设计的一个原则。

在 PHP 5 中，不允许类拥有多个父类，子类只能从一个父类继承。

示例 7-5　"我的朋友"类派生"同学"子类

```
<?php
class friends{
```

```php
        //下面是朋友的成员属性，都是封装的私有成员
        private $name;      //朋友的姓名
        private $sex;       //朋友的性别
        private $age;       //朋友的年龄
        //下面是朋友的成员方法
        function say(){     //这是朋友自我介绍的方法，可以访问 private 属性
            echo "我的姓名：".$this->name." 性别：".$this->sex." 年龄：".$this->age.
"<br>";
        }
        private function run(){
            echo "我会开车";
        }
        //定义构造方法参数为姓名$name、性别$sex 和年龄$age，可以访问 private 属性
        public function __construct($name,$sex,$age){
            $this->name=$name;
            $this->sex=$sex;
            $this->age=$age;
        }
        public function __destruct(){
            echo "再见".$this->name."<br>";
        }
        public function __get($property_name){
            if(isset($this->$property_name)) return($this->$property_name);
            else return(NULL);
        }
        //__set()方法用来设置私有属性
        public function __set($property_name,$value){
            $this->$property_name=$value;
        }
        //__isset()方法
        public function __isset($nm){
            return isset($this->$nm);
        }
        //__unset()方法
      public function __unset($nm){
            unset($this->$nm);
        }
    }
class student extends friends{    //定义子类，继承父类中的属性和方法
    var $school;                    //学生所在学校的属性
    function __construct($name,$sex,$age,$school){
        //使用父类中的方法为原有的属性赋值
        parent::__construct($name,$sex,$age);
        $this->school=$school;
    }
    //覆盖父类中的方法 say()
```

```
        function say(){
            echo "我的名字叫：".$this->name."  性别：".$this->sex."  年龄：
".$this->age." 在".$this->school."上学.<br>";
        }
    }
    $p1=new friends("张义山","男",40);
    $p2=new student("王帅","男",20,"ECNU");
    $p1->say();      //访问$p1 对象中的说话方法
    $p2->say();      //访问$p2 对象中的说话方法
?>
```

运行结果

我的姓名：张义山 性别：男 年龄：40
我的名字叫：王帅 性别：男 年龄：20 在 ECNU 上学
再见王帅
再见张义山

3. 类抽象

在类内定义的没有方法体的方法就是抽象方法，含有抽象方法的类就是抽象类，无论抽象方法还是抽象类，最前面都要使用 abstract。例如：

```
    abstract class Demo{
        public $test;
        abstract function fun1();
    function fun3(){
        …
    }
    }
```

抽象类无法直接用 new 创建对象，它必须被子类继承，并且在子类中对抽象方法加以定义。定义抽象类就相当于定义了一种规范，这种规范要求子类去遵守，子类继承抽象类之后，把抽象类里面的抽象方法按照子类的需要实现。子类必须把父类中的抽象方法全部实现；否则子类中还存在抽象方法，那么子类还是抽象类。

7.4.5　对象的操作

1. 序列化

serialize()返回一个字符串，包含可以储存于 PHP 的任何值的字节流标识。unserialize()可以用此字符串来重建原始的变量值。用序列化来保存对象中的所有变量。对象中的函数不会被保存，只保存类的名称。

使用 serialize()序列化类 A 的对象$a，将得到一个指向类 A 的字符串并包含所有$a 中变量的值。使用 unserialize()将其解序列化，重建类 A 的对象$b，如示例 7-6 所示。

示例 7-6　序列化

```
    <?php
    class A {
```

```
        public $one=1;
        function show_one(){
            echo $this->one;
        }
    }
    //定义类 A 并创建对象$a
    $a=new A;
    $s=serialize($a);
    echo $s;                 //可见序列化后的值
    $b=unserialize($s);      //创建类 A 的对象$b
    $b->show_one();          //可以使用类 A 的方法
?>
```

运行结果

```
O:1:"A":1:{s:3:"one";i:1;}1
```

如果在用会话并使用了 session_register()来注册对象,这些对象会在每个 PHP 页面结束时被自动序列化,并在接下来的每个页面中自动解序列化。也就是说,这些对象一旦成为会话的一部分,就能在任何页面中出现。

因此,如果在以上的例子中$a 通过运行 session_register("a")成为会话的一部分,则应该在所有的页面中包含类 A 的定义。

2. 对象的比较

当使用比较操作符(==)时,对象以一种很简单的规则比较:如两个对象有相同的属性和值,属于同一个类且被定义在相同的命名空间中,则两个对象相等。

另外,当使用全等符(===)时,当且仅当两个对象指向相同类(在某一特定的命名空间中)的同一个对象时才相等,如示例 7-7 所示。

示例 7-7 PHP5 中对象比较与赋值

```
<?php
function bool2str($bool){
    if($bool===false)  return 'FALSE';
    else  return 'TRUE';
}
function compareObjects(&$o1,&$o2){
    echo 'o1==o2:'.bool2str($o1==$o2)."<br/>";      //对象比较
    echo 'o1===o2:'.bool2str($o1===$o2)."<br/>";     //对象全等比较
}
class Flag{
    public $flag;
    function Flag($flag=true)  {$this->flag=$flag;}
}
$o=new Flag();
$p=new Flag();
$q=$o;                                                //对象赋值
```

```
    echo "Two instances of the same class.<br/>";
    compareObjects($o,$p);
    echo "Two references to the same instance.<br/>";
    compareObjects($o,$q);
  ?>
```

运行结果

```
Two instances of the same class.
o1==o2:TRUE

o1===o2:FALSE
Two references to the same instance.
o1==o2:TRUE
o1===o2:TRUE
```

说明

　　在 PHP 4 中，对象比较的规则十分简单：如果两个对象的类相同，且它们有相同的属性和值，则这两个对象相等。类似的规则还适用于用全等符(===)对两个对象的比较。

3. 对象的赋值与复制

　　对象的赋值运算都是地址赋值，它们指向的是同一个对象，如示例 7-7 中的$q=$o；语句。相当于给对象$o 又起了个别名$q，修改其中的一个就会引起另一个的改变。

　　使用关键字 clone 能复制出一个相同的对象，相当于生成对象的一个备份，新对象与原对象之间是独立的，修改其中的一个不会引起另一个的改变，如示例 7-8 所示。

示例 7-8　对象复制

```php
<?php
  $value=0;
  class cloneclass{
   public function __construct(){
     global $value;
     $value++;
   }
   public function __clone(){
     global $value;
     $value=3;
   }
  }
  echo"1.类外：".$value."<br/>";
  $object1=new cloneclass();
  echo"2.创建对象：".$value."<br/>";
  $object2=clone $object1;
  echo"3.复制对象：".$value."<br/>";
 ?>
```

运行结果

1. 类外：0
2. 创建对象：1
3. 复制对象：3

 本章总结

本节案例实现的功能较复杂，采用了面向对象的技术，从中可以体会 PHP 面向对象技术在复杂系统中的优势。

 思考练习

(1) 本节案例中如何利用面向对象技术操作数据库？这样做有什么好处？

(2) 本节案例中图书信息是数据的主体，为什么不定义一个"图书"类？

(3) 定义"图书"类。

 实践项目

项目 7   网上书店之管理员模块的实现

项目目标：

(1) 理解本章中对管理员模块的分析和设计。

(2) 采用面向对象的技术实现管理员模块的功能。

第 8 章

网站优化与 PHP 的高级功能

学习目标

通过本章的学习，能够使读者：
(1) 了解 PHP 对用户管理的策略。
(2) 理解 PHP 的常用 GD 库、正则表达式等概念。
(3) 掌握在 PHP 中文件上传的方法。
(4) 理解 PHP 支持的邮件系统。

学习资源

本章为读者准备了以下学习资源：

(1) 示范案例：展示了一组"网站优化"如注册中验证码、图像文件的上传、电子邮箱和正则表达式的应用等的设计与实现过程，对应本章的 8.1～8.4 节。案例代码存放在文件夹"教学资源\wuya\register"和"教学资源\wuya\webshop"中。

(2) 技术要点：描述"PHP 的 GD 图像库、邮件系统和正则表达式"的技术要点，对应本章的 8.1～8.4 节的相关部分。其中的示例给出了相关技术的说明实例，代码存放在文件夹"教学资源\extend\ch8"中。

(3) 实践项目：代码存放在文件夹"教学资源\ exercise\ch8\"中。

学习导航

在学习过程中，建议读者按以下顺序学习：

(1) 解读示范案例的分析和设计。

(2) 模仿练习：选择 PHP 集成开发工具，如 Dreamweaver，按照实现步骤重现案例。

(3) 扩展练习：按实践项目的要求，先明确项目目标，再在 PHP 集成开发环境中实现项目代码，接着对代码中的 PHP 语言要素进行分析，提升理解和应用能力。

学习过程中，提倡结对或 3 人组成学习小组，一起探讨和研究会员注册和管理的设计，但对 PHP 高级功能的学习和具体项目的实现还是鼓励能独立完成。

案例描述

本章案例介绍如何使用 PHP 的高级功能，如正则表达式与电子邮件系统、GD 库与用户安全策略、文件上传等。

预备知识

8.1 用户注册安全管理

8.1.1 用户注册安全管理的策略

当用户注册或登录时，提交输入的信息可能会被别有用心的人截取而造成信息流失，甚至会面临丢失账号和密码的危险。因此，动态网站中对用户注册的安全性要求较高。另外，网络上的自动注册机、抢号机等表单提交操作会造成无效数据。

计算机程序识别图像的能力比识别文字的能力要弱得多，即程序可以轻易地获取有价值的文字信息，但无法理解和获取图片中存在的文字信息。

这样，在用户提交表单前，通过位图验证码的方式能有效地加强安全性管理。即在位图中包含几个字符，计算机很难识别而人能识别，只有将位图中的代码正确输入文本框的提交行为才认为是有效的提交；否则不予处理。

改进的注册和登录页面如图 8.1 所示。

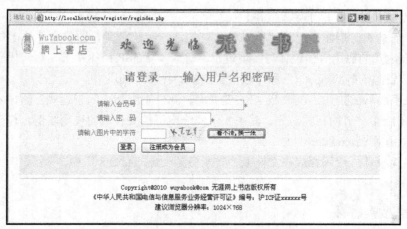

图 8.1 改进的注册和登录页面

PHP编码

8.1.2 优化用户注册页面

1. 验证码的生成

代码文件：yzm.php

(1) 在 Dreamweaver 中，新建 PHP 文档。

(2) 单击"代码"标签，切换到"代码"视图，输入如下代码。

```php
<?php
  @session_start();
  define("CHARS_lLENGTH",4);          //定义一个常量 CHARS_lLENGTH
  function getVerify(){               //生成验证码
    $strings=array('0','1','2','3','4','5','6','7','8','9','a','b','c','d',
'e','f','g','h','i','j','k','l','m','n','o','p','q','r','s','t','u','v','w',
'x','y','z');
    $chrNum="";                       //验证码字符
    $count=count($strings);           //统计预设字符的个数
    for($i=1;$i<=CHARS_lLENGTH;$i++)
       $chrNum.=$strings[rand(0,$count-1)];   //生成一个随机字符
   return $chrNum;
  }
  function GetImage($strNum){                         //生成验证码图像
    $fontSize=15; $width=70; $height=24; $lineNum=5; $pointNum=32;
    $im=imagecreate($width+5,$height+5);
    $backgrountColor=imagecolorallocate($im,255,239,206);
    $frameColor=imagecolorallocate($im,155,155,155);
    $stringColor=imagecolorallocate($im,30,30,30);
    $font=realpath("FONT_PATH/arial.ttf");
    for($i=0;$i<CHARS_lLENGTH;$i++){                  //对 4 位验证码字符图形化处理
      $charY=($height+$height/2)/2+rand(-1,1);
      $charX=$i*15+8;
     $text_color=imagecolorallocate($im,mt_rand(50,200),mt_rand(50,128),
mt_rand(50,200));
      $angle=rand(-30,30);
      imagettftext($im,$fontSize,$angle,$charX,$charY,$text_color,$font,
$strNum[$i]);
     }
    for($i=0;$i<=$lineNum;$i++){                      //在创建的图像区域内绘制杂线
      $linecolor=imagecolorallocate($im,mt_rand(0,255),mt_rand(0,255),
mt_rand(0,255));
      $lineX=mt_rand(1,$width-1);
      $lineY=mt_rand(1,$height-1);
      imageline($im,$lineX,$lineY,$lineX+mt_rand(0,4)-2,$lineY+mt_rand
(0,4)-2,$linecolor);
     }
     for($i=0;$i<=$pointNum;$i++){                    //在创建的图像区域内绘制杂点
       $pointcolor=imagecolorallocate($im,mt_rand(0,255),mt_rand(0,255),
mt_rand(0,255));
        imagesetpixel($im,mt_rand(1,$width-1),  mt_rand(1,$height-1),
$pointcolor);
     }
```

```
36      imagerectangle($im,0,0,$width-1,$height-1,$framecolor);    //在$im创建的图
                                                                      像中绘制长方形
37      ob_clean();  //清除输出缓冲
38      header('Content-type:image/png');  //设置向浏览器输出文件的类型
39      imagepng($im);  //输出创建的图像$im
40      imagedestroy($im);  //销毁创建的图像$im
41      exit;
42    }
43    $chars= getVerify();
44    $_SESSION['chars']=$chars;          //存储当前的验证码,用于对用户输入时的验证
45    imagejpeg(GetImage($chars));        //输出生成的验证码图像
46  ?>
```

(3) 把文档以 yzm.php 为文件名保存在站点的 register 文件夹下。

(4) 在 register 文件夹下建立文件夹 FONT_PATH,并把 arial.ttf 复制于此。

 代码解读

这段代码生成 4 位验证码字符,并以图像方式输出。其中使用到 GD 函数库,详解见 8.1.3 节。

第 4~11 行: 按预设字符随机生成 4 位验证码字符。

第 12~41 行: 对 4 位验证字符生成图形并处理。其中:

第 13 行: 设置字符的字号、图片区的大小、杂线和杂点的数量。

第 14~17 行: 使用 GD 函数库的函数 imagecreate()创建图像,imagecolorallocate()设置图像的背景色、外框线和字符的颜色,realpath()设置字体。

第 19~25 行: 对 4 位验证码字符图形化处理。

第 26~31 行: 使用函数 imageline()在创建的图像区域内绘制杂线。

第 32~35 行: 使用函数 imagesetpixel()在创建的图像区域内绘制杂点。

2. 相关文件的修改

代码文件: regindex.php、login.php

(1) 在 Dreamweaver 中,打开站点的 register 目录下的文件 regindex.php。

(2) 单击"代码"标签,切换到"代码"视图,添加如下代码。

```
14  <script language="JavaScript">
15   function jcud(){
      …
18     var cds3=window.frm.verify.value;
       …
27     else if (cds3==""){
28       window.alert("必须输入验证码");
29       window.frm.verify.focus();
30     }
      …
39          <tr><td align="right">请输入图片中的字符</td>
40            <td><input name="verify" type="text" id="act" value="" size="6"
     /><img id="yzm" src="yzm.php" align="absmiddle" />
```

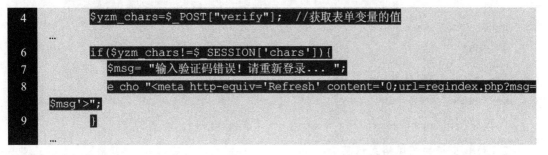

```
41    <input name="submit" type="button" value="看不清,换一张"
      onClick="document.frm. yzm. src = 'yzm.php?'+Math.random();" /></td></tr>
```

(3) 保存文件。

代码文件：login.php

(4) 在 Dreamweaver 中，打开站点的 register 目录下的文件 login.php。

(5) 单击"代码"标签，切换到"代码"视图，添加如下代码。

```
4     $yzm_chars=$_POST["verify"];   //获取表单变量的值
...
6     if($yzm_chars!=$_SESSION['chars']){
7         $msg= "输入验证码错误! 请重新登录... ";
8         e cho "<meta http-equiv='Refresh' content='0;url=regindex.php?msg=
      $msg'>";
9     }
...
```

(6) 保存文件。

8.1.3　PHP 的 GD 函数库

PHP 不仅限于只产生 HTML 的输出，还可以创建及操作多种不同图像格式的图像文件，包括 gif、png、jpg、wbmp 和 xpm。更方便的是，PHP 可以直接将图像流输出到浏览器。PHP 操作图像是通过其图像函数库实现的。最有名的是 GD(图形设备)库。GD 库是第三方的软件包，一直与 PHP 有良好的结合。

要处理图像，需要在编译 PHP 时加上图像函数的 GD 库。GD 库和 PHP 还可能需要其他的库，视需要支持哪些图像格式而定。

1. 启用 PHP 的 GD 函数库

由 PHP 中 GD 库默认是关闭的，因此使用 GD 库前首先要启用该函数库。

(1) 打开配置文件 php.ini，将 extension=php_gd2.dll 前面的分号删除。

(2) 把 PHP 安装目录中的\ext\php_gd2.dll 复制到 C:\windows\system32 中。

(3) 同时把\ext\php_gd2.dll 复制到 apache\bin 目录中。

(4) 重新启动 Apache。

验证 GD 库是否启动，可以用函数 gd_info()获取有关信息。代码如下。

示例 8-1　test_GD.php　//存放在站点根目录下的 extends/ex8

```php
<?php
    $info=gd_info();
    foreach($info as $id=>$value)
        echo $id.":".$value."<br/>";
?>
```

安装成功的运行结果

```
GD Version:bundled (2.1.0 compatible)
FreeType Support:1
FreeType Linkage:with freetype
T1Lib Support:
GIF Read Support:1
GIF Create Support:1
JPEG Support:1
PNG Support:1
WBMP Support:1
XPM Support:1
XBM Support:1
WebP Support:1
JIS-mapped Japanese Font Support:
```

函数原型：`array gd_info ( void )` //取得当前安装的 GD 库的信息

2. 获取支持的图像格式信息

目前有上百种数字图像格式，GD 库在不断补充更新中，可以通过获取最新的 GD 库来扩展 PHP 图像处理能力，当前默认的 GD 库已经可以满足我们的需要了。

使用函数 imagetypes()能以比特字段方式返回与当前 PHP 版本关联的 GD 库所支持的图像格式。将返回以下结果：IMG_GIF | IMG_JPG | IMG_PNG | IMG_WBMP。

示例 8-2　test_GIF.php　//检查是否支持 GIF。存放在站点根目录下的 extends/ex8

```php
<?php
    if(imagetypes() & IMG_GIF)
        echo "GIF Support is enabled";
?>
```

运行结果

```
GIF Support is enabled
```

函数原型：`int imagetypes ( void )`　//返回当前 PHP 版本所支持的图像类型

IMG_GIF 是预定义常量，其他常用的图像格式预定义常量如表 8.1 所示。

表 8.1　图像类型常量与对应的值

值	常　　量	值	常　　量
1	IMAGETYPE_GIF	1	IMG_GIF
2	IMAGETYPE_JPEG	2	IMG_JPG | IMG_JPEG
3	IMAGETYPE_PNG	4	IMG_PNG
4	IMAGETYPE_SWF	8	IMG_WBMP
5	IMAGETYPE_PSD	16	IMG_XPM
6	IMAGETYPE_BMP		
7	IMAGETYPE_TIFF_II (intel byte order)		
8	IMAGETYPE_TIFF_MM (motorola byte order)		

⚠️**注**　(1) 左边是被 image_type_to_mime_type() 和 image_type_to_extension() 函数所用的图像类型常量。右边是被 imagetypes() 函数作为返回值使用的常量。

(2) 由于这些常量是由扩展模块定义的，因此只有在该扩展模块被编译到 PHP 中，或者在运行时被动态加载后，这些常量才有效。

3. PHP 的 GD 函数库

GD 函数库包含了 110 多个函数，用于对图像的处理，根据功能可以分为以下几类：

(1) 有关图像文件属性的函数如表 8.2 所示。

表 8.2　图像文件属性的函数

函　　数	说　　明
array getimagesize (string $filename [, array &$imageinfo])	取得图像大小
array getimagesizefromstring (string $imagedata [, array &$imageinfo])	从字符串中获取图像尺寸信息
string image_type_to_extension (int $imagetype [, bool $include_dot = TRUE])	取得图像类型的文件后缀
string image_type_to_mime_type (int $imagetype)	取得 getimagesizeexif_read_data exif_thumbnailexif_imagetype 所返回的图像类型的 MIME 类型

(2) 相关图像输出格式的函数如表 8.3 所示。

表 8.3　图像输出格式的函数

函　　数	说　　明
int image2wbmp (resource $image [, string $filename [, int $threshold]])	以 WBMP 格式将图像输出到浏览器或文件
bool imagegif (resource $image [, string $filename)	以 GIF 格式将图像输出到浏览器或文件
bool imagepng (resource $image [, string $filename)	以 PNG 格式将图像输出到浏览器或文件
bool imagejpeg (resource $image [, string $filename [, int $quality]])	以 JPEG 格式将图像输出到浏览器或文件
bool imagewbmp (resource $image [, string $filename[, int $foreground]])	以 WBMP 格式将图像输出到浏览器或文件
bool imagewebp (resource $image , string $filename)	将 WebP 格式的图像输出到浏览器或文件
bool imagexbm (resource $image , string $filename [, int $foreground])	将 XBM 图像输出到浏览器或文件
bool jpeg2wbmp (string $jpegname , string $wbmpname , int $dest_height , int $dest_width , int $threshold)	将 JPEG 图像文件转换为 WBMP 图像文件
bool png2wbmp (string $pngname , string $wbmpname , int $dest_height , int $dest_width , int $threshold)	将 PNG 图像文件转换为 WBMP 图像文件
bool imagegd2 (resource $image [, string $filename [, Int $chunk_size [, int $type = IMG_GD2_RAW]]])	输出 GD2 图像
int imagegd(resource image [, string filename])	将 GD 图像输出到浏览器或文件

(3) 相关新建图像的函数如表 8.4 所示。

表 8.4　新建图像的函数

函　　数	说　　明
resource imagecreate (int $x_size , int $y_size)	新建一个基于调色板的图像
resource imagecreatefromgd2 (string $filename)	从 GD2 文件或 URL 新建图像
resource imagecreatefromgd (string $filename)	从 GD 文件或 URL 新建图像
resource imagecreatefromgd2part (string $filename , int $srcX , int $srcY , int $width , int $height)	从给定的 GD2 文件或 URL 中的部分新建图像
resource imagecreatefromgif (string $filename)	从 GIF 文件或 URL 新建图像
resource imagecreatefromjpeg (string $filename)	从 JPEG 文件或 URL 新建图像
resource imagecreatefrompng (string $filename)	从 PNG 文件或 URL 新建图像
resource imagecreatefromstring (string $image)	从字符串中的图像流新建图像
resource imagecreatefromwbmp (string $filename)	从 WBMP 文件或 URL 新建图像
resource imagecreatefromwebp (string $filename)	从 WebP 文件或 URL 新建图像
resource imagecreatefromxbm (string $filename)	从 XBM 文件或 URL 新建图像
resource imagecreatefromxpm (string $filename)	从 XPM 文件或 URL 新建图像
resource imagecreatetruecolor (int $width , int $height)	新建一个真彩色图像
int imagedestroy(resource image)	销毁图像

(4) 相关绘制图形的函数如表 8.5 所示。

表 8.5　绘制图形的函数

函　　数	说　　明
bool imagearc(resource $image , int $cx , int $cy , int $w , int $h , int $s , int $e , int $color)	画椭圆弧
bool imageline (resource $image , int $x1 , int $y1 , int $x2 , int $y2 , int $color)	画一条直线
bool imagerectangle (resource $image , int $x1 , int $y1 , int $x2 , int $y2 , int $col)	画一个矩形
bool imagedashedline(resource $image , int $x1 , int $y1 , int $x2 , int $y2 , int $color)	画一条虚线
bool imageellipse(resource $image , int $cx , int $cy , int $width , int $height , int $color)	画一个椭圆
bool imagesetbrush (resource $image , resource $brush)	画一个矩形
bool imagepolygon (resource $image , array $points , int $num_points , int $color)	画一个多边形
bool imagesetpixel (resource $image , int $x , int $y , int $color)	画一个单一像素
bool imagesetstyle (resource $image , array $style)	设定画线的风格
bool imagesetthickness (resource $image , int $thickness)	设定画线的宽度
bool imagesettile (resource $image , resource $tile)	设定用于填充的贴图
bool imagefill(resource $image , int $x , int $y , int $color)	区域填充
bool imagefilledarc (resource $image , int $cx , int $cy , int $width, int $height , int $start , int end , intcolor , int $style)	画一个填充椭圆弧
bool imagefilledellipse (resource $image , int $cx , int $cy , int $width , int $height , int $color)	画一个填充椭圆
bool imagefilledpolygon (resource $image , array $points , int $num_points , int $color)	画一个填充多边形
bool imagefilledrectangle (resource $image , int $x1 , int $y1 ,int $x2 , int $y2 , int $color)	画一个填充矩形

（续）

函　　数	说　　明
bool imagefilltoborder (resource $image , int $x , int $y , int $border , int $color)	区域填充到指定颜色的边界为止
bool imagefilltoborder (resource $image , int $x , int $y , int $border , int $color)	设定画线用的画笔图像
bool imagesetinterpolation (resource $image [, int $method = IMG_BILINEAR_FIXED])	设置插值方法

（5）相关图像处理的函数如表 8.6 所示。

表 8.6　图像处理的函数

函　　数	说　　明
bool imagealphablending (resource $image , bool $blendmode)	设定图像的混色模式
int imagecolorallocate (resource $image , int $red , int $green , int $blue)	为图像分配颜色
int imagecolorallocatealpha (resource $image , int $red , int $green , int $blue , int $alpha)	为图像分配颜色+ alpha
int imagecolorat (resource $image , int $x , int $y)	取得某像素的颜色索引值
int imagecolorclosest (resource $image , int $red , int $green , int $blue)	取得与指定的颜色最接近的颜色索引值
int imagecolorclosestalpha (resource $image , int $red , int $green , int $blue ,int $alpha)	取得与指定颜色+ alpha 最接近的颜色
int imagecolorclosesthwb (resource $image , int $red , int $green , int $blue)	取得与给定颜色最接近色度的黑白色的索引
bool imagecolordeallocate (resource $image , int $color)	取消先前分配的颜色
int imagecolorexact (resource $image , int $red , int $green , int $blue)	取得指定颜色的索引值
int imagecolorexactalpha (resource $image , int $red , int $green , int $blue , int $alpha)	取得指定的颜色+ alpha 的索引值
bool imagecolormatch (resource $image1 , resource $image2)	使图像中调色板版本的颜色与真彩色版本更能匹配
int imagecolorresolve (resource $image , int $red , int $green , int $blue)	取得指定颜色的索引值或有可能得到的最接近的替代值
int imagecolorresolvealpha (resource $image , int $red , int $green , int $blue , int $alpha)	取得指定颜色+ alpha 的索引值或有可能得到的最接近的替代值
void imagecolorset (resource $image , int $index , int $red , int $green , int $blue)	给指定调色板索引设定颜色
array imagecolorsforindex (resource $image , int $index)	取得某索引的颜色
int imagecolorstotal (resource $image)	取得图像的调色板中颜色的数目
int imagecolortransparent (resource $image [, int $color])	将某个颜色定义为透明色
bool imagecopy (resource $dst_im , resource $src_im , int $dst_x , int $dst_y , int $src_x , int src_y , intsrc_w , int $src_h)	复制图像的一部分
bool imagecopymerge (resource $dst_im , resource $src_im , int $dst_x , int $dst_y , int $src_x , int src_y , intsrc_w , int $src_h , int $pct)	复制并合并图像的一部分

(续)

函　　数	说　　明
bool imagecopymergegray (resource $dst_im , resource $src_im , int $dst_x , int $dst_y , int $src_x , int $src_y ,int $src_w , int $src_h , int $pct)	用灰度复制并合并图像的一部分
bool imagecopyresampled (resource $dst_image , resource $src_image , int $dst_x , int $dst_y , int src_x , intsrc_y , int $dst_w , int $dst_h , int $src_w , int $src_h)	重采样复制部分图像并调整大小
bool imagecopyresized (resource $dst_image , resource $src_image , int $dst_x , int $dst_y , int src_x , intsrc_y , int $dst_w , int $dst_h , int $src_w , int $src_h)	复制部分图像并调整大小
bool imagegammacorrect (resource $image , float $inputgamma , float $outputgamma)	对 GD 图像应用 gamma 修正
resource imagegrabscreen (void)	捕捉这个屏幕
resource imagegrabwindow (int $window_handle [, int $client_area = 0])	捕捉一个窗口
int imageinterlace (resource $image [, int $interlace])	激活或禁止隔行扫描
bool imageistruecolor (resource $image)	检查图像是否为真彩色图像
bool imagelayereffect (resource $image , int $effect)	给指定的分层效果设置 alpha 混合标志
void imagepalettecopy (resource $destination , resource $source)	将调色板从一幅图像复制到另一幅图像
bool imagepalettetotruecolor (resource $src)	将基于图像的调色板转换为真彩图像
resource imagerotate (resource $image , float $angle , int $bgd_color [, int $ignore_transparent = 0])	用给定角度旋转图像
bool imagesavealpha (resource $image , bool $saveflag)	为保存 PNG 图像时保存完整的 alpha 通道信息设置标记(与单一透明色相反)
resource imagescale (resource $image , int $new_width [, int $new_height = -1 [, int $mode = IMG_BILINEAR_FIXED]])	使用给定的宽度和高度缩放图像
resource imagecrop (resource $image , array $rect)	用给定的坐标(x,y)、宽度和高度剪切图像
resource imagecropauto (resource $image [, int $mode = -1 [, float $threshold = .5 [, int $color = -1]]])	用可用的模式之一自动剪切图像
bool imagefilter (resource $src_im , int $filtertype [, int $arg1 [, int $arg2 [, int $arg3]]])	对图像使用过滤器
bool imageflip (resource $image , int $mode)	使用一个给定的模式翻转图像
int imagesx (resource $image)	取得图像宽度
int imagesy (resource $image)	取得图像高度
bool imagetruecolortopalette(resource $image , bool $dither , int $ncolors)	将真彩色图像转换为调色板图像
mixed iptcembed (string $iptcdata , string $jpeg_file_name [, int $spool])	将二进制 IPTC 数据嵌入一幅 JPEG 图像中
array iptcparse (string $iptcblock)	将二进制 IPTC 块解析为单个标记

(6) 相关字符图像的函数如表 8.7 所示。

表 8.7 字符图像的函数

函 数	说 明
bool imagechar(resource $image , int $font , int $x , int $y , string $c , int $color)	水平地画一个字符
bool imagecharup(resource $image , int $font , int $x , int $y , string $c , int $color)	垂直地画一个字符
bool imagestring(resource $image , int $font , int $x , int $y , string $s , int $col)	水平地画一行字符串
bool imagestringup(resource $image , int $font , int $x , int $y , string $s , int $col)	垂直地画一行字符串
bool imageantialias (resource $image , bool $enabled)	是否使用抗锯齿（antialias）功能
int imagefontheight (int $font)	取得字体高度
int imagefontwidth (int $font)	取得字体宽度
array imageftbbox (float $size , float $angle , string $fontfile , string $text [, array $extrainfo])	取得使用 FreeType 2 字体的文本范围
array imagefttext (resource $image , float $size , float $angle , int $x , int $y , int $color , string $fontfile ,string $text [, array $extrainfo])	使用 FreeType 2 字体将文本写入图像
int imageloadfont (string $file)	载入一种新字体
array imagepsbbox (string $text , resource $font , int $size) array imagepsbbox (string $text , resource $font , int $size , int $space , int $tightness , float $angle)	取 得 使 用 PostScript Type1 字体的文本范围
bool imagepsencodefont (resource $font_index , string $encodingfile)	改变字体中的字符编码矢量
bool imagepsextendfont (resource $font_index , float $extend)	扩充或压缩字体
bool imagepsfreefont (resource $font_index)	释放 PostScript Type1 字体所占的内存
resource imagepsloadfont (string $filename)	从文件中加载 PostScript Type1 字体
bool imagepsslantfont (resource $font_index , float $slant)	倾斜某字体
array imagepstext (resource $image , string $text , resource $font_index , int $size , int $foreground , int$background , int $x , int $y [, int $space = 0 [, int $tightness = 0 [, float $angle = 0.0 [, int $antialias_steps = 4]]]])	用 PostScript Type1 字体把文本字符串画在图像上
array imagettfbbox (float $size , float $angle , string $fontfile , string $text)	取得使用 TrueType 字体的文本范围
array imagettftext (resource $image , float $size , float $angle , int $x , int $y , int $color , string $fontfile, string $text)	用 TrueType 字体向图像写入文本

 案例扩展

8.1.4 图片缩略图

使用图像缩略图的目的就像使用索引一样，可以让人快速地了解图像的大致内容，在

很多图片网站中,都会在上传图片后使用自动生成缩略图的功能来制作这样的索引。其最大的优势在于节约网络资源的占用,加快呈现网页的速度。

在 main.php 页面中使用的图片可以用原图保持比例的缩略图表示,也可能会根据页面的需要使用改变比例的缩略图。

图 8.2 是对图像文件的缩略图的效果比较。

图 8.2　图像文件的缩略图的效果比较

 PHP编码

代码文件:getPIC.php

(1) 在 Dreamweaver 中,新建 PHP 文档。

(2) 单击"代码"标签,切换到"代码"视图,输入如下代码。

```php
1   <?php
2   /* 函数功能:加载图像文件
3      参数:$fileName 文件名
4      返回值:$handle 是一个数字,$handle[0]记录一图像标识符,代表了从给定的文件名取得的图像,$handle[1]记录错误的返回信息
5   */
6   function loadImage($fileName){
7      $handle=array(NULL,"");
8      if(!file_exists($fileName)){//判断文件是否存在
9        $handle[1]="错误:文件".$fileName."不存在";
10       return $handle;
11     }
12     $info=getimagesize($fileName);
        //返回四元数组,0-图像宽度,1-图像高度,2-图像类型标记,3-文本字符串,内容为:
            height="yyy" width="xxx",可直接用于 IMG 标记
13     switch($info[2]){
14       case IMAGETYPE_GIF:  $handle[0]=@imagecreatefromgif($fileName);
       break;  //返回一图像标识符
15       case IMAGETYPE_JEPG: $handle[0]=@imagecreatefromjepg($fileName); break;
16       case IMAGETYPE_PNG:  $handle[0]=@imagecreatefrompng($fileName); break;
17       case IMAGETYPE_WBMP: $handle[0]=@imagecreatefromwbmp($fileName);break;
```

```
18        case IMAGETYPE_XBM:  $handle[0]=@imagecreatefromxbm($fileName);break;
19        default:  $handle[1]="错误：文件".$fileName."不是有效图片格式或该格式
20    不被当前GD库支持";
          return $handle;
21      }
22      if(!$handle[0]){
23        $handle[1]="错误:文件".$fileName."格式被正确识别但其内容可能已被破坏,无法加载";
24        return $handle;
25      }
26      return $handle;
27    }
28  /* 函数功能：生成图片文件或输出到页面
29     参数:$srcHandle-图像的标识,$destFileName-目标文件,$defaultType-缺省文件类型
30     返回值:逻辑true /false
31  */
32    function imageToFile($srcHandle,$destFileName=NULL,$defaultType=
    IMAGETYPE_JPEG){
33      $rst=true;
34      if($destFileName!=NULL){
35        $ary = pathinfo($destFileName);  //文件信息的四元数组，分别是dirname、
    basename、extension、filename
36        $tep=strtolower($ary['extension']);
37      }
38      else{
39        $tep="";
40      }
41      switch($tep){//strtolower 函数把字符串转换为小写, $ary['extension']文件扩展名
42        case "gif":   $rst=imagegif($srcHandle,$destFileName);break; //将
    $srcHandle创建以$destFileName为名的图像文件
43        case "jpg":   $rst=imagejpeg($srcHandle,$destFileName);break;
44        case "png":   $rst=imagepng($srcHandle,$destFileName);break;
45        case "wbmp":  $rst=imagewbmp($srcHandle,$destFileName);break;
46        default:
47          switch($defaultType){
48            case IMAGETYPE_GIF: if($destFileName==NULL) $rst=@imagegif
    ($srcHandle);//将$srcHandle直接送到浏览器端
49                    else $rst=@imagegif($srcHandle, $destFileName); break;
50            case IMAGETYPE_JPEG: if($destFileName==NULL) $rst=@imagejpeg
    ($srcHandle);
51                    else $rst=@imagejpeg($srcHandle, $destFileName); break;
52            case IMAGETYPE_PNG: if($destFileName==NULL) $rst=@imagepng
    ($srcHandle);
53                    else $rst=@imagepng($srcHandle,$destFileName); break;
54          case IMAGETYPE_WBMP: if($destFileName==NULL) $rst=@imagewbmp
    ($srcHandle);
55                    else $rst=@imagewbmp($srcHandle,$destFileName); break;
```

```
56              default: if($destFileName==NULL) $rst=@imagejpeg ($srcHandle);
57                    else $rst=@imagejpeg($srcHandle,$destFileName); break;
58          }
59      }
60      return $rst;
61  }
62  /* 函数功能：生成缩略图
63     参数：$srcPic-原图文件,$destPic-缩略图,$destWidth-缩略图的宽度,$destHeight-
            缩略图的高度,$keepRate-是否保持宽高比,$srcX-,$srcY-,$srcWidth-原图的宽
            度,$srcHeight-原图的高度
64     返回值：逻辑 true /false
65  */
66  function shrinkMap($srcPic,$destPic=NULL,$destWidth=0,$destHeight=0,
    $keepRate=true,$srcX=0,$srcY=0,$srcWidth=0,$srcHeight=0){
67      $error=""; $rst=true;
68      $srcHandle=loadImage($srcPic)[0];            //调用方法加载图像文件
69      if($srcHandle!=NULL){
70          $srcPicInfo=getimagesize($srcPic);       //获取图像文件的信息
71          if($srcWidth<=0) $srcWidth=$srcPicInfo[0];
72          if($srcHeight<=0) $srcHeight=$srcPicInfo[1];
73          $WHRate=$srcWidth/$srcHeight;             //设置宽高比
74          //判断缩略图大小，调整宽高
75          if($destWidth<=0 && $destHeight<=0){  //高宽都未设置
76              $destWidth=100;
77              $destHeight=$destWidth/$WHRate;
78          }
79          else if($destWidth>0 && $destHeight<=0) $destHeight=$destWidth/$WHRate;
                //只设置宽度
80          else if($destHeight>0&& $destWidth<=0) $destWidth=$destHeight*$WHRate;
                //只设置高度
81      else{                    //宽高都设置
82          if($keepRate){       //保持原有比例
83              if($destWidth/$destHeight>=$WHRate) $destWidth=$destHeight* $WHRate;
                //以高为准
84              else  $destHeight=$destWidth/$WHRate;    //以宽为准
85          }
86      }
87      $dstHandle=imagecreate($destWidth,$destHeight);  //创建了一幅大小为 x_size 和
                                                        y_size 的空白图像的标识符
88      if(!@imagecopyresized($dstHandle,$srcHandle,0,0,$srcX,$srcY, $destWidth,
    $destHeight,$srcWidth,$srcHeight)){//将图像$srcHandle 中的一块区域($srcX,$srcY),
                                    $srcWidth,$srcHeight, 复制到图像
                                    $dstHandle 中(0,0),$destWidth,$destHeight
89          $errorText="调整大小过程失败，可能参数有误".$destPic;
90          return $errorText;
91      }
```

```
92          //生成图片文件
93          if(!imageToFile($dstHandle,$destPic,$srcPicInfo[2])){  //将$dstHandle
                        生成以$destPic为文件名, 以$srcPicInfo[2]为文件类型的图像
94              $errorText="无法生成图片".$destPic;
95              return $errorText;
96          }
97          return true;
98        }
99        else{ $errorText=$error; return false; }
100     }
101   $srcPic="water.jpg";
102   switch($_REQUEST["type"]){
103       case "origin":  header("Location:$srcPic"); break;   //原始图像
104       case "shrink1": shrinkMap($srcPic, NULL, 80); break;    //缩略图,保持比例
105       case "shrink2": shrinkMap($srcPic, NULL, 50, 90, false); break;
              //缩略图, 改变比例
106     }
107   ?>
```

(3) 把文档以 getPIC.php 为文件名保存在站点的 extend/ch8 文件夹下。

 代码解读

这段代码实现 3 项功能: 加载图像、生成图片文件或输出到页面和生成缩略图。

第 6~27 行: 根据指定的文件名$fileName 加载图像文件。其中:

　第 7 行: 设置返回值为数组。如函数说明中的含义。

　第 8~11 行: 判断文件$fileName 是否存在。

　第 13~21 行: 根据文件类型新建图像。

第 32~62 行: 把文件$srcHandle 按文件类型$defaultType 输出到文件$destFileName 或浏览器。其中:

　第 33 行: $rst 记录函数返回值。

　第 34~40 行: 确定目标文件的类型信息。

　第 41~59 行: 根据获取的文件扩展名, 把图像文件$defaultType 输出到文件$destFileName。

　第 47~58 行: 根据参数$defaultType, 把图像文件$defaultType 输出到文件$destFileName 或浏览器。

第 66~100 行: 对源文件$srcPic 按缩放尺寸($destWidth 宽, $destHeight 高)或宽高比$keepRate 输出
　　　　　　　到目标文件$destPic 或浏览器。其中:

　第 69~98 行: 成功加载图像文件$srcPic 的处理。其中:

　　第 71~86 行: 设置源和目标图像的宽、高等参数。

　　第 87~91 行: 按照设置的参数调整图像的大小并复制部分图像到目标文件$destPic。

　　第 93~96 行: 按照原图像的格式重新生成输出图像文件。

　第 99 行: 当加载图像不成功时, 返回错误信息。

第 101~106 行: 根据对获取的请求数据设置输出的图像。

代码文件: picRAR.php

(1) 在 Dreamweaver 中, 新建 PHP 文档。

(2) 单击 "代码" 标签, 切换到 "代码" 视图, 添加如下代码。

```
…
5    <meta http-equiv="Content-Type" content="text/html; charset=utf-8" />
6    <title>缩略图效果对比</title>
…
9    <table width="460" border="1" style="border-collapse:collapse; border:1px
     #666666 inset; font-size:12px">
10     <tr>
11       <td width="87" rowspan="2">原始图像<br/><img src="getPIC.php?type=origin"
     alt="原始图像原始大小" align="left" /></td>
12         <td width="357"><img src="getPIC.php?type=shrink1" alt="缩略图, 保持比
     例" /><br/> <br/>缩略图, 保持比例</td>
13     </tr>
14     <tr><td><img src="getPIC.php?type=shrink2" alt="缩略图, 改变比例" /><br/>
     <br/>缩略图, 改变比例 </td></tr>
15     <tr><td colspan="2"> </td></tr>
16   </table>
…
```

(3) 把文档以 picRAR.php 为文件名保存在站点的 extend/ch8 文件夹下。

8.2   图像文件上传处理

 预备知识

8.2.1   网站图像存储策略

网站中的图像必须存储在服务器上。一般地，存放图像有两种方法，其一是将图像文件直接存储在数据库中，其二是使用文件系统存储图像。两种方法各有优缺点。

将图像文件存储在数据库中可以很容易地访问所有图像信息。例如，从数据库中删除图像只需要删除数据库中的记录，而不必删除图像文件。备份 Web 应用更为简单，因为只需要备份数据库，而不是单独地上传文件。

使用文件系统更容易实现平台兼容性。由于大多数数据服务器会使用不同的方法存储数据，因此对于应用于每一种类型的数据库服务器，可能都需要单独实现。对于已经在文件系统上的文件，完成文件操作会简单得多，如 8.1 节中的创建图像缩略图。

结合上述两种方法的特点，将所有图像保存在文件系统中，使用一个数据库表存储这些图像文件的有关信息。

本书案例的图书信息中的图书封面图像和评价等级图像的存储路径分别以字段 book_pic 和 book_level_pic 保存到数据表 bookinfo 中，图像文件分别存储在 webshop/images 目录下的子目录 bookpic 和 level 中。在查询图书信息时，通过提取文件名来获得与图像的链接。

在对图书信息的管理中需要上传图像文件到相应的目录中，同时把文件名写到数据表 bookinfo 对应的字段中，图像文件的文件名就是图书的 ISBN。

8.2.2　上传图书封面图像

案例设计

　　首先要提供一个表单，需要提供图书的 ISBN，并从本地机中选择图像文件，然后传递到指定的存放路径上。被传递的图像要加上网站的 Logo 作为水印，从而对图像进行保护。上传图书封面图像处理的逻辑结构如图 8.3 所示。

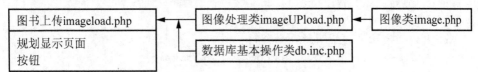

图 8.3　上传图书封面图像的逻辑结构

　　其中的图像处理类所包含的属性和方法如图 8.4 所示。

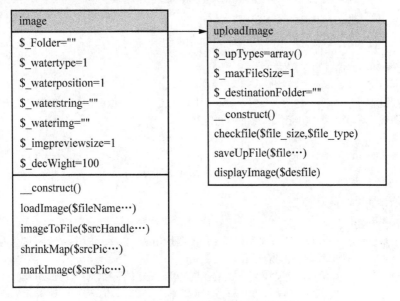

图 8.4　图像处理类所包含的属性和方法

PHP编码

　　1．图像处理类

代码文件：image.php、imageUPload.php

　　(1) 在 Dreamweaver 中，新建 PHP 文档。
　　(2) 单击"代码"标签，切换到"代码"视图，添加如下代码。

```
1  <?php
2  class image{
3    public $_Folder="";   //图像文件路径
```

```
4     public $_watertype=1;           //水印类型(1 为文字,2 为图片)
5     public $_waterposition=1;       //水印位置(1 为左下角,2 为右下角,3 为左上角,4 为
                                          右上角,5 为居中)
6     public $_waterstring="";        //水印字符串
7     public $_waterimg="";           //水印图片
8     public $_imgpreviewsize=1;      //缩略图比例
9     public $_decWight=100;          //缩略图高度
10    /**
11       * 函数功能：构造函数,初始化公共属性
12    */
13    public function __construct(){
14        $this->_Folder="../webshop/image/bookpic/";
15        $this->_watertype=2;
16        $this->_waterposition=1;
17        $this->_waterstring="wuyabook.com.cn";
18        $this->_waterimg="images/stamp.gif";
19        $this->_imgpreviewsize=1/2;
20        $this->_decWight=100;
21    }
22    /* 函数功能：加载图像文件
23       参数：$fileName 文件名
24       返回值：$handle 是一个数组,$handle[0]记录一图像标识符,代表了从给定的文件名取
25    得的图像,$handle[1]记录错误的返回信息
26    */
27    function loadImage($fileName){
          …               //见 getPIC.php 中相应的部分
47    }
48    /**
49       *函数功能：生成图片文件或输出到页面
50       *参数说明：$srcHandle:要保存成文件的图片句柄,$destFileName:要保存成的文件名,
                  NULL 则输出到页面；
51                $defaultType:当无法根据扩展名确定图片文件格式时,根据此值判断,默认为 jpeg；
52                可选值为 IMAGETYPE_GIF、IMAGETYPE_JPEG、IMAGETYPE_PNG、IMAGETYPE_WBMP 等
53       *函数结果：成功返回 TRUE,否则返回 FALSE
54    */
55    public function imageToFile($srcHandle,$destFileName=NULL,$defaultType=
      IMAGETYPE_JPEG) {
          …     //见 getPIC.php 中相应的部分
84    }
85    /**
86       * 函数功能：生成缩略图
87       * 参数说明：$srcPic:源图片文件名
88                $destPic:要生成的新缩略图文件名,扩展名决定其生成的文件类型,默认为
      jpeg,如果为 NULL,则直接输出到页面；
89                $destWidth:缩略图宽度；$destHeight:缩略图高度；
90                $keepRate:是否保持原有图片比例。如果为 TRUE,则根据$destWidth 或
```

$destHeight 及$srcWidth 与$srcHeight 的情况来判断实际生成的高与宽并保持原有比例不变。如果为 FALSE，则可能生成不同比例的缩略图；

91	$srcX:源图片选区的左边距离；$srcY:源图片选区的上边距离；
92	$srcWidth:选区的宽度，大于 0 的值，<=0 则表示采用源图片宽度；
93	$srcHeight:选区的高度，大于 0 的值，<=0 则表示采用源图片高度。
94	* 函数结果:$errorText:取布尔值，信息生成则返回 TRUE;否则返回 FALSE
95	*/
96	function shrinkMap($srcPic,$destPic=NULL,$destWidth=0,$destHeight=0,
	$keepRate=true,
	$srcX=0,$srcY=0,$srcWidth=0,$srcHeight=0){
	…　　//见 getPIC.php 中相应的部分
130	}
131	/**
132	* 函数功能: 为图片添加水印
133	* 参数说明: @$srcPic:源图片文件名 * @$alpha:印章透明度
134	* 函数输出:生成则返回 TRUE,否则返回 FALSE 并可通过&$errorText 检查错误原因
135	*/
136	public function markImage($srcPic,$alpha=30,&$errorText=""){
137	$rst=true;
138	if($srcHandle=loadImage($srcPic,$errorText)){
139	$srcPicInfo=getimagesize($srcPic);
140	if(file_exists($this->_waterimg)){　//用图片水印
141	if($markHandle=loadImage($this->_waterimg,$errorText)){
142	$markPicInfo=getimagesize($this->_waterimg);
143	imagecopymerge($srcHandle,$markHandle,$srcPicInfo[0]* 0.5, $srcPicInfo[1]*0.5,0,0, $markPicInfo[0],$markPicInfo[1],$alpha);
144	}
145	else{
146	$errorText="印章图片无法打开:".$errorText;
147	return false;
148	}
149	}
150	else{　//用文字水印
151	$textcolor=imagecolorallocate($srcHandle,255,0,0);　//印章文本参考色
152	$fontSize=5;　//印章文本字体大小 1-5
153	imagestring($srcHandle,$fontSize,$srcPicInfo[0]*0.5, $srcPicInfo[1]*0.5, $this->_waterimg,$textcolor);
154	}
155	if(!imageToFile($srcHandle,$srcPic)){　//生成图片文件
156	$errorText="无法生成图片".$srcPic;
157	return false;
158	}
159	return true;
160	}
161	else{
162	$errorText="原始图片无法打开:".$errorText;

```
163        return false;
164      }
165    }
166  }
167  ?>
```

(3) 把文档以 image.php 为文件名保存在站点的 webshop/admin/include 文件夹下。

(4) 在 Dreamweaver 中，新建 PHP 文档。

(5) 单击"代码"标签，切换到"代码"视图，添加如下代码。

```
1   <?php
2    require_once('image.php');
3    class uploadImage extends image{
4      public $_upTypes=array();        //上传文件类型列表
5      public $_maxFileSize=1;          //上传文件大小限制,单位为 Byte
6      public $_destinationFolder="";   //上传文件路径
7   /**
8      *功能：构造函数，初始化公共属性
9    */
10     public function __construct(){
11       parent::__construct();         //加载父类构造函数
12       $this->_upTypes=array('image/jpg','image/jpeg','image/png', 'image/gif',
    'image/pjpeg','image/x-png');
13       $this->_maxFileSize=5000000;
14       $this->_destinationFolder="../images/bookpic/";
15     }
16   /**
17      *功能：检查上传文件的合法性
18      *参数说明：$file_size 文件的大小,$file_type 文件的类型
19      *函数输出：合法则返回 TRUE,否则返回相应的反馈信息
20    */
21     public function checkfile($file_size,$file_type){
22       $msg=true;
23       if($this->_maxFileSize<$file_size){   //检查文件大小
24         $msg="文件太大！";
25         return $msg;
26         exit;
27       }
28       if(!in_array($file_type,$this->_upTypes)){   //检查文件类型
29         $msg="只能上传图像文件！";
30         return $msg;
31         exit;
32       }
33       return $msg;
34     }
35   /**
36      *功能:存储上传文件
```

```
37      *参数说明：$file 源文件,$filename 临时文件名,$desfile 目标文件名,$overwrite
     是否覆盖源文件
38      *函数输出:成功则返回 TRUE,否则返回相应的反馈信息
39   */
40      public function saveUpFile($file,$filename,$desfile,$overwrite=true){
41         $msg=true;
42         if(!file_exists($this->_destinationFolder))
43            mkdir($this->_destination Folder);
44         $image_size=getimagesize($filename);
45         $pinfo=pathinfo($file);  $ftype=$pinfo['extension'];
46         $destination=$this->_destinationFolder.$desfile.".".$ftype;
47         if(file_exists($destination) && $overwrite!=true){
48            $msg="同名文件已经存在了！";
49            return $msg;
50             exit;
51         }
52         if(!move_uploaded_file ($filename,$destination)){
53            $msg="移动文件出错！";
54            return $msg;
55            exit;
56         }
57         //特加水印效果
58         $iinfo=getimagesize($destination);
59         $nimage=imagecreatetruecolor($image_size[0],$image_size[1]);
60         $white=imagecolorallocate($nimage,255,255,255);
61         $black=imagecolorallocate($nimage,0,0,0);
62         $red=imagecolorallocate($nimage,255,0,0);
63         imagefill($nimage,0,0,$white);
64         switch ($iinfo[2]){
65            case 1: $simage=imagecreatefromgif($destination); break;
66            case 2: $simage=imagecreatefromjpeg($destination); break;
67            case 3: $simage=imagecreatefrompng($destination); break;
68            case 6: $simage=imagecreatefromwbmp($destination); break;
69            default: $msg="不能上传此类型文件！"; return $msg; exit;
70         }
71         imagecopy($nimage,$simage,0,0,0,0,$image_size[0],$image_size[1]);
72         switch($this->_watertype){
73            case 1: imagestring($nimage,5,0,$image_size[1]-15,$this->_waterstring,
     $red);
74                 break;    //加水印字符串
75            case 2: $simage1=imagecreatefromgif($this->_waterimg);
76                 $sinfo=getimagesize($this->_waterimg);
77                 imagecopymerge($nimage,$simage1,($image_size[0]-$sinfo[0])/2,
     ($image_size[1]-$sinfo[1])/2,0,0,$sinfo[0],$sinfo[1],50);
78                 imagedestroy($simage1);
79                 break;    //加水印图片
```

```
80          }
81      switch ($iinfo[2]){
82          case 1: imagegif($nimage, $destination); break;
83          case 2: imagejpeg($nimage, $destination); break;
84          case 3: imagepng($nimage, $destination); break;
85          case 6: imagewbmp($nimage, $destination); break;
86      }
87      //覆盖原上传文件
88      imagedestroy($nimage); imagedestroy($simage);
89      $pinfo=pathinfo($destination); $fname=$pinfo['basename'];
90      $msg=$this->_destinationFolder.$fname;
91      return $msg;
92    }
93  /**
94    *函数功能:显示上传图像信息
95    *参数说明:$srcPic:源图片文件名 *$alpha:印章透明度
96    *函数输出:生成则返回 TRUE,否则返回 FALSE 并可通过&$errorText 检查错误原因
97  */
98    public function displayImage($desfile){
99      $msg="";
100     if(file_exists($desfile)){
101        $image_size=getimagesize($desfile);
102        $whrate=$image_size[0]/$image_size[1];
103        $msg="宽度:".$image_size[0]." 长度:".$image_size[1]."<br />图片预
览:<br />";
104        date_default_timezone_set('UTC');
105        $dnow=getdate();
106        $nowtime=$dnow['year']."-".$dnow['mon']."-".$dnow['mday']."  ".$dnow
['hours'].":".$dnow['minutes'].":".$dnow['seconds'];
107        $msg.="<a href='".$desfile."' target='_blank'><img
src='".$desfile."' height='100' width='".(100*$whrate);
108        $msg.="' alt='图片预览:\r 文件名: ".$desfile."\r 上传时间:".$nowtime."'>
</a>";
109        $msg.="<br />上传时间:".$nowtime;
110        return $msg;
111     }
112     return $msg;
113   }
114  }
115  ?>
```

(6) 把文档以 imageUPload.php 为文件名保存在站点的 webshop/admin/include 文件夹下。

2. 上传文件表单及其处理

代码文件: imageload.php

(1) 在 Dreamweaver 中，新建 PHP 文档。

(2) 单击"代码"标签，切换到"代码"视图，添加如下代码。

```
1   <?php
2     require_once('include/imageUPload.php');
3     $imagefile=new uploadImage();                        //创建上传图像对象
4     $msg2="";
5     $ps="";$desfile="";$upfile="";
6     if(isset($_POST['upload'])) $ps=$_POST['upload'];
7     if(isset($_POST['isbn'])) $desfile=$_POST["isbn"];   //获取提交表单数据
8     if(isset($_FILES['upfile'])) $upfile=$_FILES["upfile"]; //获取提交表单数据
9     if($ps=='上传图像文件'){
10        if (!is_uploaded_file($_FILES['upfile']['tmp_name'])){  //判断文件是否是通
                                                          过 POST 上传的
11            $msg="<font color='red'>文件不存在! </font>";
12            exit;
13        }
14        $file=$upfile;                                   //获取源文件
15        $file_size=$file["size"];$file_type=$file["type"]; //获取源文件的大小和类型
16        $filename=$file["tmp_name"];                     //获取源文件的临时文件
17        $imagefile=new uploadImage();
18        $msg=$imagefile->checkfile($file_size,$file_type);  //检查文件是否适合上传
19        if($msg==true && $desfile!=""){
20            $msg1=$imagefile->saveUpFile($file["name"],$filename,$desfile);
21            $msg2="已经成功上传<br>文件名: ".$msg1."<br/>";
22        }
23        if($msg1!="") $msg2.=$imagefile->displayImage($msg1);//上传到指定路径
24    }
25        //处理写入数据表 bookinfo(略)
26  ?>
27  <!DOCTYPE html PUBLIC "-//W3C//DTD XHTML 1.0 Transitional//EN"
28  "http://www.w3.org/TR/xhtml1/DTD/xhtml1-transitional.dtd">
29  <html xmlns="http://www.w3.org/1999/xhtml">
30    <head>
31      <meta http-equiv="Content-Type" content="text/html; charset=utf-8" />
32      <title>上传图书封面图像</title>
33      <link href="./css/bscss.css" rel="stylesheet" type="text/css" />
34    </head>
35    <body>
36      <div id="appb">
37        <div id="bt">上传图书封面图像<hr/></div>
38        <form action="" method="post" enctype="multipart/form-data">
39        <table width="600" border="0" class="tdl">
40          <tr><td>图书 ISBN</td><td><input type="text" name="isbn" size="45"
    value="" /></td>
41          <td><input type="hidden" name="isbn1" value="" /></td></tr>
42          <tr><td>选择图像文件</td><td><input type="file" name="upfile" id=
    "upfile" size= "45"/></td>
```

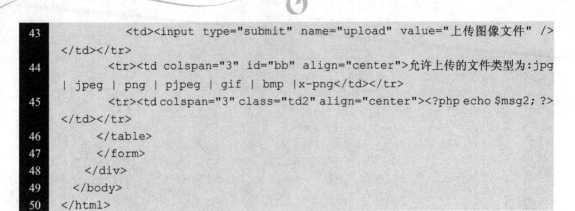

```
43              <td><input type="submit" name="upload" value="上传图像文件" />
    </td></tr>
44          <tr><td colspan="3" id="bb" align="center">允许上传的文件类型为:jpg
    | jpeg | png | pjpeg | gif | bmp |x-png</td></tr>
45          <tr><td colspan="3" class="td2" align="center"><?php echo $msg2; ?>
    </td></tr>
46        </table>
47        </form>
48      </div>
49    </body>
50  </html>
```

(3) 把文档以 imageload.php 为文件名保存在站点的 webshop/admin 文件夹下。

3. 调试图书封面图像上传

(1) 确认存放 imageUPload.php、imageUPload.php 和 imageload.php 的文件夹已存放在服务器访问目录(如 c:\Appserv\www\wuya 或 c:\htdocs\wuya)下。

(2) 启动浏览器,输入:http://localhost/wuya/webshop/admin/imageload.php,单击"转到"按钮,可见如图 8.5 所示的效果。

图 8.5 上传图书封面图像页面

(3) 在图 8.5 所示的页面中填写"图书 ISBN",单击"浏览"按钮出现如图 8.6 所示的对话框,选择需要的文件。

图 8.6 "选择文件"对话框

(4) 在图 8.5 所示的对话框中单击"上传图像文件"按钮,出现如图 8.7 所示的界面。

图 8.7　图像上传后的界面

(5) 在 webshop/image/bookpic 文件夹中可以看到新添加的图像文件。

8.2.3　PHP 文件上传处理

PHP 在本机同时支持 FTP 和 HTTP 上传，可以根据应用程序的设计需要进行选择。

1. HTTP 上传

HTTP 上传包括 POST 方法上传和 PUT 方法上传。PUT 方法上传提供对 Netscape Composer 和 W3C Amaya 等客户端使用的 HTTP PUT 方法的支持。对于 POST 方法上传，8.2.2 节案例给出代码和效果。这里，解读 imageload.php 中的关键代码。

1) 表单部分

第 38 行：设置属性，即 enctype = 'multipart/form-data'，method 必须是 POST。

第 41 行：隐藏域 isbn1，用于传递 ISBN 的值。

2) 处理上传文件

第 10 行：使用函数 is_uploaded_file ()判断文件是否通过 HTTP POST 上传的。

```
bool is_uploaded_file ( string $filename )
```

如果 filename 所给出的文件是通过 HTTP POST 上传的，则返回 TRUE，可以用来确保恶意的用户无法欺骗脚本去访问不能访问的文件。

第 8，14 行：上传时，PHP 收到关于该文件的信息，这些信息记录在超全局数组$_FILES 中。

第 18 行：通过类方法 checkfile 检查文件大小是否超出了预设的大小限制，文件类型是否为预设定类型。

第 20 行：通过类方法 saveUpFile 把文件存储到指定的目录下。

第 23 行：通过类方法 displayImage 显示上传的图像信息。

而在 imageUPLoad.php 中的方法 saveUpFile 的第 52 行中使用了函数 move_uploaded_file()实现移动上传的临时文件到指定的目录：

```
bool move_uploaded_file(string filename, string destination)
```

函数的功能：检查并确保由 filename 指定的文件是合法的上传文件(即通过 PHP 的 HTTP POST 上传机制所上传的)。如果文件合法，则将其移动为由 destination 指定的文件。

如果 filename 不是合法的上传文件，就不会出现任何操作，move_uploaded_file()将返回 FALSE。

如果 filename 是合法的上传文件,但出于某些原因无法移动,也不会出现任何操作,move_uploaded_file()将返回 FALSE。此外还会发出一条警告。

 小贴士

超全局数组$_FILES

超全局数组$_FILES 是一个形如$_FILES[key1][key2]的二维数组，其中 key1 指出文件名称，如本案例的'upfile'，key2 的取值如下。

'name': 客户端机器文件的原名称。

'type': 文件的 MIME 类型，需要浏览器提供该信息的支持，如"image/jpg"。

'size': 已上传文件的大小，单位为字节。

'tmp_name': 文件被上传后在服务端储存的临时文件名，不包含文件扩展名。

'error': 和该文件上传相关的错误代码。$_FILES['upfile']['error']的取值如下。

UPLOAD_ERR_OK 或 0: 没有错误发生，文件上传成功。

UPLOAD_ERR_INI_SIZE 或 1: 上传的文件超过了 php.ini 中 upload_max_filesize 选项限制的值。

UPLOAD_ERR_FORM_SIZE 或 2: 上传文件的大小超过了 HTML 表单中 MAX_FILE_SIZE 选项指定的值。

UPLOAD_ERR_PARTIAL 或 3: 文件只有部分被上传。

UPLOAD_ERR_NO_FILE 或 4: 没有文件被上传。

3) php.ini 中与文件上传相关参数

file_uploads   是否允许上传文件，默认为 ON。

upload_tmp_dir   上传文件放置的临时目录，未指定则使用系统默认位置。

upload_max_filesize   允许上传文件的大小的最大值，默认为 2M。

post_max_size   控制采用 POST 方法进行一次表单提交中 PHP 所能接受的最大数据量，如果希望用 PHP 文件上传，则此值要改为比 upload_max_filesize 大。

max_input_time   以秒为单位对通过 POST/GET/PUT 方式接受数据时间进行限制。

memory_limit   为了避免正在运行的脚本大量使用系统内存，PHP 允许定义内存使用限额。通过设置此参数来制定单个脚本程序可以使用的最大内存容量，应当大于 post_max_size 值。

max_execution_time   用来设置在强制终止脚本前 PHP 等待脚本执行完毕的时间，单位为秒。此选项可限制死循环脚本，但当存在一个长时间的合法活动时(如上传大文件)，这项功能也会导致操作失败。这种情况下必须考虑将此变量增加。

4) 上传多个文件

利用$_FILES 数组可以轻松实现多文件上传。$_FILES 数组可以获取客户端表单里面所有的 file 域内容，从而获得所有在同一表单上传的文件。

示例 8-3   上传多个文件

```
<form action="file-upload.php" method="POST" enctype="multipart/form-data">
  Send these files:<br>
  <input name="userfile[]" type="file"><br>
  <input name="userfile[]" type="file"><br>
  <input type="submit" value="Send files">
</form>
```

当以上表单被提交后，数组$_FILES['userfile']、$_FILES['userfile']['name']和$_FILES ['userfile']['size']被初始化；如果 register_globals 的设置为 on，则和文件上传相关的全局变量也将被初始化。所有提交的信息都将被存储到以数字为索引的数组中。

例如，假设名为 image.jpg 和 image.gif 的文件被提交，则$_FILES['userfile']['name'][0]=image1.jpg，而 $_FILES['userfile']['name'][1]=image.gif。类似地，$_FILES['userfile']['size'][0]是文件 image1.jpg 的大小，依此类推。

 小贴士

HTTP 上传文件的局限

一般来讲。通过 Internet 上传文件，并不是一种很好的办法，主要原因如下。

(1) 不可靠。如果未完成文件上传，则无法恢复上传，这说明大文件可能根本无法上传。另外，如果一段时间内没有其他动作，有些浏览器可能会认为出现了一个错误，这通常会导致为用户显示一个错误消息。

(2) 有限制。上传一个文件时，如果不想中断上传，用户就无法从这个上传页面导航到其他页面。

(3) 笨拙。出于安全性考虑，文件上传表单的功能往往有些受限。例如，运用到文件输出的样式通常很少。另外，文件输入只允许单选，这说明用户无法一次选择多个文件(如果表单允许有多个文件输入，则必须同时选择这些文件)。

(4) 不能提供充分的信息。HTTP 中没有内置的方法来通知用户上传的状态。这说明，无法很容易地知道上传完成了多少，以及还需要多长时间才能完成。

2. FTP 上传

PHP 也可以实现 FTP 上传。在上述表单上传的基础上，用 PHP 程序再将其传输到 FTP 服务器上。这需要使用 PHP 的 FTP 函数。步骤如下：

(1) 确信拥有连接 / 上传到服务器的权限。因为 PHP 的 FTP 函数需要与 FTP 服务器连接，所以需要确信拥有 FTP 的信任书。可以通过使用命令行的 FTP 客户端登录到目标服务器上，以检查连接状况并尝试上传一个文件。

```
$ftp
ftp> open some.host.com
Connected to some.host.com.
220 Welcome to leon FTP Server!
User: upload
331 User upload okay, need password.
Password: ******
230 Restricted user logged in.
ftp>bin
200 Type okay.
ftp>hash
Hash mark printing On?ftp: (2048 bytes/hash mark) .
ftp>put file.bin
200 PORT command successful.
150 Opening BINARY mode data connection.
##
226 Transfer completed.
ftp: 4289 bytes sent in 0.00Seconds 4289000.00Kbytes/sec.
```

```
ftp> bye
221 Goodbye.
```

(2) 创建上传表单。创建 HTML 表单，向用户询问重要的参数：FTP 服务器的访问信息、服务器上传的目录，以及完整的目录和上传文件的名字。例如，文件名为 ftpupfilt.html。

示例 8-4　FTP 上传文件之表单 ftpupfilt.html

```html
<html>
  <body>
    <h2>请提供下列信息: </h2>
    <form enctype="multipart/form-data" method="post" action="upload.php">
    <input type="hidden" name="MAX_FILE_SIZE" value="5000000" />
    主机 Host <br /><input type="text" name="host" /><p />
    用户名<br /><input type="text" name="user" /><p />
    密码<br /><input type="password" name="pass" /><p />
    目标目录 <br /><input type="text" name="dir" /><p />
    上传文件<br /> <input type="file" name="file" /><p />
    <input type="submit" name="submit" value="上传文件" />
    </form>
  </body>
</html>
```

(3) 创建 PHP 上传处理程序。使用 PHP 的 FTP 函数按照用户提供的访问信任书把它传输到目标服务器上。

示例 8-4　FTP 上传文件之表单处理程序 upload.php

```php
<?php
  //表单处理程序 upload.php
  $host=$_POST['host']; $user=$_POST['user'];
  $pass=$_POST['pass']; $destDir=$_POST['dir'];              //获取 FTP 访问参数

  $workDir="/usr/local/temp";                                //定义本地系统
  $tmpName=basename($_FILES['file']['tmp_name']);            //获取上传文件的临时文件名
  move_uploaded_file($_FILES['file']['tmp_name'], $workDir."/".$tmpName) or
die("不能把上传文件移动到工作目录! ");                       //复制上传文件到当前目录
  $conn=ftp_connect($host) or die ("Cannot initiate connection to host");
      //打开 FTP 连接
  ftp_login($conn, $user, $pass) or die("不能登录! ");       //发送访问参数
  $upload=ftp_put($conn,$destDir."/".$_FILES['file']['name'],$workDir.
"/".$tmpName,FTP_BINARY);                                    //实现文件上传
  if(!$upload) echo "不能上传! "; else echo "上传完成! ";     //检查上传状态，显示信息
  ftp_close($conn);                                          //关闭 FTP
  unlink($workDir."/".$tmpName) or die("Cannot delete uploaded file from
working directory -- manual deletion recommended");         //删除上传文件的本地副本
 ?>
```

函数 ftp_connect()和 ftp_login()用来初始化指定的 FTP 主机的连接，并使用提供的信任书登录。

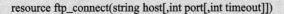

> resource ftp_connect(string host[,int port[,int timeout]])

函数的功能：如果成功，则返回一个连接标识；如果失败，则返回 FALSE。

参数 host 为要连接的服务器。host 后面不应以斜线结尾，前面也不需要用 ftp://开头。

可选参数 port 为要连接到的 FTP 器的端口号，如果设置为 0，则会按照默认端口 21 连接。

可选参数 timeout 用来设置网络传输的超时时间限制。如果 FTP 服务器软件为 omitted，则默认的值为 90s。超时时间可以在任何时候通过函数 ftp_set_option()和 ftp_get_option()来改变或修改。

> bool ftp_login(resource ftp_stream,string username,string password)

函数的功能：使用用户名和密码登录给定的 FTP 连接。

如果登录成功，就使用 ftp_put()函数把文件从工作目录上传到用户指定的远程目录里，并把它的名字改回原来的名字。

> bool ftp_put(resource ftp_stream,string remote_file,string local_file, int mode [,int startpos])

函数的功能：用来上传由 local_file 参数指定的文件到 FTP 服务器，上传后的位置由 remote_file 指定。传输模式参数 mode 只能为 FTP_ASCII(文本模式)或 FTP_BINARY(二进制模式)。

上传完成后，使用 ftp_close()函数断开与 FTP 的连接。

> void ftp_close(resource ftp_stream)

函数的功能：关闭一个由参数 ftp_stream 指定的连接并释放所占用的资源。使用此函数后将不能再使用当前的 FTP 连接，如果要进行相关操作，必须再次使用 ftp_connect()函数来建立一个新的连接。

8.3　电子邮件处理

预备知识

8.3.1　PHP 电子邮件处理概述

PHP 脚本要想发送电子邮件，首先要让 PHP 与邮件服务程序建立联系，知道邮件服务程序的 IP 或互联网地址。一般来说，本地的"互联网服务供应商(ISP)"会提供这些信息。接下来，需要更新 php.ini 文件里 SMTP 属性的设置，让它指向这个服务器。这个属性的默认值是 localhost(所有基于 UNIX 操作系统的计算机都已经在 IP 地址 127.0.0.1 安装了邮件服务程序。但 Windows 没有默认的本地邮件服务程序)。

PHP 实现邮件的发送有两种方式：使用 PHP 内置的 mail()函数和使用封装 SMTP 协议的邮件类。

过去，任何邮件服务程序都会接受由任何人发送给任何人的任何消息，但由于垃圾邮件滥用了这种规则，现在几乎全部邮件服务程序都进行了保护，如进行身份验证，要求使用用户名和密码访问邮件服务程序。PHP 扩展和应用库(PEAR)的邮件程序定义了发送邮件的一个接口和很多函数。当然，也可以建立自己的邮件服务程序来处理邮件发送请求。

本章案例中介绍了 PHP 实现邮件的发送有两种方式，可以对本书案例实现使用电子邮件向用户发送信息。一旦订单被处理，及时通知客户接收图书。也可以批量发送邮件，向会员推荐最新图书、热门图书、降价图书等消息。

8.3.2 向客户发送邮件

 准备工作

1. 配置 SMTP 服务器

(1) 下载一个免费的 SMTP 服务器,并运行它。

(2) 修改其中的参数,如把本机当前地址修改为 127.0.0.1。

(3) 单击"开始"|"运行"命令,输入 cmd,打开"命令提示符"窗口,发送一份邮件,测试 SMTP 服务器的状态(黑色为输入文字,灰色为系统显示文字)。

```
C:>telnet
Microsoft Telnet>open localhost 25
220 SMTP Server Ready          //打开一个新窗口
Helo alfang
250 SMTP XXX,please meet you
mail from: <alianf@localhost.com>
250 OK Send to "alianf@localhost.com " is allowed
rcpt to: alianf@citiz.net
250 OK Sender "alianf@localhost.com " is allowed
DATA
354 Start mail input;end with "<CRLF>.<CRLF>"
alfang:你好! 这只是一个测试                //"."表示结束
250 OK
Quit
221 thinks for using,have a nice day
```

 **小贴士**

常用的 SMTP 命令如表 8.8 所示。

表 8.8　常用的 SMTP 命令

命　令	参　数	描　述
HELLO	domain	介绍自己
MAIL FROM	reverse-path	指明发件人
RCPT TO	forward-path	指明收件人
DATA		确认邮件内容(前 3 行应为 To、From 和邮件主题)
RSET		重置
NOOP		要求接收 SMTP 仅做 OK 应答(用于测试)
QUIT		退出进程

2. 修改 php.ini 中与电子邮件相关的属性

打开 php.ini,修改其中的代码(黑色为修改后的文字,灰色为原有文字)。

```
[mail function]
; For Win32 only.
SMTP = localhost  (or IP of LAN or smtp of ISP e.g. 163.com)
smtp_port = 25
; For Win32 only.
sendmail_from ="admin@localhost.com"
; For Unix only. You may supply arguments as well (default: "sendmail -t -i").
;sendmail_path =
; Force the addition of the specified parameters to be passed as extra parameters
; to the sendmail binary. These parameters will always replace the value of
; the 5th parameter to mail(), even in safe mode.
;mail.force_extra_parameters =
```

 说 明

① 基于 UNIX 的系统中，SMTP 默认为 localhost; 对于 Win32，必须设置 STMP，可以是自己配置的 SMTP: localhost，或局域网上 SMTP 的 IP，或 ISP 的服务器，如 163.com。

② smtp_port 设置 STMP 的端口。

③ sendmail_from 设置将在邮件客户端显示的发送邮件的邮箱地址。

④ sendmail_path 设置发送邮件的路径。UNIX 系统必须设置，采用/usr/sbin/sendmail 格式。

⑤ mail.force_extra_parameters 设置附加参数。

3. 网上搜索 SMTP 类

(1) 在百度等搜索网站中搜索有关 PHP 使用 socket 实现邮件发送的 SMTP 类。分析其中的代码，以文件名 smpt.inc.php 保存在/webshop/include 目录下。SMTP 类图如图 8.8 所示。

smpt 类			
public $smtp_port;	//端口号	public $debug;	//调试状态
public $time_out;	//超时时间	public $auth;	//是否要验证身份
public $host_name;	//主机名称	public $user;	//用户名
public $log_file;	//日志文件	public $pass;	//密码
public $relay_host;	//SMTP 主机	private $sock;	//Socket
__construct()	//构造函数	smtp_ok()	//分析 SMTP 响应内容
sendmail()	//发送邮件	smtp_putcmd()	//发送指定命令
smtp_send()	//发送一封邮件	smtp_error()	//在日志中记录错误信息
smtp_sockopen()	//连接 Socket	log_write()	//在日志中记录信息
smtp_sockopen_relay()	//根据现 SMTP 连接 Socket	strip_comment()	//去掉接收方地址中的多余内容
smtp_sockopen_mx()	//根据地址查找 mx 记录,并连接 Socket	get_address()	//处理邮件地址
smtp_message()	//发送邮件头及正文内容	smtp_debug()	//调试时输出相关信息
smtp_eom()	//发送内容结束标志		

图 8.8　SMTP 类图

(2) 在 smpt 类之后，编写发送邮件函数 sendmail()，保存文件。

```
     …//smtp 类
290      function sendmail($mailto,$mailsubject,$mailbody,$mailtype= "text/html",
     $attachmentlist=""){
291          $smtpserver="smtp.163.com";                  //SMTP 服务器
292          $smtpserverport=25;                          //SMTP 服务器端口
293          $smtpusermail="wuyaadmin@163.com";           //SMTP 服务器的用户邮箱
294          $smtpemailto=" wuyaadmin @163.com";          //发送给谁
295          $smtpuser=" wuyaadmin @163.com";             //SMTP 服务器的用户账号
296          $smtppass="111111111";                       //SMTP 服务器的用户密码
297          $smtp=new smtp($smtpserver,$smtpserverport,true,$smtpuser, $smtppass);
             //这里面的 true 是表示使用身份验证,否则不使用身份验证
298          $smtp->debug=TRUE;                           //是否显示发送的调试信息
299          $smtp->sendmail($mailto, $smtpusermail, $mailsubject, $mailbody,
     $mailtype,$attachmentlist);
300      }
```

 **PHP编码**

1. 发送订单处理消息

代码文件: order_p.php

(1) 在 Dreamweaver 中, 打开文件/webshop/order_p.php。
(2) 单击 "代码" 标签, 切换到 "代码" 视图, 插入如下代码。

```
     …//设置订单生成反馈信息之后
55       require_once('include\smpt.inc.php');
56       $sendTo=$email1;          //这个标准的电子邮件地址用于指明邮件要发送到哪里
57       $MsgSubject="订单";        //这是电子邮件消息的主题
58       $sendHeader="From: adminster@wuya.com \r\n";     //电子邮件头标
59       $MsgBody=$msg;             //这是消息的主体, 没有大小限制
60       if(@!mail($sendto, $MsgSubject, $MsgBody, $sendHeader)
             //若使用 mail 函数发送不成功
61           sendmail($sendto, $MsgSubject, $MsgBody, "text");     //使用SMTP类发送
     …
```

⚠ 注   电子邮件头标: 电子邮件消息像 Web 页面一样具有头标, 遵循电子邮件标准(RFC 822), 可以
       修改发信人的姓名和电子邮件地址。大多数电子邮件服务程序要求有符号\r(回车)。

(3) 保存文件。

2. 发送推荐图书消息

代码文件: com_mail.php

(1) 在 Dreamweaver 中, 新建 PHP 文档。

(2) 单击"代码"标签，切换到"代码"视图，输入如下代码。

```php
1   <?php
    …//针对每个订单中用户
30     require_once('.\include\smpt.inc.php');
31     $sendTo=$email;              //这个标准的电子邮件地址用于指明邮件要发送到哪里
32     $MsgSubject="推荐图书";  //这是电子邮件消息的主题
33     $sendHeader ="From: admin<adminster@wuya.com>\r\n";
            //电子邮件头标，指明消息的来源
       $sendHeader . ="MIME-Version: 1.0\n";    //电子邮件头标，指明消息使用 MIME 类型
34     $sendHeader . ="Content-type: text/html;charset=utf8\n";  //电子邮件头标
35     $MsgBody="
<html>
36   <head><title>HTML message </title></head>
37   <body>
38      …                  //显示每本推荐图书的列表
<body>
68   <html>";        //这是消息的主体，包含了文本和 HTML 标记
69     if(@!mail($sendto, $MsgSubject, $MsgBody, $sendHeader)
        //若使用 mail 函数发送不成功
70       sendmail($sendto, $MsgSubject, $MsgBody, "html");  //使用 SMTP 类发送?>
```

⚠️ **注** 电子邮件头标：除了指明消息的来源外，还指明了消息使用 MIME 类型及指定邮件的 Content-type 是 HTML，编码是 utf8。

 **小贴士**

MIME(多用途互联网邮件扩展)

在互联网发展的早期，电子邮件消息只包含普通文本，而这个扩展也许电子邮件包含嵌入消息文本的 HTML 标记、图像、链接、图形、徽标及附件。当今发送的大多数电子邮件都使用 MIME。

包含不同类型内容的电子邮件被称为"组合"MIME 消息。在发送这种类型的电子邮件时，文件类型和编码类型是经过 MIME 头标发送的。文件类型如表 8.9 所示。

表 8.9 文件类型

类 型	扩展名	说 明	类 型	扩展名	说 明
text/plain	.txt	普通文本类型	application/x-shockwave-flash	.swf .fla	Flash 文件
text/javascript	.js	JavaScript 文件	application/pdf	.pdf	PDF 文件
text/html	.htm .html	HTML 文件	application/octet-stream	.exe	应用类型
text/css	.css	CSS 样式表文件	video/avi	.avi	AVI 文件
image/gif	.gif	GIF 图像文件	audio/wav	.wav	波形文件
image/jpeg	.jpg	JPEG 图像文件	mulitpart/mixed		混合型
application/zip	.zip	压缩文件			

(3) 把文档以 com_mail.php 为文件名保存在/admin 文件夹下。

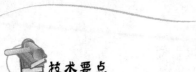 技术要点

8.3.3 PHP 发送电子邮件的方式

PHP 可以通过 mail 函数发送电子邮件，也可以使用 SMTP 类。

1. mail()函数

```
bool mail(string to,string subject,string message[,string additional_headers [,string additional_parameters]])
```

 说明

函数返回值：如果检查到有邮件发送，则返回 TRUE；否则，返回 FALSE。各参数的含义如下。

① to：邮件接收者，如果要给多用户发送，可以用逗号分隔。

② subject：邮件主题。

③ message：邮件内容。

④ additional_headers：邮件头部信息。

⑤ additional_parameters：附加参数。

⚠ 注　这里的邮件发送成功只是说明 STMP 服务器接收了这份邮件，但并不代表邮件已发送到了接收者的邮箱。如在没有连接 Intenet 时，会出现错误信息：
邮件转发失败！From:alilianf@localhost.com./To:alilianf@citiz.net/Time:16:02:35

2. PHP 发送电子邮件消息

PHP 发送电子邮件消息有 3 种类型：

(1) 文本类型，如案例中的/webshop/order_p.php。

(2) HTML 类型，如案例中的/admin/com_mail.php。

(3) 包含附件的消息。案例中/admin/com_mail.php 可以通过附件发送图书封面。

示例 8-5　发送包含附件的消息

```php
<?php
//针对每位订单用户
$FilePathName="tmp/";           //定义本地文件系统上一个文件的完整路径
$FileName="tmp/".$book_pic;     //把图书封面作为附件的文件名
$FileHandle=fopen($FilePathName,"rb");   //以二进制只读方式打开文件
$FileContent=fread($FileHandle,filesize($FilePathName));
    //读取图像内容，把它保存在变量中
fclose($FileHandle);            //关闭文件句柄
$AttachmentData=chunk_split(base64_encode($FileContent));   //编码文件内容
…//显示每本推荐图书的列表
//参数设置
$sendTo=$email;
$MsgSubject="包含附件邮件信息";
$sendHeader="From: admin<adminster@wuya.com>\r\n";
$sendHeader.="MIME-Version: 1.0\n";   //电子邮件头标，指明消息使用 MIME 类型
$sendHeader.="Content-Type:multipartt/mixed;boumdary=\ "--abcdefgh--\ "";  //定界符
```

```
$MsgBody= "                                    //第一部分
--abcdefgh--
Content-type: text/html;charset=utf8        //使用 HTML 和编码标准是 utf8
Content-Transfer-Encoding:8bit\n";          //使用的传输编码方式的标准是 8 位
$MsgBody.=$MsgHTMLPart;                      //把 HTML 部分添加到消息主体
 $MsgBody.="                                 //第二部分
--abcdefgh-
//使用二进制数据类型
Content-type: application/octet-stream; name=\"".$FileName. "\"
Content-Transfer-Encoding: base64          //典型的二进制编码方式是 base64
//告诉邮件阅读器这是附件
Content-Disposition: attachment; filename=\"".$FileName."\"\n\n";
$MsgBodym.=$AttachmentData;                  //添加 mail 函数发送的邮件信息
//信息尾
$MsgBody.="\n--abcdefgh--\n";      //使用于开始和结束每个组成部分一样的定界符结束消息
if(@!mail($sendto,$MsgSubject,$MsgBodym,$sendHeader))  //发送电子邮件函数
//使用 SMTP 类发送
    sendmail($sendto,$MsgSubject,$MsgBody,"html",$AttachmentData);
?>
```

⚠️ **注**　① 编码文件内容: 为了符合 RFC2045 格式标准，把文件转化为 base64 编码的文本之后，文件数据被分割为较小的数据块。chunk_split()函数会将 76 个字符插入一个结束符(默认是\r\n)，返回新的字符串而不会修改原字符串。

② 定界符: 这个消息包含多个部分。一部分是消息本身，另一部分是附件。应用分割两部分的定界符被设置为--abcdefgh--。定界符两侧都要有双连字符; 用户端的电子邮件阅读器利用定界符判断消息的哪部分是附件，哪部分是普通文本。

③ 第一部分: 发送界定符，这部分是 HTML。

④ 第二部分: 发送界定符，这部分是附件。

8.4　正则表达式

 预备知识

8.4.1　正则表达式简介

PHP 支持两种类型的正则表达式: POSIX 样式和 Perl 样式，每种类型都有一组函数。

POSIX 扩展正则表达式支持字符串匹配、判断、条件子模式等复杂的字符串操作，函数名以 ereg_为前缀，与 UNIX 的 egrep 命令相似，其优点在于兼容旧版本的 PHP，缺点是速度慢、主要用于文本数据，不如 Perl 样式灵活。

与 Perl 兼容的正则表达式 PCRE 类似于 Perl，支持较新的特性，如引用、捕获、后测、前测，能安全用于二进制模式。函数名以 preg__为前缀。PHP 必须支持 PCRE(Perl Compatible Regular Expression)库，而且要安装到 Web 服务器上。从如图 2.34 所示的脚本 phpinfo()测试界面中可以了解是否启动了 PCRE。

实现过程

8.4.2 常用表单项验证

1. 用户名和密码验证

在注册和登录模块要对用户表单输入的信息进行约束,要求用户 ID 是包含字母和数字且以下划线或字母开始长度为 4～30 个字符串。密码是由字母与数字组成且长度为 6～20 的字符串。在 applycard.php 中第一次输入用户 ID,需要在 apply.php 中验证用户 ID 的合法性。也可能以"跳过"购书卡在 applysrc.php 中设置用户名和密码,需要在 success.php 验证它们的合法性。其余表单中输入的用户 ID 和密码可与数据库中的数据验证。另外,在会员管理中,用户也会修改密码,需要验证。

(1) 在 Dreamweaver 中,打开站点的 register 目录下的文件 apply.php。

(2) 单击"代码"标签,切换到"代码"视图,添加如下代码。

```
4    ...
     if(preg_match("/^[\-a-zA-Z][\-\w]{3,29}$/",$userid)==0){
5        $msg="输入的会员 ID 不合法! ";
6        header("Location:applycard.php?msg=$msg");
7    }
8     if($select=="跳过"){
9    ...
```

(3) 保存文件。

(4) 在 Dreamweaver 中,打开站点的 register 目录下的文件 success.php。

(5) 单击"代码"标签,切换到"代码"视图,添加如下代码。

```
11   ...
     $phone=$_POST["phone"];
14    if(preg_match("/^[\-a-zA-Z][\-\w]{3,29}$/",$userid)==0){
15        $msg="输入的会员 ID 不合法! ";
16    echo "<meta http-equiv='Refresh' content='0;url=applysrc.php?msg=$msg'>";
17    }
18   if(preg_match("/^[\w]{6,20}$/",$password)==0){
19        $msg="输入的密码不合法! ";
20    echo "<meta http-equiv='Refresh' content='0;url=applysrc.php?msg=$msg'>";
21    }
     ...
```

(6) 保存文件。

(7) 对 member 文件夹下的 update.php 作同样的修改。

2. 电子邮箱验证

一个电子邮箱地址一般由 3 部分组成:用户名、@、域名。对用户名的约束与"用户名和密码验证"中的用户名验证类似,但对长度没有限制。域名可以是多级的,至少包含二级,即包含一个"."分隔符。用户设置电子邮箱的地方有多处,可先写一个函数,在需要的地方调用它。

(1) 在 Dreamweaver 中，打开站点的 register 目录下的文件 sys_conf.inc。

(2) 单击"代码"标签，切换到"代码"视图，在?>前添加如下代码。

```
8     function isEmail($str){
9         $pattern="/^[\-\a-zA-Z][\-\w]*@[\w\-]+(\.[\w]+)+$";
10        if(ereg($pattern, $str)==1) return true;
11        else return false;
12    }
13  ?>
```

(3) 保存文件。

(4) 在 Dreamweaver 中，打开站点的 register 目录下的文件 success.php。

(5) 单击"代码"标签，切换到"代码"视图，添加如下代码。

```
22    include("sys_conf.inc");
23    if(isEmail($email)==0){
24        $msg="输入的电子邮箱不合法！";
25        echo "<meta http-equiv='Refresh' content='0;url=applysrc.php?msg=
26    $msg'>";
      }
```

(6) 保存文件。

(7) 对 webshop 目录下的文件 config.inc.php 和 order_p.php 作同样的修改。

另外，对用户输入的邮编、电话号码的合法性也可作类似的验证。

```
6    function isEmail($str){ … //见本页上方 8～12 行
11   function isPost($str){
12       $pattern="/^([1-9]{1})([0-9]{5})$/";              //定义邮编的正则表达式
13       if(preg_match($pattern, $str)==1) return true;
14       else return false;
15   }
16   function isPhone($str){
17       $pattern="/(^0[1-9]{2,3})\-([1-9]{8})$/"; //定义电话号码的正则表达式 1
18       if(preg_match($pattern, $str)==1) return true;
19       else {
20           $pattern="/(^1[3,5,8]{1})([0-9]{9})$/";//定义电话号码的正则表达式 2
21           if(preg_match($pattern, $str)==1) return true;
22           else return false;
23       }
24   }
     …
```

3. 图书查询验证

在图书搜索查询时，需要用户输入查询条件，特别是日期，必须符合数据库表中设定的格式，因此需要验证。在 left.php 中使用了正则表达式做了合法性验证，还可以这样做：

(1) 在 Dreamweaver 中，打开站点的根目录下的文件 search_key.php。

(2) 单击"代码"标签，切换到"代码"视图，在最后添加如下代码。

```
6    if($cond=="pub_date"){
7      $pattern="/^\d{4}\-[0-1]?[0-9]\-[0-3]?[0-9]$/";   //定义日期的正则表达式
8       if(preg_match($pattern, $keys)==0) {
9        echo "<script type='text/javascript'>window.alert('输入的日期格式
不合法！');</script> ";
        echo "<meta http-equiv='Refresh' content='0;url=main.php'>";
10     }
11     $serach="$cond>=%27$keys%27";
12   }
...
```

(3) 保存文件。

4. 关键字着色

使用正则表达式可以将页面中所有提供站内搜索的关键字加上颜色以示强调。

首先确定要查找的关键字$keyword，接着需要获得要输出到页面的 HTML 标记，然后利用正则表单的是替代函数将关键字部分加上<font color="#0000FF">$keyword<font>标记，使得关键字显示为蓝色。

(1) 在 Dreamweaver 中，打开站点的 webshop 目录下的文件 book_show.php。

(2) 单击"代码"标签，切换到"代码"视图，在最前和最后添加如下代码。

```
1    <?php
2      $keyword="PHP";
3      $color="<font color='#0000FF'>".$keyword."</font>";
4      ob_start();               //开始对输出内容的缓存
...   //这里是 book_show.php
76     $str=ob_get_contents();    //获取当前页面要输出的全部内容
77     $str=preg_replace("/".$keyword."/",$color,$str);
78     ob_end_clean();            //清除原来缓存的内容
79     echo $str;
80   ?>
...
```

(3) 保存文件。

 技术要点

8.4.3 正则表达式的法则

1. 正则表达式的语法

正则表达式的语法与 Perl 类似，PHP 支持的 Perl 样式正则表达式语法中包含的元字符、字符集和修正符。其中元字符如表 8.10 所示。

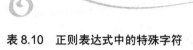

表 8.10　正则表达式中的特殊字符

字　符　类	字　符	匹　配　对　象
定界字符	^	行首或字符串开始，用在[]中则表示"排除"
	$	行尾或字符串末尾
	\b	单词边界
	\B	非单词边界
	\A	字符串开始
	\D	字符串末尾
单个字符	.	除换行符外的任意字符
	[a-zA-Z0-9]	集合中任意单个字符
	[^a-zA-Z0-9]	不在集合中任意单个字符
单个字符和数字—元符号	\d	数字相当于[0-9]
	\D	非数字相当于[0-9]
	\w	单词字符，相当于[A-Za-z0-9]
	\W	非单词字符，相当于[^A-Za-z0-9]
空白字符	\s	空白字符，相当于[\e\f\n\r\t]
	\S	非空白字符，相当于[^\e\f\n\r\t]
	\e	Esc 键
	\f	换页符
	\n	换行符
	\r	回车符
	\t	Tab 制表符
	\0	空字符
重复字符	S?	字母 S 出现 0 次或 1 次
	S*	字母 S 出现 0 次或多次
	S+	字母 S 出现 1 次或多次
分组字符	(abc)+	匹配一个或多个 abc 样式
	S{m,n}	字母 S 至少出现 m 次，最多不超过 n 次
记忆字符	(string)	用于反引用
	\1 或$1	第一级小括号
	\2 或$2	第二级小括号
	\3 或$3	第三级小括号
确定性前测和后测	(?:x)	匹配 x 单记忆这个匹配
	x(?=y)	只匹配后面跟着 y 的 x
	x(?!y)	只匹配后面没有跟着 y 的 x
可选字符	was|were|will	匹配一个 was 或 were 或 will

⚠ **注** (1) 定界字符。表示内部的内容是一个正则表达式，任何不是字母、数字或反斜线(\)的字符都可以作为定界符。如果作为定界符的字符必须被用在表达式本身中，则需要用反斜线转义。自 PHP 4.0.4 起，也可以使用 Perl 风格的()、{}、[]和<> 匹配定界符。

(2) 分组字符。S{m,n}其内数字可以简化，如 S{10}表示匹配重复 10 次的字母 S；S{3,} 表示匹配重复 3 次(含)以上的字母 S。

(3) 以下两个字符具有特殊作用。

① \xhh: 十六进制，可以表示所有字符，包括特殊字符，如\x0d 表示\r。

② \ddd: 八进制，与十六进制数用法类似。

(4) 括号对。正则表达式中括号的含义各不相同。

① 中括号对[]: 表示一个"组"，组中元素的关系是"或"，可用"-"表示一个范围。

② 花括号对{}: 表示一种明确的限定符可以限定前面出现的最多和最少次数。

③ 小括号对{}: 小括号对表示的是子匹配，在整体匹配完成后，表达式还将进行子匹配，并且允许使用嵌套。

修正符是一组被写在界定符外部"特殊字符"，表示更加严格地限制匹配，如表 8.11 所示。

表 8.11　正则表达式中的修正符

字　　符	说　　明
i	忽略大小写
m	多行匹配，允许跨行进行匹配
s	让"."匹配新行，默认情况下"."只匹配当前行的任意字符
x	忽略表达式中的空白字符
e	仅用于反向引用中跳过单引号、双引号等 PHP 代码字符
A	从头匹配，限定只能从字符串头部开始匹配
D	让$只匹配结束符，默认情况下$还匹配行结束符
S	加强分析，当改变的被多次使用时，使用该修正符可以提高效率
U	非贪婪匹配
X	使用扩展功能
u	utf8 匹配，正则表达式被视为字符串来匹配

在 POSIX 扩展中使用的正则表达式分简单匹配和集合匹配两种情况。

(1) 简单匹配。用^代表字符串的开头，$代表结尾，定义一个样本。只有开头或结尾与样本匹配的字符串才是匹配的，如示例 8-6 所示。

示例 8-6　简单匹配的例子

```php
<?php
    $sy1="^php";                    //定义以 php 开头的样本
    $sy2="language.$";              //定义以 language.结尾的样本
    $bc1="php is a language.";      //符合两个样本
    $bc2="  php is a language.";    //符合$sy2 样本，不符合$sy1
    $bc3="php is a language.   ";   //符合$sy1 样本，不符合$sy2
?>
```

(2) 集合匹配。PHP 内建了一些样本，如表 8.12 所示。建立字符的集合来提供的"样本"可视为一个"单个"的字符比较，如表 8.13 所示。

表 8.12　PHP 内建的样本

样　　本	符　合　条　件	样　　本	符　合　条　件
[[:alpha:]]	任何英文字母符号	[[:upper:]]	任何大写英文字母符号
[[:digit:]]	任何数字符号	[[:lower:]]	任何小写英文字母符号
[[:alnum:]]	任何英文字母或数字符号	[[:punct:]]	任何英文标点符号
[[:space:]]	空格符号	[[:xdigit:]]	任何十六进制数字

表 8.13　建立字符的集合来提供"单个"字符的比较

样　　本	符　合　条　件	范　　例
[a-z][0-9]	若含有如 a0、k6、d9 等的字符串，则符合	Ca02、ijk9v
^[a-z][0-9]$	小写字母开头、数字结尾的两个字符组成的字符串	a0、b6、c3、v1
^[a-z]{3}$	由匹配字符组成的包含 3 个字符的字符串	abc、def、ghi
^[a-z]{3,6}$	由匹配字符组成的包含 3~6 个字符的字符串	abc、abcd、abcde
^[a-z]{3,}$	由匹配字符组成的包含 3 个字符以上的字符串	abcdefg、cab
^[a-z]+$	由匹配字符组成的包含 1 个字符以上的字符串	a、ab、abc、fbcd
^[a-z]*$	由匹配字符组成的包含 0 个字符以上的字符串	ba、ab、abc

2. 正则表达式的相关函数

与 Perl 兼容语法的正则表达式函数库(PCRE)中包含的函数如表 8.14 所示。

表 8.14　与 Perl 兼容语法的正则表达式函数库(PCRE)中包含的函数

函　　数	功　　能
string preg_quote(string str [, string delimiter])	在字符串 str 中的特殊字符(. \\ + * ? [^] $ ( ) { } = ! < > | :)前面加上反斜线。可选参数 delimiter，指定被转义的字符
int preg_match(string pattern, string subject [, array matches [, int flags]]) int preg_match_all(string pattern, string subject, array matches [, int flags])	(1) 在 subject 中搜索所有与 pattern 匹配的内容并将结果以 flags 指定的顺序放到 matches 中。 (2) preg_match()在第一次匹配之后将停止搜索；preg_match_all()会一直搜索到 subject 的结尾处
mixed preg_replace(mixed pattern, mixed replacement, mixed subject [, int limit]) mixed preg_replace_callback(mixed pattern, callback callback, mixed subject [, int limit])	(1) 在 subject 中搜索 pattern 模式的匹配项并替换为 replacement。 (2) 当指定 limit 时，仅替换 limit 个匹配；当省略 limit 或者其值为−1 时，所有的匹配项都会被替换数组。 (3) preg_replace_callback()不是提供参数 replacement，而是指定一个函数 callback
array preg_grep(string pattern, array input)	返回一个包括 input 数组中与给定的 pattern 模式相匹配的单元的数组
array preg_split(string pattern, string subject [, int limit [, int flags]])	(1) 返回一个包含 subject 中与 pattern 匹配的边界所分割的子串的数组。 (2) 当指定 limit 时，最多返回 limit 个子串，当 limit=−1 时，没有限制，可以用来继续指定可选参数 flags

注　① preg_match()中的 flags:

PREG_OFFSET_CAPTURE: 对每个出现的匹配结果同时返回其附属的字符串偏移量。

② preg_match_all()中的 flags: 还包含

PREG_PATTERN_ORDER: 对结果排序使 $matches[0]为全部模式匹配的数组, $matches[1]为第一个括号中的子模式所匹配的字符串组成的数组, 依此类推。

PREG_SET_ORDER: 对结果排序使$matches[0]为第一组匹配项的数组, $matches[1]为第二组匹配项的数组, 依此类推。

但把 PREG_PATTERN_ORDER 和 PREG_SET_ORDER 合起来用没有意义。

③ preg_split()中的 flags: 可以是下列标记的任意组合(用按位或运算符 | 组合)。

PREG_SPLIT_NO_EMPTY: 只返回非空的成分。

PREG_SPLIT_DELIM_CAPTURE: 定界符模式中的括号表达式也会被捕获并返回。

PREG_SPLIT_OFFSET_CAPTURE: 对每个出现的匹配结果也同时返回其附属的字符串偏移量。注意, 这改变了返回的数组的值, 使其中的每个单元也是一个数组, 其中第一项为匹配字符串, 第二项为其在 subject 中的偏移量。

正则表达式函数库(POSIX 扩展)中包含的函数如表 8.15 所示。

表 8.15　正则表达式函数库(POSIX 扩展)中包含的函数

函　　数	功　　能
string sql_regcase(string $string)	把 string 转换为不区分大小写的匹配的正则表达式
array split(string $pattern, string $string [, int $limit]) array spliti(string $pattern, string $string [, int $limit])	(1) 返回一个字符串数组, 每个单元为 string 经样本 pattern 作为边界分割出的子串。 (2) 当设定 limit 时, 返回的数组最多包含 limit 个单元, 而其后一个单元包含 string 中剩余的部分。 (3) spliti ()不区分大小写, split()区分大小写
bool ereg(string $pattern, string $string [, array $regs]) bool eregi(string $pattern, string $string [, array $regs])	(1) 当字符串 string 匹配样本 pattern 时, 返回 TRUE。 (2) 数组参数 regs 可省略。 (3) 函数 eregi()不区分大小写, 函数 ereg()区分大小写
string ereg_replace(string $pattern, string $replacement, string $string) string eregi_replace(string $pattern, string $replacement, string $string)	(1) 在字符串 string 中, 用样本 pattern 取代字符串 replacement。 (2) eregi_replace()不区分大小写, ereg_replace()区分大小写

使用正则表达式函数库(PCRE 扩展)对电子邮箱的验证如示例 8-7 所示。

示例 8-7　邮箱验证

```php
<?php
    $email="ABC@mail.net";
    if (preg_match("/^[[:alnum:]]+@[[:alnum:]]+\.[[:alnum:]]+/",$email))  echo "正确的电子邮箱地址";
    else  echo "不正确的电子邮箱地址";
?>
```

运行结果

正确的电子邮箱地址

 本章总结

通过学习本章案例，对 PHP 动态网站中的图像处理和电子邮件处理有所认识，主要包括以下几点。

(1) PHP 图像处理由图像函数实现，这里主要介绍了 GD 库中的相关函数，实现了注册验证码图像生成和验证功能。

(2) 利用 GD 库中的相关函数还可以对上传的图像作水印、缩略图等处理，这样做有利于对图像实现简单的版权保护。

(3) 文件上传是网站管理中常用的操作。限定上传文件的大小和格式可防止病毒传播等不良行为。

(4) 电子邮件处理是与客户沟通的一种有效手段。通过电子邮件能及时通知会员关心的内容，如订单处理、推荐信息等。

(5) 字符的查找和替代是字符串操作中最常用的操作。使用正则表达式能实现高效处理。

 思考练习

(1) 分析文件上传会给网站带来的利与弊。

(2) 利用 GD 库能对图像做哪些操作？

(3) 比较两类正则表达式的使用。

 实践项目

项目 8-1 邮箱地址验证(使用字符串正则表达式)

项目目标：

(1) 演示如何测试用户输入数据的格式。

(2) 演示如何验证邮箱地址。

步骤：

(1) 使用一个文本编辑器，如记事本，创建如下内容的 p8-1.php 的文件，上载到服务器上，放在 excise 目录中。

```php
<?php
$pattern=$_POST['pattern'];
$string=$_POST['string'];
echo "<br/><B>字符串：</B>  $string";
echo "<br/><B>正则表达式：</B>  $pattern";
if(get_magic_quotes_gpc()){
    echo "<br/><br/>注意引号的使用…… ";
    $string=stripcslashes($string);
    $pattern=stripcslashes($pattern);
    echo "<br/><B>字符串：</B>  $string";
```

```
        echo "<br/><B>正则表达式: </B>  $pattern<br/>";
    }
    $found=preg_match("/".$pattern."/",$string,$matches);
    if($found){
        echo "<br/><B>合法: </B>  true";
        echo "<br/><B>组成:   </B>";
        for($i=0;$i<count($matches);$i++)
            echo "$matches[$i]";
    }
    else  echo "<br/><B>合法: </B>  false";
?>
```

(2) 将下面的 HTML 文本放在一个名为 p8-1.html 的文件中,并将这个文件上载到服务器上,放在与文件 p8-1.php 相同的目录中。

```
<!DOCTYPE html PUBLIC "-//W3C//DTD XHTML 1.0 Transitional//EN"
"http://www.w3.org/TR/xhtml1/DTD/xhtml1-transitional.dtd">
<html xmlns="http://www.w3.org/1999/xhtml">
  <head>
    <meta http-equiv="Content-Type" content="text/html; charset=utf-8" />
    <title>>邮箱地址验证</title>
  </head>
<body>
    <H2>邮箱地址验证</H2>
    <form method="POST" action="p8-1.php">
      <font face="courier"> 字符串: <input type="text" name="string"><br/><br/>
        规则表达式: <input type="text" size=64 name="pattern" value="^[a-zA-Z0-9_\-.]
+@[a-zA-Z0-9\-]+\.[a-zA-Z0-9\-.]+$"><br/><br/>
        <input type="SUBMIT" value="提交">
      </font>
    </form>
  </body>
  </html>
```

(3) 在 Web 浏览器上,访问与 p8-1.html 相关联的 URL,观察执行结果(屏幕截图表示)。

(4) 在文本框中输入文本,单击"提交"按钮,观察执行结果(屏幕截图表示)。

(5) 分析程序代码:

① 函数 get_magic_quotes_gpc()调用的作用。

② 函数 stripcslashes()调用的作用。

③ HTML 文件中 pattern 文本框的默认值的正则表达式。

项目 8-2 使用 POP3 实现一个简单的电子邮箱管理器

项目目标:

(1) 了解电子邮件的工作原理。

(2) 使用面向对象技术设计 POP3 类实现电子邮件的接收。

步骤：

(1) 上网搜索电子邮件的工作原理。

(2) 上网搜索并下载 POP3 类的相关代码。

(3) 分析 POP3 类代码，并编写一个类似于电子邮件客户端的在线邮件管理器来接收和管理邮件。邮件管理器应具有以下 4 个基本功能。

① 以邮件标头的形式呈现邮箱中的所有邮件。标头包括发件人和邮件主题，还可能包含邮件的发送时间、日期及邮件大小。

② 用户可以点选标头，阅读相应邮件。

③ 用户可以新建并发送邮件。写信时要输入收件人地址、邮件主题和邮件内容。

④ 用户可以在发送邮件时添加附件，也可保存来信中的附件。

参 考 文 献

[1] http://php.net/

[2] http://php.net/manual/zh/

[3] http://www.w3school.com.cn/php/php_ref.asp

[4] http://www.runoob.com/php/php-tutorial.html

[5] http://wenku.baidu.com/

[6] http:// jingyan.baidu.com/article

[7] 阮征, 徐晓昕, 邹晨. Web 2.0 动态网站开发：PHP 技术与应用[M]. 北京：清华大学出版社，2008.

[8] [澳]Quentin Zervaas. PHP Web 2.0 开发实战[M]. 苏金国，等译. 北京：人民邮电出版社，2008.

[9] 王石，杨英娜. 精通 PHP+MySQL 应用开发[M]. 北京：人民邮电出版社，2006.

[10] PHP China. PHP 5 项目开发实战详解[M]. 北京： 电子工业出版社，2008.

[11] 翁烨晖，朱志标，贾铮. PHP5+MySQL 网站开发基础与应用[M]. 北京：清华大学出版社，2008.

[12] [荷] Peter Lubbers, [美] Brian Albers, Frank Salim. HTML5 程序设计. 柳靖，李杰，刘淼译. 北京：人民邮电出版社, 2012.

[13] [美]Ellie Quigley, Marko Gargenta. PHP 与 MySQL 案例剖析[M]. 王军，等译. 北京：人民邮电出版社，2007.

[14] [美] Robert W. Sebesta. Web 程序设计. 6 版. 王春智，刘伟梅译. 北京：清华大学出版社，2011.

北京大学出版社本科计算机系列实用规划教材

序号	标准书号	书 名	主编	定价	序号	标准书号	书 名	主编	定价
1	7-301-24245-2	计算机图形用户界面设计与应用	王赛兰	38	30	7-301-21271-4	C#面向对象程序设计及实践教程	唐 燕	45
2	7-301-24352-7	算法设计、分析与应用教程	李文书	49	31	7-301-19388-4	Java 程序设计教程	张剑飞	35
3	7-301-25340-3	多媒体技术基础	贾银洁	32	32	7-301-19386-0	计算机图形技术(第 2 版)	许承东	44
4	7-301-25440-0	JavaEE 案例教程	丁宋涛	35	33	7-301-18539-1	Visual FoxPro 数据库设计案例教程	谭红杨	35
5	7-301-21752-8	多媒体技术及其应用(第 2 版)	张 明	39	34	7-301-19313-6	Java 程序设计案例教程与实训	董迎红	45
6	7-301-23122-7	算法分析与设计教程	秦 明	29	35	7-301-19389-1	Visual FoxPro 实用教程与上机指导（第 2 版）	马秀峰	40
7	7-301-23566-9	ASP.NET 程序设计实用教程(C#版)	张荣梅	44	36	7-301-21088-8	计算机专业英语(第 2 版)	张 勇	42
8	7-301-23734-2	JSP 设计与开发案例教程	杨田宏	32	37	7-301-14505-0	Visual C++程序设计案例教程	张荣梅	30
9	7-301-10462-0	XML 实用教程	丁跃潮	26	38	7-301-14259-2	多媒体技术应用案例教程	李 建	30
10	7-301-10463-7	计算机网络系统集成	斯桃枝	22	39	7-301-14503-6	ASP .NET 动态网页设计案例教程(Visual Basic .NET 版)	江 红	35
11	7-301-22437-3	单片机原理及应用教程(第 2 版)	范立南	43	40	7-301-14504-3	C++面向对象与 Visual C++程序设计案例教程	黄贤英	35
12	7-301-21295-0	计算机专业英语	吴丽君	34	41	7-301-14506-7	Photoshop CS3 案例教程	李建芳	34
13	7-301-21341-4	计算机组成与结构教程	姚玉霞	42	42	7-301-14510-4	C++程序设计基础案例教程	于永彦	33
14	7-301-21367-4	计算机组成与结构实验实训教程	姚玉霞	22	43	7-301-14942-3	ASP .NET 网络应用案例教程(C# .NET 版)	张登辉	33
15	7-301-22119-8	UML 实用基础教程	赵春刚	36	44	7-301-12377-5	计算机硬件技术基础	石 磊	26
16	7-301-22965-1	数据结构(C 语言版)	陈超祥	32	45	7-301-15208-9	计算机组成原理	娄国焕	24
17	7-301-15689-6	Photoshop CS5 案例教程(第 2 版)	李建芳	39	46	7-301-15463-2	网页设计与制作案例教程	房爱莲	36
18	7-301-18395-3	概率论与数理统计	姚喜妍	29	47	7-301-04852-8	线性代数	姚喜妍	22
19	7-301-19980-0	3ds Max 2011 案例教程	李建芳	44	48	7-301-15461-8	计算机网络技术	陈代武	33
20	7-301-27833-8	数据结构与算法应用实践教程(第 2 版)	李文书	42	49	7-301-15697-1	计算机辅助设计二次开发案例教程	谢安俊	26
21	7-301-12375-1	汇编语言程序设计	张宝剑	36	50	7-301-15740-4	Visual C# 程序开发案例教程	韩朝阳	30
22	7-301-20523-5	Visual C++程序设计教程与上机指导(第 2 版)	牛江川	40	51	7-301-16597-3	Visual C++程序设计实用案例教程	于永彦	32
23	7-301-20630-0	C#程序开发案例教程	李挥剑	39	52	7-301-16850-9	Java 程序设计案例教程	胡巧多	32
25	7-301-20898-4	SQL Server 2008 数据库应用案例教程	钱哨	38	53	7-301-16842-4	数据库原理与应用 (SQL Server 版)	毛一梅	36
26	7-301-21052-9	ASP.NET 程序设计与开发	张绍兵	39	54	7-301-16910-0	计算机网络技术基础与应用	马秀峰	33
27	7-301-16824-0	软件测试案例教程	丁宋涛	28	55	7-301-25714-2	C 语言程序设计实验教程	朴英花	29
28	7-301-20328-6	ASP. NET 动态网页案例教程(C#.NET 版)	江 红	45	56	7-301-25712-8	C 语言程序设计教程	杨忠宝	39
29	7-301-16528-7	C#程序设计	胡艳菊	40	57	7-301-15064-1	网络安全技术	骆耀祖	30

序号	标准书号	书名	主编	定价	序号	标准书号	书名	主编	定价
58	7-301-15584-4	数据结构与算法	佟伟光	32	64	7-301-17964-2	PHP 动态网页设计与制作案例教程	房爱莲	42
59	7-301-17087-8	操作系统实用教程	范立南	36	65	7-301-18514-8	多媒体开发与编程	于永彦	35
60	7-301-16631-4	Visual Basic 2008 程序设计教程	隋晓红	34	66	7-301-18538-4	实用计算方法	徐亚平	24
61	7-301-17537-8	C 语言基础案例教程	汪新民	31	67	7-301-19435-5	计算方法	尹景本	28
62	7-301-17397-8	C++程序设计基础教程	郗亚辉	30	68	7-301-18539-1	Visual FoxPro 数据库设计案例教程	谭红杨	35
63	7-301-17578-1	图论算法理论、实现及应用	王桂平	54	69	7-301-25469-1/	Photoshop 中国画技法实训教程	邹晨,陈军灵	39

如您需要更多教学资源如电子课件、电子样章、习题答案等，请登录北京大学出版社第六事业部官网 www.pup6.cn 搜索下载。

如您需要浏览更多专业教材，请扫下面的二维码，关注北京大学出版社第六事业部官方微信（微信号：pup6book），随时查询专业教材、浏览教材目录、内容简介等信息，并可在线申请纸质样书用于教学。

感谢您使用我们的教材，欢迎您随时与我们联系，我们将及时做好全方位的服务。联系方式：010-62750667，pup6_czq@163.com，szheng_pup6@163.com，pup_6@163.com，lihu80@163.com，欢迎来电来信。客户服务 QQ 号：1292552107，欢迎随时咨询。